高等应用数学

（上册）

主编　邢　佳　郭金萍
主审　王明春

天津大学出版社
TIANJIN UNIVERSITY PRESS

内 容 简 介

本书分为上下两册，主要介绍了预备知识、极限与连续、导数与微分、微分中值定理及导数应用、不定积分、定积分及其应用、空间解析几何与向量代数、多元函数微分法及其应用、重积分、曲线积分和曲面积分、无穷级数、常微分方程等共12章内容.

本书对课后习题在难易程度上进行了细化，供学生自主选择，同时还增加了相关的数学实例及科学家简介. 本书可作为普通高等院校各专业高等数学课程的教学用书.

图书在版编目(CIP)数据

高等应用数学. 上册/邢佳，郭金萍主编. —天津：天津大学出版社，2012. 9(2024.8 重印)

ISBN 978-7-5618-4415-1

Ⅰ. ①高…　Ⅱ. ①邢…②郭…　Ⅲ. ①应用数学－高等学校－教材　Ⅳ. ①O29

中国版本图书馆 CIP 数据核字(2012)第 173088 号

出版发行 天津大学出版社
地　　址 天津市卫津路92号天津大学内(邮编:300072)
电　　话 发行部:022-27403647
网　　址 www. tjupress. com. cn
印　　刷 天津泰宇印务有限公司
经　　销 全国各地新华书店
开　　本 185mm×260mm
印　　张 17. 75
字　　数 443 千
版　　次 2012 年 9 月第 1 版　2014 年 12 月第 2 版
印　　次 2024 年 8 月第 6 次
定　　价 39. 00 元

《高等应用数学(上册)》
编 委 会

主编　邢　佳　郭金萍

参编　(按姓氏音序排列)

陈　超　郭阁阳　凌　光

汤国明　王明春　许　茵

张效华　赵小山

主审　王明春

前　　言

本书是编者结合多年教学实践编撰而成，适合普通高校各专业学生使用．针对技校生源学生基础知识的相对薄弱，编者适当删减了传统高等数学中较难理解的部分，增加了初等数学相关的预备知识，适当增加了相关实例及科学家简介，同时对课后习题在难易程度上进行了细化，供学生自主选择．本书分为上、下两册．上册内容包括：预备知识、极限与连续、导数与微分、微分中值定理及导数应用、不定积分、定积分及其应用、空间解析几何与向量代数等7章，书末还附有初等数学常用公式及各章习题参考答案．

在本书上、下两册共12章编撰过程中，郭阁阳编写了第1章和第3章章节内容，陈超编写了第2章章节内容，凌光编写了第4章章节内容，赵小山编写了第5章章节内容，汤国明编写了第6章章节内容，郭金萍编写了第7章章节内容，邢佳编写了第8章和第9章章节内容，王明春编写了第10章章节内容，许茵编写了第11章章节内容，张效华编写了第12章章节内容．

在此框架基础之上，邢佳对上册第1章至第6章教材内容进行了多次地推敲和修订，郭金萍对上册第7章教材内容进行了多次推敲和修订，同时主编还对课后习题进行了多次演算和调整．最后，王明春又对教材的终稿进行了详细的审核．

限于编者水平有限及时间仓促，教材中难免有错漏之处，恳请广大读者及各位同人批评指正．

主　编

2014年7月

目　　录

第 1 章　预备知识

函数是现代数学的基本概念之一，是现实世界中量与量之间的依存关系在数学中的反映，是高等数学研究的主要对象. 本章我们将对中学已经学过的集合、函数、极坐标等知识进行简要的回顾、梳理和必要的补充，为高等数学的学习打下坚实的基础.

第 1 节　集　合

一、集合

1. 集合的概念

集合是指具有某种特定性质的事物的总体，组成这个集合的事物称为该集合的元素.

下面举几个集合的例子.

例 1　2011 年元月 1 日在天津市出生的人口.

例 2　方程 $x^2 - 2x - 3 = 0$ 的根.

例 3　平面上所有等腰三角形.

例 4　抛物线 $y = x^2$ 上所有的点.

通常用大写字母 $A, B, X, Y, \cdots$ 表示集合，用小写字母 $a, b, x, y, \cdots$ 表示集合的元素. 若 x 是集合 A 的元素，则称 x 属于 A，记作 $x \in A$；若 x 不是集合 A 的元素，则称 x 不属于 A，记作 $x \notin A$.

由有限个元素构成的集合，称为**有限集**，如例 1，例 2；由无限多个元素构成的集合，称为**无限集**，如例 3，例 4.

不含有任何元素的集合称为**空集**，记为 $\varnothing$. 例如，方程 $x^2 + 4 = 0$ 的实根构成的集合，即为空集.

2. 集合的表示

集合的表示方法通常有列举法和描述法.

列举法：在大括号中按任意顺序、不遗漏、不重复地列出集合的所有元素.

例 5　若集合 A 仅由 2、4、6、8、10 组成，则可记作 $A = \{2,4,6,8,10\}$.

描述法：指明集合中元素所具有的确定性质，一般形式为

$$A = \{x \mid x \text{ 具有性质 } P\}.$$

例 6　方程 $x^2 - x - 2 = 0$ 的解集，记为 $A = \{x \mid x^2 - x - 2 = 0\}$.

元素为数的集合称为**数集**，通常用 $\mathbf{N}$ 表示**自然数集**，$\mathbf{Z}$ 表示**整数集**，$\mathbf{Q}$ 表示**有理数集**，$\mathbf{R}$ 表示**实数集**，$\mathbf{C}$ 表示**复数集**，有时在数集的字母右上角添“+”、“-”等上标来表示该数集的几个特定子集. 以实数为例，$\mathbf{R}^+$ 表示全体正实数组成的集合，$\mathbf{R}^-$ 表示全体负实数组成的集合. 其他数集的情况类似.

3. 集合之间的关系

若集合 A 的元素都是集合 B 的元素,则称 A 是 B 的**子集**,记作 $A \subset B$(读作 A 包含于 B)或 $B \supset A$(读作 B 包含 A). 规定空集 $\varnothing$ 是任何集合的子集.

若 A 是 B 的子集,而 B 中至少有一个元素不属于 A,则称 A 是 B 的**真子集,记作** $A \subsetneqq B$.

若集合 A 与集合 B 互为子集,即 $A \subset B$ 且 $A \supset B$,则称 A 与 B **相等**,记作 $A = B$.

4. 集合的基本运算

集合的基本运算有以下几种:交、并、差.

交集:由所有属于集合 A 且属于集合 B 的元素所组成的集合称为集合 A 与 B 的交集,记为 $A \cap B$,即

$$A \cap B = \{x \mid x \in A \text{ 且 } x \in B\}.$$

并集:由所有属于集合 A 或属于集合 B 的元素所组成的集合称为集合 A 与 B 的并集,记为 $A \cup B$,即

$$A \cup B = \{x \mid x \in A \text{ 或 } x \in B\}.$$

差集:由所有属于集合 A 但不属于集合 B 的元素所组成的集合称为集合 A 与 B 的差集,记为 $A \backslash B$,即

$$A \backslash B = \{x \mid x \in A \text{ 但 } x \notin B\}.$$

我们把研究某一问题时所考虑的对象的全体称为**全集**,并用 I 表示,把差集 $I \backslash A$ 称为 A 的**余集或补集**,记作 A^c.

集合的并、交、补运算满足如下运算律:

交换律 $A \cup B = B \cup A$,

$A \cap B = B \cap A$;

结合律 $(A \cup B) \cup C = A \cup (B \cup C)$,

$(A \cap B) \cap C = A \cap (B \cap C)$;

分配律 $A \cap (B \cup C) = (A \cap B) \cup (A \cap C)$,

$A \cup (B \cap C) = (A \cup B) \cap (A \cup C)$;

对偶律 $(A \cup B)^c = A^c \cap B^c$,

$(A \cap B)^c = A^c \cup B^c$.

二、区间

区间是用得较多的一类数集.

设 a 和 b 都是实数,且 $a<b$. 实数集 $\{x \mid a < x < b\}$ 称为**开区间**,记为 (a,b);$\{x \mid a \leqslant x \leqslant b\}$ 称为**闭区间**,记为 $[a,b]$;$\{x \mid a \leqslant x < b\}$ 称为**半闭半开区间**,记为 $[a,b)$;$\{x \mid a < x \leqslant b\}$ 称为**半开半闭区间**,记为 $(a,b]$,a,b 称为区间的端点.

以上这些区间都称为有限区间. 数 $b-a$ 称为这些区间的长度. 从数轴上看,这些有限区间是长度有限的线段,如图 1-1(a)、(b)所示.

引进记号 $+\infty$ 读作正无穷大,$-\infty$ 读作负无穷大,则可用类似记号表示**无限区间**(图 1-1(c)、(d)),例如

$$[a,+\infty) = \{x \mid x \geqslant a\},$$

$$(-\infty,b) = \{x \mid x < b\},$$

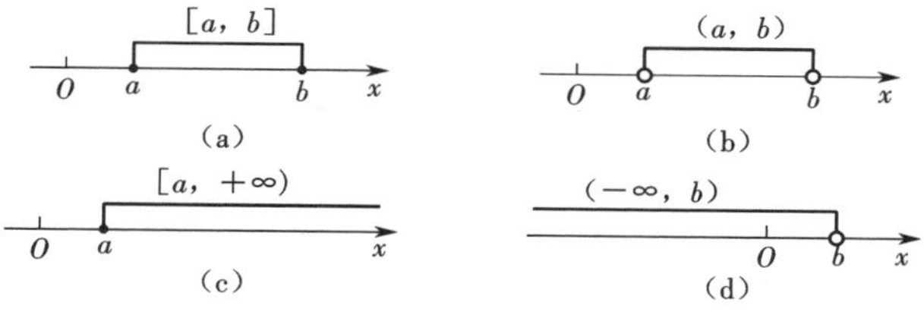

图 1-1

$$(-\infty, +\infty) = \{x \mid x \in \mathbf{R}\}.$$

注　当不需要辨明区间是否包含端点、是否有限或无限时，常将其简称为“区间”，并常用 I 表示.

三、邻域

设 a,δ 是两个实数，且 $\delta > 0$，数集 $\{x \mid |x - a| < \delta\}$ 称为点 a 的 δ **邻域**，记为 $U(a,\delta)$. 其中，点 a 叫做该**邻域的中心**，δ 叫做该**邻域的半径**. 它在数轴上表示以 a 为中心，长度为 2δ 的对称开区间，如图 1-2 所示.

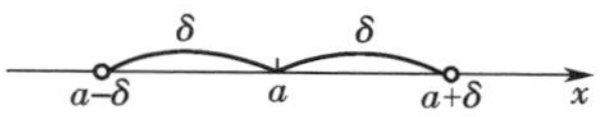

图 1-2

数集 $\{x \mid 0 < |x - a| < \delta\}$ 称为点 a 的**去心 δ 邻域**，记作 $\mathring{U}(a,\delta)$.

把开区间 $(a - \delta, a)$ 称为 a 的**左 δ 邻域**，把开区间 $(a, a + \delta)$ 称为 a 的**右 δ 邻域**.

习　题　1-1(A)

1. 写出 $A = \{0,1,2\}$ 的所有子集.

2. 设 $A = \{1,2,3\}$，$B = \{1,3,5\}$，$C = \{2,4,6\}$. 求：

(1) $A \cup B$；　(2) $A \cap B$；　(3) $A \cup B \cup C$；　(4) $A \cap B \cap C$；　(5) $A \backslash B$.

3. 如果 $I = \{1,2,3,4,5,6\}$，$A = \{1,2,3\}$，$B = \{2,4,6\}$，求：

(1) A^c；　(2) B^c；　(3) $A^c \cup B^c$；　(4) $A^c \cap B^c$.

4. 用区间表示下列点集：

(1) $\{x \mid 0 < |x - 1| < 2\}$；　(2) $\{x \mid x^2 - x - 2 \geqslant 0\}$.

习　题　1-1(B)

1. 设 $A = (-\infty, -5) \cup (5, +\infty)$，$B = [-10,3)$，计算 $A \cup B$，$A \cap B$，$A \backslash B$ 及 $A \backslash (A \backslash B)$.

2. 设 A 有 n 个元素，问 A 共有多少个子集，A 的真子集有多少个？

第 2 节　函数

一、函数概念

定义 1　**设 D 是一个给定的非空数集，若存在一个对应法则 f，使得对 D 中任意一个数**

x，**依照 f 都有唯一确定的数值 y 与之对应，则称 f 是定义在 D 上的函数，记为**

$$y = f(x) , x \in D .$$

其中 x 称为自变量，y 称为因变量，D 称为定义域，记作 D_f .

当自变量 x 取数值 x_0 时，因变量 y 按照法则 f 所取定的数值称为函数 $y = f(x)$ 在点 x_0 处的**函数值**，记作 $f(x_0)$.

当自变量 x 取遍定义域 D 的每个数值时，对应的函数值的全体组成的数集

$$W = \{y \mid y = f(x), x \in D\}$$

称为函数的**值域**，记作 R_f .

函数 $y = f(x)$ 的定义域 D 是自变量 x 的取值范围，而因变量 y 又是由对应法则 f 来确定的，所以函数实质上是由其定义域 D 和对应法则 f 所确定的，因此通常称函数的定义域和对应法则为**函数的两个要素**. 也就是说，只要两个函数的定义域相同，对应法则也相同，就称这两个函数为相同的函数，与变量用什么符号表示无关，如 $y = |x|$ 与 $z = \sqrt{v^2}$ ，就是相同的函数；而 $y = 1$ 与 $g = \frac{x}{x}$ 是不相同的函数，因为定义域不同.

二、函数的表示

函数的表示方法主要有表格法、图形法、解析法.

表格法：自变量的值与对应的函数值列成表格的方法.

图形法：在坐标系中用图形来表示函数关系的方法.

解析法（公式法）：自变量与因变量之间的关系用数学表达式来表示的方法.

下面举几个常用函数的例子.

例 1　常数函数

$$y = 2 .$$

其定义域为 $(-\infty, +\infty)$ ，值域为 $\{2\}$ ，图形是平行于 x 轴的直线，如图 1-3 所示.

例 2　绝对值函数

$$y = |x| = \begin{cases} x, & x \geqslant 0, \\ -x, & x < 0. \end{cases}$$

其定义域为 $(-\infty, +\infty)$ ，值域为 $R_f = [0, +\infty)$ ，图形如图 1-4 所示.

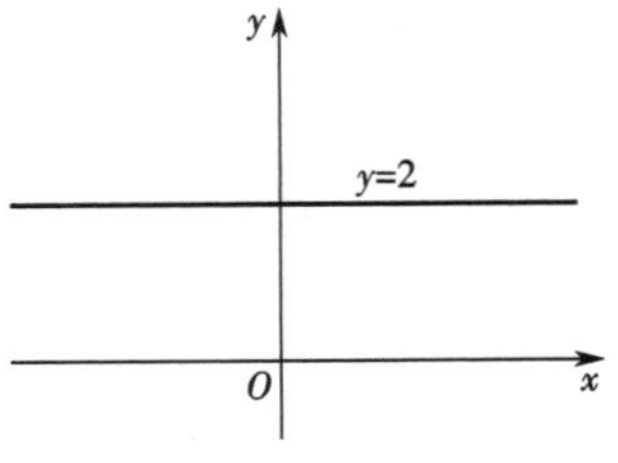

图 1-3

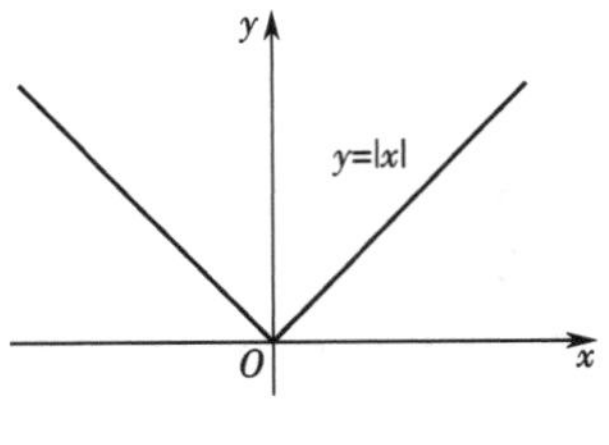

图 1-4

例 3　符号函数

$$y = \operatorname{sgn} x = \begin{cases} 1, & x > 0, \\ 0, & x = 0, \\ -1, & x < 0. \end{cases}$$

其定义域为 $(-\infty,+\infty)$,值域为 $R_f=\{-1,0,1\}$,图形如图1-5所示.

例4 设 x 为任一实数,不超过 x 的最大整数称为 x 的**整数部分**,记作 $[x]$. 例如 $[0.5]=0$, $[3.7]=3$. 把 x 看做变量,则函数

$$y=[x]$$

的定义域为 $(-\infty,+\infty)$,值域为 $R_f=\mathbf{Z}$,图形如图1-6所示.

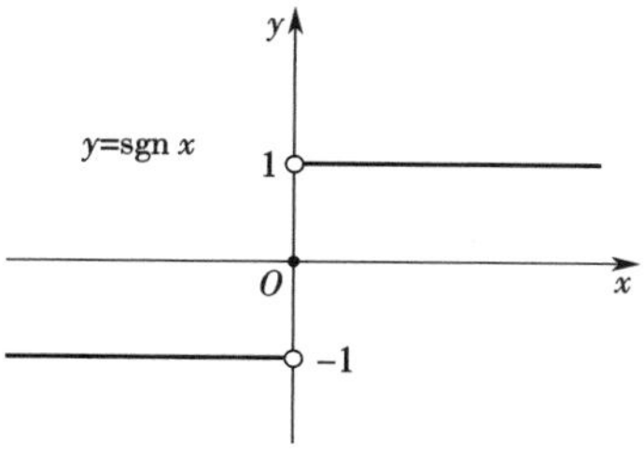

图1-5

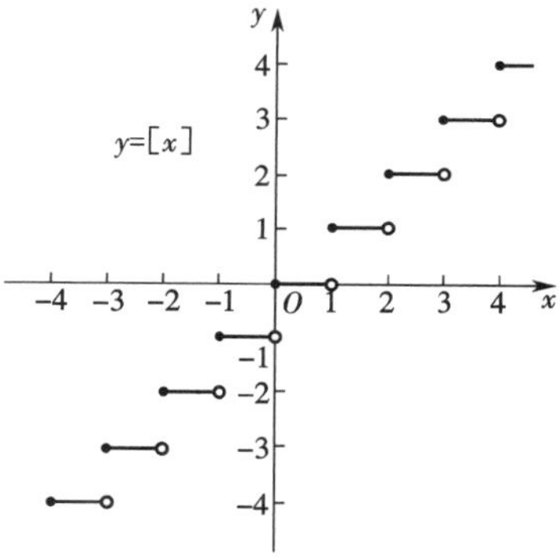

图1-6

例5 狄利克雷(Dirichlet)函数

$$D(x)=\begin{cases}1, & x\in\mathbf{Q},\\0, & x\in\mathbf{Q}^c.\end{cases}$$

其定义域为 $(-\infty,+\infty)$,值域为 $\{0,1\}$.

三、函数的特性

1. 函数的有界性

设函数 $f(x)$ 定义域为 D ,数集 $X\subset D$,如果存在数 K_1 ,使得 $f(x)\leqslant K_1$ 对于任一 $x\in X$ 都成立,则称函数 $f(x)$ 在 X 上有**上界**,而 K_1 称为函数 $f(x)$ 在 X 上的一个上界;如果存在数 K_2 ,使得 $f(x)\geqslant K_2$ 对于任一 $x\in X$ 都成立,则称函数 $f(x)$ 在 X 上有**下界**,而 K_2 称为函数 $f(x)$ 在 X 上的一个下界;如果存在数 $M>0$,使得 $|f(x)|\leqslant M$ 对于任一 $x\in X$ 都成立,则称函数 $y=f(x)$ 在 X 上**有界**;如果不存在这样的正数 M ,则称函数 $f(x)$ 在 X 上**无界**.

容易证明,函数 $y=f(x)$ 在 X 上有界的充分必要条件是它在 X 上既有上界又有下界.

例6 函数 $y=\tan x$ 在 $\left(-\frac{\pi}{3},\frac{\pi}{3}\right)$ 内,恒有 $|\tan x|\leqslant\sqrt{3}$,所以函数 $y=\tan x$ 在 $\left(-\frac{\pi}{3},\frac{\pi}{3}\right)$ 内是有界函数,而 $y=\tan x$ 在 $\left(-\frac{\pi}{2},\frac{\pi}{2}\right)$ 内是无界函数.

注 有的函数可能在定义域的某一部分有界,而在另一部分无界,因此一般说函数有界或无界应同时指出其自变量的相应范围.

2. 函数的单调性

设函数 $f(x)$ 的定义域为 D ,区间 $I\subset D$. 如果对于区间 I 上任意两点 x_1,x_2 ,当 $x_1<x_2$ 时,恒有

$$f(x_1) < f(x_2),$$

则称函数 $y = f(x)$ 在区间 I 上是**单调增加**的;当 $x_1 < x_2$ 时,恒有

$$f(x_1) > f(x_2),$$

则称函数 $y = f(x)$ 在区间 I 上是**单调减少**的,单调增加和单调减少的函数统称为**单调函数**. 若函数 $y = f(x)$ 是区间 I 上的单调函数,则称区间 I 为函数 $y = f(x)$ 的**单调区间**.

3. 函数的奇偶性

设函数 $y = f(x)$ 的定义域 D 关于原点对称,若对任意 $x \in D$ 都有

$$f(-x) = f(x),$$

则称 $f(x)$ 是 D 上的**偶函数**;若对任意 $x \in D$ 都有

$$f(-x) = -f(x),$$

则称 $f(x)$ 是 D 上的**奇函数**.

偶函数的图形关于 y 轴对称,奇函数的图形关于原点对称,如图 1-7 所示.

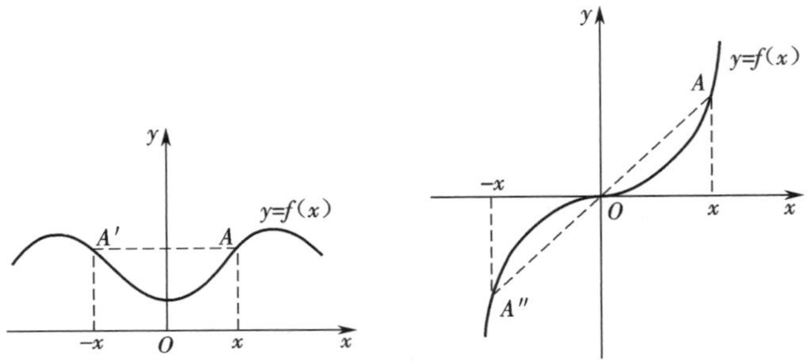

图 1-7

既不是奇函数也不是偶函数的函数,称为**非奇非偶函数**.

4. 函数的周期性

设函数 $y = f(x)$ 的定义域为 D,如果存在常数 $T > 0$,使对于任意 $x \in D$, $x \pm T \in D$,有

$$f(x \pm T) = f(x),$$

则称函数 $y = f(x)$ 是**周期函数**, T 称为 $f(x)$ 的**周期**. 通常所说的周期函数的周期是指它的**最小正周期**.

例如, $\sin x$, $\cos x$ 都是以 2π 为周期的周期函数; $\tan x$ 是以 π 为周期的周期函数.

习 题 1-2(A)

1. 求下列函数的定义域:

(1) $y = \sqrt{4 - x^2}$;　　(2) $y = \dfrac{5}{1 + x^2}$;

(3) $y = \dfrac{\ln(x - 3)}{\sqrt{9 - x}}$;　　(4) $y = \dfrac{e^{1-x^2}}{\sqrt{x^2 - x - 2}}$.

2. 判断下列函数 $f(x)$, $g(x)$ 是否相同:

(1) $f(x) = x$, $g(x) = \sqrt{x^2}$;　　(2) $f(x) = x$, $g(x) = e^{\ln x}$;

(3) $f(x) = x - 1$, $g(x) = \dfrac{x^2 - 1}{x + 1}$;　(4) $f(x) = \lg x^2$, $g(x) = 2\lg x$.

3. 判断下列函数的奇偶性：

(1) $f(x) = \dfrac{x^2 - 1}{x^2 + 1}$;　(2) $f(x) = x(x - 1)(x + 1)$;

(3) $f(x) = \dfrac{a^x + a^{-x}}{2}$;　(4) $f(x) = \sin x - \cos x + 1$.

4. 判断下列函数的单调性：

(1) $y = x + \ln x$;　(2) $y = \dfrac{x}{1 - x}$.

5. 判断下列函数是否为周期函数，如果是周期函数，指出其最小正周期：

(1) $y = \sin^2 x$;　(2) $y = \cos 4x$;　(3) $\cos \dfrac{1}{x}$.

习　题　1-2(B)

1. 设下面所考虑的函数都是定义在区间 $(-l,l)$ 上的函数，证明：

(1)两个偶函数的和是偶函数，两个奇函数的和是奇函数；

(2)两个偶函数的乘积是偶函数，两个奇函数的乘积是偶函数；偶函数与奇函数的乘积是奇函数.

2. 证明：函数 $y = \dfrac{x^2}{1 + x^2}$ 是有界函数.

3. 设 $f(x)$ 为定义在 $(-l,l)$ 内的奇函数，若 $f(x)$ 在 $(0,l)$ 内单调增加，证明：$f(x)$ 在 $(-l,0)$ 内也单调增加.

第 3 节　复合函数和反函数

一、复合函数

定义 1　设函数 $y = f(u)$ 的定义域为 D_f ，函数 $u = g(x)$ 在 D 上有定义，值域为 $g(D)$ ，若 $g(D) \subset D_f$ ，则由下式确定的函数

$$y = f[g(x)],\ x \in D,$$

称为由函数 $u = g(x)$ 与函数 $y = f(u)$ 构成的复合函数，其中 x 为自变量，y 为因变量，u 称为中间变量.

例 1　讨论下列复合函数是如何复合而成的：

(1) $y = (\cos x)^2$;　(2) $y = \sin^2 \dfrac{1}{\sqrt{x^2 + 1}}$;

(3) $y = \ln(\tan e^{x^2+2\sin x})$.

解　(1)所给函数是由 $y = u^2$ 和 $u = \cos x$ 两个函数复合而成的.

(2)所给函数是由 $y = u^2$, $u = \sin v$, $v = w^{-\frac{1}{2}}$, $w = x^2 + 1$ 四个函数复合而成.

(3)所给函数是由 $y = \ln u$, $u = \tan v$, $v = e^w$, $w = x^2 + 2\sin x$ 四个函数复合而成.

二、反函数

定义 2　设函数 $y = f(x), x \in D$ 的值域为 $f(D)$，如果对任意的 $y \in f(D)$，都有唯一的 $x \in D$ 满足 $f(x) = y$，就得到了定义在 $f(D)$ 上的一个函数，称其为函数 f 的反函数. 通常记作 $x = f^{-1}(y)$，$y \in f(D)$，其定义域为 $f(D)$，值域为 D.

一般常以 x 表示自变量，y 表示函数，故反函数又记为 $y = f^{-1}(x)$，$x \in f(D)$. 可见，若 $P(a,b)$ 是函数 $f(x)$ 的图形上的点，则 $Q(b,a)$ 是反函数 $f^{-1}(x)$ 的图形上的点；反之也一样，因此在同一坐标平面上，$f(x)$ 的图形与 $f^{-1}(x)$ 的图形是关于直线 $y = x$ 对称的，如图 1-8 所示.

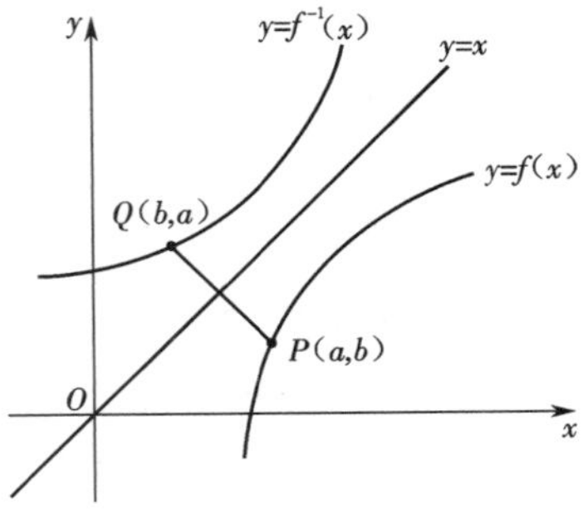

图 1-8

需要说明的是，并不是任意一个函数都存在反函数.

定理（反函数存在定理）　设 $y = f(x)$ 是定义在 D 上的单调函数，则其反函数 $y = f^{-1}(x)$ 必存在，且 $y = f(x)$ 与 $y = f^{-1}(x)$ 有相同的单调性.

证　不妨设函数 $y = f(x)$ 是单调递增的，对于任意 $x_1, x_2 \in D$，若 $x_1 \neq x_2$，则有 $f(x_1) \neq f(x_2)$，于是对于任意 $y \in f(D)$ 都存在唯一的一个 $x \in D$，使得 $f(x) = y$，所以函数 $f(x)$ 存在反函数 $y = f^{-1}(x)$；再证 $f^{-1}(x)$ 在 $f(D)$ 上也是单调递增的，对于任意 $y_1, y_2 \in f(D)$，且 $y_1 < y_2$，则必有 $x_1, x_2 \in D$，使 $f(x_1) = y_1, f(x_2) = y_2$，所以 $f(x_1) < f(x_2)$，又因为函数 f 是单调递增的，所以有 $x_1 < x_2$，即 $f^{-1}(y_1) < f^{-1}(y_2)$，说明反函数 $x = f^{-1}(y)$ 也是单调递增的.

对于函数 $y = f(x)$ 是递减的情形类似可证.

求反函数的步骤一般为：

第一步，由 $y = f(x)$ 求出 x，即用 y 表示 x；

第二步，将 $x = f^{-1}(y)$ 中的 x，y 对换；

第三步，得到 $y = f^{-1}(x)$，并标明其定义域.

例 2　求函数 $y = 3x + 5$ 的反函数.

解　由

$$y = 3x + 5,$$

可解得

$$x = \frac{y-5}{3},$$

交换 x , y 的位置,即得所求反函数

$$y = \frac{x-5}{3},$$

其定义域为 $(-\infty, +\infty)$.

三、函数的运算

设函数 $f(x)$, $g(x)$ 的定义域依次为 D_1 , D_2 , $D = D_1 \cap D_2 \neq \varnothing$,则我们可以定义这两个函数的下列运算.

函数的和差: $(f \pm g)(x) = f(x) \pm g(x)$, $x \in D$.

函数的积: $(f \cdot g)(x) = f(x) \cdot g(x)$, $x \in D$.

函数的商: $\left(\frac{f}{g}\right)(x) = \frac{f(x)}{g(x)}$, $x \in D$ 且 $\{x \mid g(x) \neq 0\}$.

例 3　设函数 $f(x)$ 的定义域为 $(-l,l)$,证明必存在 $(-l,l)$ 上的偶函数 $g(x)$ 及奇函数 $h(x)$,使得

$$f(x) = g(x) + h(x).$$

证　令

$$g(x) = \frac{1}{2}[f(x) + f(-x)],\ h(x) = \frac{1}{2}[f(x) - f(-x)],$$

易知 $g(x)$ 为偶函数, $h(x)$ 为奇函数,且

$$f(x) = \frac{1}{2}[f(x) + f(-x)] + \frac{1}{2}[f(x) - f(-x)] = g(x) + h(x).$$

证毕.

习　题　1-3(A)

1. 讨论下列复合函数是由哪些函数复合而成的:

(1) $y = \sin 3x$;　　　　(2) $y = e^{\frac{2}{x-3}}$.

2. 求下列复合函数的定义域:

(1) $y = \sin\sqrt{x-2}$;　　　　(2) $y = \ln(x^2 - 5)$.

3. 求下列函数的反函数:

(1) $y = 1 + \ln(x+2)$;　　　　(2) $y = \frac{1-x}{1+x}$.

4. 设 $f(x)$ 的定义域为 $D = [0,1]$,求下列复合函数的定义域:

(1) $f(x+2)$;　　　　(2) $f(\cos x)$;

(3) $f(x^2)$;　　　　(4) $f(e^x - 1)$.

习　题　1-3(B)

1. 已知函数 $f(x) = x^3 - x$, $\varphi(x) = \sin 2x$,求 $f[\varphi(x)]$, $\varphi[f(x)]$.

2. (1)设 $f(\sin x) = \cos 2x + 1$,求 $f(\cos x)$.

(2)设 $f\left(x + \frac{1}{x}\right) = x^2 + \frac{1}{x^2}$,求 $f(x)$.

第 4 节　初等函数

一、基本初等函数

1. 幂函数

函数

$$y = x^{\mu}\ (\mu \text{ 为常数})$$

称为**幂函数**.

幂函数的定义域随 μ 而异,但不论 μ 取何值,它在 $(0, +\infty)$ 内总有定义,而且图形都经过 $(1,1)$ 点. 例如:当 $\mu = 3$, $\mu = 1$, $\mu = -1$ 时,其图形如图 1-9 所示.

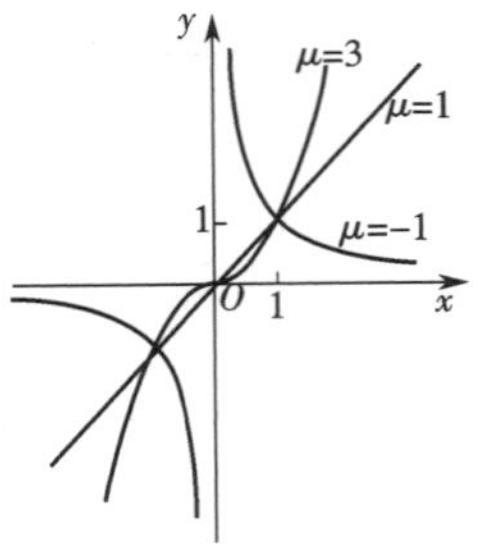

图 1-9

2. 指数函数

函数

$$y = a^{x}\ (a \text{ 为常数且 } a > 0, a \neq 1)$$

称为**指数函数**,它的定义域是 $(-\infty, +\infty)$,值域是 $(0, +\infty)$.

因为对任意实数 x ,总有 $a^{x} > 0$ 且 $a^{0} = 1$,所以指数函数的图形总在 x 轴的上方,且经过点 $(0,1)$.

若 $a > 1$,指数函数 $y = a^{x}$ 是单调增加的.

若 $0 < a < 1$,指数函数 $y = a^{x}$ 是单调减少的,其图形如图 1-10 所示.

另外,易知函数 $y = a^{-x}$ 与函数 $y = a^{x}$ 的图形关于 y 轴对称.

3. 对数函数

函数

$$y = \log_{a} x\ (a > 0 \text{ 且 } a \neq 1,\ a \text{ 为常数})$$

称为**对数函数**,它的定义域是 $(0, +\infty)$,值域是 $(-\infty, +\infty)$.

显然它的图形始终位于 y 轴的右方,并通过点 $(1,0)$,如图 1-11 所示.

当 $a > 1$ 时,对数函数 $y = \log_{a} x$ 在定义域上是单调增加的,在区间 $(0,1)$ 内函数值为负,在区间 $(1, +\infty)$ 内函数值为正.

当 $0 < a < 1$ 时,对数函数 $y = \log_{a} x$ 在定义域上是单调减少的,在区间 $(0,1)$ 内函数值为正,在区间 $(1, +\infty)$ 内函数值为负.

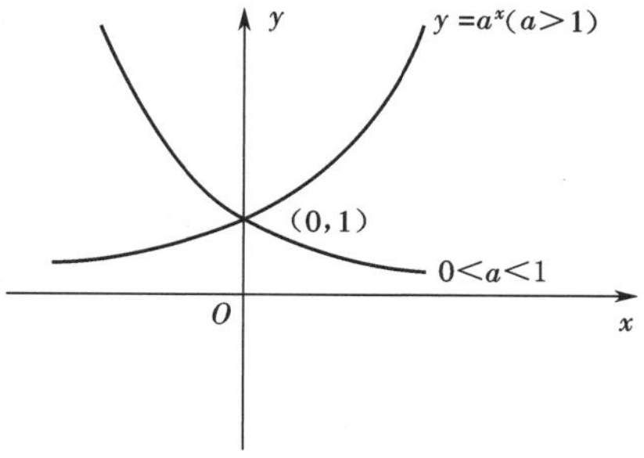

图 1-10

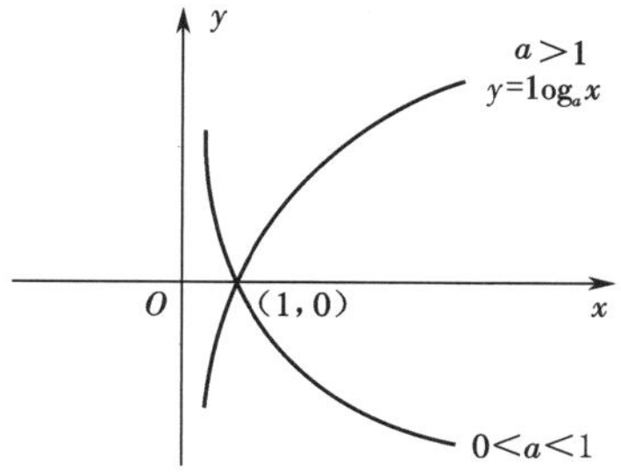

图 1-11

4. 三角函数

函数 $y=\sin x$ 称为**正弦函数**,其定义域为 $(-\infty,+\infty)$,值域是 $[-1,1]$,它是以 2π 为周期的周期函数,是奇函数,其图形如图 1-12 所示.

函数 $y=\cos x$ 称为**余弦函数**,其定义域为 $(-\infty,+\infty)$,值域是 $[-1,1]$,它是以 2π 为周期的周期函数,是偶函数,其图形如图 1-13 所示.

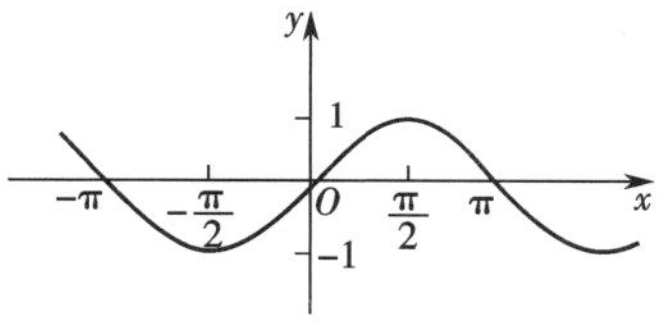

图 1-12

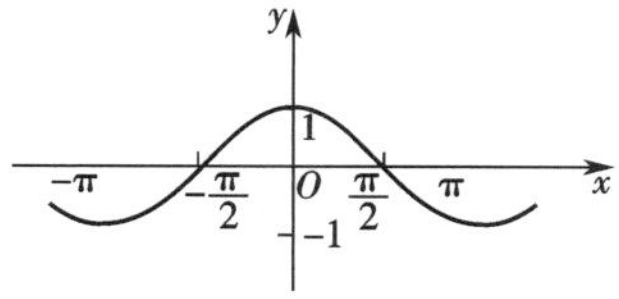

图 1-13

函数 $y=\tan x$ 称为**正切函数**,其定义域为 $n\pi-\frac{\pi}{2}<x<n\pi+\frac{\pi}{2}$ $(n=0,\pm1,\pm2,\cdots)$,值域是 $(-\infty,+\infty)$,它是以 π 为周期的周期函数,在 $\left(-\frac{\pi}{2},\frac{\pi}{2}\right)$ 上是单调增加的奇函数,其图形如图 1-14 所示.

函数 $y=\cot x$ 称为**余切函数**,其定义域为 $n\pi<x<(n+1)\pi$ $(n=0,\pm1,\pm2,\cdots)$,值域是 $(-\infty,+\infty)$,它是以 π 为周期的周期函数,在 $(0,\pi)$ 上是单调减少的,其图形如图 1-15 所示.

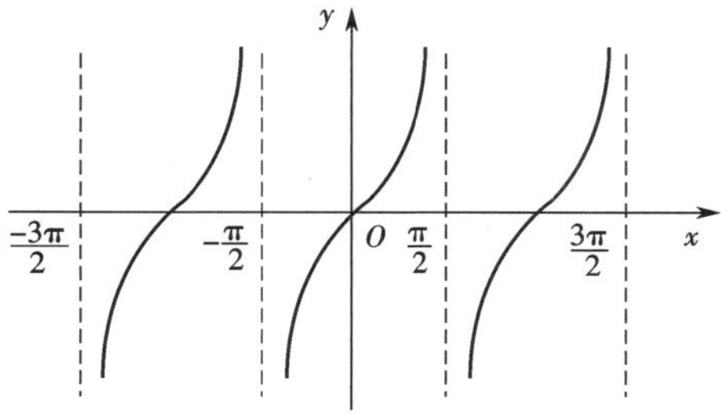

图 1-14

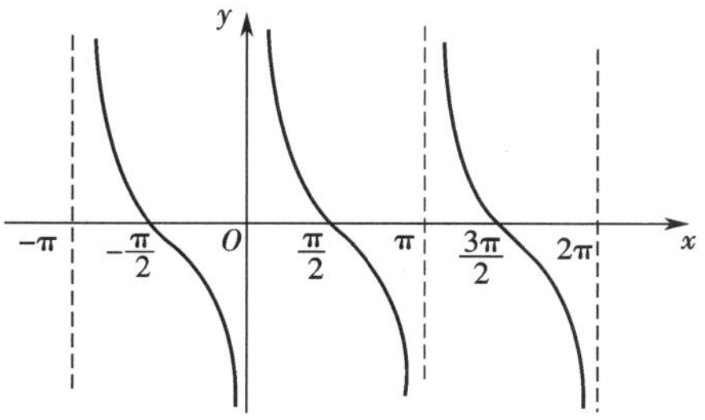

图 1-15

函数 $y=\dfrac{1}{\cos x}=\sec x$ 称为**正割函数**,其定义域为 $x\neq k\pi+\dfrac{\pi}{2},k\in\mathbf{Z}$,值域为 $(-\infty,-1]\cup[1,+\infty)$.

函数 $y=\dfrac{1}{\sin x}=\csc x$ 称为**余割函数**,其定义域为 $x\neq k\pi,k\in\mathbf{Z}$,值域为 $(-\infty,-1]\cup[1,+\infty)$.

5. 反三角函数

正弦函数 $y=\sin x$ 在 $\left[-\dfrac{\pi}{2},\dfrac{\pi}{2}\right]$ 上的反函数称为**反正弦函数**,记作 $y=\arcsin x$,其定义域为 $[-1,1]$,值域是 $\left[-\dfrac{\pi}{2},\dfrac{\pi}{2}\right]$,它是单调增加的奇函数,其图形如图 1-16 所示.

余弦函数 $y=\cos x$ 在 $[0,\pi]$ 上的反函数称为**反余弦函数**,记作 $y=\arccos x$,其定义域为 $[-1,1]$,值域是 $[0,\pi]$,它是单调减少函数,其图形如图 1-17 所示.

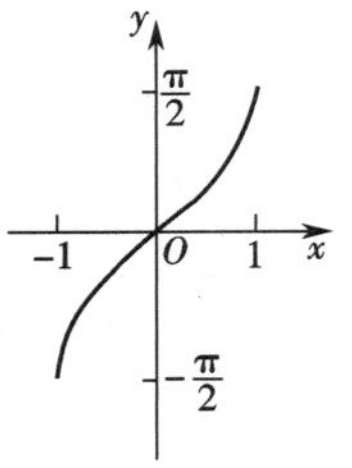

图 1-16

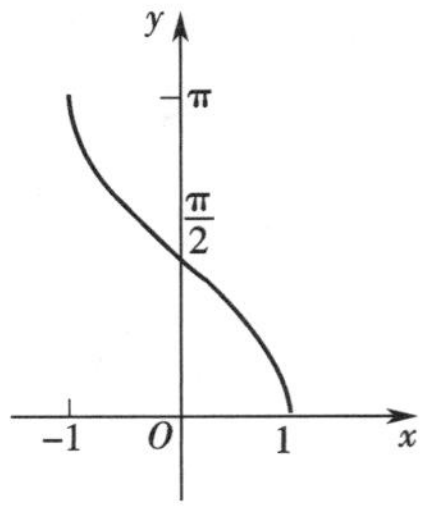

图 1-17

正切函数 $y=\tan x$ 在 $\left(-\dfrac{\pi}{2},\dfrac{\pi}{2}\right)$ 上的反函数称为**反正切函数**,记作 $y=\arctan x$,其定义域为 $(-\infty,+\infty)$,值域是 $\left(-\dfrac{\pi}{2},\dfrac{\pi}{2}\right)$,它是单调增加的奇函数,其图形如图 1-18 所示.

余切函数 $y=\cot x$ 在 $(0,\pi)$ 上的反函数称为**反余切函数**,记作 $y=\operatorname{arccot} x$,其定义域为 $(-\infty,+\infty)$,值域是 $(0,\pi)$,它是单调减少函数,其图形如图 1-19 所示.

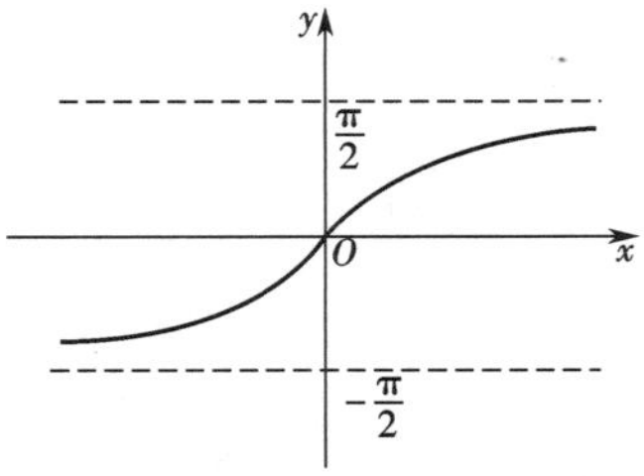

图 1-18

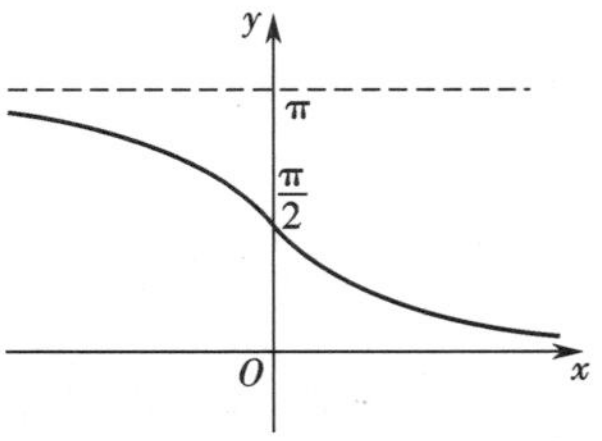

图 1-19

二、初等函数

幂函数、指数函数、对数函数、三角函数和反三角函数统称为**基本初等函数**,由常数和基本初等函数经过有限次的四则运算或有限次的函数复合所构成并可用一个式子表示的函数,称为**初等函数**.

例如,$y=3x^2-2x+1$,$y=\sin\dfrac{2}{x}$ 等是初等函数,但是 $y=\begin{cases}2\sqrt{x}, & 0\leqslant x\leqslant 1,\\ 3-x, & x>1\end{cases}$ 就不是初等函数,因为该函数不能用一个式子表示.

此外,在这里简单说明一下应用中常遇到以 e 为底的指数函数 $y=e^x$ 和 $y=e^{-x}$ 所产生的双曲函数以及它们的反函数——反双曲函数. 它们的定义如下:

双曲正弦　$\operatorname{sh} x=\dfrac{e^x-e^{-x}}{2}$;

双曲余弦　$\operatorname{ch} x=\dfrac{e^x+e^{-x}}{2}$;

双曲余切　$\operatorname{th} x=\dfrac{\operatorname{sh} x}{\operatorname{ch} x}=\dfrac{e^x-e^{-x}}{e^x+e^{-x}}$.

双曲函数 $y=\operatorname{sh} x$,$y=\operatorname{ch} x(x\geqslant 0)$,$y=\operatorname{th} x$ 的反函数依次记作:

反双曲正弦　$y=\operatorname{arsh} x$;

反双曲余弦　$y=\operatorname{arch} x$;

反双曲余切　$y=\operatorname{arth} x$.

习　题　1-4(A)

1. 判断函数 $y(x)=x$,$g(x)=\sin(\arcsin x)$ 是否为同一个函数.

2. 求下列函数的定义域:

(1) $y=\dfrac{1}{1-x^2}+\sqrt{x+2}$;　(2) $y=\ln(x^2-2x)$;

(3) $y=\arcsin\dfrac{x-3}{4}$;　(4) $y=e^{\frac{1}{x^2-2x-3}}$.

3. 判断下列函数哪些是周期函数,若是周期函数指出其周期:

(1) $y=\sin\dfrac{2}{x}$;　(2) $y=\sin(2x+3)$;

(3) $y=x\cos x$;　(4) $y=\cos \pi x$.

4. 指出下列函数的复合过程:

(1) $y=\arccos\ln(3x^2+1)$;　(2) $y=e^{\cos^3 x^2}$.

5. 求下列函数的反函数:

(1) $y=\dfrac{2^x}{2^x+1}$;　(2) $y=\sin 2x$.

习　题　1-4(B)

1. 求下列函数的定义域:

(1) $y=\arccos(1-x^2)+\ln\left(\dfrac{3x+1}{1-x}\right)$;　(2) $y=\dfrac{x}{\sin x}$.

2. 设 $f(\sin^2 x)=\cos 2x+\tan^2 x, 0<x<1$,求 $f(x)$.

3. 判别函数 $y=\ln(x+\sqrt{1+x^2})$ 的奇偶性.

第 5 节　极坐标

平面直角坐标系把平面中的点与二元有序数组建立了一一对应.但建立这种对应关系未必一定要用直角坐标系,我们可以用方向和距离来表示一个点的位置,这就是极坐标系.

一、极坐标的相关概念

定义 1　在平面内取一个定点 O ,叫做极点.引一条射线 Ox ,叫做极轴,再选一个长度单位和角度的正方向(通常取逆时针方向).这样建立的坐标系叫做极坐标系.

对于平面内的任意一点 M ,用 ρ 表示线段 OM 的长度, θ 表示沿着逆时针方向从极轴 Ox 到 OM 的角, ρ 叫做点 M 的**极径**, θ 叫做点 M 的**极角**,有序数对 (ρ,θ) 就叫做点 M 的**极坐标**,如图 1-20 所示.

极坐标和直角坐标都是用一对有序实数确定平面上一个点,在极坐标系下,有序数对 (ρ,θ) 对应唯一一点 $M(\rho,\theta)$,但平面内任一个点 M 极坐标不唯一.一个点可以有无数个极坐标,这些坐标又有规律可循, $M(\rho,\theta)$ (极点除外)的全部坐标为 $(\rho,\theta+2k\pi)(k\in\mathbf{Z})$.

二、极坐标系与直角坐标系的关系

极坐标系与直角坐标系互化要求极点与坐标原点重合, x 轴正半轴为极轴,取相同长度单位,如图 1-21 所示.

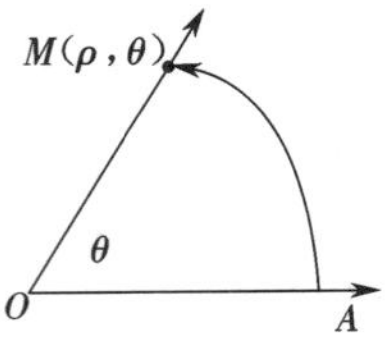

图 1-20

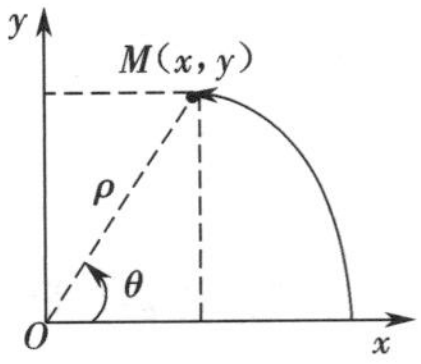

图 1-21

极坐标与直角坐标互化关系式为

$$\begin{cases} x=\rho\cos\theta, \\ y=\rho\sin\theta, \end{cases} \quad \text{或} \quad \begin{cases} \rho=\sqrt{x^2+y^2}, \\ \tan\theta=\dfrac{y}{x} \quad (x\neq 0). \end{cases}$$

例 1　化直角坐标方程 $x-y=0$ 为极坐标方程.

解　设 $x=\rho\cos\theta, y=\rho\sin\theta$,代入方程 $x-y=0$ 得

$$\rho(\cos\theta-\sin\theta)=0,$$

由此得 $\rho=0$ 或 $\cos\theta-\sin\theta=0$.

由 $\cos\theta-\sin\theta=0$,得 $\tan\theta=1$,即 $\theta=k\pi+\dfrac{\pi}{4}$.

因为 $\rho=0$ 表示极点,而 $\theta=\dfrac{\pi}{4}$, $\theta=\dfrac{5\pi}{4}$ 均表示过极点的射线.所以 $\rho=0$ 已经包含在

$\theta = \frac{\pi}{4}$，$\theta = \frac{5\pi}{4}$中，故直角坐标方程 $x - y = 0$ 的极坐标方程为 $\theta = \frac{\pi}{4}$，$\theta = \frac{5\pi}{4}$.

例 2　化极坐标方程 $\rho = 4\cos\theta$ 为直角坐标方程，并指出它是什么曲线.

解　当 $\rho \neq 0$ 时，由 $\rho = 4\cos\theta$，得 $\rho^2 = 4\rho\cos\theta$，故

$$x^2 + y^2 = 4x,$$

即

$$(x-2)^2 + y^2 = 4.$$

当 $\rho = 0$ 时表示极点，也满足上述方程 $(x-2)^2 + y^2 = 4$.

故极坐标方程 $\rho = 4\cos\theta$ 表示以 $(2,0)$ 为圆心，以 2 为半径的圆.

习　题　1-5

1. 化直角坐标方程 $x + y = 0$ 为极坐标方程.
2. 化直角坐标方程 $x^2 + y^2 = 2$ 为极坐标方程.
3. 化直角坐标方程 $y = kx$ 为极坐标方程.
4. 化极坐标方程 $\rho = 4$ 为直角坐标方程，并指出它是什么曲线.
5. 化极坐标方程 $\rho = 4\sin\theta$ 为直角坐标方程，并指出它是什么曲线.

总习题 1

1. $A = \{x \mid x^2 - 2x - 3 \leqslant 0\}$，$B = \{x \mid |x - 2| > 0\}$，求 $A \cap B$，$A \cup B$.

2. $f(x)$ 的定义域是 $[0,1]$，求下列函数的定义域：

(1) $f(\arctan x)$；　　　　(2) $f(\ln x)$.

3. 设 $f(x) = \frac{1}{1 - x^2}$，求 $f[f(x)]$，$f\left[\frac{1}{f(x)}\right]$.

4. 设 $f(x) = e^{x^2}$，$f(\varphi(x)) = 1 - x$，且 $\varphi(x) \geqslant 0$，求 $\varphi(x)$ 及其定义域.

5. 设

$$g(x) = \begin{cases} 2 - x, & x \leqslant 0, \\ x + 2, & x > 0, \end{cases} \quad f(x) = \begin{cases} x^2, & x < 0, \\ -x, & x \geqslant 0. \end{cases}$$

求 $g(f(x))$.

6. 设函数

$$f(x) = \begin{cases} 1, & |x| \leqslant 1, \\ 0, & |x| > 1. \end{cases}$$

求 $f\{f[f(x)]\}$.

7. 设 $f(x) = e^x$，证明：

(1) $f(x) \cdot f(y) = f(x + y)$；　　　　(2) $\frac{f(x)}{f(y)} = f(x - y)$.

8. 设 $f(x) = \ln x$，证明：

(1) $f(x) + f(y) = f(xy)$；　　　　(2) $f(x) - f(y) = f\left(\frac{x}{y}\right)$.

9. 设 $af(x)+bf\left(\frac{1}{x}\right)=\frac{c}{x}$，$x\neq 0$，$a^2\neq b^2$，求 $f(x)$.

10. 设 $f(x)$ 是 $(-\infty,\infty)$ 内的奇函数，$f(1)=a$，且对 $\forall x\in\mathbf{R}$，有

$$f(x+2)-f(x)=f(2).$$

试用 a 表示 $f(2)$，$f(5)$.

11. 将参数方程 $\begin{cases}x=a\cos\theta,\\ y=a\sin\theta\end{cases}$（其中 $a>0$）化为极坐标方程.

第 2 章　极限与连续

极限思想作为一种哲学和数学思想，其发展经历了思想萌芽、理论发展和理论完善时期，在其漫长曲折的演变历程中布满了众多哲学家、数学家的奋斗足迹，闪烁着人类智慧的光芒. 极限理论的形成为微积分提供了理论基础，为人类认识无限提供了强有力的工具，它从方法论上凸显出了高等数学不同于初等数学的特点，是近现代数学的一种重要思想和方法，掌握、运用好极限方法是学好微积分的关键.

第 1 节　数列的极限

一、引例

引例 1（割圆术）　古代数学家刘徽的“割圆术”就是极限思想在几何学上的应用. 在一个圆内，做一个内接正六边形，其面积为 A_1；再做一个内接正十二（6×2）边形，其面积为 A_2；再做一个内接正二十四（6×2^2）边形，其面积为 A_3；一般对于内接的正 $6 \times 2^{n-1}$ 边形，面积记作 A_n（$n \in \mathbf{N}$）. 这样，得到一系列的内接正多边形的面积为 $A_1, A_2, \cdots, A_n, \cdots$，它们形成一列有次序的数，而且 n 越大即随着边数的无限增加，内接正多边形就无限地接近于圆，同时 A_n 就越接近某个定值，此定值即为圆的面积.

引例 2（弹球模型）　一只球从 100 m 的高空掉下，每次弹回的高度为上次高度的 2/3，这样运动下去，用第 $1, 2, \cdots, n, \cdots$ 次的高度来表示球的运动规律，则得到一列数：

$$100, 100 \times \frac{2}{3}, 100 \times \left(\frac{2}{3}\right)^2, \cdots, 100 \times \left(\frac{2}{3}\right)^{n-1}, \cdots$$

根据物理意义可知，随着次数 n 的无限增大，这列数无限接近于 0.

二、数列的相关概念

1. 数列的概念及表示

定义 1　按照一定的顺序排成的一列数，称之为数列，记为

$$x_1, x_2, x_3, \cdots, x_n, \cdots \text{ 或 } \{x_n\},$$

其中第 n 项 x_n 称为数列的一般项或通项，数列中的每一个数叫做数列的项.

例如：

$$1, -1, 1, -1, 1, -1, \cdots$$

$$\frac{1+1}{1}, \frac{2+1}{2}, \frac{3+1}{3}, \cdots, \frac{n+1}{n}, \cdots$$

$$1, 2, 4, 8, 16, \cdots, 2^{n-1}, 2^n, \cdots$$

都是数列，它们的一般项依次为

$$(-1)^{n-1}, \quad \frac{n+1}{n}, \quad 2^{n-1}.$$

在几何上,数列 $\{x_n\}$ 也可以看做是数轴上一些随意分布的动点,如图 2-1 所示.

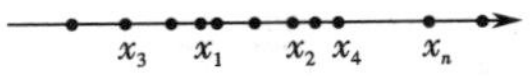

图 2-1

数列 $\{x_n\}$ 可以看做是自变量为正整数 n 的函数:

$$x_n = f(n), n \in \mathbf{N}^+ .$$

例如,数列 $x_n = 1 + \frac{(-1)^{n-1}}{n} (n = 1,2,\cdots)$,当自变量 n 依次取 1,2,3,⋯ 一切正整数时,对应的函数值 $f(n)$ 就排列成了数列,可运用平面直角坐标系表示这种关系,如图 2-2 所示.

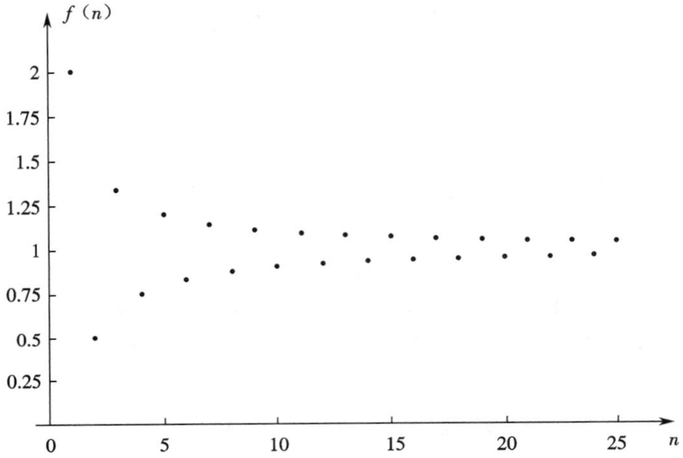

图 2-2

2. 有界数列与无界数列

对于数列 $\{x_n\}$,如果存在正数 M,使得对于一切 x_n 都满足不等式

$$|x_n| \leqslant M,$$

则称数列 $\{x_n\}$ 是**有界数列**.

有界数列的特点是所有的 x_n 都落在一条宽为 $2M$ 的带状区域中,如图 2-3 所示.

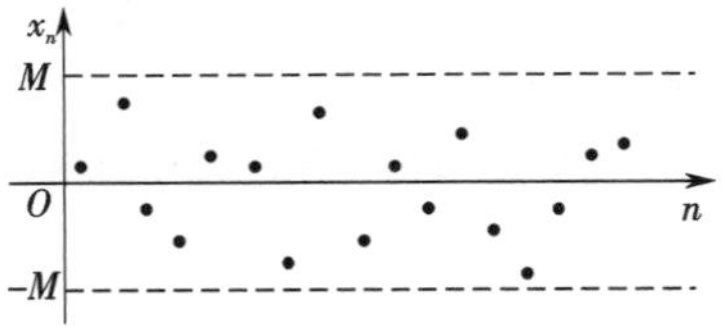

图 2-3

如果不存在这样的正数 M,就称数列 $\{x_n\}$ 是**无界数列**.

例如,数列 $x_n = \frac{1}{2^n}(n = 1,2,\cdots)$,$x_n = (-1)^{n-1}(n = 1,2,\cdots)$ 是有界数列;数列 $x_n = n(n = 1,2,\cdots)$,$x_n = (-1)^n 2^n (n = 1,2,\cdots)$ 是无界数列.

3. 单调数列

若数列 $\{x_n\}$ 满足条件：

$$x_1 \leqslant x_2 \leqslant x_3 \leqslant \cdots \leqslant x_n \leqslant \cdots ,$$

则称 $\{x_n\}$ 是**单调增加**的.

若数列 $\{x_n\}$ 满足条件：

$$x_1 \geqslant x_2 \geqslant x_3 \geqslant \cdots \geqslant x_n \geqslant \cdots ,$$

则称 $\{x_n\}$ 是**单调减小**的.

如：数列 $x_n = \frac{1}{2^n}$ $(n = 1,2,3,\cdots)$，即 $\frac{1}{2},\frac{1}{4},\frac{1}{8},\cdots,\frac{1}{2^n},\cdots$ 为单调减小数列；

数列 $x_n = n$ $(n = 1,2,3,\cdots)$，即 $1,2,3,\cdots,n,\cdots$ 为单调增加数列；

数列 $x_n = (-1)^n (n = 1,2,3,\cdots)$，则为非单调数列.

4. 子数列

在数列 $\{x_n\}$ 中任意抽取无限多项并保持这些项在原数列 $\{x_n\}$ 中的先后顺序，这样得到的一个数列称为原数列 $\{x_n\}$ 的**子(数)列**.

设在数列 $\{x_n\}$ 中第一次抽取 x_{n_1}，第二次抽取 x_{n_2}，第三次抽取 x_{n_3}……，这样无休止地抽取下去，得到一个数列

$$x_{n_1},\ x_{n_2},\cdots,\ x_{n_k},\cdots$$

这个数列 $\{x_{n_k}\}$ 就是数列 $\{x_n\}$ 的一个子数列.

子数列 $\{x_{n_k}\}$ 的一般项 x_{n_k} 是其第 k 项，而在原数列 $\{x_n\}$ 中是第 n_k 项，显然 $n_k \geqslant k$.

例如：数列 $x_n = 1 + \frac{(-1)^{2n-1}}{2n}(n = 1,2,\cdots)$ 是数列 $x_n = 1 + \frac{(-1)^{n-1}}{n}(n = 1,2,\cdots)$ 的子数列.

三、数列极限的概念

根据观察图像我们发现：当 n 无限增加(即 $n \to \infty$)时，数列

$$x_n = 1 + \frac{(-1)^{n-1}}{n} \quad (n = 1,2,\cdots)$$

对应的函数值无限接近于 1.

是不是所有的数列都有这样固定的数 a，使得当 n 无限增加(即 $n \to \infty$)时，数列 $\{x_n\}$ 会无限接近这个数呢？

1. 数列极限的定义

观察可得当 n 充分大时，数列 $x_n = 1 + \frac{(-1)^{n-1}}{n}$ $(n = 1,2,\cdots)$ 无限接近于 1，如何进行数学描述呢？

我们知道，两个数 a 与 b 之间的接近程度可以用这两个数之差的绝对值 $|b - a|$ 来度量(在数轴上 $|b - a|$ 表示点 a 与点 b 之间的距离)，$|b - a|$ 越小，a 与 b 就越接近.

于是针对数列 $x_n = 1 + \frac{(-1)^{n-1}}{n}$ $(n = 1,2,\cdots)$，我们考虑

$$|x_n - 1| = \left|1 + \frac{(-1)^{n-1}}{n} - 1\right| = \frac{1}{n}.$$

由此可见，当 n 越来越大时，$\frac{1}{n}$ 就越来越小，从而 x_n 越来越接近于 1．只要让 n 充分大，$|x_n-1|=\frac{1}{n}$ 就可以足够的小.

如果给定 0.1，要使 $|x_n-1|=\frac{1}{n}<0.1$，显然只要 $n>10$，即从第 11 项开始，就能满足不等式

$$|x_n-1|=\frac{1}{n}<0.1 .$$

如果给定 0.01，要使 $|x_n-1|=\frac{1}{n}<0.01$，显然只要 $n>100$，即从第 101 项开始，就能满足不等式

$$|x_n-1|=\frac{1}{n}<0.01 .$$

如果给定 0.001，要使 $|x_n-1|=\frac{1}{n}<0.001$，显然只要 $n>1\,000$，即从第 1 001 项开始，就能满足不等式

$$|x_n-1|=\frac{1}{n}<0.001 .$$

……

一般地，无论给定的正整数 ε 多么小，总存在一个正整数 N，使得当 $n>N$ 时，有

$$|x_n-1|=\frac{1}{n}<\varepsilon .$$

这就是当 n 无限增加（即 $n\to\infty$）时，数列 $x_n=1+\frac{(-1)^{n-1}}{n}$ $(n=1,2,\cdots)$ 无限接近于 1 这件事的实质. 这样的一个数 1，就叫做数列 $x_n=1+\frac{(-1)^{n-1}}{n}$ $(n=1,2,\cdots)$ 当 $n\to\infty$ 时的极限.

一般地，有如下数列极限的定义.

定义 2　设 $\{x_n\}$ 为一数列，如果存在常数 a，对任意给定的正数 ε（无论它多么小），总存在正整数 N，使得当 $n>N$ 时，不等式

$$|x_n-a|<\varepsilon$$

都成立，则称 a 为数列 $\{x_n\}$ 的极限，或者称数列 $\{x_n\}$ 收敛于 a，记作

$$\lim_{n\to\infty}x_n=a \text{ 或 } x_n\to a(n\to\infty) .$$

如果不存在这样的常数 a，就说数列 $\{x_n\}$ 没有极限，或者说数列 $\{x_n\}$ 是发散的，习惯上也说 $\lim\limits_{n\to\infty}x_n$ 不存在.

为了方便表示，我们引入记号“ $\forall$ ”表示“对任意给定的”或“对每一个”，记号“ $\exists$ ”表示“存在”. 于是数列极限 $\lim\limits_{n\to\infty}x_n=a$ 的定义可表达为：$\lim\limits_{n\to\infty}x_n=a\Leftrightarrow\forall\varepsilon>0$，$\exists$ 正整数 N，当 $n>N$ 时，有 $|x_n-a|<\varepsilon$.

注　(1) 正数 ε 是任意给定的，它表达了 x_n 与 a 的接近程度.

(2) 定义中的正整数 N 是与任意给定的正数 ε 有关的，它随着 ε 的给定而变化.

(3)对于取定的同一个 ε , N 的值不是唯一的.

2. 数列收敛的几何解释

当数列 $\{x_n\}$ 的极限为 a 时,在 N 项以后的所有项,满足

$$|x_n - a| < \varepsilon .$$

因为不等式 $|x_n - a| < \varepsilon$ 与不等式 $a - \varepsilon < x_n < a + \varepsilon$ 等价,所以当 $n > N$ 时,所有点 x_n 都落在以 a 为中心,以 ε 为半径的邻域内,而只有有限个点在这个邻域以外,如图 2-4 所示.

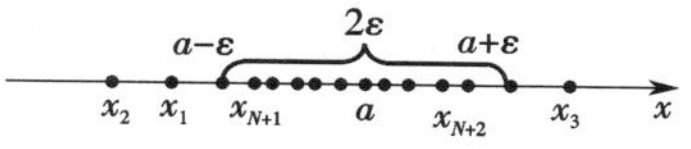

图 2-4

数列极限的定义并未直接提供如何去求数列的极限,以后要讲极限的求法,而现在只先举几个例子说明极限的概念.

例 1　证明当 $n \to \infty$ 时,数列 $x_n = 1 + \frac{(-1)^{n-1}}{n}$ $(n = 1,2,\cdots)$ 的极限值为 1.

证　$|x_n - a| = \left|1 + \frac{(-1)^{n-1}}{n} - 1\right| = \frac{1}{n}$,为了使 $|x_n - a|$ 小于任意给定的正数 ε, 只要 $\frac{1}{n} < \varepsilon$ 即 $n > \frac{1}{\varepsilon}$, 所以 $\forall \varepsilon > 0$,取正整数 $N = \left[\frac{1}{\varepsilon}\right]$,则当 $n > N$ 时,有

$$\left|1 + \frac{(-1)^{n-1}}{n} - 1\right| < \varepsilon ,$$

即

$$\lim_{n\to\infty}\left(1 + \frac{(-1)^{n-1}}{n}\right) = 1 .$$

例 2　设 $|q| < 1$,证明:等比数列 $q,q^2,q^3,\cdots,q^n,\cdots$ 以 0 为极限.

证　对 $\forall \varepsilon > 0$,要使 $|q^n - 0| = |q|^n < \varepsilon$,两边取对数得 $n\ln|q| < \ln\varepsilon$,即

$$n > \frac{\ln\varepsilon}{\ln|q|} ,$$

所以 $\forall \varepsilon > 0$,取 $N = \left[\frac{\ln\varepsilon}{\ln|q|}\right]$,当 $n > N$ 时,则有 $|q^n| < \varepsilon$,从而得 $\lim\limits_{n\to\infty} q^n = 0$.

四、收敛数列的性质

定理 1(唯一性)　若数列 $\{x_n\}$ 收敛,则其极限是唯一的.

证　(反证法)假设数列 $\{x_n\}$ 的极限不唯一,则同时有

$$\lim_{n\to\infty} x_n = a , \lim_{n\to\infty} x_n = b ,$$

且 $a < b$,由定义取 $\varepsilon = \frac{b-a}{2}$. 由 $x_n \to a$,则存在正整数 N_1 ,当 $n > N_1$ 时,不等式

$$|x_n - a| < \frac{b-a}{2} \tag{1}$$

成立.

同理,由 $x_n \to b$,则存在正整数 N_2 ,当 $n > N_2$ 时,不等式

$$|x_n - b| < \frac{b-a}{2} \tag{2}$$

成立. 取 $N = \max\{N_1, N_2\}$,则当 $n > N$ 时,式(1)和式(2)会同时成立. 但由式(1)有 $x_n < \frac{b+a}{2}$,由式(2)有 $x_n > \frac{b+a}{2}$,导致矛盾,表明所做的假设不成立,从而只有 $a = b$,唯一性得证.

例 3 证明数列 $x_n = (-1)^{n+1}(n = 1,2,\cdots)$ 是发散的.

证 假设该数列收敛,根据定理 1,它有唯一的极限,设该极限值为 a ,即 $\lim\limits_{n\to\infty} x_n = a$. 根据数列极限的定义,对于 $\varepsilon = \frac{1}{4}$, $\exists$ 正整数 N ,使得当 $n > N$ 时, $|x_n - a| < \frac{1}{4}$ 成立;即当 $n > N$ 时,所有点 x_n 都落在开区间 $\left(a - \frac{1}{4}, a + \frac{1}{4}\right)$ 内. 但这是不可能的,因为数列 x_n 无休止地重复取得 1 和 -1 这两个数,不可能同时落在长度为 $\frac{1}{2}$ 的开区间 $\left(a - \frac{1}{4}, a + \frac{1}{4}\right)$ 内,因此数列是发散的.

定理 2(有界性) 收敛的数列一定是有界的数列.

证 设数列 $\{x_n\}$ 收敛于 a ,则 $\forall \varepsilon > 0$, $\exists N$,当 $n > N$ 时,总有

$$|x_n - a| < \varepsilon .$$

由 ε 的任意小性,不妨设 $\varepsilon = 1$,则当 $n > N$ 时,

$$|x_n| = |x_n - a + a| \leqslant |x_n - a| + |a| < |a| + 1 .$$

取 $M = \max\{|x_1|, |x_2|, \cdots, |x_N|, |a| + 1\}$,那么数列 $\{x_n\}$ 中的一切 x_n 都满足不等式

$$|x_n| \leqslant M ,$$

即数列 $\{x_n\}$ 有界.

根据上述定理的逆否命题得,如果数列 $\{x_n\}$ 无界,那么数列 $\{x_n\}$ 一定发散. 但是如果数列 $\{x_n\}$ 有界,却不能断定其一定收敛. 例如数列

$$1, -1, 1, -1, \cdots, (-1)^{n+1}, \cdots .$$

定理 3(收敛数列的保号性) 如果 $\lim\limits_{n\to\infty} x_n = a$, 且 $a > 0$ (或 $a < 0$),那么存在正整数 $N > 0$,当 $n > N$ 时,都有 $x_n > 0$ (或 $x_n < 0$).

证 就 $a > 0$ 的情形证明. 由数列极限的定义,对 $\varepsilon = \frac{a}{2} > 0$,存在正整数 $N > 0$,当 $n > N$ 时,有

$$|x_n - a| < \frac{a}{2} ,$$

从而

$$x_n > a - \frac{a}{2} = \frac{a}{2} > 0 .$$

推论 如果数列 $\{x_n\}$ 从某一项起有 $x_n \geqslant 0$ (或 $x_n \leqslant 0$),且 $\lim\limits_{n\to\infty} x_n = a$, 那么 $a \geqslant 0$ (或 $a \leqslant 0$).

证 设数列 $\{x_n\}$ 从第 N_1 项起,即当 $n > N_1$ 时有 $x_n \geqslant 0$.

反证法,若 $\lim\limits_{n\to\infty} x_n = a < 0$, 由定理 3 知,存在正整数 $N_2 > 0$,当 $n > N_2$ 时,有 $x_n < 0$. 取 $N = \max\{N_1, N_2\}$,当 $n > N$ 时,按假定有 $x_n \geqslant 0$,按定理 3 有 $x_n < 0$,产生矛盾,所

以必有 $a \geqslant 0$.

数列 $\{x_n\}$ 从某项起有 $x_n \leqslant 0$ 的情形,可以类似地证明.

定理4(收敛数列与其子数列的关系)　如果数列 $\{x_n\}$ 收敛于 a ,那么它的任一子数列一定收敛且必收敛于 a .

定理4表明,如果某数列的两个子列收敛于不同的值,则此数列一定发散. 如 $x_n = (-1)^n (n = 1,2,\cdots)$,当 $n \to \infty$ 时, $x_{2n+1} \to -1$, $x_{2n} \to 1$,故此数列发散.

习　题　2-1(A)

1. 若数列 $\{x_n\}$ 的极限为1 ,数列 $\{y_n\}$ 的极限为2 ,则数列 x_1 , y_1 , x_2 , y_2 , x_3 , y_3 ,⋯的极限为(　　).

A. 1　　　　B. 2　　　　C. 3　　　　D. 不存在

2. 观察如下数列 $\{x_n\}$ 的变化趋势,并写出它们的极限:

(1) $x_n = \frac{1}{2^n}$;　　　　(2) $x_n = (-1)^n \frac{3}{n}$;

(3) $x_n = n(-1)^n$;　　　　(4) $x_n = 2^n$.

3. 设数列 $\{x_n\}$ 的一般项 $x_n = \frac{1}{n}$,问 $\lim\limits_{n\to\infty} x_n$ 为多少?求出 N ,使当 $n > N$ 时, x_n 与极限之差的绝对值小于正数0.001.

习　题　2-1(B)

1. 用数列极限的定义证明:

(1) $\lim\limits_{n\to\infty} \frac{1}{n^2} = 0$;　　　　(2) $\lim\limits_{n\to\infty} \frac{n^2 - n + 4}{2n^2 + n - 4} = \frac{1}{2}$.

2. 用定义证明:若 $x_n > 0 (n = 1,2,\cdots)$,且 $\lim\limits_{n\to\infty} x_n = a > 0$,则 $\lim\limits_{n\to\infty} \sqrt{x_n} = \sqrt{a}$.

3. 设数列 $\{x_n\}$ 有界,又 $\lim\limits_{n\to\infty} y_n = 0$,证明: $\lim\limits_{n\to\infty} x_n y_n = 0$.

4. 若 $\lim\limits_{n\to\infty} u_n = a$,证明 $\lim\limits_{n\to\infty} |u_n| = |a|$,并举例说明:如果数列 $\{|x_n|\}$ 有极限,数列 $\{x_n\}$ 未必有极限.

5. 证明: $\lim\limits_{n\to\infty} x_n = a \Leftrightarrow \lim\limits_{n\to\infty} x_{2n-1} = \lim\limits_{n\to\infty} x_{2n} = a$.

第2节　函数的极限

一、引例

并联电路电阻问题　一个5 Ω的电阻器与一个电阻为 R_1 的电阻并联,电路的总电阻为 $R = \frac{5R_1}{5 + R_1}$,当含有电阻 R_1 这条支路突然断路时(即 $R_1 \to \infty$),考虑电路总电阻的变化.

这个问题在数学上可以转化为当 $R_1 \to \infty$ 时,求函数 $R = \frac{5R_1}{5 + R_1}$ 的极限问题. 下面给出函数极限的定义.

二、函数极限的定义

因为数列 $\{x_n\}$ 可以看作 n 的函数：$x_n = f(n)$，$n \in \mathbf{N}^+$，所以数列 $\{x_n\}$ 以 a 为极限就是当自变量 n 取正整数而无限增大（即 $n \to \infty$）时，对应的函数值 $f(n)$ 无限接近于确定的数 a. 把数列极限概念中的函数为 $f(n)$ 而自变量的变化为 $n \to \infty$ 等特殊性撇开，这样就可以引出函数极限的一般概念.

在自变量的某个变化过程中，如果对应的函数值无限接近于某个确定的数，那么这个确定的数就叫做在这一变化过程中**函数的极限**.

这个极限是与自变量的变化过程密切相关的，由于自变量的变化过程不同，函数的极限就表现为不同的形式.

下面分别讲述自变量的两种变化情形时函数 $f(x)$ 的极限：

(1) 自变量 x 趋于无穷大（记作 $x \to \infty$）时函数 $f(x)$ 的变化情况；

(2) 自变量 x 趋于有限值 x_0（记作 $x \to x_0$）时函数 $f(x)$ 的变化情况.

1. 自变量趋于无穷大时函数的极限

如果在 $x \to \infty$ 的过程中，对应的函数值 $f(x)$ 无限接近于确定的数值 A，那么 A 叫做函数 $f(x)$ 当 $x \to \infty$ 时的极限. 精确地说，就是如下定义 1.

定义 1　设函数 $f(x)$ 当 $|x|$ 大于某一正数时有定义，如果存在常数 A，对于任意给定的正数 ε（不论它多么小），总存在着正数 X，使得当 x 满足不等式 $|x| > X$ 时，对应的函数值 $f(x)$ 都满足不等式

$$|f(x) - A| < \varepsilon,$$

那么常数 A 就叫做函数 $f(x)$ 当 $x \to \infty$ 时的极限，记作

$$\lim_{x \to \infty} f(x) = A \text{ 或 } f(x) \to A \text{（当 } x \to \infty \text{）}.$$

定义 1 可以简单地表达为：

$$\lim_{x \to \infty} f(x) = A \Leftrightarrow \forall \varepsilon > 0, \exists X > 0, \text{当 } |x| > X \text{ 时，有 } |f(x) - A| < \varepsilon.$$

如果 $x > 0$ 且无限增大（记作 $x \to +\infty$），那么只要把上面定义中的 $|x| > X$ 改为 $x > X$，就可以得到 $\lim\limits_{x \to +\infty} f(x) = A$ 的定义. 同样，如果 $x < 0$ 而 $|x|$ 无限增大（记作 $x \to -\infty$），那么只要把 $|x| > X$ 改为 $x < -X$，便得 $\lim\limits_{x \to -\infty} f(x) = A$ 的定义.

从几何上来说，$\lim\limits_{x \to \infty} f(x) = A$ 的意义是：作直线 $y = A - \varepsilon$ 和 $y = A + \varepsilon$，则总有一个正数 X 存在，使得当 $x < -X$ 或 $x > X$ 时，函数 $y = f(x)$ 的图形位于这两直线之间，如图 2-5 所示.

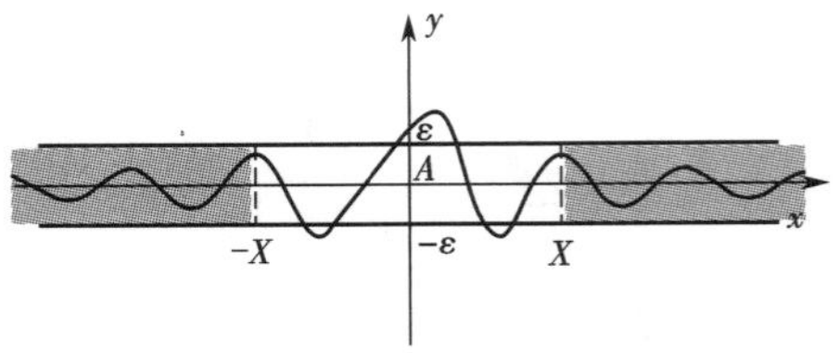

图 2-5

例 1　证明：$\lim\limits_{x \to \infty} \dfrac{1}{x} = 0$.

证　$\forall \varepsilon > 0$，要使 $\left|\dfrac{1}{x} - 0\right| = \dfrac{1}{|x|} < \varepsilon$，故只要

$$|x| > \frac{1}{\varepsilon}.$$

取 $X = \frac{1}{\varepsilon}$，当 $|x| > X$，必有 $\left|\frac{1}{x} - 0\right| < \varepsilon$，故

$$\lim_{x\to\infty} \frac{1}{x} = 0.$$

例 2　证明：$\lim\limits_{x\to\infty} \frac{\sin x}{x} = 0$.

证　$\forall \varepsilon > 0$，要使

$$\left|\frac{\sin x}{x} - 0\right| = \frac{|\sin x|}{|x|} < \varepsilon,$$

因

$$\left|\frac{\sin x}{x} - 0\right| = \frac{|\sin x|}{|x|} \leqslant \frac{1}{|x|},$$

故只要

$$\frac{1}{|x|} < \varepsilon,$$

即 $|x| > \frac{1}{\varepsilon}$.

取 $X = \frac{1}{\varepsilon}$，当 $|x| > X$ 即 $|x| > \frac{1}{\varepsilon}$ 时，必有

$$\left|\frac{\sin x}{x} - 0\right| < \frac{1}{|x|} < \varepsilon,$$

即

$$\lim_{x\to\infty} \frac{\sin x}{x} = 0.$$

2. 自变量趋于有限值时函数的极限

设函数 $f(x) = \frac{2(x^2 - 1)}{x - 1}$，函数在 $x_0 = 1$ 无定义. 但观察可得，当 x 无限接近于 1 时，$f(x)$ 无限接近于 4，即当 $|x - 1|$ 充分小时，$|f(x) - 4|$ 也充分小.

因为

$$|f(x) - 4| = \left|\frac{2(x^2 - 1)}{x - 1} - 4\right| = \left|\frac{2(x^2 - 1) - 4(x - 1)}{x - 1}\right| = 2|x - 1|,$$

若要使 $|f(x) - 4| < 0.01$，即只需要 $|x - 1| < 0.005$ 即可；

若要使 $|f(x) - 4| < 0.000\,1$，即只需要 $|x - 1| < 0.000\,05$ 即可；

……

一般地，对于可以任意小的正数 ε，若要使 $|f(x) - 4| < \varepsilon$，即只需要 $|x - 1| < \frac{\varepsilon}{2}$ $\left(取 \delta = \frac{\varepsilon}{2}\right)$，即只需要 $|x - 1| < \delta$.

从而表明，当 $0 < |x - 1| < \delta$ 时，就一定有 $|f(x) - 4| < \varepsilon$.

通过以上分析，我们给出 $x \to x_0$ 时函数极限的定义如下.

定义 2 设函数 $f(x)$ 在点 x_0 的某一去心邻域内有定义. 如果存在常数 A，对于任意给定的正数 ε（不论多么小），总存在正数 δ，使得当 x 满足不等式 $0<|x-x_0|<\delta$ 时，对应的函数值 $f(x)$ 都满足不等式

$$|f(x)-A|<\varepsilon,$$

那么常数 A 就叫做函数 $f(x)$ 当 $x\to x_0$ 时的极限，记作

$$\lim_{x\to x_0}f(x)=A \quad 或 \quad f(x)\to A\ (当\ x\to x_0).$$

我们指出，定义中 $0<|x-x_0|$ 表示 $x\neq x_0$，所以 $x\to x_0$ 时 $f(x)$ 有没有极限，与 $f(x)$ 在点 x_0 是否有定义并无关系.

定义 2 可以简单地表述为：

$\lim\limits_{x\to x_0}f(x)=A\Leftrightarrow\forall\varepsilon>0,\exists\delta>0$，当 $0<|x-x_0|<\delta$ 时，有 $|f(x)-A|<\varepsilon$.

函数 $f(x)$ 当 $x\to x_0$ 时的极限为 A 的几何解释如下：任意给定一正数 ε，作平行于 x 轴的两条直线 $y=A-\varepsilon$ 和 $y=A+\varepsilon$，介于这两条直线之间是一横条区域. 根据定义，对于给定的 ε，存在着点 x_0 的一个 δ 邻域 $(x_0-\delta,x_0+\delta)$，当 $y=f(x)$ 的图形上的点的横坐标 x 在邻域 $(x_0-\delta,x_0+\delta)$ 内，但 $x\neq x_0$ 时，这些点的纵坐标 $f(x)$ 满足不等式

$$|f(x)-A|<\varepsilon,$$

或

$$A-\varepsilon<f(x)<A+\varepsilon.$$

即这些点落在上面所作的横条区域内（图 2-6）.

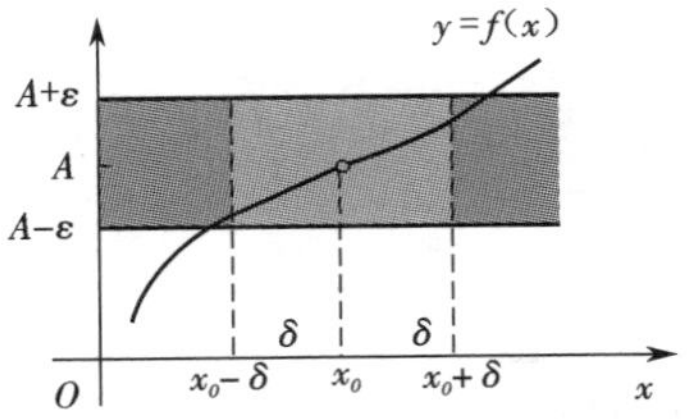

图 2-6

注 (1)定义中的 ε 刻画了 $f(x)$ 与 A 的接近程度，δ 刻画了 x 与 x_0 的接近程度，ε 是任意的，δ 一般随 ε 而确定的；

(2)定义中 $0<|x-x_0|$，即 $x\neq x_0$，表明 $\lim\limits_{x\to x_0}f(x)$ 存在与否与函数 $f(x)$ 在 x_0 的状况无关，而与 $f(x)$ 在 x_0 邻域内的状况有关；

(3)从图像 2-6 上看，当 x 落入 $(x_0-\delta,x_0)\cup(x_0,x_0+\delta)$ 时，函数 $f(x)$ 落入宽为 2ε 的带状区域内.

例 3 证明 $\lim\limits_{x\to 2}C=C$，这里 C 为一常数.

证 这里 $|f(x)-A|=|C-C|=0$，因此 $\forall\varepsilon>0$，可任取 $\delta>0$，当 $0<|x-2|<\delta$ 时，都能使不等式 $|f(x)-A|=|C-C|=0<\varepsilon$ 成立，所以 $\lim\limits_{x\to 2}C=C$.

以此类推可得：$\lim\limits_{x\to x_0}C=C$ 及 $\lim\limits_{x\to\infty}C=C$.

例 4 证明 $\lim\limits_{x\to x_0}x=x_0$.

证 这里 $|f(x)-A|=|x-x_0|$，因此 $\forall\varepsilon>0$，要想使得

$$|f(x) - A| = |x - x_0| < \varepsilon$$

成立,可取 $\delta = \varepsilon$,当 $0 < |x - x_0| < \delta$ 时,都能使不等式 $|f(x) - A| = |x - x_0| < \varepsilon$ 成立,所以 $\lim\limits_{x \to x_0} x = x_0$.

3. 左极限与右极限(单侧极限)

定义 3　**若 x 从 x_0 的左侧 ($x < x_0$) 趋于 x_0 时,有 $f(x) \to A$,称 A 为函数 $f(x)$ 在 x_0 的左极限,记作**

$$\lim_{x \to x_0^-} f(x) = A \quad 或 \quad f(x_0^-) = A.$$

若 x 从 x_0 的右侧 ($x > x_0$) 趋于 x_0 时,有 $f(x) \to A$,称 A 为函数 $f(x)$ 在 x_0 的右极限,记作

$$\lim_{x \to x_0^+} f(x) = A \quad 或 \quad f(x_0^+) = A.$$

定理 1　**函数在一点极限存在的充分必要条件是在这一点的左右极限存在并且相等,即**

$$\lim_{x \to x_0} f(x) = A \Leftrightarrow \lim_{x \to x_0^+} f(x) = \lim_{x \to x_0^-} f(x) = A.$$

例 5　计算函数

$$f(x) = \begin{cases} x^2 - 1, & x < 0, \\ 0, & x = 0, \\ x + 1, & x > 0 \end{cases}$$

当 $x \to 0$ 时的左、右极限(图 2-7).

解　因为

$$f(0^-) = \lim_{x \to 0^-} f(x) = \lim_{x \to 0^-} (x^2 - 1) = -1,$$

$$f(0^+) = \lim_{x \to 0^+} f(x) = \lim_{x \to 0^+} (x + 1) = 1.$$

显然 $f(0^+) \neq f(0^-)$,即左右极限存在但不相等,所以 $\lim\limits_{x \to 0} f(x)$ 不存在.

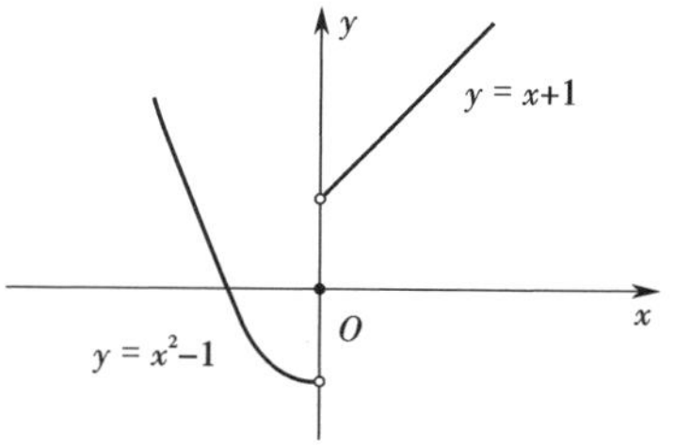

图 2-7

三、函数极限的性质

函数极限的定义按自变量变化过程的不同有多种形式,下面仅以"$\lim\limits_{x \to x_0} f(x) = A$"形式为代表给出函数极限性质的相关定理.

定理 2(唯一性)　**如果 $\lim\limits_{x \to x_0} f(x) = A$,那么 A 是唯一的.**

定理 3(局部有界性)　**若极限 $\lim\limits_{x \to x_0} f(x) = A$,那么存在常数 $M > 0$ 和 $\delta > 0$,使得当 $0 < |x - x_0| < \delta$ 时,有 $|f(x)| \leqslant M$.**

证　因为 $\lim\limits_{x \to x_0} f(x) = A$,所以取 $\varepsilon = 1$ 时,则存在 $\delta > 0$,当 $0 < |x - x_0| < \delta$ 时,有

$$|f(x) - A| < 1 \Rightarrow |f(x)| \leqslant |f(x) - A| + |A| < |A| + 1.$$

记 $M = |A| + 1$,即证.

定理 4(局部保号性)　**若极限 $\lim\limits_{x \to x_0} f(x) = A > 0$ (或 $A < 0$),则存在常数 $\delta > 0$,使得当 $x \in \mathring{U}(x_0, \delta)$ 时,有 $f(x) > 0$ (或 $f(x) < 0$).**

证 由于 $\lim\limits_{x \to x_0} f(x) = A > 0$，由定义得 $\forall \varepsilon > 0$，$\exists \delta > 0$，当 $0 < |x - x_0| < \delta$ 时，都有

$$|f(x) - A| < \varepsilon .$$

不妨取 $\varepsilon = \frac{A}{4}$，则当 $0 < |x - x_0| < \delta$，即 $x \in \mathring{U}(x_0,\delta)$ 时，有 $|f(x) - A| < \varepsilon$，即

$$A - \frac{A}{4} < f(x) < A + \frac{A}{4} .$$

从而得 $f(x) > 0$.

类似地可以证明 $A<0$ 的情形.

推论 **对于某个** $\delta > 0$，**若当** $x \in \mathring{U}(x_0,\delta)$ **时，有** $f(x) \geqslant 0$（**或** $f(x) \leqslant 0$），**且** $\lim\limits_{x \to x_0} f(x) = A$，**则必有** $A \geqslant 0$（**或** $A \leqslant 0$）.

定理5（**函数极限与数列极限的关系**） **如果极限** $\lim\limits_{x \to x_0} f(x)$ **存在，**$\{x_n\}$ **为函数** $f(x)$ **的定义域内任一收敛于** x_0 **的数列，且满足：**$x_n \neq x_0 (n \in \mathbf{N}^+)$，**那么相应的函数值数列** $\{f(x_n)\}$ **必收敛，且** $\lim\limits_{n \to \infty} f(x_n) = \lim\limits_{x \to x_0} f(x)$.

证 设 $\lim\limits_{x \to x_0} f(x) = A$，则 $\forall \varepsilon > 0$，$\exists \delta > 0$，当 $0 < |x - x_0| < \delta$ 时，有

$$|f(x) - A| < \varepsilon .$$

又因为 $\lim\limits_{n \to \infty} x_n = x_0$，故对 $\delta > 0$，$\exists N$，当 $n > N$ 时，有

$$|x_n - x_0| < \delta .$$

由假设 $x_n \neq x_0 (n \in \mathbf{N}^+)$，故当 $n > N$ 时，$0 < |x_n - x_0| < \delta$，从而 $|f(x_n) - A| < \varepsilon$. 即

$$\lim_{n \to \infty} f(x_n) = A .$$

例如，$f(x) = 2x + 1$，$x_n = \frac{1}{2^n} (n \in \mathbf{N}^+)$，有

$$\lim_{n \to \infty} f(x_n) = \lim_{x \to 0} f(x) = 1 .$$

习　题　2-2(A)

1. $\lim\limits_{x \to x_0} f(x)$ 存在是函数在点 $x = x_0$ 处有定义的（　　）.

A. 充分条件　　B. 必要条件　　C. 充要条件　　D. 无关条件

2. $\lim\limits_{x \to x_0} f(x)$ 存在是 $f(x_0^+)$ 存在的（　　）.

A. 充分条件　　B. 必要条件　　C. 充要条件　　D. 无关条件

3. $\lim\limits_{x \to -\infty} 3^x =$（　　）.

A. 0　　B. ∞　　C. $+\infty$　　D. 不存在

4. $\lim\limits_{x \to +\infty} \arctan x =$（　　）.

A. $\frac{\pi}{2}$　　B. $-\frac{\pi}{2}$　　C. $+\infty$　　D. 不存在

5. 运用左右极限，讨论函数 $f(x) = |x|$ 当 $x \to 0$ 时的极限.

6. 求 $f(x)=\frac{x}{x}$ ，$\varphi(x)=\frac{|x|}{x}$ 当 $x\to0$ 时的左、右极限，并说明它们在 $x\to0$ 时的极限是否存在.

习　题　2-2(B)

1. 根据函数极限的定义证明：

(1) $\lim\limits_{x\to3}(2x-1)=5$ ；　　(2) $\lim\limits_{x\to2}(3x+4)=10$.

2. 根据函数极限的定义证明：

(1) $\lim\limits_{x\to\infty}\frac{1+x^2}{3x^2}=\frac{1}{3}$ ；　　(2) $\lim\limits_{x\to+\infty}\frac{\cos x}{\sqrt{x}}=0$.

3. 极限 $\lim\limits_{x\to+\infty}f(x)=A$ ，$\lim\limits_{x\to-\infty}f(x)=A$ 应如何用 $\varepsilon-X$ 语言来描述？

第 3 节　无穷小与无穷大

一、无穷小

1. 无穷小的定义

定义 1　若函数 $f(x)$ 当 $x\to x_0$ (或 $x\to\infty$)时的极限为零，则称函数 $f(x)$ 为当 $x\to x_0$ (或 $x\to\infty$)时的无穷小.

例 1　因 $\lim\limits_{x\to1}(x-1)=0$ ，所以当 $x\to1$ 时，函数 $x-1$ 为无穷小.

因 $\lim\limits_{x\to\infty}\frac{1}{x}=0$ ，所以当 $x\to\infty$ 时，函数 $\frac{1}{x}$ 为无穷小.

注　(1)无穷小不是指很小的数，而“零”是无穷小量中的唯一的数；

(2)无穷小是相对于 x 的某个变化过程而言的，如 $f(x)=\frac{1}{1-x}$ 是 $x\to\infty$ 时的无穷小，但 $x\to2$ 时不是无穷小.

2. 无穷小与函数极限的关系

定理 1　在自变量的同一变化过程 $x\to x_0$ (或 $x\to\infty$)中，函数 $f(x)$ 具有极限 A 的充要条件是 $f(x)=A+\alpha$ ，其中 α 是该极限过程中的无穷小.

证　必要性. 设 $\lim\limits_{x\to x_0}f(x)=A$ ，则 $\forall\varepsilon>0$, $\exists\delta>0$, 使得当 $0<|x-x_0|<\delta$ 时，有

$$|f(x)-A|<\varepsilon .$$

令 $\alpha=f(x)-A$ ，则 α 是 $x\to x_0$ 时的无穷小，且

$$f(x)=A+\alpha .$$

这就证明了 $f(x)$ 是它的极限 A 与一个无穷小 α 之和.

充分性. 设 $f(x)=A+\alpha$ ，其中 A 是常数，α 是 $x\to x_0$ 时的无穷小，于是 $\forall\varepsilon>0$, $\exists\delta>0$, 使得当 $0<|x-x_0|<\delta$ 时，有

$$|f(x)-A|=|\alpha|<\varepsilon ,$$

从而证明了 A 是 $f(x)$ 当 $x\to x_0$ 时的极限.

二、无穷大

若当 $x \to x_0$（或 $x \to \infty$）时，对应的函数值的绝对值 $|f(x)|$ 无限增大，称函数 $f(x)$ 是当 $x \to x_0$（或 $x \to \infty$）时的无穷大量，简称为无穷大. 精确地说，就是

定义 2　设函数 $f(x)$ 在 x_0 的某一去心邻域内有定义（或 $|x|$ 大于某一正数时有定义）. 如果对于任意给定的正数 M（无论它有多么大），总存在正数 δ（或正数 X），只要 x 满足不等式 $0 < |x - x_0| < \delta$（或 $|x| > X$），对应的函数 $f(x)$ 值都满足不等式

$$|f(x)| > M,$$

则称函数 $f(x)$ 为当 $x \to x_0$（或 $x \to \infty$）时的无穷大.

当 $x \to x_0$（或 $x \to \infty$）时的 $f(x)$ 为无穷大，按函数极限定义来说，极限是不存在的，但为了便于叙述函数的这一性态，我们也说"函数的极限是无穷大"，并记作

$$\lim_{x \to x_0} f(x) = \infty \text{ 或 } \lim_{x \to \infty} f(x) = \infty .$$

注　(1) 无穷大不是数，不可与很大的数（如一千万、一亿等）混为一谈.

(2) 无穷大与极限过程有关，$f(x) = \dfrac{1}{x-1}$（图 2-8）是 $x \to 1$ 时的无穷大，但当 $x \to 2$ 时，$f(x) = \dfrac{1}{x-1}$ 就不再是无穷大.

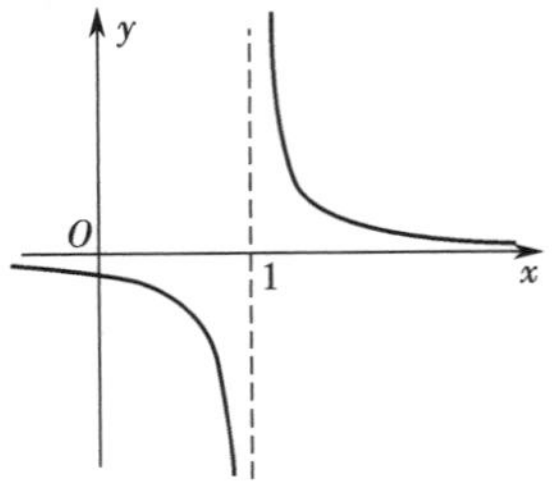

图 2-8

例 2　讨论下列函数在自变量的什么变化过程中是无穷小，在自变量的什么变化过程中是无穷大.

(1) $f(x) = e^{-x}$；　　(2) $f(x) = \dfrac{x+1}{x-1}$.

解　(1) 当 $x \to +\infty$ 时，函数 $f(x) = e^{-x}$ 是无穷小；而当 $x \to -\infty$ 时，函数 $f(x) = e^{-x}$ 是无穷大；

(2) 当 $x \to -1$ 时，函数 $f(x) = \dfrac{x+1}{x-1}$ 是无穷小；而当 $x \to +1$ 时，函数 $f(x) = \dfrac{x+1}{x-1}$ 是无穷大.

三、无穷大与无穷小的关系

定理 2　在自变量的同一变化过程中，如果 $f(x)$ 为无穷大，则 $\dfrac{1}{f(x)}$ 必为无穷小；如果

$f(x)$ **为无穷小,且** $f(x) \neq 0$ **,则** $\frac{1}{f(x)}$ **为无穷大.**

习　题　2-3(A)

1. 当 $x \to 2$ 时,下列变量是无穷小的是(　　).

A. x^2-1　　B. $\frac{x-1}{x}$　　C. $\frac{-1}{x-2}$　　D. $(x-3)(x-2)$

2. 当(　　)时,函数 $f(x)=e^x$ 为无穷小.

A. $x \to 2$　　B. $x \to 0$　　C. $x \to +\infty$　　D. $x \to -\infty$

3. 判断:

(1)在自变量的同一变化过程中,如果 $f(x)$ 为无穷小,则 $\frac{1}{f(x)}$ 为无穷大.(　　)

(2)在自变量的同一变化过程中,如果 $f(x)$ 为无穷大,则 $\frac{1}{f(x)}$ 为无穷小.(　　)

习　题　2-3(B)

1. 证明:当 $x \to 0$ 时,$f(x)=\frac{1}{x}\sin\frac{1}{x}$ 是一个无界函数而非无穷大量.

2. 函数 $y=x\cos x$ 在 $(-\infty,+\infty)$ 内是否有界? 是否为 $x \to +\infty$ 时的无穷大? 说明原因.

第 4 节　极限运算法则

本节讨论极限的求法,主要是建立极限的四则运算法则和复合函数的极限运算法则.

将自变量的变化过程记为"lim",实际上该过程可以是数列 $\{x_n\}$ 中的 $n \to \infty$;也可以是函数 $f(x)$ 中的 $x \to x_0$ (包括 $x \to x_0^+$ 或 $x \to x_0^-$)及 $x \to \infty$ (包括 $x \to +\infty$ 或 $x \to -\infty$).

一、极限的四则运算法则

定理 1　如果 $\lim f(x)=A$, $\lim g(x)=B$,则

(1) $\lim[f(x) \pm g(x)] = \lim f(x) \pm \lim g(x) = A \pm B$;

(2) $\lim[f(x) \cdot g(x)] = \lim f(x) \cdot \lim g(x) = A \cdot B$;

(3)当 $B \neq 0$ 时, $\lim\frac{f(x)}{g(x)} = \frac{\lim f(x)}{\lim g(x)} = \frac{A}{B}$.

定理 1 中的(1)(2)也可推广到有限个函数的情形.

推论 1　**如果** $\lim f(x)$ **存在,而** k **为常数,则**

$$\lim[k \cdot f(x)] = k\lim f(x) .$$

这就是说,在求极限时,常数因子可以提到极限记号外面来,这是因为 $\lim C = C$.

推论 2　**如果** $\lim f(x)$ **存在,而** n **是正整数,则**

$$\lim[f(x)]^n = [\lim f(x)]^n .$$

例 1　求 $\lim\limits_{x \to 1}(9x+1)$.

解 $\lim\limits_{x\to1}(9x+1)=9\lim\limits_{x\to1}x+\lim\limits_{x\to1}1=9\times1+1=10$.

例 2 求 $\lim\limits_{x\to1}\dfrac{x}{x+1}$.

解 由于分母的极限值不为零,故

$$\lim_{x\to1}\frac{x}{x+1}=\frac{\lim\limits_{x\to1}x}{\lim\limits_{x\to1}(x+1)}=\frac{1}{\lim\limits_{x\to1}x+1}=\frac{1}{2}.$$

注 从上面两个例子可以看出:当 $x\to x_0$ 时,多项式函数的极限,只需计算函数在点 x_0 处的函数值;当 $x\to x_0$ 时,两个多项式函数的商(分母的极限值不等于零)的极限也可用该方法.

例 3 求 $\lim\limits_{x\to3}\dfrac{x-3}{x^2-9}$.

解 当 $x\to3$ 时,分子及分母的极限都是零,于是不能使用商式的极限运算法则. 分子和分母有公因子 $x-3$,而 $x\to3$ 时,$x\neq3$,$x-3\neq0$,可约去这个不为零的公因子. 所以

$$\lim_{x\to3}\frac{x-3}{x^2-9}=\lim_{x\to3}\frac{x-3}{(x-3)(x+3)}=\lim_{x\to3}\frac{1}{x+3}=\frac{\lim\limits_{x\to3}1}{\lim\limits_{x\to3}(x+3)}=\frac{1}{6}.$$

例 4 求 $\lim\limits_{x\to\infty}\dfrac{3x^3+3x^2-1}{x^5+3x^4+x-2}$.

解 原式 $=\lim\limits_{x\to\infty}\dfrac{(3x^3+3x^2-1)\cdot\dfrac{1}{x^5}}{(x^5+3x^4+x-2)\cdot\dfrac{1}{x^5}}=\lim\limits_{x\to\infty}\dfrac{\dfrac{3}{x^2}+\dfrac{3}{x^3}-\dfrac{1}{x^5}}{1+\dfrac{3}{x}+\dfrac{1}{x^4}-\dfrac{2}{x^5}}$

$$=\frac{\lim\limits_{x\to\infty}\left(\dfrac{3}{x^2}+\dfrac{3}{x^3}-\dfrac{1}{x^5}\right)}{\lim\limits_{x\to\infty}\left(1+\dfrac{3}{x}+\dfrac{1}{x^4}-\dfrac{2}{x^5}\right)}=0.$$

例 5 求 $\lim\limits_{x\to\infty}\dfrac{5x^5+3x^2+4x-1}{3x^5-2x^4+x^3-2}$.

解 原式 $=\lim\limits_{x\to\infty}\dfrac{5+\dfrac{3}{x^3}+\dfrac{4}{x^4}-\dfrac{1}{x^5}}{3-\dfrac{2}{x}+\dfrac{1}{x^2}-\dfrac{2}{x^5}}=\dfrac{\lim\limits_{x\to\infty}\left(5+\dfrac{3}{x^3}+\dfrac{4}{x^4}-\dfrac{1}{x^5}\right)}{\lim\limits_{x\to\infty}\left(3-\dfrac{2}{x}+\dfrac{1}{x^2}-\dfrac{2}{x^5}\right)}=\dfrac{5}{3}$.

例 6 求 $\lim\limits_{x\to\infty}\dfrac{8x^7+3x^5-1}{4x^6-2x^4-2}$.

解 因为

$$\lim_{x\to\infty}\frac{4x^6-2x^4-2}{8x^7+3x^5-1}=\frac{\lim\limits_{x\to\infty}\left(\dfrac{4}{x}-\dfrac{2}{x^3}-\dfrac{2}{x^7}\right)}{\lim\limits_{x\to\infty}\left(8+\dfrac{3}{x^2}-\dfrac{1}{x^7}\right)}=0,$$

由无穷小和无穷大的关系得

$$\lim_{x\to\infty}\frac{8x^7+3x^5-1}{4x^6-2x^4-2}=\infty.$$

注　当 $x \to \infty$ 时，有如下结论（$a_0 \neq 0, b_0 \neq 0$）.

$$\lim_{x \to \infty} \frac{a_0 x^n + a_1 x^{n-1} + \cdots + a_{n-1} x + a_n}{b_0 x^m + b_1 x^{m-1} + \cdots + b_{m-1} x + b_m} = \begin{cases} 0, & n < m, \\ \dfrac{a_0}{b_0}, & n = m, \\ \infty, & n > m. \end{cases}$$

利用此结论，对于上述类型的极限，均可以直接写出结果.

例 7　求 $\lim\limits_{x \to \infty} \dfrac{(3x^4 + 2x^2 + x + 6)^3 (2x^2 - 3)^9}{(5x^6 - 4x^3 + 7)^4 (x^3 - 1)^2}$.

解　$\lim\limits_{x \to \infty} \dfrac{(3x^4 + 2x^2 + x + 6)^3 (2x^2 - 3)^9}{(5x^6 - 4x^3 + 7)^4 (x^3 - 1)^2} = \lim\limits_{x \to \infty} \dfrac{3^3 \cdot 2^9 \cdot x^{30} + \cdots}{5^4 \cdot x^{30} + \cdots} = \dfrac{3^3 \cdot 2^9}{5^4}$.

二、无穷小的运算性质

定理 2　有限个无穷小的和仍然是无穷小.

定理 3　有界函数与无穷小之积仍然是无穷小.

证　设函数 $g(x)$ 在 x_0 的某一去心邻域 $\mathring{U}(x_0, \delta_1)$ 内是有界的，即 $\exists M > 0$ 使 $|g(x)| \leqslant M$ 对一切 $x \in \mathring{U}(x_0, \delta_1)$ 成立.

又设 $f(x)$ 是 $x \to x_0$ 时的无穷小，由定义 $\lim\limits_{x \to x_0} f(x) = 0 \Leftrightarrow \forall \varepsilon > 0$，$\exists \delta_2 > 0$，当 $0 < |x - x_0| < \delta_2$ 时，有

$$|f(x)| < \frac{\varepsilon}{M}.$$

取 $\delta = \min\{\delta_1, \delta_2\}$，则当 $x \in \mathring{U}(x_0, \delta)$ 时，

$$|g(x)| \leqslant M \text{ 及 } |f(x)| < \frac{\varepsilon}{M}$$

同时成立. 从而 $\forall \varepsilon > 0$，$\exists \delta > 0$，$0 < |x - x_0| < \delta$ 时，

$$|f(x) \cdot g(x)| = |f(x)| \cdot |g(x)| < \frac{\varepsilon}{M} \cdot M = \varepsilon,$$

即证得 $\lim\limits_{x \to x_0} [f(x) \cdot g(x)] = 0$.

推论 3　常数与无穷小之积仍然是无穷小.

推论 4　有限个无穷小之积仍然是无穷小.

例 8　求 $\lim\limits_{x \to \infty} \dfrac{\sin x}{x}$.

解　因为 $\sin x$ 是有界函数；当 $x \to \infty$ 时，函数 $\dfrac{1}{x}$ 为无穷小，由定理 3 得到结论

$$\lim_{x \to \infty} \frac{\sin x}{x} = 0.$$

例 9　求 $\lim\limits_{x \to \infty} \dfrac{\sqrt{1 + \cos x}}{x}$.

解　因为 $0 \leqslant \sqrt{1 + \cos x} \leqslant \sqrt{2}$，即 $\sqrt{1 + \cos x}$ 是有界函数；又 $\dfrac{1}{x} \to 0$（$x \to \infty$），即

$\frac{1}{x}$ 是 $x \to \infty$ 时的无穷小，由定理 3 可知

$$\lim_{x\to\infty}\frac{\sqrt{1+\cos x}}{x}=0.$$

三、复合函数的极限运算法则

定理 4　设函数 $y=f[g(x)]$ **由函数** $u=g(x)$ **与函数** $y=f(u)$ **复合而成**，$y=f[g(x)]$ **在点** $x=x_0$ **的某去心邻域内有定义，若** $\lim\limits_{x\to x_0}g(x)=u_0$，$\lim\limits_{u\to u_0}f(u)=A$，**且** $\exists\delta_0>0$，**当** $x\in \mathring{U}(x_0,\delta_0)$ **时，有** $g(x)\neq u_0$，**则**

$$\lim_{x\to x_0}f[g(x)]=\lim_{u\to u_0}f(u)=A.$$

注　(1)如果函数 $g(x)$ 和 $f(u)$ 满足该定理的条件，那么作代换 $u=g(x)$ 可把求 $\lim\limits_{x\to x_0}f[g(x)]$ 化为求 $\lim\limits_{u\to u_0}f(u)$，这里 $u_0=\lim\limits_{x\to x_0}g(x)$.

(2)在定理中把 $\lim\limits_{x\to x_0}g(x)=u_0$ 换成 $\lim\limits_{x\to x_0}g(x)=\infty$ 或者 $\lim\limits_{x\to\infty}g(x)=\infty$，而把 $\lim\limits_{u\to u_0}f(u)=A$ 换为 $\lim\limits_{u\to\infty}f(u)=A$，可得到类似的结论.

例 10　求 $\lim\limits_{x\to 1}\frac{\sqrt[3]{x}-1}{\sqrt{x}-1}$.

解　令 $t=\sqrt[6]{x}$，则 $x=t^6$，当 $x\to 1$ 时，有 $t\to 1$，则

$$\lim_{x\to 1}\frac{\sqrt[3]{x}-1}{\sqrt{x}-1}=\lim_{t\to 1}\frac{\sqrt[3]{t^6}-1}{\sqrt{t^6}-1}=\lim_{t\to 1}\frac{t^2-1}{t^3-1}=\lim_{t\to 1}\frac{t+1}{t^2+t+1}=\frac{2}{3}.$$

例 11　求 $\lim\limits_{x\to 0}\frac{x^2}{\sqrt{x^2+1}-1}$.

解　因为

$$\lim_{x\to 0}(\sqrt{x^2+1}-1)=0,\ \lim_{x\to 0}x^2=0,$$

故不满足极限的四则运算法则，因此计算该极限须先分母有理化，即

$$\begin{aligned}\lim_{x\to 0}\frac{x^2}{\sqrt{x^2+1}-1}&=\lim_{x\to 0}\frac{x^2(\sqrt{x^2+1}+1)}{(\sqrt{x^2+1}-1)(\sqrt{x^2+1}+1)}\\&=\lim_{x\to 0}(\sqrt{x^2+1}+1)\\&=\lim_{x\to 0}\sqrt{x^2+1}+\lim_{x\to 0}1.\end{aligned}$$

运用复合函数求极限的方法，得

$$\lim_{x\to 0}\sqrt{x^2+1}=\lim_{u\to 1}\sqrt{u}=1,$$

故

$$\lim_{x\to 0}\frac{x^2}{(\sqrt{x^2+1}-1)}=2.$$

习　题　2-4(A)

1. 判断题：

(1)若 $\lim\limits_{x\to x_0} f(x)$ 与 $\lim\limits_{x\to x_0} f(x)g(x)$ 均存在,则 $\lim\limits_{x\to x_0} g(x)$ 必存在.(　　)

(2)设 $\lim\limits_{x\to x_0} f(x) = A$, $\lim\limits_{x\to x_0} g(x)$ 不存在,则 $\lim\limits_{x\to x_0}[f(x) + g(x)]$ 不存在.(　　)

2. 设 $\{a_n\}$, $\{b_n\}$, $\{c_n\}$ 均为非负数列,且 $\lim\limits_{n\to\infty} a_n = 0$, $\lim\limits_{n\to\infty} b_n = 1$, $\lim\limits_{n\to\infty} c_n = \infty$,则必有(　　).

A. $a_n < b_n$ 对任意 n 成立　　B. $b_n < c_n$ 对任意 n 成立

C. 极限 $\lim\limits_{n\to\infty}(a_n c_n)$ 不存在　　D. 极限 $\lim\limits_{n\to\infty}(b_n c_n)$ 不存在

3. 如果 $\lim\limits_{x\to a} f(x) = 0$, $\lim\limits_{x\to a} g(x) = 2$ 则下列结论正确的是(　　).

A. $\lim\limits_{x\to a} \dfrac{1}{f(x)} = \infty$　　B. $\lim\limits_{x\to a} f(x)g(x) = 0$

C. $\lim\limits_{x\to a} \dfrac{f(x)}{x-a} = 0$　　D. $\lim\limits_{x\to 0} f(x) = 0$

4. 判断下列运算是否正确,如果错误,说明原因并给出正确的解法:

(1) $\lim\limits_{n\to\infty}\left(\dfrac{1+2+\cdots+n-1}{n^2}\right) = \lim\limits_{n\to\infty}\dfrac{1}{n^2} + \lim\limits_{n\to\infty}\dfrac{2}{n^2} + \cdots + \lim\limits_{n\to\infty}\dfrac{n-1}{n^2} = 0$;

(2) $$\lim_{n\to\infty}\frac{(n+1)(n+2)(n+3)}{5n^3} = \lim_{n\to\infty}\frac{(n+1)}{5n}\cdot\lim_{n\to\infty}\frac{(n+2)}{n}\cdot\lim_{n\to\infty}\frac{(n+3)}{n} = \frac{1}{5}.$$

5. 计算下列极限:

(1) $\lim\limits_{x\to\infty}(\sqrt{x^2+1} - x)$;　　(2) $\lim\limits_{x\to\infty}\dfrac{(x-1)^{30}(2x+3)^{70}}{(5x-9)^{100}}$;

(3) $\lim\limits_{x\to\infty}\dfrac{x^2+x}{x^4+4x-1}$;　　(4) $\lim\limits_{x\to\infty}\dfrac{x^2}{2x+1}$;

(5) $\lim\limits_{n\to\infty}\dfrac{n(n+2)(2n-1)}{6n^3}$;　　(6) $\lim\limits_{x\to 4}\dfrac{x^2-6x+8}{x^2-5x+4}$;

(7) $\lim\limits_{x\to 1}\left(\dfrac{1}{1-x} - \dfrac{3}{1-x^3}\right)$;　　(8) $\lim\limits_{n\to\infty}\left(1 + \dfrac{1}{2} + \dfrac{1}{2^2} + \cdots + \dfrac{1}{2^n}\right)$;

(9) $\lim\limits_{x\to 2}\left(\dfrac{x-2}{\sqrt{x-1}-1}\right)$;　　(10) $\lim\limits_{x\to 1}\dfrac{\sqrt{3-x}-\sqrt{1+x}}{x^2+x-2}$.

6. 两个无穷小的商是否一定是无穷小?举例说明.

7. 运用无穷小的性质计算:

(1) $\lim\limits_{x\to 1}\left[(x-1)^2\sin\dfrac{1}{x-1}\right]$;　　(2) $\lim\limits_{x\to\infty}\dfrac{\arctan x}{x}$.

8. 已知函数

$$f(x) = \begin{cases} x+a, & x \leqslant 1, \\ \dfrac{x-1}{x^2-1}, & x > 1. \end{cases}$$

求 a 为何值时 $\lim\limits_{x\to 1} f(x)$ 存在.

习　题　2-4(B)

1. 求 $\lim\limits_{x \to 0^+} \dfrac{1 - e^{\frac{1}{x}}}{x + e^{\frac{1}{x}}}$.

2. 设 $f(x) = \dfrac{2^{\frac{1}{x}} - 1}{2^{\frac{1}{x}} + 1}$，求 $\lim\limits_{x \to 0} f(x)$.

3. 确定常数 a 和 b，使 $\lim\limits_{x \to +\infty} (\sqrt{x^2 - x - 1} - ax - b) = 0$.

4. 已知 $\lim\limits_{x \to 1} \dfrac{x^4 + ax + b}{(x-1)(x+2)} = 2$，试确定 a, b 的值.

第 5 节　极限存在准则与两个重要极限

下面给出判定极限存在的两个准则，并讨论两个重要极限：$\lim\limits_{x \to 0} \dfrac{\sin x}{x} = 1$ 和 $\lim\limits_{x \to \infty} \left(1 + \dfrac{1}{x}\right)^x = e$.

一、两边夹准则

准则 I　设有数列 $\{x_n\}$，$\{y_n\}$，$\{z_n\}$ 满足下列条件：

(1) $y_n \leqslant x_n \leqslant z_n (n = 1,2,3,\cdots)$；

(2) $\lim\limits_{n \to \infty} y_n = a$，$\lim\limits_{n \to \infty} z_n = a$.

则数列 $\{x_n\}$ 的极限存在，且 $\lim\limits_{n \to \infty} x_n = a$.

例 1　求 $\lim\limits_{n \to \infty} \left[\dfrac{1}{n^2} + \dfrac{1}{(n+1)^2} + \cdots + \dfrac{1}{(n+n)^2}\right]$.

解　设

$$x_n = \frac{1}{n^2} + \frac{1}{(n+1)^2} + \cdots + \frac{1}{(n+n)^2},$$

则

$$y_n = \frac{n+1}{(n+n)^2} \leqslant x_n \leqslant \frac{n+1}{n^2} = z_n,$$

而

$$\lim_{n \to \infty} y_n = \lim_{n \to \infty} \frac{n+1}{(n+n)^2} = \lim_{n \to \infty} \frac{1}{4}\left(\frac{1}{n} + \frac{1}{n^2}\right) = 0;$$

$$\lim_{n \to \infty} z_n = \lim_{n \to \infty} \frac{n+1}{n^2} = \lim_{n \to \infty}\left(\frac{1}{n} + \frac{1}{n^2}\right) = 0.$$

根据两边夹准则，$\lim\limits_{x \to \infty} x_n = 0$.

上述数列极限的存在准则可以推到函数的极限.

准则 I′　若 $x \in \mathring{U}(x_0, \delta)$（或 $|x| > M$），函数 $f(x)$，$g(x)$，$h(x)$ 满足：

(1) $g(x) \leqslant f(x) \leqslant h(x)$;

(2) $\lim\limits_{\substack{x \to x_0 \\ (x \to \infty)}} g(x) = A$, $\lim\limits_{\substack{x \to x_0 \\ (x \to \infty)}} h(x) = A$.

则 $\lim\limits_{\substack{x \to x_0 \\ (x \to \infty)}} f(x)$ **存在,且等于** A .

准则 Ⅰ 及准则 Ⅰ′ 称为两边夹准则(或夹逼准则).

二、重要极限 $\lim\limits_{x \to 0} \frac{\sin x}{x} = 1$

作为准则 Ⅰ′ 的重要应用,下面证明一个重要的极限:

$$\lim_{x \to 0} \frac{\sin x}{x} = 1 .$$

首先注意到,函数 $\frac{\sin x}{x}$ 对于一切 $x \neq 0$ 都有定义.

在图2-9所示的单位圆中,设圆心角 $\angle AOB = x \left(0 < x < \frac{\pi}{2}\right)$,点 A 处的切线与 OB 的延长线相交于 D ,又 $BC \perp OA$,则

$$\sin x = CB, \quad x = \widehat{AB}, \quad \tan x = AD.$$

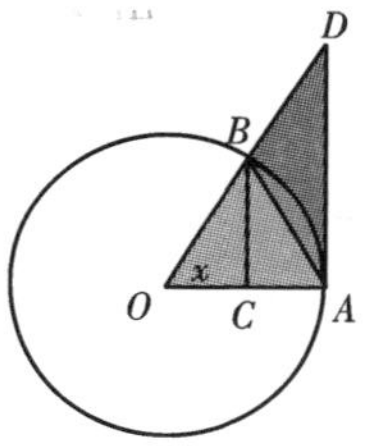

图2-9

对于 $0 < x < \frac{\pi}{2}$,面积之间有不等式:

$$S_{\Delta AOB} < S_{扇AOB} < S_{\Delta AOD} .$$

且由于

$$S_{\Delta AOB} = \frac{1}{2}\sin x , S_{扇AOB} = \frac{1}{2}x , S_{\Delta AOD} = \frac{1}{2}\tan x ,$$

则有

$$\frac{1}{2}\sin x < \frac{1}{2}x < \frac{1}{2}\tan x ,$$

即

$$\sin x < x < \tan x . \tag{1}$$

由 $\sin x > 0$,两端同时除以 $\sin x$,得

$$1 < \frac{x}{\sin x} < \frac{1}{\cos x} ,$$

或

$$\cos x < \frac{\sin x}{x} < 1 . \tag{2}$$

因为当 x 用 $-x$ 代替时, $\cos x$ 与 $\frac{\sin x}{x}$ 都不变,所以上面的不等式对于开区间 $\left(-\frac{\pi}{2},0\right)$ 内的一切 x 也是成立的.

应用准则 Ⅰ′,下面先来证 $\lim\limits_{x \to 0} \cos x = 1$.

事实上,当 $0 < |x| < \frac{\pi}{2}$ 时,

$$0 < |\cos x - 1| = 1 - \cos x = 2\sin^2\frac{x}{2} < 2\left(\frac{x}{2}\right)^2 = \frac{x^2}{2},$$

即

$$0 < 1 - \cos x < \frac{x^2}{2}.$$

当 $x \to 0$ 时，$\frac{x^2}{2} \to 0$，由准则 Ⅰ′有

$$\lim_{x\to 0}(1 - \cos x) = 0,$$

所以

$$\lim_{x\to 0}\cos x = 1.$$

针对于式(2)，由于 $\lim\limits_{x\to 0}\cos x = 1$，$\lim\limits_{x\to 0} 1 = 1$，由准则 Ⅰ′，可得

$$\lim_{x\to 0}\frac{\sin x}{x} = 1.$$

注 (1)函数 $f(x) = \frac{\sin x}{x}$ 在点 $x = 0$ 无定义，但极限仍然存在；

(2)自变量 x 在某一变化过程中，如果 $\varphi(x) \to 0$，则在自变量的同一变化过程下 $\frac{\sin\varphi(x)}{\varphi(x)} \to 1$. 例如 $\lim\limits_{x\to 0}\frac{\sin(x^2)}{x^2} = \lim\limits_{u\to 0}\frac{\sin u}{u} = 1$.

例 2 求 $\lim\limits_{x\to 0}\frac{\tan x}{x}$.

解 $\lim\limits_{x\to 0}\frac{\tan x}{x} = \lim\limits_{x\to 0}\frac{1}{x}\cdot\frac{\sin x}{\cos x} = \lim\limits_{x\to 0}\frac{\sin x}{x}\cdot\frac{1}{\cos x} = \lim\limits_{x\to 0}\frac{\sin x}{x}\cdot\lim\limits_{x\to 0}\frac{1}{\cos x} = 1$.

例 3 求 $\lim\limits_{x\to 0}\frac{1 - \cos x}{x^2}$.

解 $\lim\limits_{x\to 0}\frac{1 - \cos x}{x^2} = \lim\limits_{x\to 0}\frac{\sin^2 x}{x^2(1 + \cos x)} = \lim\limits_{x\to 0}\left(\frac{\sin x}{x}\right)^2\cdot\lim\limits_{x\to 0}\frac{1}{1 + \cos x} = \frac{1}{2}$.

此题也可用半角公式 $1 - \cos x = 2\sin^2\frac{x}{2}$，代入进行计算.

例 4 求 $\lim\limits_{x\to 0}\frac{\tan^m x}{\sin x^m}$.

解 $\lim\limits_{x\to 0}\frac{\tan^m x}{\sin x^m} = \lim\limits_{x\to 0}\frac{\tan^m x}{x^m}\cdot\frac{x^m}{\sin x^m} = \lim\limits_{x\to 0}\left(\frac{\tan x}{x}\right)^m\cdot\lim\limits_{x\to 0}\left(\frac{x^m}{\sin x^m}\right) = 1$.

三、单调有界准则

在第 1 节中，曾经证明收敛的数列一定有界，同时也指出，有界数列不一定收敛. 那么，有界的数列满足什么条件才能使得数列具有收敛性呢？

准则 Ⅱ　单调有界数列必有极限.

对准则 Ⅱ 我们不作证明，而给出如下的几何解释.

从数轴上看，对应单调数列的点 x_n 只可能向一个方向移动，所以只有两种可能的情形：①点 x_n 沿数轴移向无穷远（$x_n \to +\infty$ 或 $x_n \to -\infty$）；②点 x_n 无限接近于某一个定点 A（图 2-10），也就是数列 $\{x_n\}$ 趋于一个极限. 但现在假定数列是有界的，而有界数列的点 x_n 都落

在数轴上某一区间 $[-M,M]$ 内,那么上述第一种情形就不可能发生了.这就表明这个数列趋于一个极限,并且这个极限的绝对值不超过 M.

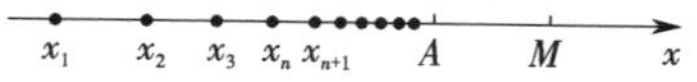

图 2-10

四、重要极限 $\lim\limits_{x\to\infty}\left(1+\dfrac{1}{x}\right)^x=\mathrm{e}$

作为准则Ⅱ的应用,我们讨论第二个重要极限

$$\lim_{x\to\infty}\left(1+\frac{1}{x}\right)^x=\mathrm{e}.$$

下面考虑 x 取正整数 n 而趋于 $+\infty$ 的情形:

设数列 $x_n=\left(1+\dfrac{1}{n}\right)^n$,我们来证数列 $\{x_n\}$ 单调增加并且有界.

首先,考虑数列 $x_n=\left(1+\dfrac{1}{n}\right)^n$ 的单调性.

按牛顿二项公式,有

$$\begin{aligned}x_n&=\left(1+\frac{1}{n}\right)^n\\&=1+\frac{n}{1!}\cdot\frac{1}{n}+\frac{n(n-1)}{2!}\cdot\frac{1}{n^2}+\frac{n(n-1)(n-2)}{3!}\cdot\frac{1}{n^3}+\cdots\\&\quad+\frac{n(n-1)\cdots(n-n+1)}{n!}\cdot\frac{1}{n^n}\\&=1+1+\frac{1}{2!}\left(1-\frac{1}{n}\right)+\frac{1}{3!}\left(1-\frac{1}{n}\right)\left(1-\frac{2}{n}\right)+\cdots\\&\quad+\frac{1}{n!}\left(1-\frac{1}{n}\right)\left(1-\frac{2}{n}\right)\cdots\left(1-\frac{n-1}{n}\right).\end{aligned}\tag{3}$$

类似地,

$$\begin{aligned}x_{n+1}&=1+1+\frac{1}{2!}\left(1-\frac{1}{n+1}\right)+\frac{1}{3!}\left(1-\frac{1}{n+1}\right)\left(1-\frac{2}{n+1}\right)+\cdots\\&\quad+\frac{1}{n!}\left(1-\frac{1}{n+1}\right)\left(1-\frac{2}{n+1}\right)\cdots\left(1-\frac{n-1}{n+1}\right)\\&\quad+\frac{1}{(n+1)!}\left(1-\frac{1}{n+1}\right)\left(1-\frac{2}{n+1}\right)\cdots\left(1-\frac{n}{n+1}\right).\end{aligned}\tag{4}$$

比较 x_n、x_{n+1} 的展开式,可以看到除前两项外,x_n 的每一项都小于 x_{n+1} 的对应项,并且 x_{n+1} 还多了最后一项,其值大于 0,因此 $x_n<x_{n+1}$,说明数列 $\{x_n\}$ 是单调增加的.

其次,这个数列还是有界的.

如果 x_n 的展开式(3)中各项括号中的数用较大的数 1 代替,得

$$x_n<1+1+\frac{1}{2!}+\frac{1}{3!}+\cdots+\frac{1}{n!}<1+1+\frac{1}{2}+\frac{1}{2^2}+\cdots+\frac{1}{2^{n-1}}$$

$$= 1 + \frac{1 - \frac{1}{2^n}}{1 - \frac{1}{2}} = 3 - \frac{1}{2^{n-1}} < 3.$$

这表明数列 $\{x_n\}$ 有界.

根据准则 Ⅱ ,数列有极限,通常用 e 表示这一极限值,即 $\lim\limits_{n\to\infty}\left(1+\frac{1}{n}\right)^n = \mathrm{e}$.

利用这一结论,可以进一步证明重要极限:

$$\lim_{x\to\infty}\left(1+\frac{1}{x}\right)^x = \mathrm{e}. \tag{5}$$

这里 e 是无理数,

$$\mathrm{e} = 2.718\ 281\ 828\ 459\ 045\cdots.$$

在第 1 章中提到的指数函数 $y = \mathrm{e}^x$ 以及自然数对数 $y = \ln x$ 中的底 e 就是这个常数.

利用复合函数的极限运算法则,可把(5)式写成另一形式. 在 $(1+z)^{\frac{1}{z}}$ 中作代换 $x = \frac{1}{z}$,得 $\left(1+\frac{1}{x}\right)^x$. 又 $z\to 0$ 时 $x\to\infty$. 因此由复合函数的极限运算法则得

$$\lim_{z\to 0}(1+z)^{\frac{1}{z}} = \lim_{x\to\infty}\left(1+\frac{1}{x}\right)^x = \mathrm{e}.$$

注 自变量在某一变化过程中,如果 $\varphi(x)\to\infty$,则在自变量的同一变化过程中有 $\left(1+\frac{1}{\varphi(x)}\right)^{\varphi(x)}\to \mathrm{e}$. 例如 $\lim\limits_{x\to\infty}\left(1+\frac{1}{x^2}\right)^{x^2} = \lim\limits_{u\to\infty}\left(1+\frac{1}{u}\right)^u = \mathrm{e}$.

例 6 求 $\lim\limits_{x\to\infty}\left(1-\frac{1}{x}\right)^x$.

解 $$\lim_{x\to\infty}\left(1-\frac{1}{x}\right)^x = \lim_{x\to\infty}\left(1-\frac{1}{x}\right)^{(-x)\cdot(-1)} = \lim_{x\to\infty}\left[\left(1+\frac{1}{-x}\right)^{-x}\right]^{-1}$$

$$= \lim_{x\to\infty}\frac{1}{\left(1+\frac{1}{-x}\right)^{-x}} = \frac{1}{\mathrm{e}}.$$

以此类推可知

$$\lim_{x\to\infty}\left(1+\frac{k}{x}\right)^x = \lim_{x\to\infty}\left[\left(1+\frac{k}{x}\right)^{\frac{x}{k}}\right]^k = \mathrm{e}^k.$$

例 7 求 $\lim\limits_{x\to\infty}\left(1+\frac{1}{x}\right)^{x+3}$.

解 $$\lim_{x\to\infty}\left(1+\frac{1}{x}\right)^{x+3} = \lim_{x\to\infty}\left(1+\frac{1}{x}\right)^x\left(1+\frac{1}{x}\right)^3$$

$$= \lim_{x\to\infty}\left(1+\frac{1}{x}\right)^x\cdot\lim_{x\to\infty}\left(1+\frac{1}{x}\right)^3 = \mathrm{e}.$$

例 8 求 $\lim\limits_{x\to\infty}\left(\frac{x^2+1}{x^2+2}\right)^{2x^2+1}$.

解 $$\lim_{x\to\infty}\left(\frac{x^2+1}{x^2+2}\right)^{2x^2+1} = \lim_{x\to\infty}\left(\frac{x^2+2-1}{x^2+2}\right)^{2x^2+1} = \lim_{x\to\infty}\left(1-\frac{1}{x^2+2}\right)^{2x^2+4-3}$$

$$= \lim_{x\to\infty}\left[\left(1-\frac{1}{x^2+2}\right)^{-(x^2+2)}\right]^{-2}\cdot\left(1-\frac{1}{x^2+2}\right)^{-3} = e^{-2}.$$

习　题　2-5(A)

1. $\lim\limits_{x\to\infty}\left(\frac{1}{x}\cdot\sin x + x\sin\frac{1}{x}\right) = ($　　$)$.

A. 0　　B. 1　　C. 2　　D. 不存在

2. $\lim\limits_{n\to\infty}\left(\frac{1}{n^2+n+1}+\frac{2}{n^2+n+2}+\cdots+\frac{n}{n^2+n+n}\right) = ($　　$)$.

A. 0　　B. 1　　C. $\frac{1}{2}$　　D. 不存在

3. 计算下列极限:

(1) $\lim\limits_{x\to 0}\frac{\sin 2\omega x}{x}\ (\omega\neq 0)$;　　(2) $\lim\limits_{x\to 0}\frac{\tan 5x}{x}$;

(3) $\lim\limits_{x\to 0}\frac{\sin 3x}{\tan 7x}$;　　(4) $\lim\limits_{x\to 0} x\cot x$;

(5) $\lim\limits_{x\to 0}\frac{1-\cos 2x}{x\tan x}$;　　(6) $\lim\limits_{n\to\infty}3^n\sin\frac{x}{3^n}$ (x 为不等于零的常数);

(7) $\lim\limits_{x\to 3}\frac{\sin(x^2-9)}{x-3}$;　　(8) $\lim\limits_{x\to 0}\frac{x-\sin x}{x+\sin x}$.

4. 计算下列极限:

(1) $\lim\limits_{x\to 0}(1-2x)^{\frac{1}{x}}$;　　(2) $\lim\limits_{x\to 0}(1+3x)^{\frac{1}{x}}$;

(3) $\lim\limits_{x\to\infty}\left(\frac{1+x}{x}\right)^{3x}$;　　(4) $\lim\limits_{x\to\infty}\left(1-\frac{2}{x}\right)^{kx}$ (k 为正整数);

(5) $\lim\limits_{x\to\infty}\left(\frac{2x+3}{2x+1}\right)^{x+1}$;　　(6) $\lim\limits_{x\to 0}(1+3\tan^2 x)^{\cot^2 x}$.

习　题　2-5(B)

1. 求下列极限:

(1) $\lim\limits_{n\to\infty}\left(\frac{n-2}{n+2}\right)^n$;　　(2) $\lim\limits_{x\to 0^+}(\sqrt{x}\cot\sqrt{x})$;

(3) $\lim\limits_{x\to\infty}\left(\frac{3x^2+5}{5x+3}\sin\frac{2}{x}\right)$;　　(4) $\lim\limits_{x\to 0}\left(\frac{2+e^{\frac{1}{x}}}{1+e^{\frac{4}{x}}}+\frac{\sin x}{|x|}\right)$.

2. 利用极限存在准则证明:

(1) $\lim\limits_{n\to\infty} n\left(\frac{1}{n^2+\pi}+\frac{1}{n^2+2\pi}+\cdots+\frac{1}{n^2+n\pi}\right) = 1$;

(2) 数列 $x_1=\sqrt{2}, x_2=\sqrt{2+\sqrt{2}}, x_3=\sqrt{2+\sqrt{2+\sqrt{2}}},\cdots$ 的极限存在并求 $\lim\limits_{n\to\infty}x_n$.

第 6 节　无穷小的比较

在无穷小的性质中,两个无穷小的和、差及乘积仍旧是无穷小. 但两个无穷小的商,却会

有很多情况,例如,当 $x \to 0$ 时,函数 $\sin x$, x^2 , x 都是无穷小,而

$$\lim_{x \to 0} \frac{\sin x}{x} = 1 , \lim_{x \to 0} \frac{x^2}{x} = 0 , \lim_{x \to 0} \frac{x}{x^2} = \infty .$$

两个无穷小之比的极限的不同情况,反映了不同的无穷小趋向于零的“速度”有“快”、“慢”之分. 就上面的例子来说,当 $x \to 0$ 时, $\sin x \to 0$ 与 $x \to 0$ “速度相仿”, $x^2 \to 0$ 比 $x \to 0$ “快一些”,反过来 $x \to 0$ 比 $x^2 \to 0$ “慢一些”.

下面,我们就无穷小之比的极限存在或是无穷大时,来说明这两个无穷小之间的比较. 假设 $\alpha = \alpha(x)$, $\beta = \beta(x)$ 在同一个自变量的变化过程中均为无穷小,用“ lim ”表示这个变化过程,且要求 $\alpha \neq 0$, $\lim \frac{\beta}{\alpha}$ 也是这个变化过程中的极限.

一、无穷小比较的概念

定义 1

(1)**如果** $\lim \frac{\beta}{\alpha} = 0$,**称** β **是比** α **高阶的无穷小,记作** $\beta = o(\alpha)$;

(2)**如果** $\lim \frac{\beta}{\alpha} = \infty$,**称** β **是比** α **低阶的无穷小**;

(3)**如果** $\lim \frac{\beta}{\alpha} = c$ ($c \neq 0$ **为常数**),**称** β **与** α **为同阶无穷小**;

特别地,当 $c = 1$ **时,即** $\lim \frac{\beta}{\alpha} = 1$ **称** β **与** α **为等价无穷小,记作** $\beta \sim \alpha$;

(4)**如果** $\lim \frac{\beta}{\alpha^k} = c$ $(c \neq 0, k > 0)$,**称** β **是** α **的** k **阶无穷小**.

例如,因为 $\lim_{x \to 0} \frac{\sin x}{x} = 1$,故当 $x \to 0$ 时, $\sin x$ 与 x 是等价无穷小,即当 $x \to 0$ 时, $\sin x \sim x$;

因为 $\lim_{x \to 0} \frac{x^2}{x} = 0$,故当 $x \to 0$ 时, x^2 是比 x 高阶的无穷小,即 $x^2 = o(x)$,或者称 x 是比 x^2 低阶的无穷小;

又 $\lim_{x \to 0} \frac{1 - \cos x}{x^2} = \frac{1}{2}$,故当 $x \to 0$ 时, $1 - \cos x$ 与 x^2 为同阶无穷小,或称当 $x \to 0$ 时 $1 - \cos x$ 是 x 的二阶无穷小;

例 1 当 $x \to 0$ 时, $2x - x^2$ 与 $x^2 - x^3$ 哪一个是高阶无穷小?

解 因为

$$\lim_{x \to 0} \frac{2x - x^2}{x^2 - x^3} = \lim_{x \to 0} \frac{2 - x}{x - x^2} = \infty ,$$

即

$$\lim_{x \to 0} \frac{x^2 - x^3}{2x - x^2} = 0 ,$$

故当 $x \to 0$ 时, $x^2 - x^3$ 是比 $2x - x^2$ 高阶的无穷小.

例 2 证明当 $x \to 0$ 时, $\sqrt[n]{1 + x} - 1 \sim \frac{x}{n}$.

证　要证当 $x \to 0$ 时，$\sqrt[n]{1+x}-1 \sim \dfrac{x}{n}$，只需证

$$\lim_{x\to 0}\frac{\sqrt[n]{1+x}-1}{\dfrac{x}{n}}=1 .$$

令 $\sqrt[n]{1+x}-1=t$，则

$$x=(1+t)^n-1 .$$

当 $x \to 0$ 时，$t \to 0$，则

$$\lim_{x\to 0}\frac{\sqrt[n]{1+x}-1}{x}=\lim_{t\to 0}\frac{t}{(1+t)^n-1}=\lim_{t\to 0}\frac{t}{(1+C_n^1\cdot t+C_n^2\cdot t^2+C_n^3\cdot t^3+\cdots+C_n^n\cdot t^n)-1}$$

$$=\lim_{t\to 0}\frac{1}{n+C_n^2\cdot t+\cdots+C_n^n\cdot t^{n-1}}=\frac{1}{n}.$$

从而得

$$\lim_{x\to 0}\frac{\sqrt[n]{1+x}-1}{\dfrac{x}{n}}=1 .$$

故当 $x \to 0$ 时，$\sqrt[n]{1+x}-1 \sim \dfrac{x}{n}$.

例 3　证明当 $x \to 0$ 时，$\ln(1+x) \sim x$.

证　要证当 $x \to 0$ 时，$\ln(1+x) \sim x$，只需证

$$\lim_{x\to 0}\frac{\ln(1+x)}{x}=1 .$$

运用复合函数的极限运算法则以及对数的性质，得

$$\lim_{x\to 0}\frac{\ln(1+x)}{x}=\lim_{x\to 0}\ln(1+x)^{\frac{1}{x}}=\lim_{u\to \mathrm{e}}\ln u=\ln \mathrm{e}=1 .$$

故当 $x \to 0$ 时，$\ln(1+x) \sim x$.

例 4　求 $\lim\limits_{x\to 0}\dfrac{a^x-1}{x}$.

解　令 $a^x-1=t$，则

$$x=\log_a(1+t) .$$

当 $x \to 0$ 时，$t \to 0$，于是

$$\lim_{x\to 0}\frac{a^x-1}{x}=\lim_{t\to 0}\frac{t}{\log_a(1+t)} .$$

运用对数的换底公式及例 3 的结果得

$$原式=\lim_{t\to 0}\frac{t}{\dfrac{\ln(1+t)}{\ln a}}=\ln a\lim_{t\to 0}\frac{t}{\ln(1+t)}=\ln a .$$

故当 $x \to 0$ 时，$a^x-1 \sim x\ln a$.

例 5　求 $\lim\limits_{x\to 0}\dfrac{\arcsin x}{x}$.

解　令 $t=\arcsin x$，则 $x=\sin t$，当 $x \to 0$ 时，有 $t \to 0$. 由复合函数的极限运算法则得

$$\lim_{x\to0}\frac{\arcsin x}{x}=\lim_{t\to0}\frac{t}{\sin t}=1.$$

故当 $x\to0$ 时，$\arcsin x\sim x$.

同理，可得当 $x\to0$ 时，$\arctan x\sim x$.

二、等价无穷小的计算

计算极限过程中，运用等价无穷小进行替换是常用的方法，首先我们给出关于等价无穷小的两个定理.

定理1　**α 与 β 是等价无穷小的充分必要条件是 $\beta=\alpha+o(\alpha)$.**

证　**必要性**　设 $\alpha\sim\beta$，则

$$\lim\frac{\beta-\alpha}{\alpha}=\lim\left(\frac{\beta}{\alpha}-1\right)=\lim\frac{\beta}{\alpha}-1=0.$$

因此 $\beta-\alpha=o(\alpha)$，即 $\beta=\alpha+o(\alpha)$.

充分性　设 $\beta=\alpha+o(\alpha)$，则

$$\lim\frac{\beta}{\alpha}=\lim\frac{\alpha+o(\alpha)}{\alpha}=\lim\left(1+\frac{o(\alpha)}{\alpha}\right)=1.$$

因此 $\alpha\sim\beta$.

由例5可知，当 $x\to0$ 时，$\arcsin x\sim x$，所以当 $x\to0$ 时，$\arcsin x=x+o(x)$.

定理2　**设 $\alpha\sim\alpha'$，$\beta\sim\beta'$，且 $\lim\frac{\alpha'}{\beta'}$ 存在，则**

$$\lim\frac{\alpha}{\beta}=\lim\frac{\alpha'}{\beta'}.$$

证　$\lim\frac{\alpha}{\beta}=\lim\left(\frac{\alpha}{\alpha'}\cdot\frac{\alpha'}{\beta'}\cdot\frac{\beta'}{\beta}\right)=\lim\frac{\alpha}{\alpha'}\cdot\lim\frac{\alpha'}{\beta'}\cdot\lim\frac{\beta'}{\beta}=\lim\frac{\alpha'}{\beta'}$.

注　根据定理2，可用等价无穷小代换，简化极限计算. 但是等价无穷小代换，只对分子、分母和部分乘积因子进行，对于加、减中的每一项不能分别作等价无穷小代换.

例6　求 $\lim\limits_{x\to0}\frac{\sin 2x}{\tan 3x}$.

解　当 $x\to0$ 时，$\sin 2x\sim2x$，$\tan 3x\sim3x$，所以

$$\lim_{x\to0}\frac{\sin 2x}{\tan 3x}=\lim_{x\to0}\frac{2x}{3x}=\frac{2}{3}.$$

例7　求 $\lim\limits_{x\to0}\frac{\tan x-\sin x}{\sin^3x}$.

解　因为当 $x\to0$ 时，$1-\cos x\sim\frac{x^2}{2}$，$\tan x\sim x$，故

$$\lim_{x\to0}\frac{\tan x-\sin x}{\sin^3x}=\lim_{x\to0}\frac{\tan x(1-\cos x)}{\sin^3x}=\lim_{x\to0}\frac{x\cdot\frac{x^2}{2}}{x^3}=\frac{1}{2}.$$

注　(1)常用的等价无穷小有：

当 $x\to0$ 时，$\sin x\sim x$，$\tan x\sim x$，$1-\cos x\sim\frac{x^2}{2}$，$\arcsin x\sim x$，$\arctan x\sim x$，

$$\sqrt[n]{1+x}-1\sim\frac{x}{n},\ \ln(1+x)\sim x,\ a^x-1\sim x\ln a,\ e^x-1\sim x;$$

(2)一般地,在自变量的某个变化过程中,若 $\varphi(x)\to 0$,则在自变量的同一变化过程中有推广的等价关系:

$$\sin\varphi(x)\sim\varphi(x),\ 1-\cos\varphi(x)\sim\frac{\varphi^2(x)}{2},\ \ln(1+\varphi(x))\sim\varphi(x),$$

$$\sqrt[n]{1+\varphi(x)}-1\sim\frac{\varphi(x)}{n}\text{等.}$$

例 8　求 $\lim\limits_{x\to 0}\dfrac{\sqrt{1+\sin^2x}-1}{x^2}$.

解　当 $x\to 0$ 时,$\sqrt{1+x}-1\sim\dfrac{x}{2}$,故当 $x\to 0$ 时,$\sqrt{1+\sin^2x}-1\sim\dfrac{\sin^2x}{2}$,所以

$$\lim_{x\to 0}\frac{\sqrt{1+\sin^2x}-1}{x^2}=\lim_{x\to 0}\frac{\sin^2x}{2x^2}=\frac{1}{2}.$$

例 9　求 $\lim\limits_{x\to 1}\dfrac{\sqrt[3]{x-2}+1}{\sin(x-1)}$.

解　$\lim\limits_{x\to 1}\dfrac{\sqrt[3]{x-2}+1}{\sin(x-1)}=\lim\limits_{x\to 1}\dfrac{-\left(\sqrt[3]{1+(1-x)}-1\right)}{\sin(x-1)}$.

当 $x\to 1$ 时,

$$\sin(x-1)\sim(x-1),\ \sqrt[3]{1+(1-x)}-1\sim\frac{1-x}{3}.$$

所以

$$\lim_{x\to 1}\frac{\sqrt[3]{x-2}+1}{\sin(x-1)}=\lim_{x\to 1}\frac{\frac{x-1}{3}}{(x-1)}=\frac{1}{3}.$$

习　题　2-6(A)

1. 当 $x\to 0^+$ 时,与 $\sqrt{x}$ 等价的无穷小量是(　　).

A. $1-e^{\sqrt{x}}$　　B. $\ln\dfrac{1+x}{1-\sqrt{x}}$　　C. $\sqrt{1+\sqrt{x}}-1$　　D. $1-\cos\sqrt{x}$

2. 若 $x\to 0$ 时,$(1-ax^2)^{\frac{1}{4}}-1$ 与 $x\sin x$ 是等价无穷小,求 a.

3. 证明:当 $x\to 0$ 时,有 $\arctan x\sim x$.

4. 证明无穷小的等价关系具有下列性质:

(1) $\alpha\sim\alpha$(自反性);

(2)若 $\alpha\sim\beta$,则 $\beta\sim\alpha$(对称性);

(3)若 $\alpha\sim\beta$,$\beta\sim\gamma$,则 $\alpha\sim\gamma$(传递性).

5. 计算下列极限:

(1) $\lim\limits_{x\to 0^+}\dfrac{x}{\sqrt{1-\cos x}}$;　　(2) $\lim\limits_{x\to+\infty}\left(2^x\sin\dfrac{1}{3^x}\right)$;

(3) $\lim\limits_{x\to 2}\dfrac{\sqrt[3]{1+(x-2)^4}-1}{x-2}$；　　(4) $\lim\limits_{x\to 0}\dfrac{\ln(1+2x^2)}{9x^2}$；

(5) $\lim\limits_{x\to 0}\dfrac{\tan^2 x-\sin^2 x}{x^4}$；　　(6) $\lim\limits_{x\to 1}\left[(1-x^2)\sin\dfrac{1}{1-x}\right]$.

习　题　2-6(B)

1. 计算下列极限：

(1) $\lim\limits_{x\to\infty}[x(a^{\frac{1}{x}}-1)]$；

(2) $\lim\limits_{x\to\infty}\left(x\sin\dfrac{2x}{x^2+1}\right)$；

(3) $\lim\limits_{x\to 0^+}\dfrac{1-\sqrt{\cos x}}{x(1-\cos\sqrt{x})}$.

2. 已知 $\lim\limits_{x\to 0}\dfrac{\sqrt{1+f(x)\sin x}-1}{e^{3x}-1}=2$，求 $\lim\limits_{x\to 0}f(x)$.

3. 当 $x\to 0$ 时，$\alpha(x)=kx^2$ 与 $\beta(x)=\sqrt{1+x\arcsin x}-\sqrt{\cos x}$ 是等价无穷小，求 k .

第 7 节　函数的连续性与间断点

一、函数的连续性

自然界中有许多现象：如人的身高随着时间的变化而变化，当时间的变化很微小时，人的身高变化也很微小；在一年中，温度随时间而变化，当时间变化很微小时，温度的变化也很微小. 反映在数学上，其共同特点就是：自变量的变化很小时，函数值的变化也很小，这就是所谓的函数的连续性. 下面我们先给出增量的概念，从而引出函数的连续性定义.

1. 增量的定义

设变量 x 从它的初值 x_1 变化到终值 x_2 ，终值与初值的差 x_2-x_1 就叫做变量 x 的**增量**，记做 Δx ，即

$$\Delta x = x_2 - x_1 .$$

例如，若变量 t 从 $t=2$ 变化到 $t=1$ ，则其增量 $\Delta t=1-2=-1$.

现在假定函数 $y=f(x)$ 在点 x_0 的某邻域 $U(x_0)$ 内有定义，当自变量 x 在该邻域内从 x_0 变化到 $x_0+\Delta x$ 时，函数值也相应地从 $f(x_0)$ 变化到 $f(x_0+\Delta x)$ ，函数 $y=f(x)$ 的相应增量为

$$\Delta y = f(x_0+\Delta x)-f(x_0) .$$

这种关系如图 2-11 所示.

如果令 x_0 不变而让自变量的增量 Δx 变动，一般来说函数的增量 Δy 也要相应地变动. 如果当 Δx 趋于零时，函数的增量 Δy 也趋于零，那么就得到了函数 $y=f(x)$ 在点 x_0 处连续的定义.

2. 函数在一点的连续性

定义 1　设函数 $y=f(x)$ 在点 x_0 的某邻域 $U(x_0)$ 内有定义，如果

$$\lim_{\Delta x \to 0} \Delta y = \lim_{\Delta x \to 0}[f(x_0 + \Delta x) - f(x_0)] = 0,$$

则称函数 $f(x)$ 在点 x_0 连续.

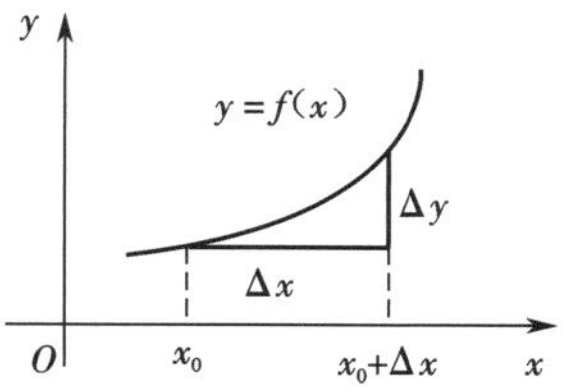

图 2-11

根据定义,可将函数的连续性表示为其他形式.

设 $x_0 + \Delta x = x$,则 $\Delta x \to 0$ 时,$x \to x_0$.由于

$$\Delta y = f(x_0 + \Delta x) - f(x_0) = f(x) - f(x_0),$$

即

$$f(x) = f(x_0) + \Delta y.$$

从而有

$$\lim_{x \to x_0} f(x) = \lim_{x \to x_0}(f(x_0) + \Delta y) = f(x_0).$$

因此,函数 $y = f(x)$ 在点 x_0 处连续的定义又可如下描述.

定义 2　设函数 $y = f(x)$ 在点 x_0 的某邻域 $U(x_0)$ 内有定义,如果

$$\lim_{x \to x_0} f(x) = f(x_0),$$

则称函数 $f(x)$ 在点 x_0 连续.

注　(1)定义 2 说明:函数 $f(x)$ 在点 x_0 连续即极限值等于该点的函数值;

(2)由函数极限的定义,可将上述定义运用"$\varepsilon - \delta$"语言表示为:$\forall \varepsilon > 0$,$\exists \delta > 0$,当 $|x - x_0| < \delta$ 时,$|f(x) - f(x_0)| < \varepsilon$.

3. 单侧连续性

根据单侧极限的定义,我们给出函数的左连续和右连续的概念.

定义 3　设函数 $y = f(x)$ 在点 x_0 的某左邻域 $(x_0 - \delta, x_0]$ 内有定义,如果

$$\lim_{x \to x_0^-} f(x) = f(x_0^-) = f(x_0),$$

则称函数 $f(x)$ 在 x_0 左连续.

定义 4　设函数 $y = f(x)$ 在点 x_0 的某右邻域 $[x_0, x_0 + \delta)$ 内有定义,如果

$$\lim_{x \to x_0^+} f(x) = f(x_0^+) = f(x_0),$$

则称函数 $f(x)$ 在 x_0 右连续.

根据左右极限与函数极限的关系,不难推出以下定理.

定理 1　函数 $f(x)$ 在点 x_0 连续的充分必要条件是 $f(x)$ 在点 x_0 既左连续也右连续.

4. 连续函数

如果函数在区间内每一点都连续,则该函数叫做在该区间的**连续函数**,或者说函数在该区间连续.如果区间包括端点,那么函数在右端点连续是指左连续,在左端点连续是指右连续.

连续函数的图形是一条连续的不间断的曲线.

例 1　证明函数 $f(x) = \sin x$ 在 $(-\infty, +\infty)$ 内连续.

证　对 $\forall x_0 \in (-\infty, +\infty)$,设自变量的增量为 Δx,则

$$\Delta y = f(x_0 + \Delta x) - f(x_0) = \sin(x_0 + \Delta x) - \sin x_0 = 2\cos\frac{2x_0 + \Delta x}{2} \cdot \sin\frac{\Delta x}{2},$$

$$0 \leqslant |\Delta y| = 2\left|\cos\frac{2x_0 + \Delta x}{2}\right| \cdot \left|\sin\frac{\Delta x}{2}\right| \leqslant 2 \cdot \left|\sin\frac{\Delta x}{2}\right| \leqslant |\Delta x|.$$

由两边夹准则,可得 $\lim\limits_{\Delta x \to 0} |\Delta y| = 0$,从而 $\lim\limits_{\Delta x \to 0} \Delta y = 0$,表明函数在 $y = f(x) = \sin x$ 在点 x_0 连续.

再由 $x_0 \in (-\infty, +\infty)$ 的任意性,可知 $f(x) = \sin x$ 在 $(-\infty, +\infty)$ 内连续. 同理可以证明,$f(x) = \cos x$ 在 $(-\infty, +\infty)$ 内也是处处连续.

由第 4 节可知,有理整函数(多项式)在区间 $(-\infty, +\infty)$ 内是连续的. 对于有理分式函数 $F(x) = \dfrac{P(x)}{Q(x)}$,只要 $Q(x_0) \neq 0$,就有 $\lim\limits_{x \to x_0} F(x) = F(x_0)$,因此有理分式函数在其定义域内的每一点都是连续的.

例 2 问 a 为何值时,使得函数

$$f(x) = \begin{cases} x + a, & x \leqslant 0, \\ \cos x, & x > 0 \end{cases}$$

在点 $x = 0$ 连续?

解 因为

$$f(0) = 0 + a = a,$$
$$\lim_{x \to 0^-} f(x) = \lim_{x \to 0^-} (x + a) = a,$$
$$\lim_{x \to 0^+} f(x) = \lim_{x \to 0^+} \cos x = 1.$$

三者相等则函数在 $x = 0$ 连续,即 $a = 1$ 时,$f(x)$ 在 $x = 0$ 连续.

注 一般地,若 x_0 是分段函数的分界点,讨论函数在 x_0 的连续性时,往往需要计算 $\lim\limits_{x \to x_0^+} f(x)$,$\lim\limits_{x \to x_0^-} f(x)$ 以及函数值 $f(x_0)$. 如果三者相等,则函数在点 x_0 连续,反之不连续.

例 3 问 a 为何值时,使得函数

$$f(x) = \begin{cases} \dfrac{\sin 2x}{x}, & x \neq 0, \\ a, & x = 0 \end{cases}$$

在点 $x = 0$ 连续?

解 因

$$\lim_{x \to 0} f(x) = \lim_{x \to 0} \frac{\sin 2x}{x} = 2, \quad f(0) = a,$$

要使 $f(x)$ 在点 $x = 0$ 连续,即

$$\lim_{x \to 0} f(x) = f(0)$$

成立,从而得 $a = 2$.

二、间断点及其分类

1. 间断点的定义

函数的不连续点称为函数的**间断点**.

设函数 $f(x)$ 在 x_0 的某去心邻域内有定义,如果 $f(x)$ 符合下列条件之一:

(1) $f(x)$ 在点 x_0 无定义;

(2) $f(x)$ 在点 x_0 有定义,但极限 $\lim\limits_{x \to x_0} f(x)$ 不存在;

(3) $f(x)$ 在点 x_0 有定义,且极限 $\lim\limits_{x \to x_0} f(x)$ 也存在,但 $\lim\limits_{x \to x_0} f(x) \neq f(x_0)$.

则称 $f(x)$ 在点 x_0 不连续，称 x_0 为函数 $f(x)$ 的**一个间断点**.

2. 间断点的分类

间断点分为两大类：第一类间断点和第二类间断点.

设 x_0 为函数 $f(x)$ 的一个间断点，如果 $\lim\limits_{x \to x_0^+} f(x)$ ，$\lim\limits_{x \to x_0^-} f(x)$ 均存在，则称 x_0 为**第一类间断点**.

第一类间断点包括以下两种：可去间断点，跳跃间断点.

如果 x_0 是函数 $f(x)$ 的一个第一类间断点，且 $\lim\limits_{x \to x_0^+} f(x) = \lim\limits_{x \to x_0^-} f(x)$（即 $\lim\limits_{x \to x_0} f(x)$ 存在），则称 x_0 为**可去间断点**.

如果 x_0 是函数 $f(x)$ 的一个第一类间断点，且 $\lim\limits_{x \to x_0^+} f(x) \neq \lim\limits_{x \to x_0^-} f(x)$ ，则称 x_0 为**跳跃间断点**.

例 4　判断 $x = 1$ 是否为函数 $y = \dfrac{x^2 - 1}{x - 1}$ 的间断点，如果是指出间断点的类型.

解　因 $y = \dfrac{x^2 - 1}{x - 1}$ 在 $x = 1$ 无定义，故 $x = 1$ 是间断点.

由于 $\lim\limits_{x \to 1} \dfrac{x^2 - 1}{x - 1} = 2$ ，故函数极限存在，从而可知 $x = 1$ 是函数 $y = \dfrac{x^2 - 1}{x - 1}$ 第一类间断点中的可去间断点.

如果补充定义 $f(1) = 2$ ，则可以得到一个在点 $x = 1$ 连续的函数，

$$F(x) = \begin{cases} \dfrac{x^2 - 1}{x - 1}, & x \neq 1, \\ 2, & x = 1. \end{cases}$$

使得

$$F(x) = f(x)\ ,\ x \neq 1\ ,\ F(1) = \lim_{x \to 1} f(x) = 2\ .$$

例 5　判断函数

$$f(x) = \begin{cases} x - 1, & x \leqslant 1, \\ 3 - x, & x > 1 \end{cases}$$

在点 $x = 1$ 处是否连续？如果不连续，请指出间断点的类型.

解　$\lim\limits_{x \to 1^+} f(x) = \lim\limits_{x \to 1^+} (3 - x) = 2$ ，$\lim\limits_{x \to 1^-} f(x) = \lim\limits_{x \to 1^-} (x - 1) = 0$ ，$f(1) = 0$.

三者不相等，故 $x = 1$ 是函数的间断点. 进一步可知，点 $x = 1$ 是函数的第一类间断点中的跳跃间断点.

设 x_0 为函数 $f(x)$ 的一个间断点，如果 $\lim\limits_{x \to x_0^+} f(x)$ ，$\lim\limits_{x \to x_0^-} f(x)$ 中至少有一个不存在，则 x_0 称为**第二类间断点**.

由定义可知，不是第一类间断点的任何间断点，就是第二类间断点.

下面举例说明第二类间断点中常见的无穷间断点、振荡间断点.

例 6　函数 $f(x) = \dfrac{1}{x}$ 在点 $x = 0$ 处没有定义，所以 $x = 0$ 是函数 $f(x) = \dfrac{1}{x}$ 的间断点.

因为

$$\lim_{x \to 0} \frac{1}{x} = \infty\ ,$$

所以称 $x=0$ 是函数$f(x)=\dfrac{1}{x}$的第二类间断点中的无穷间断点(图 2-12);

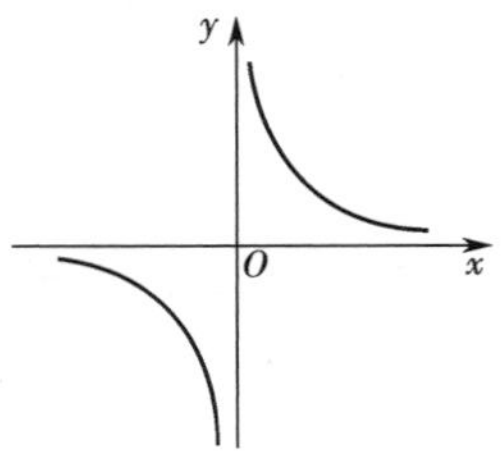

图 2-12

例 7 函数$f(x)=\sin\dfrac{1}{x}$在点 $x=0$ 没有定义,所以 $x=0$ 是函数的间断点. 当 $x\to 0$ 时,函数值在 -1 和 $+1$ 之间无限振荡,称 $x=0$ 是函数$f(x)=\sin\dfrac{1}{x}$的第二类间断点中的振荡间断点(图 2-13).

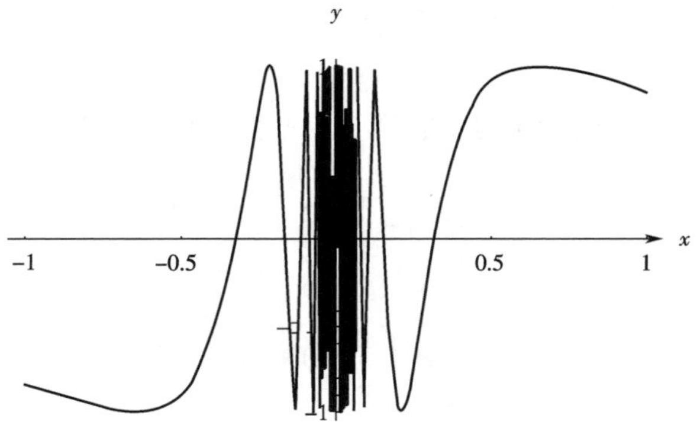

图 2-13

例 8 判断函数$f(x)=\dfrac{1}{\dfrac{x(x+2)}{x^2-4}}$的间断点 $x=0,\pm 2$ 的类型.

解 因为

$$\lim_{x\to 2}f(x)=\lim_{x\to 2}\frac{1}{\dfrac{x(x+2)}{x^2-4}}=\lim_{x\to 2}\frac{x-2}{x}=0;$$

$$\lim_{x\to -2}f(x)=\lim_{x\to -2}\frac{1}{\dfrac{x(x+2)}{x^2-4}}=\lim_{x\to -2}\frac{x-2}{x}=2.$$

所以点 $x=\pm 2$ 均为函数的可去间断点;

又因为

$$\lim_{x\to 0}f(x)=\lim_{x\to 0}\frac{1}{\dfrac{x(x+2)}{x^2-4}}=\lim_{x\to 0}\frac{x-2}{x}=\infty,$$

所以 $x=0$ 是无穷间断点.

习　题　2-7(A)

1. 函数 $f(x)$ 在点 $x=a$ 处连续是函数 $f(x)$ 在点 $x=a$ 处有定义的(　　).

A. 充要条件　　B. 充分条件　　C. 必要条件　　D. 无关条件

2. 研究下列函数的连续性,并画出函数的图形:

(1) $f(x)=\begin{cases}x^2, & 0\leqslant x\leqslant 1,\\ 2-x, & 1<x\leqslant 2;\end{cases}$　　(2) $f(x)=\begin{cases}x, & -1\leqslant x\leqslant 1,\\ 1, & x<-1 \text{ 或 } x>1.\end{cases}$

3. 下列函数在指出的点处间断,说明这些间断点属于哪一类. 如果是可去间断点,则补充或改变函数的定义使它连续:

(1) $y=\dfrac{x^2-1}{x^2-3x+2}, x=1, x=2$;

(2) $y=\dfrac{x}{\sin x}$, $x=k\pi\ (k=0, \pm 1, \pm 2, \cdots)$.

4. 求函数 $f(x)=\dfrac{x^3+3x^2-x-3}{x^2+x-6}$ 的连续区间,并求 $\lim\limits_{x\to 0}f(x)$, $\lim\limits_{x\to -3}f(x)$, $\lim\limits_{x\to 2}f(x)$.

5. 函数

$$f(x)=\begin{cases}\dfrac{1}{x}\sin x, & x<0,\\ k, & x=0,\\ x\sin\dfrac{1}{x}+1, & x>0.\end{cases}$$

问常数 k 为何值时, $f(x)$ 在其定义域内连续?

习　题　2-7(B)

1. 设函数 $f(x)=\dfrac{1}{e^{\frac{x}{x-1}}-1}$, 则(　　).

A. $x=0$, $x=1$ 都是 $f(x)$ 的第一类间断点

B. $x=0$, $x=1$ 都是 $f(x)$ 的第二类间断点

C. $x=0$ 是 $f(x)$ 的第一类间断点, $x=1$ 是 $f(x)$ 的第二类间断点

D. $x=0$ 是 $f(x)$ 的第二类间断点, $x=1$ 是 $f(x)$ 的第一类间断点

2. 设 $f(x)=\begin{cases}e^{\frac{1}{x-1}}, & x>0,\\ \ln(1+x), & -1<x\leqslant 0,\end{cases}$ 求 $f(x)$ 的间断点,并说明间断点所属类型.

3. 讨论函数 $f(x)=\lim\limits_{n\to\infty}\left(\dfrac{1-x^{2n}}{1+x^{2n}}x\right)$ 的连续性,若有间断点,判别其类型.

第 8 节　连续函数的运算与初等函数的连续性

一、连续函数的和、差、积、商的连续性

由函数在某点连续的定义和极限的四则运算法则,立即可以得出下面的定理.

定理 1　**设函数 $f(x)$ 和 $g(x)$ 在点 x_0 连续,则它们的和(差) $f \pm g$ 、积 $f \cdot g$ 及商 $\frac{f}{g}$ (当 $g(x_0) \neq 0$ 时)都在点 x_0 连续.**

例 1　因 $\tan x = \frac{\sin x}{\cos x}$, $\cot x = \frac{\cos x}{\sin x}$,而 $\sin x$ 和 $\cos x$ 都在 $(-\infty, +\infty)$ 内连续,故由定理 1 知 $\tan x$ 和 $\cot x$ 在它们的定义域内是连续的.

二、反函数的连续性

定理 2　**如果函数 $y = f(x)$ 在区间 I_x 上单调增加(或单调减少)且连续,则其反函数 $x = f^{-1}(y)$ 在对应的区间 $I_y = \{y \mid y = f(x), x \in I_x\}$ 上单调增加(或单调减少)且连续.**

注　定理说明单调连续函数存在单调连续的反函数.

例 2　由于 $y = \sin x$ 在 $\left[-\frac{\pi}{2}, \frac{\pi}{2}\right]$ 上单调增加且连续,所以它的反函数 $y = \arcsin x$ 在闭区间 $[-1,1]$ 上也是单调增加且连续的.

同理,应用定理 2 可得 $y = \arccos x$ 在闭区间 $[-1,1]$ 上单调减少且连续; $y = \arctan x$ 在区间 $(-\infty, \infty)$ 内单调增加且连续; $y = \operatorname{arccot} x$ 在区间 $(-\infty, \infty)$ 内单调减少且连续.

总之,反三角函数 $y = \arcsin x$, $y = \arccos x$, $y = \arctan x$, $y = \operatorname{arccot} x$ 在它们的各自的定义域内都是连续的.

三、复合函数的连续性

定理 3　**设函数 $y = f[\varphi(x)]$ 由函数 $y = f(u)$ 与函数 $u = \varphi(x)$ 复合而成, $\mathring{U}(x_0) \subset D_{f\circ\varphi}$. 如果 $\lim\limits_{x \to x_0} \varphi(x) = u_0$,而函数 $y = f(u)$ 在 $u = u_0$ 连续, 则有**

$$\lim_{x \to x_0} f[\varphi(x)] = \lim_{u \to u_0} f(u) = f(u_0) .$$

在定理中因为

$$\lim_{x \to x_0} \varphi(x) = u_0 , \lim_{u \to u_0} f(u) = f(u_0) ,$$

因此定理的结论又可理解为

$$\lim_{x \to x_0} f[\varphi(x)] = f[\lim_{x \to x_0} \varphi(x)] = f(u_0) .$$

上式表明,在满足定理 3 的条件下,求复合函数 $y = f[\varphi(x)]$ 的极限时,连续函数的符号与极限运算符号可以交换次序.

例 3　求 $\lim\limits_{x \to 1} \sqrt{\frac{x^2 - 1}{x - 1}}$.

解　函数 $y = \sqrt{\frac{x^2 - 1}{x - 1}}$ 可以理解为 $y = \sqrt{u}$, $u = \frac{x^2 - 1}{x - 1}$ 复合而成. 因为 $\lim\limits_{x \to 1} \frac{x^2 - 1}{x - 1} = 2$,

而函数 $y=\sqrt{u}$ 在点 $u=2$ 处连续,所以有

$$\lim_{x\to1}\sqrt{\frac{x^2-1}{x-1}}=\sqrt{\lim_{x\to1}\frac{x^2-1}{x-1}}=\sqrt{2}\ .$$

定理4　设函数 $y=f[\varphi(x)]$ 由函数 $y=f(u)$ 与函数 $u=\varphi(x)$ 复合而成,$U(x_0)\subset D_{f\circ\varphi}$. 如果函数 $u=\varphi(x)$ 在 $x=x_0$ 连续,且 $\varphi(x_0)=u_0$,而函数 $y=f(u)$ 在 $u=u_0$ 连续,则复合函数 $y=f[\varphi(x)]$ 在点 $x=x_0$ 也连续.

在定理中因为

$$\lim_{x\to x_0}\varphi(x)=\varphi(x_0)=u_0\ ,\ \lim_{u\to u_0}f(u)=f(u_0)\ ,$$

因此定理的结论又可理解为

$$\lim_{x\to x_0}f[\varphi(x)]=f[\lim_{x\to x_0}\varphi(x)]=f[\varphi(x_0)]\ .$$

从而说明连续函数构成的复合函数仍然是连续函数.

例4　讨论函数 $y=\arcsin(1-x)$ 的连续性.

解　函数 $y=\arcsin(1-x)$ 可以看做是由函数 $y=\arcsin u$ 和 $u=1-x$ 复合而成. 由于 $\arcsin u$ 在 $[-1,1]$ 上连续,$1-x$ 在对应的 $[0,2]$ 上连续,故 $y=\arcsin(1-x)$ 在 $[0,2]$ 上连续.

四、初等函数的连续性

前面证明了三角函数及反三角函数在它们的定义域内是连续的.

我们指出(但不详细讨论),指数函数 $a^x(a>0,a\neq1)$ 对于一切实数都有定义,且在区间 $(-\infty,+\infty)$ 内是单调、连续的,它的值域为 $(0,+\infty)$.

由指数函数的单调性和连续性,引用定理2可得:对数函数 $\log_a x(a>0,a\neq1)$ 在区间 $(0,+\infty)$ 内单调且连续.

幂函数 $y=x^\mu$ 的定义域随 μ 的值而异,但无论 μ 为何值,在区间 $(0,+\infty)$ 内幂函数总是有定义的. 下面我们来证明,在 $(0,+\infty)$ 内幂函数是连续的. 事实上,设 $x>0$,则

$$y=x^\mu=a^{\mu\log_a x}\ ,$$

因此,幂函数 $y=x^\mu$ 可看做是由 $y=a^u$,$u=\mu\log_a x$ 复合而成的,由此,根据定理4,它在 $(0,+\infty)$ 内连续. 如果对于 μ 取各种不同的值加以分别讨论,可以证明幂函数在它的定义域内是连续的.

综合起来得到:**基本初等函数在它们的定义域内都是连续的**.

最后,根据第1章中关于初等函数的定义,由基本初等函数的连续性以及本节定理1、4可得下列重要结论:**一切初等函数在其定义区间内都是连续的**. 所谓定义区间,就是包含在定义域内的区间.

根据函数 $f(x)$ 在点 x_0 连续的定义,如果已知 $f(x)$ 在点 x_0 连续,那么求 $f(x)$ 当 $x\to x_0$ 的极限时,只要求 $f(x)$ 在点 x_0 的函数值. 因此,上述关于初等函数连续性的结论提供了一种求极限的方法:如果 $f(x)$ 是初等函数,且 x_0 是 $f(x)$ 的定义区间内的点,则

$$\lim_{x\to x_0}f(x)=f(x_0)\ .$$

例如,点 $x_0=0$ 是初等函数 $f(x)=\sqrt{1-x^2}$ 的定义区间 $[-1,1]$ 上的点,所以

$\lim\limits_{x\to 0}\sqrt{1-x^2}=\sqrt{1-0}=1$；又如点 $x_0=\dfrac{\pi}{2}$ 是初等函数 $f(x)=\ln\sin x$ 的一个定义区间 $(0,\pi)$ 内的点，所以

$$\lim_{x\to\frac{\pi}{2}}\ln\sin x=\ln\sin\frac{\pi}{2}=0.$$

例 5 求 $\lim\limits_{x\to\infty}\left(1+\dfrac{1}{x^2}\right)^x$.

解 利用恒等式

$$a=e^{\ln a}(a>0)$$

及定理 3 可得

$$\lim_{x\to\infty}\left(1+\frac{1}{x^2}\right)^x=\lim_{x\to\infty}e^{\ln\left(1+\frac{1}{x^2}\right)^x}=e^{\lim\limits_{x\to\infty}\ln\left(1+\frac{1}{x^2}\right)^x}.$$

不妨先计算 $\lim\limits_{x\to\infty}\ln\left(1+\dfrac{1}{x^2}\right)^x$，运用重要极限得

$$\lim_{x\to\infty}\ln\left(1+\frac{1}{x^2}\right)^x=\lim_{x\to\infty}\ln\left(1+\frac{1}{x^2}\right)^{x^2\cdot\frac{1}{x}}=\lim_{x\to\infty}\frac{1}{x}\cdot\lim_{x\to\infty}\ln\left(1+\frac{1}{x^2}\right)^{x^2}$$

$$=\lim_{x\to\infty}\frac{1}{x}\cdot\ln\left[\lim_{x\to\infty}\left(1+\frac{1}{x^2}\right)^{x^2}\right]=0,$$

所以

$$\lim_{x\to\infty}\left(1+\frac{1}{x^2}\right)^x=e^0=1.$$

一般地，对于形如 $y=[\varphi(x)]^{f(x)}$（$\varphi(x)>0$，$\varphi(x)$ 不恒等于 1）的函数（通常称为**幂指函数**），如果

$$\lim\varphi(x)=a>0,\ \lim f(x)=b\quad(a,b\text{ 是数}),$$

那么

$$\lim[\varphi(x)]^{f(x)}=a^b.$$

注 这里三个 lim 都表示在同一自变量变化过程中的极限.

例 6 求 $\lim\limits_{x\to 0}(1+2x)^{\frac{3}{\sin x}}$.

解 $\lim\limits_{x\to 0}(1+2x)^{\frac{3}{\sin x}}=\lim\limits_{x\to 0}(1+2x)^{\frac{1}{2x}\cdot\frac{6x}{\sin x}}=[\lim\limits_{x\to 0}(1+2x)^{\frac{1}{2x}}]^{\lim\limits_{x\to 0}\frac{6x}{\sin x}}=e^6$.

习　题　2-8(A)

1. 函数______ 在其定义域内连续.

A. $f(x)=\ln x+\sin x$

B. $f(x)=\begin{cases}\sin x, & x\leqslant 0,\\ \cos x, & x>0\end{cases}$

C. $f(x)=\begin{cases}x+1, & x<0,\\ 0, & x=0,\\ x-1, & x>0\end{cases}$

D. $f(x)=\begin{cases}\dfrac{1}{\sqrt{|x|}}, & x\neq 0,\\ 0, & x=0\end{cases}$

2. 求下列极限：

(1) $\lim\limits_{x\to 0}\sqrt{x^2-3x+4}$；　(2) $\lim\limits_{\alpha\to\frac{\pi}{4}}(\sin 2\alpha)^3$；

(3) $\lim\limits_{x\to\frac{\pi}{6}}\ln(2\cos 2x)$；　(4) $\lim\limits_{x\to\infty}e^{\frac{1}{x}}$；

(5) $\lim\limits_{x\to 0}\dfrac{\sqrt{x+4}-2}{x}$；　(6) $\lim\limits_{x\to 1}\dfrac{\sqrt{5x-4}-\sqrt{x}}{x-1}$；

(7) $\lim\limits_{x\to+\infty}(\sqrt{x^2+x}-\sqrt{x^2-x})$；　(8) $\lim\limits_{x\to 0}\ln\dfrac{\sin x+x}{x}$；

(9) $\lim\limits_{x\to\infty}\left(\dfrac{x^2-1}{x^2+1}\right)^x$；　(10) $\lim\limits_{x\to\infty}\left(\dfrac{x}{1+x}\right)^{3x-3}$；

(11) $\lim\limits_{x\to\infty}\left(\dfrac{3+x}{6+x}\right)^{\frac{x-1}{2}}$；　(12) $\lim\limits_{x\to 0}\dfrac{\sqrt{1+\tan x}-\sqrt{1+\sin x}}{x\sqrt{1+\sin^2 x}-x}$.

3. 设函数

$$f(x)=\begin{cases}e^x, & x<0,\\ a+x, & x\geqslant 0,\end{cases}$$

应当怎样选择数 a，使得 $f(x)$ 成为在 $(-\infty,+\infty)$ 内的连续函数.

4. 设函数

$$f(x)=\begin{cases}x\sin\dfrac{1}{x}, & x>0,\\ a+x^2, & x\leqslant 0,\end{cases}$$

应当怎样选择数 a，使 $f(x)$ 在 $(-\infty,+\infty)$ 内连续.

习　题　2-8(B)

1. 设函数 $f(x)=\begin{cases}x^p\sin\dfrac{1}{x}, & x\neq 0,\\ 0, & x=0,\end{cases}$

问 p 为何值时，$f(x)$ 在点 $x=0$ 连续?

2. 设 $f(x)=\lim\limits_{n\to\infty}\dfrac{x^{2n-1}+ax^2+bx}{x^{2n}+1}$ 为 $(-\infty,+\infty)$ 内的连续函数，确定 a,b 的值.

3. 求极限 $\lim\limits_{x\to 0}\left(\dfrac{a_1^x+a_2^x+\cdots+a_n^x}{n}\right)^{\frac{1}{x}}$.

4. 选取适当的 $p(p>0)$ 值，使得 $\sqrt{1+\tan x}-\sqrt{1-\sin x}\sim x^p\ (x\to 0)$.

第 9 节　闭区间上连续函数的性质

前面已说明了函数连续的概念，在闭区间上连续的函数有几个重要的性质，下面以定理的形式进行叙述.

一、有界性与最大值最小值定理

1. 最值的概念

定义1　设函数$f(x)$在区间I上有定义,如果有$x_0\in I$,$\forall x\in I$,都有

$$f(x)\leqslant f(x_0)\ (f(x)\geqslant f(x_0)),$$

则称$f(x_0)$为$f(x)$在区间I上的最大值(最小值),x_0为最大值点(最小值点).

例如,$f(x)=\dfrac{1}{x}$,当$x\in\left[\dfrac{1}{2},1\right]$时,最大值为$M=f\left(\dfrac{1}{2}\right)=2$,最小值为$m=f(1)=1$;当$x\in[1,2]$时,最大值为$M=f(1)=1$,最小值为$m=f(2)=\dfrac{1}{2}$;而当$x\in(0,1]$时,$f(x)=\dfrac{1}{x}$在区间$(0,1]$上的最小值为$m=f(1)=1$,但在区间$(0,1]$上不可能取得最大值.

那么,什么条件下函数一定能取得最值呢?下面给出最值定理.

2. 最值定理

定理1(最大值最小值定理)　闭区间上的连续函数可以在区间上取得最大值和最小值.

也就是说,如果函数$f(x)$在闭区间$[a,b]$上连续,那么至少有一点$\xi_1\in[a,b]$,使$f(\xi_1)$是函数$f(x)$在闭区间$[a,b]$上的最大值;至少有一点$\xi_2\in[a,b]$,使$f(\xi_2)$是函数$f(x)$在闭区间$[a,b]$上的最小值,如图2-14所示.

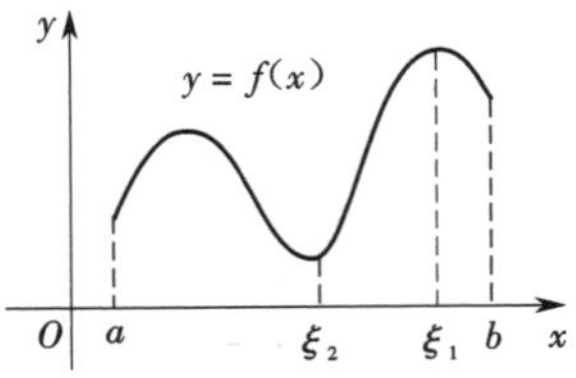

图2-14

3. 有界性定理

定理2(有界性定理)　闭区间上的连续函数在该区间上一定是有界的.

证　设函数$f(x)$在闭区间$[a,b]$上连续,由定理1,$\exists\alpha,\beta\in[a,b]$,使得$\forall x\in[a,b]$,都有$f(\alpha)\leqslant f(x)\leqslant f(\beta)$,表明函数$f(x)$在闭区间$[a,b]$上有界.

注　定理中"闭区间"、"连续"这两个条件缺一不可. 例如$f(x)=\dfrac{1}{x}$在区间$(0,1]$上无界,在区间$[1,2]$上有界且有最值;又如函数

$$f(x)=\begin{cases}\dfrac{1}{x}, & 0<x<1,\\ 2, & x=1\end{cases}$$

在区间$(0,1]$上无界无最值.

例1　已知函数$f(x)$在$(-\infty,+\infty)$上连续,且$\lim\limits_{x\to\infty}f(x)=A$,证明$f(x)$是$(-\infty,+\infty)$上的有界函数.

证　由$\lim\limits_{x\to\infty}f(x)=A$,有$\forall\varepsilon>0$,$\exists X>0$,当$|x|>X$时,$|f(x)-A|<\varepsilon$.

特别对于$\varepsilon=1$,$\exists X_1>0$,当$|x|>X_1$时,$|f(x)-A|<1$,即

$$|f(x)|=|f(x)-A+A|<|f(x)-A|+|A|<|A|+1.$$

因为$f(x)$在$(-\infty,+\infty)$上连续,$[-X_1,X_1]\subset(-\infty,+\infty)$,故$f(x)$在$[-X_1,X_1]$上连续.根据有界性定理,存在正数$M_0$,当$x\in[-X_1,X_1]$时,$|f(x)|\leqslant M_0$.

取$M=\max\{M_0,|A|+1\}$,当$x\in(-\infty,+\infty)$时,总有$|f(x)|\leqslant M$,故$f(x)$是$(-\infty,+\infty)$上的有界函数.

二、介值定理

1. 零点定理

如果x_0使得$f(x_0)=0$,则称x_0为函数$f(x)$的**零点**.

定理 3(零点定理)　设函数$f(x)$在闭区间$[a,b]$上连续,且$f(a)$与$f(b)$异号(即$f(a)\cdot f(b)<0$),那么在开区间(a,b)内至少存在一点ξ,使得

$$f(\xi)=0.$$

这个定理的几何意义是:端点函数值异号的连续曲线与x轴至少有一个交点$(\xi,0)$.

定理表明,函数$f(x)$至少有一个零点ξ,或方程$f(x)=0$至少有一个实根ξ,故定理3也称为零点定理或根的存在性定理.

注　定理中的ξ是区间(a,b)的内点,即$\xi\in(a,b)$.定理只给出了ξ的存在性,不能由此求出ξ.

2. 介值定理

定理 4(介值定理)　设$f(x)$在$[a,b]$上连续,且函数在区间的端点处取得不同的函数值,即$f(a)=A$,$f(b)=B$,且$A\neq B$,那么,对于A,B之间的任意一个数C,总存在$\xi\in(a,b)$,使$f(\xi)=C$.

证　构造函数$F(x)=f(x)-C$,则$F(x)$在$[a,b]$上也连续(图2-15),且

$$F(a)=A-C,\quad F(b)=B-C.$$

因为C在A,B之间,故$F(a)$与$F(b)$必然异号,即$F(a)\cdot F(b)<0$,由定理3,$\exists\xi\in(a,b)$,使$F(\xi)=0$,即

$$f(\xi)=C\ \ (\xi\in(a,b)).$$

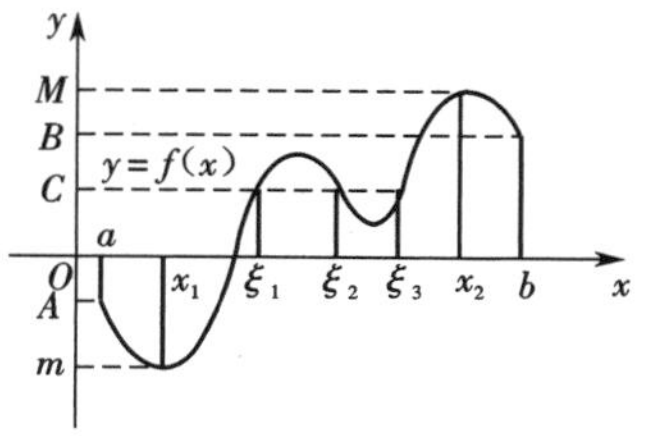

图 2-15

推论　闭区间上的连续函数一定可以取得介于最大值与最小值之间的任何值.

例 2　证明方程$x^3-4x^2+1=0$在区间$(0,1)$内至少有一个实根.

证　设$f(x)=x^3-4x^2+1$,则$f(x)$在区间$[0,1]$上连续,且

$$f(0)=1>0,f(1)=-2<0,$$

由零点定理知,$\exists\xi\in(0,1)$,使

$$f(\xi)=0,$$

即

$$\xi^3-4\xi^2+1=0,$$

其中$\xi\in(0,1)$.从而说明方程$x^3-4x^2+1=0$在区间$(0,1)$内至少有一个实根ξ.

例 3 证明方程 $x=a\sin x+b(a>0,b>0)$ 至少有一个不超过 $a+b$ 的正根.

证 设 $f(x)=x-a\sin x-b$,则 $f(x)$ 在闭区间 $[0,a+b]$ 上连续,且

$$f(0)=-b<0,$$

$$f(a+b)=a+b-a\sin(a+b)-b=a[1-\sin(a+b)]\geqslant 0.$$

讨论:①若 $f(a+b)=a(1-\sin(a+b))>0$,则

$$f(0)f(a+b)<0,$$

由零点定理知,$\exists\xi\in(0,a+b)$,使得 $f(\xi)=0$;

②若 $f(a+b)=a(1-\sin(a+b))=0$,显然取 $\xi=a+b$ 就可满足 $f(\xi)=0$,即 $\xi=a+b$ 是方程 $x=a\sin x+b$ 的正根;

综上,存在 $\xi\in(0,a+b]$,使得 $f(\xi)=0$,即 ξ 是方程 $f(x)=0$ 的根,即方程 $x=a\sin x+b$ 有不超过 $a+b$ 的正根.

习　题　2-9(A)

1. 证明 $x^5-3x=1$ 在 $(1,2)$ 之间至少有一个实根.

2. 设 $f(x)$ 在区间 $[0,1]$ 上连续,且 $f(0)=1,f(1)=0$,试证明,$\exists\xi\in(0,1)$,使得

$$f(\xi)=\xi.$$

3. 证明方程 $\sin x+x+1=0$ 在开区间 $\left(-\frac{\pi}{2},\frac{\pi}{2}\right)$ 内至少有一个根.

4. 证明:若函数 $f(x)$ 在 $[a,b]$ 上连续,$a<x_1<x_2<\cdots<x_n<b$,则在区间 (x_1,x_n) 上至少有一点 ξ,使得

$$f(\xi)=\frac{f(x_1)+f(x_2)+\cdots+f(x_n)}{n}.$$

习　题　2-9(B)

1. 设 $f(x)$ 在 $[a,b]$ 上连续,且 $a<c<d<b$. 证明在 (a,b) 内至少存在一点 ξ,使得

$$pf(c)+qf(d)=(p+q)f(\xi)$$

成立,其中 p,q 为任意正常数.

总习题 2

1. 在“充分”、“必要”和“充分必要”三者中选择一个正确的填入下列空格中:

(1)数列 $\{x_n\}$ 有界是数列 $\{x_n\}$ 收敛的__________条件. 数列 $\{x_n\}$ 收敛是数列 $\{x_n\}$ 有界的________条件.

(2)$f(x)$ 在点 x_0 的某去心邻域内有界是 $\lim\limits_{x\to x_0}f(x)$ 存在的________条件. $\lim\limits_{x\to x_0}f(x)$ 存在是 $f(x)$ 在点 x_0 的某去心邻域内有界的________条件.

(3)$f(x)$ 的右极限 $f(x_0^+)$ 及左极限 $f(x_0^-)$ 都存在且相等是 $\lim\limits_{x\to x_0}f(x)$ 存在的________条件.

2. $\lim\limits_{x\to\infty} x\sin\dfrac{1}{x}$(　　).

A. 0　　B. 1　　C. ∞　　D. 不存在

3. $\lim\limits_{x\to\infty}\dfrac{x+\sin x}{x}=$(　　).

A. 0　　B. 1　　C. ∞　　D. 不存在

4. 当 $x\to 0$ 时, $1-\cos 3x$ 是 x^2 的(　　).

A. 高阶无穷小　　B. 等价无穷小

C. 低阶无穷小　　D. 同阶但非等价无穷小

5. 设函数 $f(x)=x-\arctan\dfrac{1}{x}$,则 $x=0$ 是 $f(x)$ 的(　　).

A. 可去间断点　　B. 跳跃间断点

C. 无穷间断点　　D. 振荡间断点

6. 求下列极限:

(1) $\lim\limits_{x\to 0}\dfrac{\sin 5x}{\tan 3x}$;　　(2) $\lim\limits_{x\to 0}\dfrac{\arctan 2x}{x}$;

(3) $\lim\limits_{x\to 0}\dfrac{1-\cos x}{x^2}$;　　(4) $\lim\limits_{x\to 0}\dfrac{1-\cos 2x}{x\sin x}$;

(5) $\lim\limits_{x\to 0}\dfrac{x}{\sin(\sin x)}$;　　(6) $\lim\limits_{x\to\infty} x\sin\left(\dfrac{2x}{x^2+1}\right)$;

(7) $\lim\limits_{x\to\infty}\left(\dfrac{x+2}{x+1}\right)^x$;　　(8) $\lim\limits_{x\to\pi/2}(1+\cos x)^{3\sec x}$;

(9) $\lim\limits_{x\to\infty}\left(\dfrac{1+x}{x}\right)^{2x}$;　　(10) $\lim\limits_{x\to 0}\left(\dfrac{a^x+b^x+c^x}{3}\right)^{\frac{1}{x}}(a>0,b>0,c>0)$.

7. 求下列函数的间断点并确定其所属类型,如果是可去间断点则补充定义使它连续:

(1) $y=\dfrac{1-\cos x}{x^2}$;　　(2) $y=\arctan\dfrac{1}{x}$;

(3) $y=\dfrac{1}{1+e^{\frac{1}{1-x}}}$;　　(4) $y=\begin{cases}\dfrac{2^{\frac{1}{x}}-1}{2^{\frac{1}{x}}+1}, & x\neq 0,\\ 1, & x=0.\end{cases}$

8. 设

$$f(x)=\begin{cases}\dfrac{\sin 2x}{x}, & x<0,\\ 2, & x=0,\\ 2(1-x^2), & 0<x\leqslant 1,\\ \dfrac{\ln x}{1-x}, & x>1,\end{cases}$$

讨论 $f(x)$ 在其定义域内的连续性.

9. 设函数 $f(x)$ 在区间 $[a,b]$ 上连续,且恒为正. 证明:对于任意 $x_1,x_2\in(a,b)$ ($x_1<x_2$)必存在一点 $\xi\in[x_1,x_2]$,使得 $f(\xi)=\sqrt{f(x_1)f(x_2)}$.

相关科学家简介

刘徽

刘徽是公元3世纪世界上最杰出的数学家，他在公元263年撰写的著作《九章算术注》以及后来的《海岛算经》，是我国最宝贵的数学遗产，也奠定了他在中国数学史上的不朽地位.

《九章算术》约成书于东汉之初，共有246个问题的解法. 在许多方面都属于世界先进之列，但缺乏必要的证明，而刘徽则对此均作了补充证明. 在这些证明中，显示了他在多方面的创造性的贡献.

他是世界上最早提出十进小数概念的人，并用十进小数来表示无理数的立方根. 在代数方面，他正确地提出了正负数的概念及其加减运算的法则；改进了线性方程组的解法. 在几何方面，提出了"割圆术"，即将圆周用内接或外切正多边形穷竭的一种求圆面积和圆周长的方法. 他利用割圆术科学地求出了圆周率 $\pi=3.14$ 的结果，奠定了此后千余年中国圆周率计算在世界上的领先地位.

第 3 章　导数与微分

在科学与实际生活中,除了需要了解变量之间的函数关系以外,经常遇到以下问题:求给定函数 y 相对于自变量 x 的变化率;当自变量 x 发生微小变化时,求函数 y 的改变量的近似值. 这两个问题引出了微分学中的两个基本概念——导数与微分. 本章以极限概念为基础,引进导数与微分的定义,建立导数与微分的计算方法.

第 1 节　导数的概念

一、引例

为了说明微分学的基本概念——导数,我们先讨论两个问题:切线问题和瞬时速度问题.

1. 平面曲线切线的斜率

在初等数学中,把圆的切线定义为"与圆只有一个交点的直线". 但是对于一般的曲线,这样的定义是不合适的. 比如,对于抛物线 $y = x^2$,我们知道直线 $x = 0$ 即 y 轴与这条抛物线只有一个交点(坐标原点),但显然 y 轴不能作为抛物线 $y = x^2$ 的切线. 对于一般曲线,我们用如下方法来定义平面曲线的切线.

如图 3-1,设曲线方程为 $y = f(x)$, M 、N 为曲线上的两点,记为 $M(x_0,f(x_0))$, $N(x,f(x))$,则过两点割线的斜率

$$k_{MN} = \frac{f(x) - f(x_0)}{x - x_0} = \tan\varphi .$$

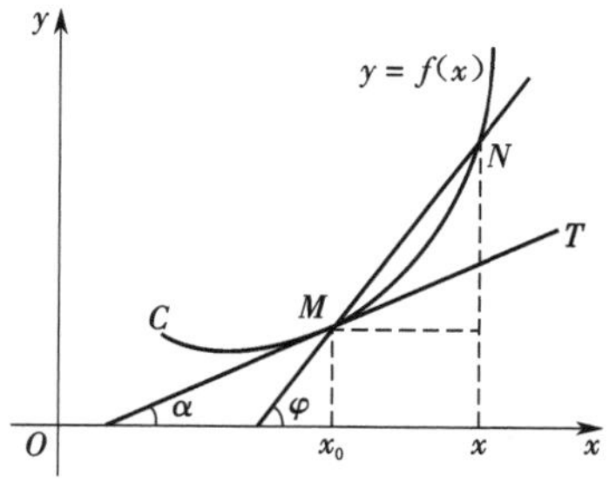

图 3-1

当点 N 沿曲线 C 趋于点 M 时,如果割线 MN 绕点 M 旋转而趋于极限位置 MT ,直线 MT 就称为曲线 C 在点 M 处的切线. 这里极限位置的含义是:只要弦长 $|MN|$ 趋于零, $\angle NMT$ 也趋于零. 割线的倾角 φ 逼近于切线的倾角 α ,即且割线的倾角 φ 逼近于切线的倾角 α ,即

$$k = \tan\alpha = \lim_{\varphi\to\alpha}\tan\varphi = \lim_{x\to x_0}\frac{f(x) - f(x_0)}{x - x_0} .$$

如果上式的极限存在,则该极限值为曲线 $y = f(x)$ 在点 M 处切线的斜率.

2. 变速直线运动的瞬时速度

设质点 M 沿一直线运动, t 时刻质点 M 的位置为 $s = s(t)$,在 $[t_0,t]$ 时间间隔内,质点走过的路程为 $\Delta s = s(t) - s(t_0)$,在 $\Delta t = t - t_0$ 间隔内质点的平均速度为

$$\bar{v} = \frac{\Delta s}{\Delta t} = \frac{s(t) - s(t_0)}{t - t_0} .$$

当 $\Delta t \to 0$ 时,上述平均速度的极限便是质点 M 在时刻 t_0 的瞬时速度 $v(t_0)$,即

$$v(t_0) = \lim_{\Delta t \to 0} \bar{v} = \lim_{\Delta t \to 0} \frac{\Delta s}{\Delta t} = \lim_{t \to t_0} \frac{s(t) - s(t_0)}{t - t_0}.$$

上述两个不同的问题,最终都归结为一种平均变化率的极限问题,统称为变化率问题,舍弃其实际背景,抽象出共同的数学形式——变化率问题加以研究,就得到了导数的概念.

二、导数的定义

1. 函数在一点处的导数

定义 1　设函数 $y = f(x)$ 在点 x_0 的某邻域 $U(x_0)$ 内有定义,$x_0 + \Delta x \in U(x_0)$,对于函数的增量

$$\Delta y = f(x_0 + \Delta x) - f(x_0),$$

如果极限

$$\lim_{\Delta x \to 0} \frac{\Delta y}{\Delta x} = \lim_{\Delta x \to 0} \frac{f(x_0 + \Delta x) - f(x_0)}{\Delta x} \tag{1}$$

存在,则称函数 $y = f(x)$ 在点 x_0 可导,并称其极限值为 $y = f(x)$ 在点 x_0 的导数,记作

$$y'|_{x=x_0},\ f'(x_0),\ \left.\frac{\mathrm{d}y}{\mathrm{d}x}\right|_{x=x_0} \text{或} \left.\frac{\mathrm{d}f(x)}{\mathrm{d}x}\right|_{x=x_0},$$

即

$$f'(x_0) = \lim_{\Delta x \to 0} \frac{f(x_0 + \Delta x) - f(x_0)}{\Delta x}.$$

导数的定义式还有其他形式,常见的有

$$f'(x_0) = \lim_{h \to 0} \frac{f(x_0 + h) - f(x_0)}{h}, \tag{2}$$

$$f'(x_0) = \lim_{x \to x_0} \frac{f(x) - f(x_0)}{x - x_0}. \tag{3}$$

如果式(1)的极限不存在,就称函数 $y = f(x)$ 在点 x_0 处不可导,或称 $y = f(x)$ 在点 x_0 的导数不存在. 如果不可导的原因是由于 $\Delta x \to 0$ 时,比式 $\frac{\Delta y}{\Delta x} \to \infty$,为了方便起见,往往也可说函数 $y = f(x)$ 在点 x_0 处的导数为无穷大.

导数的概念是函数变化率这一概念的准确描述. 它去掉了自变量和因变量所代表的几何和物理等方面的特殊意义,单纯从数量方面来刻画变化率的本质:因变量增量与自变量增量之比 $\frac{\Delta y}{\Delta x}$ 是因变量 y 在以 x_0 和 $x_0 + \Delta x$ 为端点的区间上的平均变化率,而导数 $f'(x_0)$ 则是因变量在点 x_0 处的变化率,它反映了因变量随自变量的变化而变化的快慢程度.

2. 单侧导数

定义 2　若极限 $\lim\limits_{\Delta x \to 0^+} \frac{f(x_0 + \Delta x) - f(x_0)}{\Delta x}$ 或 $\lim\limits_{x \to x_0^+} \frac{f(x) - f(x_0)}{x - x_0}$ 存在,则称极限值为函数 $y = f(x)$ 在点 x_0 的右导数,记作 $f'_+(x_0)$;

若极限 $\lim\limits_{\Delta x \to 0^-} \frac{f(x_0 + \Delta x) - f(x_0)}{\Delta x}$ 或 $\lim\limits_{x \to x_0^-} \frac{f(x) - f(x_0)}{x - x_0}$ 存在,则称极限值为函数 $y = f(x)$

在点 x_0 的左导数,记作 $f'_-(x_0)$.

根据左右极限与极限的关系,不难得出下面的定理.

定理1　**$y=f(x)$ 在点 x_0 可导的充分必要条件是 $y=f(x)$ 在点 x_0 的左右导数存在并且相等,即**

$$f'(x_0)\text{ 存在}\Leftrightarrow f'_-(x_0)=f'_+(x_0).$$

3. 导函数

如果函数 $y=f(x)$ 在开区间 (a,b) 内的每一点处都可导,就称函数 $y=f(x)$ 在开区间 (a,b) 内可导. 这时对 (a,b) 内任意一点 x,函数 $y=f(x)$ 都存在一个对应的导数值,它是关于 x 的一个新函数,称为原函数 $y=f(x)$ 的导函数(也简称导数),记作

$$y',f'(x),\frac{dy}{dx}\text{ 或 }\frac{df(x)}{dx},$$

即

$$f'(x)=\lim_{\Delta x\to 0}\frac{f(x+\Delta x)-f(x)}{\Delta x}.$$

注　(1)虽然上式中,x 可以取区间 I 内的任何数值,但在某个特定的极限过程中,x 是常量,Δx 是变量.

(2)显然,函数 $y=f(x)$ 在点 x_0 处的导数 $f'(x_0)$ 是导函数 $f'(x)$ 在点 $x=x_0$ 处的函数值,即

$$f'(x_0)=f'(x)\big|_{x=x_0}.$$

(3)函数 $y=f(x)$ 在 $[a,b]$ 上可导,是指函数 $y=f(x)$ 在开区间 (a,b) 内可导,且 $f'_+(a)$ 与 $f'_-(b)$ 都存在.

4. 求导举例

下面根据导数定义,求一些简单函数的导数.

例1　求函数 $f(x)=C$ (C 为常数)的导数.

解　$f'(x)=\lim\limits_{\Delta x\to 0}\dfrac{f(x+\Delta x)-f(x)}{\Delta x}=\lim\limits_{\Delta x\to 0}\dfrac{C-C}{\Delta x}=0$,即

$$(C)'=0.\tag{4}$$

例2　求函数 $f(x)=x^n$ (n 为正整数)的导数.

解
$$\begin{aligned}f'(x)&=\lim_{\Delta x\to 0}\frac{f(x+\Delta x)-f(x)}{\Delta x}=\lim_{\Delta x\to 0}\frac{(x+\Delta x)^n-x^n}{\Delta x}\\&=\lim_{\Delta x\to 0}\frac{C_n^1x^{n-1}\Delta x+C_n^2x^{n-2}(\Delta x)^2+\cdots+(\Delta x)^n}{\Delta x}\\&=nx^{n-1}.\end{aligned}$$

即

$$(x^n)'=nx^{n-1}.\tag{5}$$

更一般地,在函数相应定义区间,此公式对于一般常数也成立,即对于任意常数 μ 有

$$(x^\mu)'=\mu x^{\mu-1}.\tag{6}$$

特别地,当 $\mu=-1$ 时,$(x^{-1})'=-\dfrac{1}{x^2}$;$\mu=\dfrac{1}{2}$ 时,$(\sqrt{x})'=\dfrac{1}{2\sqrt{x}}$.

例3　求函数 $f(x)=\sin x$ 的导数.

解 $f'(x)=\lim\limits_{\Delta x\to 0}\dfrac{f(x+\Delta x)-f(x)}{\Delta x}=\lim\limits_{\Delta x\to 0}\dfrac{\sin(x+\Delta x)-\sin x}{\Delta x}$

$=\lim\limits_{\Delta x\to 0}\dfrac{1}{\Delta x}2\cos\left(x+\dfrac{\Delta x}{2}\right)\cdot\sin\dfrac{\Delta x}{2}=\cos x.$

即

$$(\sin x)'=\cos x. \tag{7}$$

同理可得

$$(\cos x)'=-\sin x. \tag{8}$$

例 4 求函数$f(x)=a^x\ (a>0,a\neq 1)$的导数.

解 $f'(x)=\lim\limits_{\Delta x\to 0}\dfrac{f(x+\Delta x)-f(x)}{\Delta x}=\lim\limits_{\Delta x\to 0}\dfrac{a^{x+\Delta x}-a^x}{\Delta x}=a^x\lim\limits_{\Delta x\to 0}\dfrac{a^{\Delta x}-1}{\Delta x}$

$=a^x\lim\limits_{\Delta x\to 0}\dfrac{\Delta x\ln a}{\Delta x}=a^x\ln a.$

即

$$(a^x)'=a^x\ln a. \tag{9}$$

特别地,当 $a=\mathrm{e}$ 时,

$$(\mathrm{e}^x)'=\mathrm{e}^x. \tag{10}$$

例 5 求函数$f(x)=\log_a x\ (a>0,a\neq 1)$的导数.

解 $f'(x)=\lim\limits_{\Delta x\to 0}\dfrac{\log_a(x+\Delta x)-\log_a x}{\Delta x}=\lim\limits_{\Delta x\to 0}\dfrac{\log_a\left(1+\dfrac{\Delta x}{x}\right)}{\Delta x}$

$=\lim\limits_{\Delta x\to 0}\log_a\left(1+\dfrac{\Delta x}{x}\right)^{\frac{1}{\Delta x}}=\log_a \mathrm{e}^{\frac{1}{x}}$

$=\dfrac{1}{x\ln a}.$

即

$$(\log_a x)'=\frac{1}{x\ln a}. \tag{11}$$

特别地,当 $a=\mathrm{e}$ 时,

$$(\ln x)'=\frac{1}{x}. \tag{12}$$

三、导数的几何意义

由前面讨论知道:函数 $y=f(x)$ 在点 x_0 处的导数$f'(x_0)$ 在几何上表示曲线 $y=f(x)$ 上点 (x_0,y_0) 处切线的斜率,即

$$f'(x_0)=k=\tan\alpha,$$

其中 α 是切线的倾角,如图 3-2 所示.

由导数的几何意义并应用直线的点斜式方程,可知曲线 $y=f(x)$ 在点 (x_0,y_0) 处的切线方程为

$$y-y_0=f'(x_0)(x-x_0).$$

过切点 (x_0,y_0) 且与切线垂直的直线叫做曲线 $y=f(x)$ 的法线,若 $f'(x_0)\neq 0$,则法线的斜率为 $-\dfrac{1}{f'(x_0)}$,从而法线方程为

$$y-y_0=-\frac{1}{f'(x_0)}(x-x_0).$$

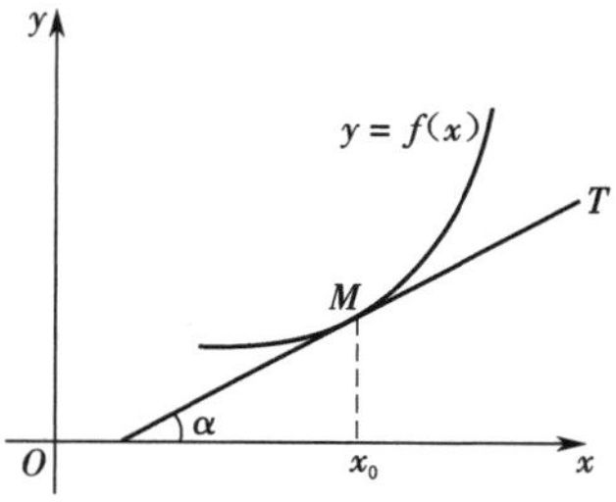

图 3-2

例 6　求曲线 $y=x^3$ 上点 $(1,1)$ 处的切线方程和法线方程.

解　因为

$$y'\big|_{x=1}=3x^2\big|_{x=1}=3,$$

故所求曲线切线方程为

$$y-1=3(x-1),$$

即

$$3x-y-2=0.$$

法线方程为

$$y-1=-\frac{1}{3}(x-1),$$

即

$$x+3y-4=0.$$

例 7　求曲线 $y=x^{\frac{3}{2}}$ 的通过点 $(0,-4)$ 的切线方程.

解　设切点为 (x_0,y_0),则切线的斜率为

$$f'(x_0)=\frac{3}{2}\sqrt{x}\,\Big|_{x=x_0}=\frac{3}{2}\sqrt{x_0}.$$

故切线方程可设为

$$y-y_0=\frac{3}{2}\sqrt{x_0}(x-x_0).$$

切点 (x_0,y_0) 在曲线 $y=x^{\frac{3}{2}}$ 上,故有 $y_0=x_0^{\frac{3}{2}}$. 由切线通过点 $(0,-4)$,故有

$$-4-x_0^{\frac{3}{2}}=\frac{3}{2}\sqrt{x_0}(0-x_0),$$

解方程组得 $x_0=4, y_0=8$,代入上式得切线方程

$$3x-y-4=0.$$

四、函数可导性与连续性的关系

函数在一点的可导性与在该点的连续性有着密切联系,有如下定理.

定理 2　若函数 $y=f(x)$ 在 x_0 点可导,则函数 $y=f(x)$ 在 x_0 点连续.

证　如果函数 $y=f(x)$ 在 x_0 点可导,则有

$$\lim_{\Delta x\to 0}\frac{\Delta y}{\Delta x}=f'(x_0).$$

根据函数极限与无穷小的关系,有 $\dfrac{\Delta y}{\Delta x}=f'(x_0)+\alpha$,其中 α 为当 $\Delta x\to 0$ 时的无穷小,

上式两边同乘以 Δx ，得

$$\Delta y = f'(x_0)\Delta x + \alpha\Delta x .$$

易知，当 $\Delta x \to 0$ 时，$\Delta y \to 0$，即函数 $y = f(x)$ 在 x_0 点连续.

注 (1)可导必然连续，但连续未必可导；

(2)如果函数在某一点不连续，则在该点一定不可导.

例 8 函数 $y = f(x) = \sqrt[3]{x}$ 在开区间 $(-\infty, +\infty)$ 内连续，但在点 $x = 0$ 处不可导，这是因为在 $x = 0$ 处有

$$\frac{f(0+\Delta x)-f(0)}{\Delta x} = \frac{\sqrt[3]{\Delta x}-0}{\Delta x} = \frac{1}{(\Delta x)^{\frac{2}{3}}},$$

因而

$$\lim_{\Delta x \to 0}\frac{f(0+\Delta x)-f(0)}{\Delta x} = \lim_{\Delta x \to 0}\frac{1}{(\Delta x)^{\frac{2}{3}}} = +\infty ,$$

即导数为无穷大(是导数不存在的一种情况)，事实上，在图 3-3 中表现为曲线 $f(x) = \sqrt[3]{x}$ 在原点 O 具有垂直于 x 轴的切线 $x = 0$.

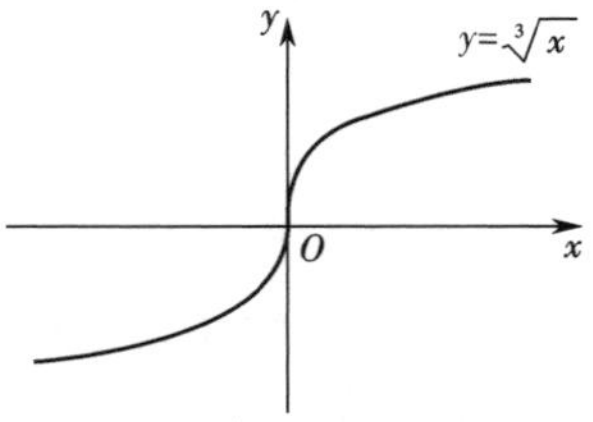

图 3-3

例 9 讨论函数 $f(x) = |x|$ 在点 $x = 0$ 的可导性.

解 $\Delta y = f(0+\Delta x) - f(0) = f(\Delta x) = |\Delta x|$,

$$f'_+(0) = \lim_{\Delta x \to 0^+}\frac{\Delta y}{\Delta x} = \lim_{\Delta x \to 0^+}\frac{|\Delta x|}{\Delta x} = 1 ,$$

$$f'_-(0) = \lim_{\Delta x \to 0^-}\frac{\Delta y}{\Delta x} = \lim_{\Delta x \to 0^-}\frac{|\Delta x|}{\Delta x} = -1 ,$$

所以 $f(x) = |x|$ 在点 $x = 0$ 不可导，其图像如图 3-4 所示.

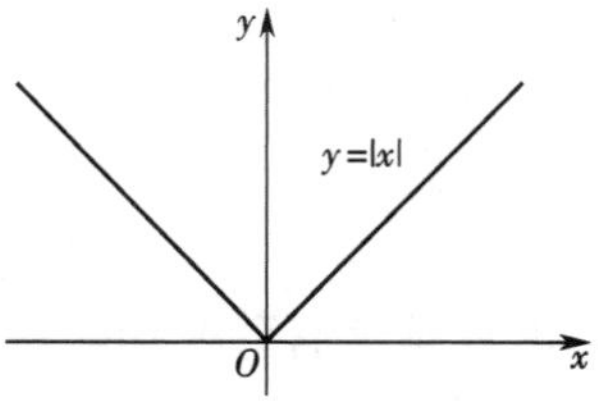

图 3-4

最后，我们来讨论分段函数在分段点处的可导性.

例 10 讨论函数

$$f(x)=\begin{cases}e^{x}, & x\geqslant 0,\\ \cos x, & x<0\end{cases}$$

在 $x=0$ 处的连续性和可导性.

解　$x=0$ 是分段函数的分段点,讨论其连续性和可导性时需对其左右侧情况加以讨论. 因为

$$\lim_{x\to 0^-}f(x)=\lim_{x\to 0^-}\cos x=1,$$

$$\lim_{x\to 0^+}f(x)=\lim_{x\to 0^+}e^{x}=1 \text{ 且 } f(0)=1,$$

所以 $f(x)$ 在 $x=0$ 连续;

再讨论其可导性:

$$f'_+(0)=\lim_{\Delta x\to 0^+}\frac{f(0+\Delta x)-f(0)}{\Delta x}=\lim_{\Delta x\to 0^+}\frac{e^{\Delta x}-e^{0}}{\Delta x}=\lim_{\Delta x\to 0^+}\frac{e^{\Delta x}-1}{\Delta x}$$

$$=\lim_{\Delta x\to 0^+}\frac{\Delta x}{\Delta x}=1,$$

$$f'_-(0)=\lim_{\Delta x\to 0^-}\frac{f(0+\Delta x)-f(0)}{\Delta x}=\lim_{\Delta x\to 0^-}\frac{\cos(\Delta x)-e^{0}}{\Delta x}$$

$$=\lim_{\Delta x\to 0^-}\frac{-\frac{(\Delta x)^2}{2}}{\Delta x}=0.$$

因为 $f'_+(0)\neq f'_-(0)$,故 $f(x)$ 在 $x=0$ 不可导.

例 11　设函数

$$f(x)=\begin{cases}e^{x}, & x\leqslant 0,\\ x^2+ax+b, & x>0,\end{cases}$$

问 a,b 为何值时,函数 $f(x)$ 在 $x=0$ 处可导.

解　函数 $f(x)$ 在 $x=0$ 处可导则函数 $f(x)$ 在 $x=0$ 处必连续,即

$$\lim_{x\to 0^-}f(x)=\lim_{x\to 0^+}f(x)=f(0).$$

因为

$$f(0)=1,$$

$$\lim_{x\to 0^-}f(x)=\lim_{x\to 0^-}e^{x}=1,$$

$$\lim_{x\to 0^+}f(x)=\lim_{x\to 0^+}(x^2+ax+b)=b,$$

所以 $b=1$.

又因为

$$f'_+(0)=\lim_{x\to 0^+}\frac{f(x)-f(0)}{x}=\lim_{x\to 0^+}\frac{x^2+ax+b-1}{x}=a,$$

$$f'_-(0)=\lim_{x\to 0^-}\frac{f(x)-f(0)}{x}=\lim_{x\to 0^-}\frac{e^{x}-1}{x}=1,$$

所以 $a=1$.

综上,当 $a=1$, $b=1$ 时,函数 $f(x)$ 在 $x=0$ 可导.

习　题　3-1(A)

1. 下列各题中均假定 $f'(x_0)$ 存在,则

(1) $\lim\limits_{\Delta x \to 0} \dfrac{f(x_0 - \Delta x) - f(x_0)}{\Delta x} =$ ________________ ;

(2) $\lim\limits_{h \to 0} \dfrac{f(x_0 + h) - f(x_0 - 3h)}{h} =$ ____________ ;

(3) $f(x_0) = 0$, 则 $\lim\limits_{x \to x_0} \dfrac{f(x)}{x - x_0} =$ ______________ .

2. 设 $\lim\limits_{x \to a} \dfrac{f(x) - f(a)}{x - a} = A$ (A 为常数),判定下列命题是否正确.

(1) $f(x)$ 在点 a 处可导;

(2) $\lim\limits_{x \to a} f(x)$ 存在;

(3) $\lim\limits_{x \to a} f(x) = f(a)$.

3. 选择题

(1)函数 $f(x) = \begin{cases} \dfrac{2}{3}x^3, & x \leqslant 1, \\ x^2, & x > 1, \end{cases}$ 在 $x = 1$ 处(　　).

A. 左导数存在,右导数存在

B. 左导数存在,右导数不存在

C. 左导数不存在,右导数不存在

D. 左导数不存在,右导数存在

(2)若 $f(x)$ 在点 x_0 处可导,则 $|f(x)|$ 在点 x_0 处(　　).

A. 必可导　　B. 连续但不一定可导

C. 一定不可导　　D. 不连续

(3) $f(x)$ 在点 x_0 处连续,是在点 x_0 处可导的(　　) .

A. 充分条件　　B. 必要条件

C. 充要条件　　D. 无关条件

4. 求曲线 $y = e^x$ 在点 $(0,1)$ 处的切线方程和法线方程.

5. 过点 $(2,0)$,求与曲线 $y = \dfrac{1}{x}$ 相切的直线方程.

6. 已知物体的位移与时间的运动规律为 $s = t^3$ (m),求这物体在 $t = 2$ s 时的瞬时速度.

7. 设化学反应中物质的浓度 N 和时间 t 的关系为 $N = N(t)$,求在时刻 t 该物质的瞬时反应速度.

8. 已知 $f(x)$ 在 $x = 1$ 处连续,且 $\lim\limits_{x \to 1} \dfrac{f(x)}{x - 1} = 2$,求 $f'(1)$.

9. 若

$$f(x) = \begin{cases} e^{ax}, & x \leqslant 0, \\ \sin 3x + b, & x > 0 \end{cases}$$

在 $x = 0$ 处可导,求常数 a,b 的值.

10. 讨论

$$f(x) = \begin{cases} x\arctan \dfrac{1}{x}, & x \neq 0, \\ 0, & x = 0 \end{cases}$$

在点 $x=0$ 处的连续性与可导性.

习　题　3-1(B)

1. 下列函数中,在 $x=0$ 处可导的是(　　).

A. $y=\ln x$　　B. $y=|\cos x|$　　C. $y=|\sin x|$　　D. $y=\begin{cases}x^2, & x\leqslant 0,\\ x, & x>0\end{cases}$

2. 设 $f(x)$ 是可导的偶函数,证明 $f'(x)$ 是奇函数,反之,若 $f(x)$ 是可导的奇函数,则 $f'(x)$ 一定是偶函数.

3. 证明双曲线 $xy=a^2$ 上任一点的切线与二坐标轴构成的三角形的面积等于常数.

第 2 节　函数的求导法则

在本节中,将介绍求导数的几个基本法则以及前一节中未讨论过的几个基本初等函数的导数公式.借助于这些法则和基本初等函数的导数公式,就能比较方便地求出常见的初等函数的导数.

一、函数的和、差、积、商的求导法则

定理 1　如果函数 $u=u(x)$,$v=v(x)$ 都在点 x 处可导,那么它们的和、差、积、商(除分母为零的点以外)都在点 x 处可导,且

(1) $[u(x)\pm v(x)]'=u'(x)\pm v'(x)$;

(2) $[u(x)\cdot v(x)]'=u'(x)v(x)+u(x)v'(x)$;

(3) $\left[\dfrac{u(x)}{v(x)}\right]'=\dfrac{u'(x)v(x)-u(x)v'(x)}{v^2(x)}\ (v(x)\neq 0)$.

证　这里仅以(2)为例给出证明,(1)、(3)式类同.

设 $F(x)=u(x)v(x)$,利用导数的定义,

$$F'(x)=\lim_{\Delta x\to 0}\frac{F(x+\Delta x)-F(x)}{\Delta x}=\lim_{\Delta x\to 0}\frac{u(x+\Delta x)v(x+\Delta x)-u(x)v(x)}{\Delta x}$$

$$=\lim_{\Delta x\to 0}\frac{1}{\Delta x}[u(x+\Delta x)v(x+\Delta x)-u(x)v(x+\Delta x)+u(x)v(x+\Delta x)-u(x)v(x)].$$

$$=\lim_{\Delta x\to 0}\left[\frac{u(x+\Delta x)-u(x)}{\Delta x}\cdot v(x+\Delta x)+\frac{v(x+\Delta x)-v(x)}{\Delta x}\cdot u(x)\right].$$

因为 $v=v(x)$ 在点 x 处可导,故 $v(x)$ 在点 x 处连续,因此

$$F'(x)=u'(x)v(x)+u(x)v'(x),$$

从而证得 $[u(x)\cdot v(x)]'=u'(x)v(x)+u(x)v'(x)$.

注　(1)法则(1)可推广到任意有限个可导函数的情形,例如设 $u=u(x)$ 、$v=v(x)$ 、$w=w(x)$ 均可导,则有 $(u(x)+v(x)-w(x))'=u'(x)+v'(x)-w'(x)$;

(2)不难看出法则(2)中,若 k 是常数,则 $(k\cdot u(x))'=k\cdot u'(x)$;

(3)法则(2)也可以推广到有限个可导函数的积的导数,如

$$[u(x)v(x)w(x)]'=u'(x)v(x)w(x)+u(x)v'(x)w(x)+u(x)v(x)w'(x).$$

利用法则和已有的导数公式,就可以进行简单的求导运算.

例 1 设 $y=2x^2+x-5$,求 y'.

解 $y'=(2x^2+x-5)'=4x+1$.

例 2 设 $f(x)=\sqrt{x}\sin x+\tan\frac{\pi}{8}$,求 $f'(1)$,$f'\left(\frac{\pi}{4}\right)$.

解
$$\begin{aligned} f'(x)&=(\sqrt{x}\sin x)'+\left(\tan\frac{\pi}{8}\right)'\\ &=(\sqrt{x})'\sin x+\sqrt{x}(\sin x)'+0\\ &=\frac{1}{2\sqrt{x}}\sin x+\sqrt{x}\cos x,\end{aligned}$$

$$f'(1)=\frac{1}{2}\sin 1+\cos 1,$$

$$f'\left(\frac{\pi}{4}\right)=\frac{1}{\sqrt{\pi}}\sin\frac{\pi}{4}+\sqrt{\frac{\pi}{2}}\cos\frac{\pi}{4}=\frac{2+\pi}{2\sqrt{2\pi}}$$

注 $\tan\frac{\pi}{8}$ 是常数,其导数等于零;$f'(1)\neq[f(1)]'$,$f'\left(\frac{\pi}{4}\right)\neq\left[f\left(\frac{\pi}{4}\right)\right]'$.

例 3 设 $f(x)=\tan x$,求 $f'(x)$.

解
$$\begin{aligned} f'(x)&=(\tan x)'=\left(\frac{\sin x}{\cos x}\right)'\\ &=\frac{(\sin x)'\cos x-\sin x(\cos x)'}{\cos^2x}\\ &=\frac{\cos^2x+\sin^2x}{\cos^2x}=\sec^2x.\end{aligned}$$

即

$$(\tan x)'=\sec^2x. \tag{1}$$

同理可得

$$(\cot x)'=-\csc^2x. \tag{2}$$

例 4 证明导数公式:$(\sec x)'=\sec x\tan x$.

证 $(\sec x)'=\left(\frac{1}{\cos x}\right)'=\frac{1'\cos x-1\cdot(\cos x)'}{\cos^2x}=\frac{\sin x}{\cos^2x}=\sec x\tan x$,

即

$$(\sec x)'=\sec x\tan x. \tag{3}$$

同理可得

$$(\csc x)'=-\csc x\cot x. \tag{4}$$

二、反函数的求导法则

定理 2 设函数 $x=f(y)$ 在区间 I_y 内单调、可导,且 $f'(y)\neq 0$,则其反函数 $y=f^{-1}(x)$ 在区间 $I_x=\{x\mid x=f(y),y\in I_y\}$ 内也可导,且有

$$[f^{-1}(x)]'=\frac{1}{f'(y)} \text{ 或 } \frac{dy}{dx}=\frac{1}{\frac{dx}{dy}}.$$

上述结论可简述为:反函数的导数等于直接函数导数的倒数.

例5　设函数 $y=\arcsin x$，$x\in(-1,1)$，求 y'.

解　$y=\arcsin x$，$x\in(-1,1)$ 是函数 $x=\sin y$，$y\in\left(-\frac{\pi}{2},\frac{\pi}{2}\right)$ 的单调连续的反函数，且 $x=\sin y$ 的导数在 $\left(-\frac{\pi}{2},\frac{\pi}{2}\right)$ 内不为零，由定理2的条件，则

$$(\arcsin x)'=\frac{1}{(\sin y)'}=\frac{1}{\cos y}=\frac{1}{\sqrt{1-\sin^2 y}}=\frac{1}{\sqrt{1-x^2}},x\in(-1,1),$$

即

$$(\arcsin x)'=\frac{1}{\sqrt{1-x^2}},x\in(-1,1).\tag{5}$$

同理可得

$$(\arccos x)'=-\frac{1}{\sqrt{1-x^2}},x\in(-1,1).\tag{6}$$

例6　证明：$(\arctan x)'=\frac{1}{1+x^2},x\in(-\infty,+\infty)$.

证　$y=\arctan x$，$x\in(-\infty,+\infty)$ 是函数 $x=\tan y$ 在 $y\in\left(-\frac{\pi}{2},\frac{\pi}{2}\right)$ 上的单调连续的反函数，故

$$(\arctan x)'=\frac{1}{(\tan y)'}=\frac{1}{\sec^2 y}=\frac{1}{1+\tan^2 y}=\frac{1}{1+x^2},$$

即

$$(\arctan x)'=\frac{1}{1+x^2},\quad x\in(-\infty,+\infty).\tag{7}$$

同理可得

$$(\operatorname{arccot} x)'=-\frac{1}{1+x^2},\quad x\in(-\infty,+\infty).\tag{8}$$

例7　设 $x=a^y$ $(a>0,a\neq 1)$ 为直接函数，则 $y=\log_a x$ 是它的反函数，函数 $x=a^y$ 在区间 $I_y=(-\infty,+\infty)$ 内单调可导，且 $(a^y)'=a^y\ln a\neq 0$，因此由反函数求导法则，在对应区间 $I_x=(0,+\infty)$ 内有

$$(\log_a x)'=\frac{1}{(a^y)'}=\frac{1}{a^y\ln a}=\frac{1}{x\ln a}.$$

即

$$(\log_a x)'=\frac{1}{x\ln a},\quad x\in(0,+\infty)$$

三、复合函数求导法则

定理3　如果函数 $u=\varphi(x)$ 在 x 点可导，函数 $y=f(u)$ 在 $u=\varphi(x)$ 点也可导，则复合函数 $y=f[\varphi(x)]$ 在 x 点可导，且

$$\frac{dy}{dx}=f'(u)\varphi'(x)\text{ 或 }\frac{dy}{dx}=\frac{dy}{du}\cdot\frac{du}{dx}.$$

注　(1) $\{f[\varphi(x)]\}'$ 表示复合函数对自变量 x 求导，而 $f'[\varphi(x)]=f'(u)$ 则表示函数

$y=f(u)$ 对中间变量 u 求导；

(2)上面的定理的结论可以推广到有限个函数构成的复合函数，如果可导函数 $y=f(u)$，$u=g(v)$，$v=\varphi(x)$ 构成复合函数 $y=f\{g[\varphi(x)]\}$，则有

$$\frac{dy}{dx}=f'(u)\cdot g'(v)\cdot\varphi'(x)=\frac{dy}{du}\cdot\frac{du}{dv}\cdot\frac{dv}{dx}.$$

例 8　设 $y=e^{x^4}$，求 $\frac{dy}{dx}$.

解　函数 $y=e^{x^4}$ 可看做 $y=e^u$，$u=x^4$ 复合而成，因此

$$\frac{dy}{dx}=\frac{dy}{du}\cdot\frac{du}{dx}=e^u\cdot 4x^3=4x^3e^{x^4}.$$

例 9　设 $y=\sin(a^x)$，求 $\frac{dy}{dx}$.

解　函数 $y=\sin(a^x)$ 可看做 $y=\sin u$，$u=a^x$ 复合而成，因此

$$\frac{dy}{dx}=\frac{dy}{du}\cdot\frac{du}{dx}=\cos u\cdot a^x\ln a=\cos(a^x)\cdot a^x\ln a.$$

例 10　设 $z=\cos(\sin^3(x^2))$，求 $\frac{dz}{dx}$.

解　函数 $z=\cos(\sin^3(x^2))$ 可看做 $z=\cos u$，$u=v^3$，$v=\sin w$，$w=x^2$ 复合而成，因此

$$\begin{aligned}\frac{dz}{dx}&=\frac{dz}{du}\cdot\frac{du}{dv}\cdot\frac{dv}{dw}\cdot\frac{dw}{dx}=-\sin u\cdot 3v^2\cdot\cos w\cdot 2x\\&=-6x\cos(x^2)\cdot\sin^2(x^2)\cdot\sin(\sin^3(x^2)).\end{aligned}$$

复合函数求导方式是从外到内层层计算，故形象地称为链式法则. 通常我们不必写出函数的具体复合结构，只要记住哪些为中间变量，哪个为自变量，把中间变量的式子看成一个整体就可以了.

例 11　设 $y=\ln\cos(e^x)$，求 $\frac{dy}{dx}$.

解

$$\begin{aligned}\frac{dy}{dx}&=[\ln\cos(e^x)]'=\frac{1}{\cos(e^x)}[\cos(e^x)]'\\&=\frac{-\sin(e^x)}{\cos(e^x)}(e^x)'=\frac{-\sin(e^x)}{\cos(e^x)}e^x\\&=-e^x\tan e^x.\end{aligned}$$

例 12　设 $y=f(x^2)$，其中 $f'(u)$ 存在，求 y'.

解　函数 $y=f(x^2)$，由函数 $y=f(u)$，$u=x^2$ 复合而成，故

$$y'=[f(x^2)]'=f'(u)\varphi'(x)=2xf'(x^2).$$

四、常数和基本初等函数的导数公式

(1) $(C)'=0$；

(2) $(x^\alpha)'=\alpha x^{\alpha-1}$；

(3) $(\sin x)'=\cos x$；

(4) $(\cos x)'=-\sin x$；

(5) $(\tan x)'=\sec^2 x$；

(6) $(\cot x)'=-\csc^2 x$；

(7) $(\sec x)'=\tan x\sec x$；

(8) $(\csc x)'=-\cot x\csc x$；

(9) $(a^x)' = a^x \ln a$;　(10) $(e^x)' = e^x$;

(11) $(\log_a x)' = \dfrac{1}{x\ln a}$;　(12) $(\ln x)' = \dfrac{1}{x}$;

(13) $(\arcsin x)' = \dfrac{1}{\sqrt{1-x^2}}$;　(14) $(\arccos x)' = -\dfrac{1}{\sqrt{1-x^2}}$;

(15) $(\arctan x)' = \dfrac{1}{1+x^2}$;　(16) $(\text{arccot}\, x)' = -\dfrac{1}{1+x^2}$.

习　题　3-2(A)

1. 判断题:

(1)若 $f(x)$ 在 x_0 可导, $g(x)$ 在 x_0 不可导,则 $f(x)+g(x)$ 在 x_0 一定不可导.

(2)若 $f(x)$ 在 x_0 处可导, $g(x)$ 在 x_0 处不可导,则 $f(x)g(x)$ 在 x_0 处可能可导.

(3)若 $f(x)$, $g(x)$ 在 x_0 处不可导,则 $f(x)+g(x)$, $f(x)g(x)$ 在 x_0 处一定不可导.

(4)对函数 $f(x)=2x+x^3$,因 $f(1)=3$,所以 $f'(1)=0$.

2. 设 $y=(x+e^{-\frac{x}{2}})^{\frac{2}{3}}$,则 $y'|_{x=0}=$ ______.

3. 求下列函数的导数:

(1) $y = x\sqrt{x}+\dfrac{1}{x^2}$;　(2) $y=\cos\sqrt{\pi}+\dfrac{\sin x}{\pi}$;

(3) $y=\dfrac{\sin x}{x}$;　(4) $y=\dfrac{1}{1+x}$;

(5) $y=\dfrac{1+\ln x}{x^2}$;　(6) $y=\dfrac{1+\sin x}{1+\cos x}$;

(7) $y=(2+3x)(4-7x)$;　(8) $y=\dfrac{e^x}{x^2}+\ln 2$;

(9) $y=\dfrac{\cot x}{\sqrt{x}}$;　(10) $y=\dfrac{2\csc x}{1+x^2}$.

4. 求下列函数的导数:

(1) $y=\arccos\dfrac{2}{x}$;　(2) $y=\sec^2 x\sin x$;

(3) $y=\dfrac{3}{5-x}+\dfrac{x^2}{5}$;　(4) $y=\sin^2(\cos 3x)$;

(5) $y=x\arcsin\dfrac{x}{2}+\sqrt{4-x^2}$;　(6) $y=\ln(x+\sqrt{a^2+x^2})$;

(7) $y=\sqrt{x+\sqrt{x}}$;　(8) $y=3^{-\sin^2\frac{x}{2}}+\ln\cos x$.

5. 求下列函数在指定点处的导数值:

(1) $y=\arcsin\dfrac{x}{3}+\ln(1-x)$,求 $\dfrac{dy}{dx}\Big|_{x=0}$;

(2) $y=\ln(1+a^{-2x})$,求 $\dfrac{dy}{dx}\Big|_{x=0}$;

(3) $\rho=\varphi\sin\varphi+\dfrac{1}{2}\cos\varphi$,求 $\dfrac{d\rho}{d\varphi}\Big|_{\varphi=\frac{\pi}{4}}$;

(4) $y = xa^x + \ln(x + \sqrt{a^2 + x^2})$，求 $\frac{dy}{dx}\big|_{x=0}$.

6. 设 $f(x)$ 是可导函数，$f(x) > 0$，求下列函数的导数：

(1) $y = \ln[1 + f^2(x)]$；　　(2) $y = x^2 f(\ln x)$；

(3) $y = \ln f(2x)$；　　(4) $y = f^2(e^x)$.

习　题　3-2(B)

1. 设函数 $g(x)$ 可微，$h(x) = e^{1+g(x)}$，$h'(1) = 1$，$g'(1) = 2$，则 $g(1) =$（　　）.

A. $\ln 3 - 1$　　B. $-\ln 3 - 1$　　C. $-\ln 2 - 1$　　D. $\ln 2 - 1$

2. 设函数 $f(x)$ 在 $x = 2$ 的某邻域内可导，且 $f'(x) = e^{f(x)}$，$f(2) = 1$，则 $f'''(2) =$ ______.

3. 设函数 $f(x) = x(x-1)(x+2)(x-3)(x+4)\cdots(x+100)$，则 $f'(1) =$（　　）.

(A) $101!$　　(B) $-\frac{101!}{100}$　　(C) $-100!$　　(D) $\frac{100!}{99}$

4. 设 $f(x)$ 可导，$y = f(\sin^2 x) + f(\cos^2 x)$，求 $\frac{dy}{dx}$.

5. 设函数 $f(x)$ 和 $g(x)$ 可导，且 $f^2(x) + g^2(x) \neq 0$，试求函数 $y = \sqrt{f^2(x) + g^2(x)}$ 的导数.

6. 已知曲线 $y = ax^4 + bx^3 + cx^2 + d$ 过点 $(-1,8)$，在点 $(0,3)$ 处有一条水平切线，在点 $(1,6)$ 处与直线 $y = 11x - 5$ 相切，求常数 a,b,c,d.

第 3 节　高阶导数

一个质点做变速直线运动，位置函数与时间的关系为 $s = s(t)$，则速度为

$$v(t) = s'(t) = \lim_{\Delta t \to 0} \frac{s(t + \Delta t) - s(t)}{\Delta t}.$$

而加速度 $a(t)$ 又是速度 $v(t)$ 对时间 t 的变化率，即

$$a(t) = v'(t) = \lim_{\Delta t \to 0} \frac{\Delta v}{\Delta t} = \lim_{\Delta t \to 0} \frac{v(t + \Delta t) - v(t)}{\Delta t}.$$

从而 $a(t) = [s'(t)]'$，即加速度是位置函数对时间 t 求二次导数.

一、高阶导数概念

定义 1　**设函数 $y = f(x)$ 在点 x 的某邻域内一阶导数 $f'(x)$ 存在，如果极限**

$$\lim_{\Delta x \to 0} \frac{f'(x + \Delta x) - f'(x)}{\Delta x}$$

存在，称函数 $y = f(x)$ 在点 x 处二阶可导，该极限值为 $y = f(x)$ 在点 x 的二阶导数，记作

$$y'' \text{ 或 } \frac{d^2 y}{dx^2}.$$

即

$$y'' = (y')' \text{ 或 } \frac{d^2 y}{dx^2} = \frac{d}{dx}\left(\frac{dy}{dx}\right).$$

相应地，把 $y=f(x)$ 的导数叫做该函数的一阶导数.

同理，如果将二阶导数 $f''(x)$ 作为函数，可以定义出三阶导数：

$$\frac{d^3y}{dx^3}=\lim_{\Delta x\to 0}\frac{f''(x+\Delta x)-f''(x)}{\Delta x}.$$

或记作 y'''.

类似地，三阶导数的导数叫做四阶导数，…，一般地，函数 $y=f(x)$ 的 $n-1$ 阶导数的导数叫做 n 阶导数，分别记做

$$y^{(4)},\cdots,y^{(n)},$$

或

$$\frac{d^4y}{dx^4},\cdots,\frac{d^ny}{dx^n}.$$

通常，函数 $y=f(x)$ 具有 n 阶导数，也说函数 $y=f(x)$ 为 n 阶可导的. 如果函数 $y=f(x)$ 在点 x 处具有 n 阶导数，那么函数 $f(x)$ 在点 x 的某邻域内必然具有一切低于 n 阶的导数.

二阶及二阶以上的导数统称为**高阶导数**.

例 1　求函数 $y=2x-5$ 的二阶导数.

解　$y'=(2x-5)'=2$,

$y''=(2)'=0$.

例 2　求函数 $y=3x^2+2x-5$ 的三阶导数.

解　$y'=(3x^2+2x-5)'=6x+2$,

$y''=(6x+2)'=6$,

$y'''=(6)'=0$.

例 3　试求函数 $y=a^x$ 的 n 阶导数.

解　$(a^x)'=a^x\ln a$,

$(a^x)''=a^x(\ln a)^2$,

……,

$(a^x)^{(n)}=a^x(\ln a)^n$;

从而得

$$y^{(n)}=a^x(\ln a)^n.$$

特别地，当 $a=\mathrm{e}$ 时，$(\mathrm{e}^x)^{(n)}=\mathrm{e}^x$.

例 4　求函数 $y=x^\alpha$ 的 n 阶导数.

解　$(x^\alpha)'=\alpha x^{\alpha-1}$,

$(x^\alpha)''=\alpha(\alpha-1)x^{\alpha-2}$,

……,

$(x^\alpha)^{(n)}=\alpha(\alpha-1)\cdots(\alpha-n+1)x^{\alpha-n}$.

特别地，当 $\alpha=n$ 时，

$$(x^n)^{(n)}=n(n-1)(n-2)\cdots(n-n+1)x^{n-n}=n!.$$

从而不难推出重要结论：

$$(x^n)^{(n)}=n!,\ (x^n)^{(m)}=0\ (m>n)(m,n\text{ 均为自然数}).$$

例 5 求函数 $y=\sin x$ 的 n 阶导数.

解 $(\sin x)'=\cos x=\sin\left(x+\frac{\pi}{2}\right)$,

$(\sin x)''=\cos\left(x+\frac{\pi}{2}\right)=\sin\left(x+\frac{2\pi}{2}\right)$,

$(\sin x)'''=\cos\left(x+\frac{2\pi}{2}\right)=\sin\left(x+\frac{3\pi}{2}\right)$,

……,

$(\sin x)^{(n)}=\sin\left(x+\frac{n\pi}{2}\right)$.

同理

$$(\cos x)^{(n)}=\cos\left(x+\frac{n\pi}{2}\right).$$

例 6 求函数 $y=\ln(1+x)$ 的 n 阶导数.

解 $y'=\frac{1}{1+x}$,

$y''=-\frac{1}{(1+x)^2}$,

$y'''=\frac{1\cdot 2}{(1+x)^3}$,

$y^{(4)}=-\frac{1\cdot 2\cdot 3}{(1+x)^4}=-\frac{3!}{(1+x)^4}$,

……,

$y^{(n)}=\frac{(-1)^{n-1}(n-1)!}{(1+x)^n}$.

二、函数和、差、积的高阶求导法

定理 1 **若函数 $u(x)$, $v(x)$ 均在 x 点处有 n 阶导数,则有**

(1) $(u\pm v)^{(n)}=u^{(n)}\pm v^{(n)}$.

(2) $(u\cdot v)^{(n)}=\sum\limits_{k=0}^{n}C_n^k u^{(n-k)}v^{(k)}$. (1)

其中, $C_n^k=\frac{n(n-1)\cdots(n-k+1)}{k!}=\frac{n!}{k!(n-k)!}$.

式(1)称为莱布尼茨公式,可按二项展开式来记忆.

例 7 设 $y=x^2\sin x$,求 $y^{(10)}$.

解 因为

$$(x^2)'=2x,\ (x^2)''=2,\ (x^2)^{(k)}=0\ (k\geqslant 3),$$

故在式(1)中取 $v=x^2$, $u=\sin x$,得

$$\begin{aligned}y^{(10)}&=(x^2\sin x)^{(10)}\\&=C_{10}^0(\sin x)^{(10)}x^2+C_{10}^1(\sin x)^{(9)}(x^2)'+C_{10}^2(\sin x)^{(8)]}(x^2)''+0\\&=-x^2\sin x+20x\cdot\cos x+90\sin x.\end{aligned}$$

习　题　3-3(A)

1. 选择题

(1)设 $y = \ln x$,则 $y'' = ($　　$)$.

A. $\frac{1}{x}$　　B. $-\frac{1}{x^2}$　　C. $\frac{1}{x^2}$　　D. $-\frac{1}{x}$

(2)设 $f(x) = x^3 - 2x + 1$,则 $f''(1) = ($　　$)$.

A. 1　　B. 2　　C. 4　　D. 6

(3)设 $y = x^n + e^x$,则 $y^{(n)} = ($　　$)$.

A. $n!$　　B. e^x　　C. $n! + e^x$　　D. $nx + e^x$

2. 求下列函数的二阶导数:

(1) $y = (1 + x^2)\arctan x$;　　(2) $y = \sqrt{a^2 - x^2}$;

(3) $y = \ln(1 - x^2)$;　　(4) $y = \ln(x + \sqrt{1 + x^2})$;

(5) $y = \frac{e^x}{x}$;　　(6) $y = x\sin 2x$.

3. 验证函数 $y = e^x \sin x$ 满足关系式 $y'' - 2y' + 2y = 0$.

4. 求下列函数的 n 阶导数:

(1) $y = e^{ax}$;　　(2) $y = x\ln x$;

(3) $y = xe^x$;　　(4) $y = \frac{1}{x^2 + 5x + 6}$;

(5) $y = \sin^2 x$;　　(6) $y = \frac{1}{x^2 - 3x + 2}$.

5. 设 $y = e^x \cos x$,求 $y^{(4)}$.

6. 设 $f(x) = \frac{1 - x}{1 + x}$,求 $f^{(n)}(1)$.

习　题　3-3(B)

1. 设 $f(x)$ 具有二阶导数,$y = f(\ln^2 x + e^{-2x})$,求 $\frac{d^2 y}{dx^2}$.

2. 设 $y = f(x\varphi(x))$,$f(x)$,$\varphi(x)$ 有二阶导数,求 y''.

3. 设 $f(x) = \begin{cases} -1 + 2x, & x \leqslant 1, \\ x^2, & x > 1, \end{cases}$ 求 $f''(x)$.

4. 求函数 $f(x) = x^2 \ln(1 + x)$ 在 $x = 0$ 处的 n 阶导数 $f^{(n)}(0)$ $(n \geqslant 3)$.

第4节　隐函数的导数

一、隐函数的导数

前面我们讨论的函数都是一个变量明显地用另一个变量表示的形式,例如 $y = x\cos x$.

用这种方式表示的函数称为显函数. 如果函数的自变量 x 和因变量 y 之间的函数关系由方程 $F(x,y)=0$ 所确定,则说方程 $F(x,y)=0$ 确定了一个隐函数. 例如

$$x^2+y^2=4,$$

$$y^3+3x^2y+x=1.$$

如果能由方程 $F(x,y)=0$ 解出 $y=y(x)$,则其求导问题已解决;如果只知 $y=y(x)$ 的存在性,但无法解出 $y=y(x)$ 的解析表达式时,就需要运用隐函数的求导方法.

隐函数求导的基本思想是把方程 $F(x,y)=0$ 中的 y 看做 x 的函数 $y=y(x)$,方程两端对 x 求导,解出 $\frac{\mathrm{d}y}{\mathrm{d}x}$.

例 1 求由方程 $y^3+3x^2y+x=1$ 所确定的隐函数 $y=y(x)$ 的导数 y'.

解 将 y 看做 x 的函数 $y=y(x)$,两端对 x 求导,得

$$3y^2\cdot y'+3[2xy+x^2y']+1=0.$$

解得

$$y'=-\frac{1+6xy}{3x^2+3y^2}\ (3x^2+3y^2\neq 0).$$

例 2 求椭圆 $\frac{x^2}{4}+\frac{y^2}{9}=1$ 上 $P_0(\sqrt{2},\frac{3}{\sqrt{2}})$ 点处的切线方程.

解 方程 $\frac{x^2}{4}+\frac{y^2}{9}=1$ 两端同时对 x 求导

$$\frac{2}{4}x+\frac{2}{9}yy'=0,$$

解得

$$y'=-\frac{9x}{4y},$$

在点 $P_0\left(\sqrt{2},\frac{3}{\sqrt{2}}\right)$ 处切线斜率为

$$k=y'|_{P_0}=-\frac{3}{2}.$$

故切线方程为

$$y-\frac{3}{\sqrt{2}}=-\frac{3}{2}(x-\sqrt{2}),$$

即

$$3x+2y-6\sqrt{2}=0.$$

例 3 求由方程 $y^2-2xy+9=0$ 所确定的隐函数 $y=y(x)$ 的二阶导数 $\frac{\mathrm{d}^2y}{\mathrm{d}x^2}$.

解 方程 $y^2-2xy+9=0$ 两端同时对 x 求导,得

$$2yy'-2y-2xy'=0,$$

$$y'=\frac{\mathrm{d}y}{\mathrm{d}x}=\frac{y}{y-x},$$

注意到 y 是 x 的函数,有

$$\frac{d^2y}{dx^2} = \left(\frac{y}{y-x}\right)' = \frac{y'(y-x) - y(y'-1)}{(y-x)^2}$$

$$= \frac{-xy'+y}{(y-x)^2} = -\frac{x}{(y-x)^2} \cdot \frac{y}{y-x} + \frac{y}{(y-x)^2}$$

$$= \frac{y}{(y-x)^2} - \frac{xy}{(y-x)^3}.$$

例 4　设 $e^y + xy = e$ 确定函数 $y = y(x)$，求 $y''(0)$.

解　由题易知，y 是 x 的函数，等式两端同时对 x 求导，得

$$e^y \cdot y' + y + x \cdot y' = 0,$$

将 $x = 0$ 时，$y = 1$ 代入上式，得

$$y'(0) = -\frac{1}{e}.$$

对 $e^y \cdot y' + y + x \cdot y' = 0$ 再关于 x 求导，得

$$e^y \cdot y' \cdot y' + e^y \cdot y'' + y' + y' + x \cdot y'' = 0,$$

将 $x = 0$ 时，$y = 1$，$y'(0) = -\frac{1}{e}$ 代入上式，得

$$y''(0) = e^{-2}.$$

二、对数求导法

在某些时候，利用所谓的对数求导法将显函数化为隐函数，再求导数，会比对显式函数直接求导简便些，例如幂指函数、积商型函数可用该方法求导.

1. 幂指函数的导数

幂指函数 $y = u^v (u > 0)$，若 u, v 均为 x 的可导函数，则有

$$\ln y = v\ln u.$$

两边对 x 求导，得

$$\frac{y'}{y} = v'\ln u + v\frac{u'}{u},$$

从而

$$y' = y\left(v'\ln u + v\frac{u'}{u}\right) = u^v\left(v'\ln u + v\frac{u'}{u}\right).$$

例 5　求函数 $y = x^x\ (x > 0)$ 的导数.

解　对等式两端取对数 $\ln y = x\ln x$，再求导

$$\frac{1}{y}y' = \ln x + 1,$$

即

$$y' = x^x(\ln x + 1).$$

此外，幂指函数 $y = u^v (u > 0)$ 也可表示为

$$y = u^v = e^{v\ln u}.$$

这样就可以直接求导得

$$y' = e^{v\ln u}\left(v' \cdot \ln u + v \cdot \frac{u'}{u}\right)$$

$$= u^{v}\left(v' \cdot \ln u + v \cdot \frac{u'}{u}\right).$$

例 6 求函数 $y = (\sin x)^{x}\ (x > 0)$ 的导数.

解

$$y = (\sin \alpha)^{x} = \mathrm{e}^{x\ln \sin x},$$

直接求导得

$$y' = \mathrm{e}^{x\ln \sin x}\left(\ln \sin x + x \cdot \frac{\cos x}{\sin x}\right)$$

$$= (\sin x)^{x}\left(\ln \sin x + x \cdot \frac{\cos x}{\sin x}\right).$$

2. 积商型函数的导数

例 7 设 $y = (3x-1)^{\frac{5}{3}}\sqrt{\dfrac{x-1}{x-2}}\ (x > 2)$，求 y'.

解 先在等式两边取对数，有

$$\ln y = \frac{5}{3}\ln(3x-1) + \frac{1}{2}\ln(x-1) - \frac{1}{2}\ln(x-2),$$

两边对 x 求导得

$$\frac{1}{y}y' = \frac{5}{3} \cdot \frac{3}{3x-1} + \frac{1}{2} \cdot \frac{1}{x-1} - \frac{1}{2} \cdot \frac{1}{x-2},$$

于是

$$y' = (3x-1)^{\frac{5}{3}}\sqrt{\frac{x-1}{x-2}}\left[\frac{5}{3x-1} + \frac{1}{2(x-1)} - \frac{1}{2(x-2)}\right].$$

习 题 3-4(A)

1. 求由下列方程所确定隐函数的导数：

(1) $y^2 - xy + x^2 = 1$；　　(2) $y = 1 - xe^{y}$；

(3) $y + \ln y = x$；　　(4) $xy = e^{x+y}$；

(5) $\sin(x^2 + y^2) + e^{x} - xy^2 = 0$；　　(6) $e^{xy} + y^2 = \cos x$.

2. 设 $e^{x} - e^{y} = \sin xy$，求 y' 及 $y'|_{x=0}$.

3. 设函数 $y = y(x)$ 由方程 $\ln(x^2 + y) = x^3 y + \sin x$ 确定，求 $\left.\dfrac{\mathrm{d}y}{\mathrm{d}x}\right|_{x=0}$.

4. 求 $y^3 + x^3 - 4xy = 1$ 在点 $(0,1)$ 处的切线方程.

5. 求曲线 $x^{\frac{2}{3}} + y^{\frac{2}{3}} = a^{\frac{2}{3}}$ 在点 $\left(\dfrac{\sqrt{2}}{4}a, \dfrac{\sqrt{2}}{4}a\right)$ 处的切线方程和法线方程.

6. 已知函数 $y = y(x)$ 由方程 $e^{y} + 6xy + x^2 - 1 = 0$ 确定，求 $y''(0)$.

7. 求下列函数的导数：

(1) $y = \left(\dfrac{x}{1+x}\right)^{x}\ (x > 0)$；　　(2) $y = (\sin x)^{\cos^2 x}$；

(3) $y = \sqrt{\dfrac{(x-1)(x-2)}{(x-3)(x-4)}}$；　　(4) $y = \dfrac{(3-x)^4\sqrt{x+2}}{(x+1)^5}$；

(5) $y = (1+\cos x)^{\frac{1}{x}}$；　　(6) $y = x^6(1+x^2)^3(x+2)^2$.

习　题　3-4(B)

1. 求下列隐函数的二阶导数：

(1) $x - y + \frac{1}{2}\sin y = 0$　　(2) $\ln\sqrt{x^2+y^2} = \arctan\frac{y}{x}$.

2. 设 $y = f(x+y)$，其中 f 具有二阶导数，且其一阶导数不等于 1，求 $\frac{\mathrm{d}^2y}{\mathrm{d}x^2}$.

3. 设函数 $y = f(x)$ 由方程 $xe^{f(y)} = e^y$ 确定，其中 f 具有二阶导数且 $f \neq 1$，求 $\frac{\mathrm{d}^2y}{\mathrm{d}x^2}$.

4. 求下列函数的导数：

(1) $y = x^{x^x}$；　　(2) $y = \sqrt[5]{\frac{x+5}{\sqrt[5]{x^2+2}}}$.

第 5 节　由参数方程所确定的函数的导数　相关变化率

一、由参数方程所确定的函数的导数

有些函数关系可由参数方程来确定，例如圆 $x^2+y^2=R^2$ 的参数方程为

$$\begin{cases} x = R\cos t, \\ y = R\sin t, \end{cases} 0 \leqslant t \leqslant 2\pi. \tag{1}$$

椭圆 $\frac{x^2}{a^2}+\frac{y^2}{b^2}=1(a>0,b>0)$ 的参数方程为

$$\begin{cases} x = a\cos t, \\ y = b\sin t, \end{cases} 0 \leqslant t \leqslant 2\pi. \tag{2}$$

一般地，若参数方程

$$\begin{cases} x = \varphi(t), \\ y = \psi(t), \end{cases} \alpha \leqslant t \leqslant \beta \tag{3}$$

确定了 y 与 x 间的函数关系，则称此函数关系所表达的函数为由参数方程所确定的函数.

在实际问题中，需要计算由参数方程所确定的函数的导数，但消去参数 t 有时会很困难，因此我们希望有一种方法能直接由参数方程算出它所确定函数的导数，下面我们来讨论由参数方程所确定的函数的求导方法.

设参数方程 $\begin{cases} x = \varphi(t), \\ y = \psi(t), \end{cases} \alpha \leqslant t \leqslant \beta$. $x=\varphi(t)$，$y=\psi(t)$ 均可导，并且 $x=\varphi(t)$ 单调，$\varphi'(t)\neq 0$，则参数方程所确定的函数可以看成是由函数 $y=\psi(t)$，$t=\varphi^{-1}(x)$ 构成的复合函数 $y=\psi(\varphi^{-1}(x))$，于是根据复合函数的求导法则与反函数的求导法则，有

$$\frac{\mathrm{d}y}{\mathrm{d}x} = \frac{\mathrm{d}y}{\mathrm{d}t}\cdot\frac{\mathrm{d}t}{\mathrm{d}x} = \frac{\mathrm{d}y}{\mathrm{d}t}\cdot\frac{1}{\frac{\mathrm{d}x}{\mathrm{d}t}} = \frac{\psi'(t)}{\varphi'(t)},$$

即

$$\frac{\mathrm{d}y}{\mathrm{d}x}=\frac{\psi'(t)}{\varphi'(t)} \text{ 或 } \frac{\mathrm{d}y}{\mathrm{d}x}=\frac{\frac{\mathrm{d}y}{\mathrm{d}t}}{\frac{\mathrm{d}x}{\mathrm{d}t}}. \tag{4}$$

式(4)就是参数方程(3)所确定的 x 的函数的导数公式.

如果 $x=\varphi(t)$, $y=\psi(t)$ 二阶可导,且 $\varphi'(t)\neq 0$,则由式(4)可得函数二阶导数公式

$$\begin{aligned}\frac{\mathrm{d}^2y}{\mathrm{d}x^2}&=\frac{\mathrm{d}}{\mathrm{d}x}\left(\frac{\mathrm{d}y}{\mathrm{d}x}\right)=\frac{\mathrm{d}}{\mathrm{d}x}\left(\frac{\psi'(t)}{\varphi'(t)}\right)\\&=\frac{\mathrm{d}}{\mathrm{d}t}\left(\frac{\psi'(t)}{\varphi'(t)}\right)\cdot\frac{\mathrm{d}t}{\mathrm{d}x}\\&=\frac{\psi''(t)\varphi'(t)-\psi'(t)\varphi''(t)}{[\varphi'(t)]^2}\cdot\frac{1}{\varphi'(t)},\end{aligned}$$

即

$$\frac{\mathrm{d}^2y}{\mathrm{d}x^2}=\frac{\psi''(t)\varphi'(t)-\psi'(t)\varphi''(t)}{[\varphi'(t)]^3}. \tag{5}$$

例 1 设曲线的参数方程为

$$\begin{cases}x=\dfrac{t^2}{2},\\y=1-t,\end{cases}$$

求所确定的函数 $y=y(x)$ 的导数 $\frac{\mathrm{d}y}{\mathrm{d}x}$.

解 易知 $\frac{\mathrm{d}y}{\mathrm{d}t}=-1$, $\frac{\mathrm{d}x}{\mathrm{d}t}=t$,所以

$$\frac{\mathrm{d}y}{\mathrm{d}x}=\frac{\frac{\mathrm{d}y}{\mathrm{d}t}}{\frac{\mathrm{d}x}{\mathrm{d}t}}=\frac{-1}{t}=-\frac{1}{t}.$$

例 2 设曲线的参数方程为

$$\begin{cases}x=2(1-\cos\theta),\\y=4\sin\theta,\end{cases}$$

求所确定的函数 $y=y(x)$ 在 $\theta=\frac{\pi}{4}$ 处的导数 $\left.\frac{\mathrm{d}y}{\mathrm{d}x}\right|_{\theta=\frac{\pi}{4}}$,并写出曲线在 $\theta=\frac{\pi}{4}$ 相应的点处的切线方程.

解 因为

$$\frac{\mathrm{d}y}{\mathrm{d}\theta}=4\cos\theta,\ \frac{\mathrm{d}x}{\mathrm{d}\theta}=2\sin\theta,$$

故

$$\frac{\mathrm{d}y}{\mathrm{d}x}=\frac{4\cos\theta}{2\sin\theta}=2\cot\theta,$$

从而

$$\left.\frac{\mathrm{d}y}{\mathrm{d}x}\right|_{\theta=\frac{\pi}{4}}=2\cot\frac{\pi}{4}=2.$$

曲线在 $\theta=\frac{\pi}{4}$ 对应切点 $(2-\sqrt{2},2\sqrt{2})$，切线的斜率为 $k=\left.\frac{\mathrm{d}y}{\mathrm{d}x}\right|_{\theta=\frac{\pi}{4}}=2$，故切线方程为

$$y-2\sqrt{2}=2(x-2+\sqrt{2}),$$

即

$$y=2x-4+4\sqrt{2}.$$

例3　设曲线的参数方程为

$$\begin{cases}x=\ln(1+t^2),\\ y=t-\arctan t,\end{cases}$$

求所确定的函数 $y=y(x)$ 的二阶导数 $\frac{\mathrm{d}^2y}{\mathrm{d}x^2}$.

解　由

$$\frac{\mathrm{d}y}{\mathrm{d}x}=\frac{\frac{\mathrm{d}y}{\mathrm{d}t}}{\frac{\mathrm{d}x}{\mathrm{d}t}}=\frac{1-\frac{1}{1+t^2}}{\frac{2t}{1+t^2}}=\frac{t}{2},$$

则

$$\frac{\mathrm{d}^2y}{\mathrm{d}x^2}=\frac{\mathrm{d}\left(\frac{t}{2}\right)}{\mathrm{d}t}\cdot\frac{1}{\frac{\mathrm{d}x}{\mathrm{d}t}}=\frac{1}{2}\cdot\frac{1+t^2}{2t}=\frac{1}{4}\left(t+\frac{1}{t}\right).$$

*二、相关变化率

如果函数 $x=x(t)$、$y=y(t)$ 可导，变量 x,y 之间存在某种关系，从而其变化率 $\frac{\mathrm{d}x}{\mathrm{d}t}$ 与 $\frac{\mathrm{d}y}{\mathrm{d}t}$ 之间必然具有某种关系. 这两个相互依赖的变化率称为相关变化率. 相关变化率问题就是研究这两个变化率之间的关系，以便从其中一个变化率求出另一个变化率. 求解此类问题一般分作三步：

(1)首先找出函数 $x=x(t)$，$y=y(t)$ 之间的关系；

(2)求导后，得到导数之间的关系；

(3)利用已知函数的导数，确定未知函数的导数.

例4　梯长 10 m，上端靠墙，下端置地. 当梯的下端位于离墙6 m处以 2 m/min 的速度离开墙时，问上端沿墙下降的速度是多少？

解　图 3-5 中上端 $A(0,y)$，下端 $B(x,0)$，由图可知，当梯子下滑时，x,y 均为时间 t 的函数，即：$x=x(t)$，$y=y(t)$.

因为 A,B 两点的距离保持不变，即等于梯长，故有

$$x^2(t)+y^2(t)=10^2,$$

两边关于时间 t 求导数得

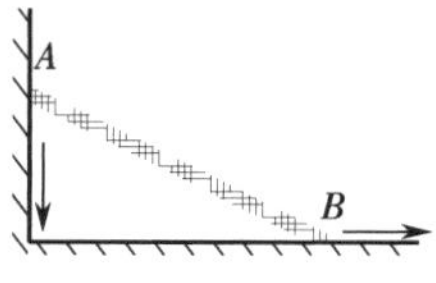

图 3-5

$$2x(t)x'(t)+2y(t)y'(t)=0,$$

即

$$y'(t)=-\frac{x(t)}{y(t)}x'(t)=-\frac{x(t)x'(t)}{\sqrt{100-x^2(t)}};$$

根据题意,当 $x(t)=6$ 时, $x'(t)=2$ 时,则

$$y'(t)=-\frac{x(t)x'(t)}{\sqrt{100-x^2(t)}}\Bigg|=-\frac{6\times 2}{\sqrt{100-6^2}}=-\frac{12}{8}=-\frac{3}{2}\ (\text{m/min}),$$

其中负号表示 A 端的运动方向与 y 轴的正向相反.

例 5 溶液从深为 18 cm,顶直径为 12 cm 的正圆锥形漏斗漏入一直径为 10 cm 的圆柱形桶中. 开始时漏斗中盛满了溶液(图 3-6). 已知当溶液在漏斗中深为 12 cm 时,其表面下降的速率为 1 cm/min. 问此时圆柱形桶中溶液表面上升的速率为多少?

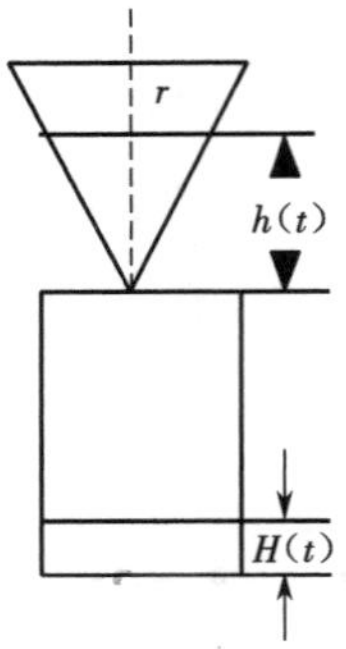

图 3-6

解 设在某时刻 t ,锥形漏斗中溶液深为 $h(t)$,桶中溶液深为 $H(t)$,此时锥形漏斗中溶液的底半径为

$$\frac{r}{h(t)}=\frac{6}{18},\ r=\frac{1}{3}h(t).$$

$$\frac{1}{3}\pi r^2h(t)+\pi 5^2H(t)=\frac{1}{3}\pi\cdot 6^2\cdot 18,$$

$$r^2h(t)+3\cdot 5^2H(t)=6^2\cdot 18,$$

$$\frac{1}{9}h^3(t)+3\times 25H(t)=36\times 18.$$

两边关于 t 求导数:

$$\frac{1}{3}h^2(t)h'(t)+75H'(t)=0,$$

$$H'(t)=-\frac{1}{225}h^2(t)h'(t).$$

当 $h(t)=12$, $h'(t)=-1$ 时,

$$H'(t)=-\frac{1}{225}(12)^2\cdot(-1)=0.64\ (\text{cm/min}).$$

习　题　3-5(A)

1. 求由下列参数方程所确定的函数 $y=y(x)$ 的导数 $\frac{dy}{dx}$：

(1) $\begin{cases} x=1+\sqrt{1+t}, \\ y=1-\sqrt{1-t}; \end{cases}$

(2) $\begin{cases} x=e^t\sin t, \\ y=e^t\cos t. \end{cases}$

2. 写出下列曲线在对应参数指定点处的切线方程及法线方程：

(1) $\begin{cases} x=2e^t, \\ y=e^{-t} \end{cases}$ 在 $t=0$ 处；　　(2) $\begin{cases} x=a\cos^3\theta, \\ y=a\sin^3\theta \end{cases}$ 在 $\theta=\frac{\pi}{4}$ 处.

3. 已知 $\begin{cases} x=a\cos t, \\ y=b\sin t, \end{cases}$ 试求 $\frac{d^2y}{dx^2}$.

4. 设函数 $y=y(x)$ 由参数方程 $\begin{cases} x=t-\ln(1+t), \\ y=t^3+t^2 \end{cases}$ 所确定，求 $\frac{d^2y}{dx^2}$.

5. 落在平静水面上的石头产生同心圆形波纹. 若最外一圈半径的增大率总是 6 m/s，问 2 s 末受到扰动的水面面积的增大率为多少？

习　题　3-5(B)

1. 设函数 $y=y(x)$ 由参数方程 $\begin{cases} x=t^2+2t, \\ y=\ln(1+t) \end{cases}$ 确定，则曲线 $y=y(x)$ 在 $x=3$ 处的法线与 x 轴交点的横坐标是(　　).

A. $\frac{1}{8}\ln 2+3$　　B. $-\frac{1}{8}\ln 2+3$.　　C. $-8\ln 2+3$　　D. $8\ln 2+3$

2. 对数螺线 $\rho=e^\theta$ 在点 $(\rho,\theta)=\left(e^{\frac{\pi}{2}},\frac{\pi}{2}\right)$ 处的切线的直角坐标方程为______.

3. 设 $\begin{cases} x=f'(t), \\ y=tf'(t)-f(t), \end{cases}$ $f''(t)$ 存在且不为零，求 $\frac{d^2y}{dx^2}$.

4. 设 $y=y(x)$ 由 $\begin{cases} x=\arctan t, \\ 2y-ty^2+e^t=5 \end{cases}$ 所确定，求 $\frac{dy}{dx}$.

第 6 节　函数的微分

一、引例

例 1　一个正方形的铁片，受热后均匀膨胀，边长由 x_0 变为 $x_0+\Delta x$ (图 3-7)，试问铁片的面积改变了多少？

解　正方形铁片的面积的计算公式为 $s(x)=x^2$，故面积的改变量

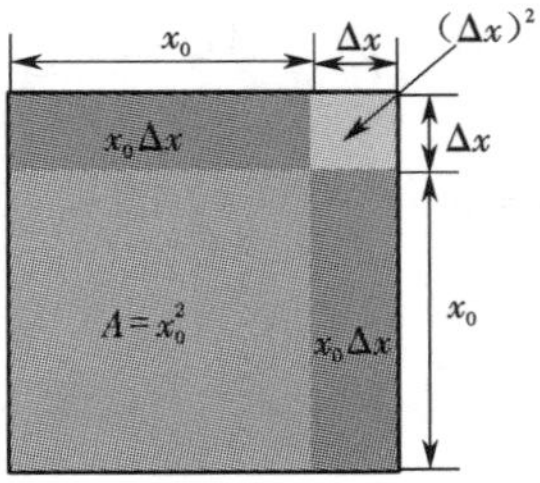

图 3-7

$$\Delta s = s(x_0 + \Delta x) - s(x_0) = (x_0 + \Delta x)^2 - {x_0}^2 = 2x_0\Delta x + (\Delta x)^2 .$$

Δs 由两部分构成：$2x_0\Delta x$ 是关于 Δx 的线性函数，$(\Delta x)^2$ 是 Δx 的高阶无穷小，即 $(\Delta x)^2 = o(\Delta x)$；当 $|\Delta x|$ 很小时，高阶无穷小 $(\Delta x)^2$ 可忽略不计，则有 $\Delta s \approx 2x_0\Delta x$.

二、微分的概念

1. 微分的定义

定义 1　设函数 $y = f(x)$ 在某区间内有定义，点 x_0 及 $x_0 + \Delta x$ 在这个区间内，如果函数的增量

$$\Delta y = f(x_0 + \Delta x) - f(x_0) ,$$

可以表示为

$$\Delta y = A \cdot \Delta x + o(\Delta x) , \tag{1}$$

且 A 是不依赖于 Δx 的常数，则称函数 $y = f(x)$ 在点 x_0 可微，并称 $A\Delta x$ 为函数 $y = f(x)$ 在点 x_0 的对应于自变量增量 Δx 的微分，记作 $\mathrm{d}y$，即

$$\mathrm{d}y = A\Delta x ,$$

或

$$\mathrm{d}f(x) = A\Delta x . \tag{2}$$

注　A 是只与 x_0 有关，与 Δx 无关的常数.

2. 可微与可导的关系

定理 1　函数 $y = f(x)$ 在点 x_0 可微的充分必要条件是函数 $y = f(x)$ 在点 x_0 可导，且 $\mathrm{d}y = f'(x_0)\Delta x$.

证　（必要性）设函数 $y = f(x)$ 在点 x_0 可微，由定义有

$$\Delta y = A \cdot \Delta x + o(\Delta x) ,$$

则

$$\frac{\Delta y}{\Delta x} = A + \frac{o(\Delta x)}{\Delta x} \ (\Delta x \neq 0),$$

两端取极限，可得

$$\lim_{\Delta x \to 0} \frac{\Delta y}{\Delta x} = A .$$

表明在点 x_0 函数 $y = f(x)$ 可导且 $f'(x_0) = A$.

（充分性）设 $y = f(x)$ 在点 x_0 可导，由定义：

$$f'(x_0) = \lim_{\Delta x \to 0} \frac{\Delta y}{\Delta x} .$$

根据函数极限与无穷小的关系,有

$$\frac{\Delta y}{\Delta x}=f'(x_0)+\alpha,$$

其中 α 是 $\Delta x\to 0$ 时的无穷小,即

$$\Delta y=f'(x_0)\Delta x+\alpha\Delta x.$$

又因为

$$\lim_{\Delta x\to 0}\frac{\alpha\Delta x}{\Delta x}=\lim_{\Delta x\to 0}\alpha=0,$$

故 $\alpha\Delta x$ 是比 Δx 高阶的无穷小,可以记作 $\alpha\Delta x=o(\Delta x)$. 而 $f'(x_0)$ 只与 x_0 有关,与 Δx 无关,可记 $f'(x_0)=A$,从而

$$\Delta y=A\Delta x+o(\Delta x),$$

这表明 $y=f(x)$ 在点 x_0 处可微.

注　(1)定理表明,一元函数可微与可导是等价的概念,而且有 $A=f'(x_0)$,即

$$\mathrm{d}y=f'(x_0)\Delta x\text{ ,或 }\mathrm{d}f(x)=f'(x_0)\Delta x.$$

事实上,当 $f'(x_0)\neq 0$ 时,因为

$$\lim_{\Delta x\to 0}\frac{\Delta y-\mathrm{d}y}{\Delta y}=\lim_{\Delta x\to 0}\left(1-\frac{f'(x_0)\Delta x}{\Delta y}\right)=1-\frac{f'(x_0)}{\lim\limits_{\Delta x\to 0}\frac{\Delta y}{\Delta x}}=0,$$

即 $\Delta y-\mathrm{d}y=o(\Delta y)$,故 $\mathrm{d}y$ 也是 Δy 的主要部分,又 $\mathrm{d}y=f'(x_0)\Delta x$ 是 Δx 的线性函数,通常称微分 $\mathrm{d}y$ 是函数增量 Δy 的**线性主部**.

(2)函数 $y=f(x)$ 在任意点 x 的微分,称为**函数的微分**,记做 $\mathrm{d}y$ 或 $\mathrm{d}f(x)$,即

$$\mathrm{d}y=f'(x)\Delta x.$$

例 2　求函数 $y=\sin x$ 在 $x=0$ 和 $x=\pi$ 处的微分.

解　先求函数 $y=\sin x$ 在任意点 x 的微分,即

$$\mathrm{d}y=(\sin x)'\Delta x=\cos x\cdot\Delta x,$$

再求函数当 $x=0$ 时的微分

$$\mathrm{d}y\big|_{x=0}=\cos x\big|_{x=0}\cdot\Delta x=\Delta x;$$

在 $x=\pi$ 处的微分

$$\mathrm{d}y\big|_{x=\pi}=\cos x\big|_{x=\pi}\cdot\Delta x=-\Delta x.$$

例 3　求函数 $y=x^3$ 在 $x=2$, $\Delta x=0.02$ 处的微分.

解　先求函数 $y=x^3$ 在任意点 x 的微分

$$\mathrm{d}y=(x^3)'\Delta x=3x^2\cdot\Delta x,$$

再求函数当 $x=2$, $\Delta x=0.02$ 处的微分

$$\mathrm{d}y\Big|_{\substack{x=2\\ \Delta x=0.02}}=3x^2\cdot\Delta x\Big|_{\substack{x=2\\ \Delta x=0.02}}=3\cdot 2^2\cdot 0.02=0.24.$$

通常把自变量 x 的增量 Δx 称为自变量的微分,记作 $\mathrm{d}x$,即 $\mathrm{d}x=\Delta x$. 因此函数 $y=f(x)$ 在任意点 x 的微分也常常写作

$$\mathrm{d}y=f'(x)\mathrm{d}x,\tag{3}$$

从而有

$$\frac{dy}{dx}=f'(x) , \tag{4}$$

这就是说,函数的微分 dy 与自变量的微分 dx 之商等于该函数的导数. 因此导数通常也称为"微商".

三、微分的几何意义

为了对微分有比较直观的了解,我们来说明微分的几何意义. 函数 $y=f(x)$ 表示一条曲线,对于某一固定点 x_0 ,曲线上有一确定点 $M(x_0,y_0)$,当自变量有微小增量 Δx 时,就得到曲线另一点 $N(x_0+\Delta x,y_0+\Delta y)$,如图 3-8 所示. $MQ=\Delta x,QN=\Delta y$,过点 M 作曲线的切线 MT ,它的倾角为 α ,则

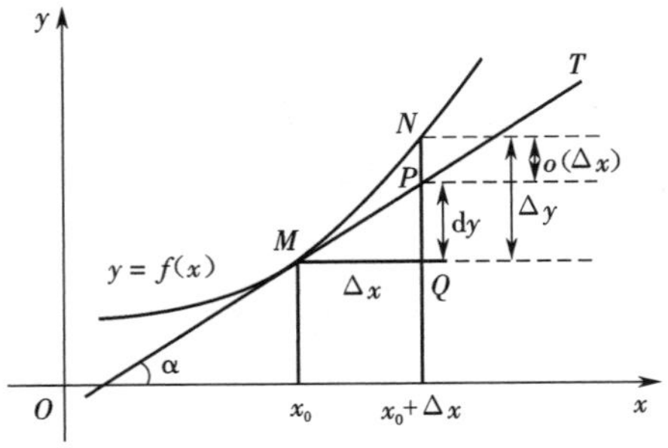

图 3-8

$$QP=MQ\cdot\tan\alpha=\Delta x\cdot f'(x_0) .$$

由此可见,对于可微函数 $y=f(x)$,当 Δy 是曲线 $y=f(x)$ 上的点的纵坐标的增量时,dy 是曲线的切线上点的纵坐标的相应增量. 当 $|\Delta x|$ 很小时, $|\Delta y-dy|$ 比 $|\Delta x|$ 小得多,因此在点 M 的附近,可以用切线段来近似代替曲线段.

四、基本初等函数的微分公式与微分运算法则

从函数的微分的表达式 $dy=f'(x)dx$ 可以看出,要计算函数的微分,只要计算函数的导数,再乘以自变量的微分. 因此,可得如下的微分公式和微分运算法则.

1. 基本初等函数的微分公式

由基本初等函数的导数公式,不难得出其微分基本公式.

导数公式	微分公式
$(x^\alpha)'=\alpha x^{\alpha-1}$	$d(x^\alpha)=\alpha x^{\alpha-1}dx$
$(\sin x)'=\cos x$	$d(\sin x)=\cos xdx$
$(\cos x)'=-\sin x$	$d(\cos x)=-\sin xdx$
$(\tan x)'=\sec^2 x$	$d(\tan x)=\sec^2 xdx$
$(\cot x)'=-\csc^2 x$	$d(\cot x)=-\csc^2 xdx$
$(\sec x)'=\tan x\sec x$	$d(\sec x)=\tan x\sec xdx$
$(\csc x)'=-\cot x\csc x$	$d(\csc x)=-\cot x\csc xdx$

续表

导数公式	微分公式
$(a^x)' = a^x \ln a$	$d(a^x) = a^x \ln a dx$
$(e^x)' = e^x$	$d(e^x) = e^x dx$
$(\log_a x)' = \frac{1}{x\ln a}$	$d(\log_a x) = \frac{1}{x\ln a}dx$
$(\ln x)' = \frac{1}{x}$	$d(\ln x) = \frac{1}{x}dx$
$(\arcsin x)' = \frac{1}{\sqrt{1-x^2}}$	$d(\arcsin x) = \frac{1}{\sqrt{1-x^2}}dx$
$(\arccos x)' = -\frac{1}{\sqrt{1-x^2}}$	$d(\arccos x) = -\frac{1}{\sqrt{1-x^2}}dx$
$(\arctan x)' = \frac{1}{1+x^2}$	$d(\arctan x) = \frac{1}{1+x^2}dx$
$(\text{arccot}\, x)' = -\frac{1}{1+x^2}$	$d(\arctan x) = -\frac{1}{1+x^2}dx$

2. 微分的四则运算法则

利用导数的四则运算法则及微分的定义,可推出相应的微分法则(表中 $u = u(x)$,$v = v(x)$ 都可导).

函数和、差、积、商的求导法则	函数和、差、积、商的微分法则
$(u \pm v)' = u' \pm v'$	$d(u \pm v) = du \pm dv$
$(uv)' = uv' + vu'$	$d(uv) = udv + vdu$
$(Cu)' = Cu'$	$d(Cu) = Cdu$
$\left(\frac{u}{v}\right)' = \frac{vu' - uv'}{v^2} \quad (v \neq 0)$	$d\left(\frac{u}{v}\right) = \frac{vdu - udv}{v^2} \quad (v \neq 0)$

3. 复合函数的微分法则

与复合函数的求导法则相对应,复合函数的微分法则如下:

设 $y = f(u)$,$u = \varphi(x)$ 都可导,则构成复合函数 $y = f(\varphi(x))$ 的微分为

$$dy = y'_x dx = f'(u)\varphi'(x)dx. \tag{5}$$

由于 $\varphi'(x)dx = du$,所以复合函数 $y = f(\varphi(x))$ 的微分也可写成

$$dy = f'(u)du \text{ 或 } dy = y'_u du. \tag{6}$$

由此可见,不论 u 是中间变量还是自变量,微分的形式 $dy = f'(u)du$ 总是一样的,称此性质为微分形式不变性.

例 4　设 $y = e^{\sin(x^2+\sqrt{x})}$,求 dy .

解　
$$\begin{aligned} dy &= d[e^{\sin(x^2+\sqrt{x})}] = e^{\sin(x^2+\sqrt{x})}d(\sin(x^2+\sqrt{x})) \\ &= e^{\sin(x^2+\sqrt{x})}\cos(x^2+\sqrt{x})d(x^2+\sqrt{x}) \\ &= e^{\sin(x^2+\sqrt{x})}\cos(x^2+\sqrt{x})[d(x^2)+d(\sqrt{x})] \\ &= e^{\sin(x^2+\sqrt{x})}\cos(x^2+\sqrt{x})\left(2x+\frac{1}{2\sqrt{x}}\right)dx. \end{aligned}$$

例 5　用微分法求由方程 $x^2 + xy + y^2 = 1$ 所确定的隐函数 $y = f(x)$ 的微分 dy .

解　方程两边微分得

$$d(x^2) + d(xy) + d(y^2) = d(1),$$

即

$$2x\mathrm{d}x + y\mathrm{d}x + x\mathrm{d}y + 2y\mathrm{d}y = 0,$$

解得

$$\mathrm{d}y = -\frac{2x+y}{x+2y}\mathrm{d}x.$$

例 6 在下列等式左端的括号中,填入适当的函数,使等式成立:

(1) $\mathrm{d}(\quad) = x\mathrm{d}x$;

(2) $\mathrm{d}(\quad) = \cos \omega t\mathrm{d}t$ (ω 是不为 0 的常数).

解 (1)易知

$$\mathrm{d}x^2 = 2x\mathrm{d}x,$$

可见

$$x\mathrm{d}x = \frac{1}{2}\mathrm{d}x^2 = \mathrm{d}\left(\frac{x^2}{2}\right),$$

即

$$\mathrm{d}\left(\frac{x^2}{2}\right) = x\mathrm{d}x.$$

一般地,有

$$\mathrm{d}\left(\frac{x^2}{2}+C\right) = x\mathrm{d}x \text{ (} C \text{ 为任意常数).}$$

(2)因为

$$\mathrm{d}(\sin \omega t) = \omega\cos \omega t\mathrm{d}t,$$

可见

$$\cos \omega t\mathrm{d}t = \frac{1}{\omega}\mathrm{d}(\sin \omega t) = \mathrm{d}\left(\frac{1}{\omega}\sin \omega t\right),$$

即

$$\mathrm{d}\left(\frac{1}{\omega}\sin \omega t\right) = \cos \omega t\mathrm{d}t.$$

一般地,有

$$\mathrm{d}\left(\frac{1}{\omega}\sin \omega t + C\right) = \cos \omega t\mathrm{d}t \text{ (} C \text{ 为任意常数).}$$

*五、微分在近似计算中的应用

在工程问题中,经常会遇到一些复杂的计算公式,如果直接计算,很费力,而利用微分往往可以简化计算.

前面说过,如果函数 $y = f(x)$ 在点 x_0 导数 $f'(x_0) \neq 0$,且 $|\Delta x|$ 很小时,有

$$\Delta y = f(x_0 + \Delta x) - f(x_0),\ \Delta y \approx \mathrm{d}y = f'(x_0)\Delta x,$$

整理得

$$f(x_0 + \Delta x) \approx f(x_0) + f'(x_0)\Delta x, \tag{7}$$

在式(7)中,令 $x = x_0 + \Delta x$,即 $\Delta x = x - x_0$,那么式(7)可改写为

$$f(x) \approx f(x_0) + f'(x_0)(x - x_0). \tag{8}$$

式(8)中,若$f(x_0)$,$f'(x_0)$都容易计算,则可近似计算$f(x)$.从微分的几何意义可知,这也就是用曲线$y=f(x)$在点$(x_0,f(x_0))$处的切线来近似代替该曲线.

在式(8)中,当$x_0=0$且$|x|$很小时,有

$$f(x)\approx f(0)+f'(0)x. \tag{9}$$

应用式(9)可以推得下面一些常用的近似公式:

(1) $\sqrt[n]{1+x}\approx 1+\frac{x}{n}$;

(2) $e^x\approx 1+x$;

(3) $\ln(1+x)\approx x$;

(4) $\sin x\approx x$;

(5) $\tan x\approx x$;

例7　近似计算$\sqrt[3]{996}$的值.

解　设$f(x)=\sqrt[3]{x}$,则应近似计算$f(996)=\sqrt[3]{996}$.取

$$x_0=1\ 000,\ \Delta x=-4,\ x_0+\Delta x=996,$$

$$f'(x)=\frac{1}{3\sqrt[3]{x^2}},f(x_0)=f(1\ 000)=10,f'(x_0)=f'(1\ 000)=\frac{1}{300}.$$

利用

$$f(x_0+\Delta x)\approx f(x_0)+f'(x_0)\Delta x,f(996)\approx f(1\ 000)+f'(1\ 000)\cdot(-4)$$

有

$$\sqrt[3]{996}\approx\sqrt[3]{1\ 000}+\frac{1}{300}(-4)=9\frac{74}{75}.$$

例8　一个半径为1 cm的球,为了提高表面的光洁度,需要镀上一层铜.镀层厚度为0.01 cm.估计每只球需要用铜多少克(铜的密度为8.9 g/cm^3)?

解　球的体积$V=\frac{4}{3}\pi r^3$,镀铜后,球的半径由1 cm为1.01 cm,故所镀铜的体积为

$$\Delta V=\frac{4}{3}\pi[(r+\Delta r)^3-r^3],$$

利用近似计算公式

$$\Delta V\approx V'\Delta r=4\pi r^2\Delta r,$$

取$r=1$,$\Delta r=0.01$,则

$$\Delta V\approx 4\pi r^2\Delta r\approx 0.13\ (\mathrm{cm})^3.$$

因此每只球需要用铜约为$0.13\times 8.9=1.16$ g.

习　题　3-6(A)

1.将适当的函数填入下列括号内,使等式成立:

(1) $d(\quad)=5dx$;　　(2) $d(\quad)=e^{-2x}dx$;

(3) $d(\quad)=2xdx$;　　(4) $d(\quad)=\frac{1}{x^2}dx$;

(5) $d(\quad)=\sin 3xdx$;　　(6) $d(\quad)=\frac{1}{\sqrt{x}}dx$;

(7) d(　) $= \frac{1}{1+x}dx$；　　(8) d(　) $= \sec^2 2x dx$.

2. 若函数 $y = f(x)$ 在 x_0 处可微,则下列结论中不正确的是(　　).

A. $y = f(x)$ 在 x_0 处连续　　B. $y = f(x)$ 在 x_0 处可导

C. $y = f(x)$ 在 x_0 处无意义　　D. 极限 $\lim\limits_{x \to x_0} f(x)$ 存在

3. 设函数 $f(u)$ 可导, $y = f(x^2)$ 当自变量 x 在 $x = -1$ 处取得增量 $\Delta x = -0.1$ 时,相应的函数增量 Δy 的线性主部为 0.1 ,则 $f'(1) =$ (　　).

A. -1　　B. 0.1　　C. 1　　D. 0.5

4. 求下列函数的微分:

(1) $y = \frac{x}{1-x}$；　　(2) $y = \ln\left(\sin \frac{x}{2}\right)$；

(3) $y = \arcsin \sqrt{1-x^2}\ (x > 0)$；　　(4) $y = e^{-x}\sin(x-3)$；

(5) $y = x^2 e^{3x}$；　　(6) $y = \tan^2(1+2x^2)$；

5. 设 $y = f(\ln x)e^{f(x)}$,其中 f 可微,求 dy .

6. 已知 $y = x^3 - x$,计算在 $x = 2$ 处当 Δx 分别为 0.1, 0.01 时的 Δy 与 dy .

7. 求 $\cos 59°$ 的近似值.

8. 求 $\sqrt{1.05}$ 的近似值.

习　题　3-6(B)

1. 证明 当 $|x|$ 很小时,证明 $\sqrt{1+x} \approx 1 + \frac{1}{2}x$.

2. 设函数 $y = y(x)$ 由方程 $2^{xy} = x + y$ 所确定,求 $dy|_{x=0}$.

3. 设 $y = (1 + \sin x)^x$,求 $dy|_{x=\pi}$.

4. 有一个半径 $R = 10$ cm 的篮球,现在给篮球充气后,半径增加了 0.02 cm,试用微分求篮球容积改变量的近似值.

总习题 3

1. 填空题:

(1) $f(x)$ 在 x_0 可导是 $f(x)$ 在 x_0 连续的________条件, $f(x)$ 在 x_0 连续是 $f(x)$ 在 x_0 可导的________条件.

(2) $f(x)$ 在点 x_0 的左导数及右导数都存在是 $f(x)$ 在 x_0 可导的______ 条件.

(3) $f(x)$ 在点 x_0 可导是 $f(x)$ 在 x_0 可微的____________条件.

2. 填空题:

(1) 设 $f(x) = x^2\sin x$,则 $f^{(5)}(0) =$ __________.

(2) 设 $f(x) = x(x-1)(x-2)\cdots(x-100)$,求 $f'(0) =$ __________ .

(3) 设 $f(x) = \frac{x^{99}}{1-x}$,则 $f^{(99)}(x) =$ ____________.

3. (1) 设函数 $f(x) = x|x|$,则 $f'(x)$ 在点 $x = 0$ 处 (　　).

A. 不连续,不可导　　　　B. 不连续,可导

C. 连续,不可导　　　　D. 连续,可导

(2)已知函数$f(x)$具有任意阶导数,且$f'(x) = [f(x)]^2$,则当n为大于2的正整数时,$f(x)$的n阶导数$f^{(n)}(x) = ($　　$)$.

A. $n!\ [f(x)]^{n+1}$　　　　B. $n[f(x)]^{n+1}$

C. $[f(x)]^{2n}$　　　　D. $n!\ [f(x)]^{2n}$

4. 讨论函数$f(x) = \begin{cases} x^2\sin\dfrac{1}{x}, & x \neq 0, \\ 0, & x = 0 \end{cases}$在$x = 0$处的连续性与可导性.

5. 设$f(x) = (x - a)\varphi(x)$,其中$\varphi(x)$在点$x = a$处连续,求$f'(a)$.

6. 设$f(x) = \begin{cases} x^2 - 1, & x > 2, \\ ax + b, & x \leqslant 2, \end{cases}$其中$a,b$为常数,$f'(2)$存在,求$a,b$及$f'(2)$.

7. 设$f(x) = \begin{cases} \sin x, & x < 0, \\ x, & x \geqslant 0, \end{cases}$求$f'(x)$.

8. 求下列函数的导数或微分:

(1) $y = \sqrt{4x - x^2} + 4\arcsin\dfrac{\sqrt{x}}{2} + \ln 2$,求$dy$;

(2) $y = \ln(e^x + \sqrt{e^{2x} + 1})$,求$y'$;

(3) $y = \sin\sqrt{x} + x^{\sqrt{x}}$,求$y'$;

(4) $y = \ln\tan\dfrac{x}{2} - \cot x \cdot \ln(1 + \sin x) - x$,求$dy$.

9. 设函数$y = y(x)$由$\begin{cases} x = \operatorname{arccot} t, \\ y = \ln\sqrt{1 + t^2} \end{cases}$确定,求$\dfrac{d^2y}{dx^2}$.

10. 求下列函数的n阶导数:

(1) $y = \dfrac{2x + 2}{x^2 + 2x - 3}$;　　　　(2) $y = \cos^2 x$.

11. 利用函数微分代替函数的增量求$\cos 151°$近似值.

相关科学家简介

牛顿

牛顿(1642~1727)爵士,英国皇家学会会员,英国物理学家、数学家、天文学家、自然哲学家和炼金术士.

在牛顿的全部科学贡献中,数学成就占有突出的地位.

他数学生涯中的第一项创造性成果就是发现了二项式定理.

微积分的创立是牛顿最卓越的数学成就.牛顿为解决运动问题,才创立这种和物理概念直接联系的数学理论,牛顿称之为"流数术".他超越了前人,以更高的角度,对以往分散的努力加以综合,将自古希腊以来求解无限小问题的各种技巧统一为两类普通的算法——微分和积分,并确立了这两类运算的互逆关系,从而完成了微积分发明中最关键的一步,为近代科学发展提供了最有效的工具,开辟了数学上的一个新纪元.

在论文《自然哲学的数学原理》里,牛顿对万有引力和三大运动定律进行了描述.

第 4 章　微分中值定理及导数应用

上一章我们介绍了导数和微分的概念及其计算方法. 本章将以微分学基本定理——微分中值定理为基础,进一步利用导数研究函数的某些性态,例如函数的单调性和曲线的凹凸性、函数的极值、最值等,并利用这些知识解决一些实际问题.

第 1 节　微分中值定理

一、费马引理

定理 1(费马引理)　设函数 $f(x)$ 在点 x_0 的某邻域 $U(x_0)$ 内有定义,并且在 x_0 处可导,如果对任意 $x \in U(x_0)$,有 $f(x) \leqslant f(x_0)$ (或 $f(x) \geqslant f(x_0)$),那么 $f'(x_0) = 0$.

证　不妨设 $x \in U(x_0)$ 时,$f(x) \geqslant f(x_0)$,由函数可导性和保号性得

$$f'(x_0) = f'_+(x_0) = \lim_{x \to x_0^+} \frac{f(x) - f(x_0)}{x - x_0} \geqslant 0,$$

同理得

$$f'(x_0) = f'_-(x_0) = \lim_{x \to x_0^-} \frac{f(x) - f(x_0)}{x - x_0} \leqslant 0,$$

知

$$f'(x_0) = 0.$$

通常称导数等于零的点为函数的**驻点(或稳定点)**.

二、罗尔定理

定理 2(罗尔定理)　如果函数 $y = f(x)$ 满足

(1)在闭区间 $[a,b]$ 上连续;

(2)在开区间 (a,b) 内可导;

(3)在区间端点处的函数值相等,即 $f(a) = f(b)$.

那么在 (a,b) 内至少存在一点 ξ,使得 $f'(\xi) = 0$.

证　因为函数 $f(x)$ 在区间 $[a,b]$ 上连续,故在 $[a,b]$ 上取得最大值 M 和最小值 m. 这样,只会有两种情形.

①若 $M = m$,则 $f(x) \equiv M, x \in [a,b]$,故 $\forall x \in (a,b), f'(x) = 0$. 因此

$$\forall \xi \in (a,b), f'(\xi) = 0.$$

②若 $M > m$,因为 $f(a) = f(b)$,所以 M 和 m 中至少有一个与端点值不等. 不妨设 $M \neq f(a)$ (如果设 $m \neq f(a)$,证法完全类似),则至少存在一点 $\xi \in (a,b)$,使 $f(\xi) = M$. 因此,

$$\forall x \in [a,b],\ 有\ f(x) \leqslant f(\xi),$$

从而由费马引理得 $f'(\xi) = 0$.

从几何上看如图 4-1，如果连续曲线 $y=f(x)$ 在 A,B 处的纵坐标相等且除端点外处处有不垂直于 x 轴的切线，那么弧 $\overset{\frown}{AB}$ 上至少有一点 $C(\xi,f(\xi))$，使得曲线在该点处的切线是水平的.

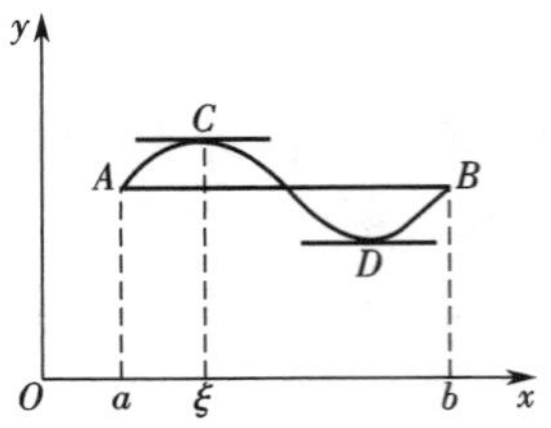

图 4-1

注 罗尔定理三个条件中有一个不满足，则结论不一定成立.

例如函数

$$f(x)=\begin{cases}x-1, & -1<x\leqslant 1,\\ 0, & x=-1.\end{cases}$$

显然函数 $f(x)$ 在开区间 $(-1,1)$ 内可导，$f(-1)=f(1)$，但是在 $x=-1$ 处不连续，不满足定理中的条件(1)，容易看出不存在点 $\xi\in(-1,1)$，使得 $f'(\xi)=0$.

又如函数 $f(x)=|x|, x\in[-2,2]$，在闭区间 $[-2,2]$ 上连续，在 $x=0$ 处不可导，$f(-2)=f(2)$，显然不存在点 $\xi\in(-2,2)$，使得 $f'(\xi)=0$.

再如函数 $f(x)=\sin x, x\in\left[-\frac{\pi}{2},\frac{\pi}{2}\right]$，在闭区间 $\left[-\frac{\pi}{2},\frac{\pi}{2}\right]$ 上连续，在开区间 $\left(-\frac{\pi}{2},\frac{\pi}{2}\right)$ 上可导，但 $f\left(-\frac{\pi}{2}\right)\neq f\left(\frac{\pi}{2}\right)$，显然不存在点 $\xi\in\left(-\frac{\pi}{2},\frac{\pi}{2}\right)$，使得 $f'(\xi)=0$.

例 1 不求导数，判断函数 $f(x)=(x-1)(x-2)(x-3)$ 的导数有几个零点及这些零点所在的范围.

解 因为 $f(1)=f(2)=f(3)=0$，所以 $f(x)$ 在闭区间 $[1,2]$、$[2,3]$ 上满足罗尔定理，故至少存在一点 $\xi_1\in(1,2)$，使得 $f'(\xi_1)=0$，即 ξ_1 是 $f'(x)$ 的一个零点.

同理在 $(2,3)$ 内至少存在 $f'(x)$ 的一个零点 ξ_2.

又因为 $f'(x)$ 是二次多项式，最多只能有两个零点，故 $f'(x)$ 只有两个零点，分别在区间 $(1,2)$ 和 $(2,3)$ 内.

三、拉格朗日中值定理

罗尔定理中的第三个条件 $f(a)=f(b)$ 是非常特殊的，它使得罗尔定理的应用受到了限制. 如果取消条件 $f(a)=f(b)$，保留另外两个条件，并对结论作相应的修改，就会得到微分学中一个十分重要的定理——拉格朗日中值定理.

定理 3(拉格朗日中值定理)　如果函数 $f(x)$ 满足如下两个条件：

(1) 在闭区间 $[a,b]$ 上连续；

(2) 在开区间 (a,b) 内可导.

那么在 (a,b) 内至少存在一点 $\xi(a<\xi<b)$，使得

$$f(b)-f(a)=f'(\xi)(b-a). \tag{1}$$

注　(1) 当 $f(a)=f(b)$ 时，本定理的结论即为罗尔定理的结论，表明罗尔定理是拉格朗日中值定理的一个特殊情形.

(2) 公式(1)对于 $b<a$ 也成立. 式(1)叫做**拉格朗日中值公式**.

证　作辅助函数

$$F(x)=f(x)-f(a)-\frac{f(b)-f(a)}{b-a}(x-a).$$

函数 $F(x)$ 满足罗尔定理的条件：$F(a)=F(b)=0$，$F(x)$ 在闭区间 $[a,b]$ 上连续，开区间 (a,b) 内可导. 据罗尔定理，在开区间 (a,b) 内至少有一点 $\xi(a<\xi<b)$，使得

$$F'(\xi)=f'(\xi)-\frac{f(b)-f(a)}{b-a}=0.$$

由此得

$$\frac{f(b)-f(a)}{b-a}=f'(\xi),$$

即

$$f(b)-f(a)=f'(\xi)(b-a).$$

拉格朗日中值定理的几何意义是：如果连续曲线 $y=f(x)$ 的弧 $\overset{\frown}{AB}$ 除端点外处处有不垂直于 x 轴的切线，那么在弧上至少存在一点 $C(\xi,f(\xi))$，使曲线在该点处的切线平行于弦 AB. 我们在证明中引入的辅助函数 $F(x)$，正是曲线 $y=f(x)$ 与直线 AB：$y=f(a)+\dfrac{f(b)-f(a)}{b-a}(x-a)$ 之差(图 4-2).

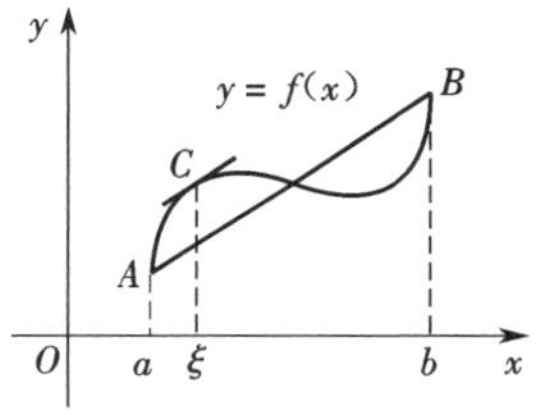

图 4-2

设 x 为区间 $[a,b]$ 内一点，$x+\Delta x$ 为区间内的另一点 ($\Delta x>0$ 或 $\Delta x<0$)，则公式(1)在区间 $[x,x+\Delta x]$ (当 $\Delta x>0$ 时)或在区间 $[x+\Delta x,x]$ (当 $\Delta x<0$ 时)上就成为了

$$f(x+\Delta x)-f(x)=f'(x+\theta\Delta x)\Delta x \quad (0<\theta<1), \tag{2}$$

这里数值 θ 在 0 与 1 之间，故 $x+\theta\Delta x$ 在 x 与 $x+\Delta x$ 之间.

同时还有几种等价表示形式，供不同场合选用：

$$\Delta y=f'(x+\theta\Delta x)\Delta x \quad (0<\theta<1). \tag{3}$$

$$f(b)-f(a)=f'(a+\theta(b-a))(b-a)\ (0<\theta<1). \tag{4}$$

$$f(a+h)-f(a)=f'(a+\theta h)h\ (0<\theta<1). \tag{5}$$

拉格朗日中值定理在微分学中占有非常重要的地位，有时也称这个定理为**微分中值定理**. 作为拉格朗日中值定理的一个应用，下面导出以后积分学中的一个重要定理. 我们知道，如果函数 $f(x)$ 在某一个区间上是一个常数，那么 $f(x)$ 在该区间上的导数恒为零. 它的逆命题也是成立的.

定理 4　**如果函数 $f(x)$ 在区间 I 上的导数恒为零，那么 $f(x)$ 在区间 I 上是一个常数.**

证　在区间 I 上任取两点 x_1、x_2 ($x_1<x_2$)，在 $[x_1,x_2]$ 应用拉格朗日中值定理，就得

$$f(x_2)-f(x_1)=f'(\xi)(x_2-x_1)\ (x_1<\xi<x_2).$$

由假定，$f'(\xi)=0$，所以 $f(x_2)-f(x_1)=0$，即 $f(x_2)=f(x_1)$.

因为 x_1 、x_2 是 I 上任意两点,所以上面的等式表明:$f(x)$ 在 I 上的函数值总是相等的,这就是说,$f(x)$ 在区间 I 上是一个常数.

例 2 证明 $x \in [-1,1]$ 时, $\arcsin x + \arccos x = \frac{\pi}{2}$.

证 令 $f(x) = \arcsin x + \arccos x$, $x \in [-1,1]$.

因为 $f'(x) = 0$,根据定理 4,可知 $f(x) = C$ 常数, $x \in [-1,1]$. 为了方便计算,取 $\frac{1}{2} \in [-1,1]$,可得 $f\left(\frac{1}{2}\right) = \frac{\pi}{2}$,从而得结论, $x \in [-1,1]$ 时,

$$\arcsin x + \arccos x = \frac{\pi}{2}.$$

例 3 证明当 $x > 0$ 时,

$$\frac{x}{1+x} < \ln(1+x) < x.$$

证 引入辅助函数 $f(t) = \ln(1+t)$,显然 $f(t)$ 在区间 $[0,x]$ 上满足拉格朗日中值定理的条件,因此有

$$f(x) - f(0) = f'(\xi)(x-0), \quad 0 < \xi < x.$$

由于 $f(0) = 0$, $f'(x) = \frac{1}{1+x}$,因此上式为

$$\ln(1+x) = \frac{x}{1+\xi}, \quad 0 < \xi < x.$$

又因为

$$\frac{x}{1+x} < \frac{x}{1+\xi} < x,$$

有

$$\frac{x}{1+x} < \ln(1+x) < x \quad (x > 0).$$

四、柯西中值定理

设曲线弧 C 由参数方程

$$\begin{cases} X = F(x), \\ Y = f(x), \end{cases} \quad (a \leqslant x \leqslant b)$$

表示,其中 x 为参数. 如果曲线 C 上除端点外处处具有不垂直于横轴的切线,那么在曲线弧 C 上必有一点 $(F(\xi), f(\xi))$,使曲线上该点的切线平行于连结曲线端点的弦 AB ,曲线 C 上该点处的切线的斜率为

$$\left.\frac{\mathrm{d}Y}{\mathrm{d}X}\right|_{x=\xi} = \frac{f'(\xi)}{F'(\xi)},$$

弦 AB 的斜率

$$k_{AB} = \frac{f(b) - f(a)}{F(b) - F(a)},$$

于是

$$\frac{f(b)-f(a)}{F(b)-F(a)}=\frac{f'(\xi)}{F'(\xi)}.$$

现在给出一个形式更一般的微分中值定理.

定理 5(柯西中值定理)　设函数 $f(x)$ 和 $F(x)$ 满足

(1)在闭区间 $[a,b]$ 上连续;

(2)在开区间 (a,b) 内可导;

(3)在开区间 (a,b) 内, $F'(x)\neq 0$.

那么,至少存在一点 $\xi\in(a,b)$,使得等式

$$\frac{f(b)-f(a)}{F(b)-F(a)}=\frac{f'(\xi)}{F'(\xi)}$$

成立.

证　作辅助函数 $\varphi(x)=\frac{f(b)-f(a)}{F(b)-F(a)}F(x)-f(x)$,则有 $\varphi(x)$ 在 $[a,b]$ 上连续,在 (a,b) 内可导,且

$$\varphi(a)=\frac{f(b)F(a)-f(a)F(b)}{F(b)-F(a)}=\varphi(b).$$

由罗尔定理知, 至少存在一点 $\xi\in(a,b)$,使得 $\varphi'(\xi)=0$. 即

$$\frac{f(b)-f(a)}{F(b)-F(a)}=\frac{f'(\xi)}{F'(\xi)}.$$

注　若取 $F(x)=x$,那么 $F(b)-F(a)=b-a$, $F'(x)=1$,柯西中值公式就可以写成: $f(b)-f(a)=f'(\xi)(b-a)\ (a<\xi<b)$. 所以,可以把柯西中值定理看做是拉格朗日中值定理的推广形式.

习　题　4-1(A)

1. 设 $f(x)$ 在闭区间 $[a,b]$ 上有定义,在开区间 (a,b) 内可导,则(　　).

A. 当 $f(a)f(b)<0$ 时,存在 $\xi\in(a,b)$,使 $f(\xi)=0$

B. 对任何 $\xi\in(a,b)$,有 $\lim\limits_{x\to\xi}[f(x)-f(\xi)]=0$

C. 当 $f(a)=f(b)$ 时,存在 $\xi\in(a,b)$,使 $f'(\xi)=0$

D. 存在 $\xi\in(a,b)$,使 $f(b)-f(a)=f'(\xi)(b-a)$

2. 下列函数中满足罗尔定理条件的是(　　).

A. $f(x)=e^x, x\in[0,1]$　　B. $f(x)=\frac{1}{x}, x\in[-1,1]$

C. $f(x)=x^3+2x, x\in[0,1]$　　D. $f(x)=x^2+2x+1, x\in[-2,0]$

3. 验证函数 $y=x^2-1$ 在 $[-1,1]$ 上满足罗尔定理条件,并求定理结论中的 ξ.

4. 验证函数 $f(x)=x^4$ 在区间 $[1,2]$ 上满足拉格朗日中值定理,并求定理结论中的 ξ.

5. 证明下列不等式:

(1) $|\arctan x-\arctan y|\leqslant|x-y|$;

(2)当 $a>b>0$ 时, $\frac{a-b}{a}<\ln\frac{a}{b}<\frac{a-b}{b}$.

(3)当 $a>b>0, n>1$ 时, $nb^{n-1}(a-b)<a^n-b^n<na^{n-1}(a-b)$.

6. 证明方程 $x^3+x-1=0$ 有且只有一个正实根.

7. 证明恒等式 $\arctan x+\operatorname{arccot} x=\dfrac{\pi}{2}\ (-\infty<x<+\infty)$.

习　题　4-1(B)

1. 设函数 $f(x)$ 在区间 $[0,1]$ 上连续,在 $(0,1)$ 内可导,且 $f(0)=f(1)=0$, $f\left(\dfrac{1}{2}\right)=1$.

试证:

(1)存在 $\eta\in\left(\dfrac{1}{2},1\right)$,使 $f(\eta)=\eta$;

(2)对任意实数 λ ,必存在 $\xi\in(0,\eta)$,使得 $f'(\xi)-\lambda[f(\xi)-\xi]=1$.

2. 设函数 $f(x)$, $g(x)$ 在 $[a,b]$ 上连续,在 (a,b) 内具有二阶导数且存在相等的最大值, $f(a)=g(a)$, $f(b)=g(b)$, 证明:存在 $\xi\in(a,b)$,使得 $f''(\xi)=g''(\xi)$.

3. 假设函数 $f(x)$ 和 $g(x)$ 在 $[a,b]$ 上存在二阶导数,并且 $g''(x)\neq 0$, $f(a)=f(b)=g(a)=g(b)=0$,试证:在开区间 (a,b) 内 $g(x)\neq 0$.

4. 已知函数 $f(x)$ 在 $[0,1]$ 上连续,在 $(0,1)$ 内可导,且 $f(0)=0$, $f(1)=1$. 证明:

(1)存在 $\xi\in(0,1)$, 使得 $f(\xi)=1-\xi$;

(2)存在两个不同的点 $\eta,\zeta\in(0,1)$,使得 $f'(\eta)f'(\zeta)=1$.

第 2 节　洛必达法则

我们曾经在无穷小的比较中讨论过两个无穷小之比的极限. 两个无穷小之比或者无穷大之比的极限统称为未定式,分别记为 $\dfrac{0}{0}$ 型或 $\dfrac{\infty}{\infty}$ 型的未定式. 本节将以导数为工具研究未定式极限,这个方法通常称为洛必达法则. 柯西中值定理则是建立洛必达法则的理论依据.

一、$\dfrac{0}{0}$ 型未定式的极限

定理 1　若函数 $f(x)$ 和 $F(x)$ 满足:

(1) $\lim\limits_{x\to a}f(x)=\lim\limits_{x\to a}F(x)=0$;

(2) $f(x)$ 和 $F(x)$ 在 $\mathring{U}(a)$ 内可导,且 $F'(x)\neq 0$;

(3) $\lim\limits_{x\to a}\dfrac{f'(x)}{F'(x)}$ 存在(或为 ∞).

则

$$\lim_{x\to a}\frac{f(x)}{F(x)}=\lim_{x\to a}\frac{f'(x)}{F'(x)}.$$

证　补充定义 $f(a)=F(a)=0$, 使得函数 $f(x)$ 和 $F(x)$ 在点 a 的某邻域内连续. 在指定的邻域内任取 $x\neq a$, 则函数 $f(x)$ 和 $F(x)$ 在区间 $[a,x]$ (或 $[x,a]$)满足柯西中值定理,有

$$\frac{f(x)-f(a)}{F(x)-F(a)}=\frac{f'(\xi)}{F'(\xi)},$$

即

$$\frac{f(x)}{F(x)}=\frac{f'(\xi)}{F'(\xi)}\ (\xi \text{ 介于 } a \text{ 和 } x \text{ 之间}).$$

当 $x\to a$ 时，也有 $\xi\to a$，故得

$$\lim_{x\to a}\frac{f(x)}{F(x)}=\lim_{\xi\to a}\frac{f'(\xi)}{F'(\xi)}=\lim_{x\to a}\frac{f'(x)}{F'(x)}.$$

注　定理 1 中将 $x\to a$ 替换成 $x\to a^{+}$、$x\to a^{-}$、$x\to+\infty$、$x\to-\infty$，也可得到相同的结论.

例 1　求 $\lim\limits_{x\to1}\dfrac{x^3-3x+2}{x^3-x^2-x+1}$.

解　因为

$$\lim_{x\to1}(x^3-3x+2)=0,\ \lim_{x\to1}(x^3-x^2-x+1)=0,$$

所以该极限为 $\dfrac{0}{0}$ 型未定式. 应用洛必达法则，得

$$\lim_{x\to1}\frac{x^3-3x+2}{x^3-x^2-x+1}=\lim_{x\to1}\frac{(x^3-3x+2)'}{(x^3-x^2-x+1)'}=\lim_{x\to1}\frac{3x^2-3}{3x^2-2x-1}$$
$$=\lim_{x\to1}\frac{6x}{6x-2}=\frac{3}{2}.$$

注　上式中 $\lim\limits_{x\to1}\dfrac{6x}{6x-2}$ 已不是未定式，不能对它应用洛必达法则，否则将导致错误结果.

例 2　求 $\lim\limits_{x\to\pi}\dfrac{1+\cos x}{\tan^2x}$.

解　该极限为 $\dfrac{0}{0}$ 型未定式，应用洛必达法则，得

$$\lim_{x\to\pi}\frac{1+\cos x}{\tan^2x}=\lim_{x\to\pi}\frac{(1+\cos x)'}{(\tan^2x)'}=\lim_{x\to\pi}\frac{-\sin x}{2\tan x\sec^2x}=-\lim_{x\to\pi}\frac{\cos^3x}{2}=\frac{1}{2}.$$

例 3　求 $\lim\limits_{x\to+\infty}\dfrac{\dfrac{\pi}{2}-\arctan x}{\dfrac{1}{x}}$.

解　该极限为 $\dfrac{0}{0}$ 型未定式，应用洛必达法则，得

$$\lim_{x\to+\infty}\frac{\dfrac{\pi}{2}-\arctan x}{\dfrac{1}{x}}=\lim_{x\to+\infty}\frac{\left(\dfrac{\pi}{2}-\arctan x\right)'}{\left(\dfrac{1}{x}\right)'}=\lim_{x\to+\infty}\frac{-\dfrac{1}{1+x^2}}{-\dfrac{1}{x^2}}=\lim_{x\to+\infty}\frac{x^2}{1+x^2}=1.$$

例 4　求 $\lim\limits_{x\to0}\dfrac{\tan x-x}{x^2\sin x}$.

解　当 $x\to0$ 时，$\sin x\sim x$，运用等价无穷小替换，得

$$\lim_{x\to 0}\frac{\tan x-x}{x^2\sin x}=\lim_{x\to 0}\frac{\tan x-x}{x^3}.$$

应用洛必达法则,得

$$\lim_{x\to 0}\frac{\tan x-x}{x^2\sin x}=\lim_{x\to 0}\frac{(\tan x-x)'}{(x^3)'}=\lim_{x\to 0}\frac{\sec^2 x-1}{3x^2}=\lim_{x\to 0}\frac{\tan^2 x}{3x^2}=\frac{1}{3}.$$

例 5 求 $\lim\limits_{x\to 0}\dfrac{e^x-(1+2x)^{\frac{1}{2}}}{\ln(1+x^2)}$.

解 当 $x\to 0$ 时, $\ln(1+x^2)\sim x^2$,运用等价无穷小替换,得

$$\lim_{x\to 0}\frac{e^x-(1+2x)^{\frac{1}{2}}}{\ln(1+x^2)}=\lim_{x\to 0}\frac{e^x-(1+2x)^{\frac{1}{2}}}{x^2}.$$

多次应用洛必达法则,得

$$\begin{aligned}\lim_{x\to 0}\frac{e^x-(1+2x)^{\frac{1}{2}}}{\ln(1+x^2)}&=\lim_{x\to 0}\frac{[e^x-(1+2x)^{\frac{1}{2}}]'}{(x^2)'}\\&=\lim_{x\to 0}\frac{e^x-(1+2x)^{-\frac{1}{2}}}{2x}=\lim_{x\to 0}\frac{[e^x-(1+2x)^{-\frac{1}{2}}]'}{(2x)'}\\&=\lim_{x\to 0}\frac{e^x+(1+2x)^{-\frac{3}{2}}}{2}=\frac{2}{2}=1.\end{aligned}$$

注 (1)若 $\lim\limits_{x\to a}\dfrac{f'(x)}{g'(x)}$ 仍为未定式,且满足定理条件,可对它继续使用洛必达法则;(2)洛必达法则可与等价无穷小替换等技巧结合起来使用.

二、$\dfrac{\infty}{\infty}$ 型未定式的极限

定理 2 **若函数 $f(x)$ 和 $F(x)$ 满足:**

(1) $\lim\limits_{x\to a}f(x)=\lim\limits_{x\to a}F(x)=\infty$;

(2) $f(x)$ **和** $F(x)$ **在** $\mathring{U}(a)$ **内可导,且** $F'(x)\neq 0$;

(3) $\lim\limits_{x\to a}\dfrac{f'(x)}{F'(x)}$ **存在(或为** ∞ **).**

则

$$\lim_{x\to a}\frac{f(x)}{F(x)}=\lim_{x\to a}\frac{f'(x)}{F'(x)}.$$

注 定理 2 中将 $x\to a$ 替换成 $x\to a^+$ 、$x\to a^-$ 、$x\to+\infty$ 、$x\to-\infty$,也可得到相同的结论.

例 6 求 $\lim\limits_{x\to+\infty}\dfrac{\ln x}{x}$.

解 该极限为 $\dfrac{\infty}{\infty}$ 型未定式,应用洛必达法则,得

$$\lim_{x\to+\infty}\frac{\ln x}{x}=\lim_{x\to+\infty}\frac{(\ln x)'}{(x)'}=\lim_{x\to+\infty}\frac{1}{x}=0.$$

例 7　求 $\lim\limits_{x\to+\infty}\dfrac{e^x}{x^3}$.

解　该极限为 $\dfrac{\infty}{\infty}$ 型未定式,应用洛必达法则,得

$$\lim_{x\to+\infty}\frac{e^x}{x^3}=\lim_{x\to+\infty}\frac{e^x}{3x^2}=\lim_{x\to+\infty}\frac{e^x}{6x}=\lim_{x\to+\infty}\frac{e^x}{6}=+\infty.$$

三、其他类型未定式的极限

未定式还有 $0\cdot\infty$, $\infty-\infty$, 0^0, 1^∞, ∞^0 等类型.经过简单变换,它们一般均可化为 $\dfrac{0}{0}$ 型或者 $\dfrac{\infty}{\infty}$ 型的未定式,下面举例说明.

例 8　求 $\lim\limits_{x\to0^+}(x\ln x)$.

解　这是一个 $0\cdot\infty$ 型的未定式,经过变形 $\lim\limits_{x\to0^+}(x\ln x)=\lim\limits_{x\to0^+}\dfrac{\ln x}{\frac{1}{x}}$ 将它转化为 $\dfrac{\infty}{\infty}$ 型的未定式,并应用洛必达法则,得

$$\lim_{x\to0^+}x\ln x=\lim_{x\to0^+}\frac{\ln x}{\frac{1}{x}}=\lim_{x\to0^+}\frac{\frac{1}{x}}{-\frac{1}{x^2}}=\lim_{x\to0^+}(-x)=0.$$

例 9　求 $\lim\limits_{x\to1}\left(\dfrac{1}{x-1}-\dfrac{1}{\ln x}\right)$.

解　这是一个 $\infty-\infty$ 型的未定式,通分后化为 $\dfrac{0}{0}$ 型,即

$$\lim_{x\to1}\left(\frac{1}{x-1}-\frac{1}{\ln x}\right)=\lim_{x\to1}\frac{\ln x-x+1}{(x-1)\ln x}=\lim_{x\to1}\frac{\frac{1}{x}-1}{\frac{x-1}{x}+\ln x}$$

$$=\lim_{x\to1}\frac{1-x}{x-1+x\ln x}=\lim_{x\to1}\frac{-1}{2+\ln x}=-\frac{1}{2}.$$

例 10　求 $\lim\limits_{x\to0^+}(x)^{\tan x}$.

解　这是 0^0 型的未定式,可变形为

$$\lim_{x\to0^+}(x)^{\tan x}=e^{\lim\limits_{x\to0^+}\tan x\ln x}.$$

由于

$$\lim_{x\to0^+}\tan x\ln x=\lim_{x\to0^+}x\ln x=0,$$

故

$$\lim_{x\to0^+}(x)^{\tan x}=e^0=1.$$

习　题　4-2(A)

1. 下列极限计算正确的是(　　).

A. $\lim\limits_{x\to\infty}\dfrac{x-\sin x}{x+\sin x}=\lim\limits_{x\to\infty}\dfrac{1-\cos x}{1+\cos x}=1$

B. $\lim\limits_{x\to\infty}\dfrac{x-\sin x}{x+\sin x}=\lim\limits_{x\to\infty}\dfrac{1-\dfrac{\sin x}{x}}{1+\dfrac{\sin x}{x}}=0\ \left(\lim\limits_{x\to\infty}\dfrac{\sin x}{x}=1\right)$

C. $\lim\limits_{x\to\infty}\dfrac{x-\sin x}{x+\sin x}=\lim\limits_{x\to\infty}\dfrac{1-\dfrac{\sin x}{x}}{1+\dfrac{\sin x}{x}}=1\ \left(\lim\limits_{x\to\infty}\dfrac{\sin x}{x}=0\right)$

D. $\lim\limits_{x\to\infty}\dfrac{x-\sin x}{x+\sin x}=\lim\limits_{x\to\infty}\dfrac{1-\cos x}{1+\cos x}=\lim\limits_{x\to\infty}\dfrac{\sin x}{-\sin x}=-1$

2. 用洛必达法则求下列极限:

(1) $\lim\limits_{x\to 0}\dfrac{\ln(1+x)}{x}$; (2) $\lim\limits_{x\to 0}\dfrac{e^x-e^{-x}}{\sin x}$;

(3) $\lim\limits_{x\to a}\dfrac{\sin x-\sin a}{x-a}$; (4) $\lim\limits_{x\to+\infty}\dfrac{\ln\left(1+\dfrac{1}{x}\right)}{\arctan\dfrac{1}{x}}$;

(5) $\lim\limits_{x\to 1}x^{\frac{1}{1-x}}$; (6) $\lim\limits_{x\to 0}\left(\cot x-\dfrac{1}{x}\right)$;

(7) $\lim\limits_{x\to 0}(\cos x)^{\frac{1}{x}}$; (8) $\lim\limits_{x\to 1}\left(\dfrac{3}{x^3-1}-\dfrac{1}{x-1}\right)$;

(9) $\lim\limits_{x\to 0}\dfrac{\sin x-x\cos x}{x^2\sin x}$; (10) $\lim\limits_{x\to 0}\left(\dfrac{1}{x}-\dfrac{2}{e^{2x}-1}\right)$;

(11) $\lim\limits_{x\to 1^-}(1-x)\tan\left(\dfrac{\pi x}{2}\right)$; (12) $\lim\limits_{x\to 0^+}\left(\dfrac{1}{x}\right)^{\tan x}$;

(13) $\lim\limits_{x\to 1}\left(\dfrac{x}{x-1}-\dfrac{1}{\ln x}\right)$ (14) $\lim\limits_{x\to\frac{\pi}{2}}\dfrac{\tan x}{\tan 3x}$.

3. 试说明下列函数不能用洛必达法则求极限:

(1) $\lim\limits_{x\to 0}\dfrac{x^2\sin\dfrac{1}{x}}{\sin x}$; (2) $\lim\limits_{x\to\infty}\dfrac{x+\sin x}{x-\cos x}$.

习 题 4-2(B)

1. 用洛必达法则求下列极限:

(1) $\lim\limits_{x\to 0}\dfrac{\sqrt{1+\tan x}-\sqrt{1+\sin x}}{x\ln(1+x)-x^2}$;

(2) $\lim\limits_{x\to 0}\dfrac{\arctan x-x}{\ln(1+2x^3)}$;

(3)求 $\lim\limits_{x\to 0}\dfrac{\sqrt{1+x}+\sqrt{1-x}-2}{x^2}$;

(4)求 $\lim\limits_{x\to0}\left(\dfrac{1}{\sin^2 x}-\dfrac{\cos^2 x}{x^2}\right)$；

(5) $\lim\limits_{x\to0}\left(\dfrac{\sin x}{x}\right)^{\frac{1}{1-\cos x}}$.

2. 设函数 $f(x)$ 在 $x=0$ 的某邻域内具有一阶连续导数，且 $f(0)\neq0, f'(x)\neq0$，若 $af(h)+bf(2h)-f(0)$ 在 $h\to0$ 时是比 h 高阶的无穷小，试确定 a,b 的值.

第 3 节　泰勒公式

对于一些较复杂的函数，为了便于研究，往往希望用一些简单的函数来近似表达. 而多项式函数就是各种函数中最简单的一种，用多项式逼近函数是近似计算和理论分析的一个重要内容.

在学习导数和微分的概念时已经知道，如果函数 $f(x)$ 在点 x_0 可导，则有

$$f(x)=f(x_0)+f'(x_0)(x-x_0)+o(x-x_0).$$

即在点 x_0 附近，用一次多项式 $f(x_0)+f'(x_0)(x-x_0)$ 逼近函数 $f(x)$ 时，其误差为 $(x-x_0)$ 的高阶无穷小量. 然而在许多场合中，取一次多项式进行逼近的精度不高. 为此，我们想找到一个 n 次多项式，使得逼近过程中具有较高的精度.

一、n 阶泰勒多项式

设函数 $f(x)$ 在含有 x_0 的开区间内具有直到 n 阶导数，现在我们希望做的是：找出一个关于 $(x-x_0)$ 的 n 次多项式

$$p_n(x)=a_0+a_1(x-x_0)+a_2(x-x_0)^2+\cdots+a_n(x-x_0)^n \tag{1}$$

来近似表达 $f(x)$，要求 $p_n(x)$ 与 $f(x)$ 之差是比 $(x-x_0)^n$ 高阶的无穷小.

自然地，我们希望 $p_n(x)$ 与 $f(x)$ 在 x_0 点处的函数值及各阶导数相同.

于是逐次对式(1)求各阶导数，得到

$$p_n'(x)=a_1+2a_2(x-x_0)+\cdots+na_n(x-x_0)^{n-1},$$
$$p_n''(x)=2!a_2+\cdots+n(n-1)a_n(x-x_0)^{n-2},$$
$$\cdots\cdots$$
$$p_n^{(n)}(x)=n!a_n.$$

在 x_0 点处，令

$$p_n(x_0)=f(x_0);$$
$$p_n'(x_0)=f'(x_0);$$
$$p_n''(x_0)=f''(x_0);$$
$$\cdots\cdots$$
$$p_n^{(n)}(x_0)=f^{(n)}(x_0).$$

从而得

$$a_0=f(x_0),\ a_1=f'(x_0),\ a_2=\frac{1}{2!}f''(x_0),\cdots\cdots,\ a_n=\frac{1}{n!}f^{(n)}(x_0).$$

代入式(1)，可得

$$p_n(x)=f(x_0)+f'(x_0)(x-x_0)+\frac{1}{2!}f''(x_0)(x-x_0)^2+\cdots+\frac{1}{n!}f^{(n)}(x_0)(x-x_0)^n. \tag{2}$$

由此可见，多项式 $p_n(x)$ 的各项系数由 $f(x)$ 在点 x_0 的各阶导数值所唯一确定.

多项式(2)称为函数 $f(x)$ 按 $(x-x_0)$ 的幂展开的 n 次近似多项式，也叫做函数 $f(x)$ 在点 x_0 处的 n **阶泰勒多项式**.

如果运用 n 阶泰勒多项式近似原函数 $f(x)$，误差会多大呢？

二、泰勒中值定理

定理1（泰勒中值定理）　如果函数 $f(x)$ 在含有 x_0 的某个开区间 (a,b) 内具有直到 $n+1$ 阶导数，则对任一 x 在 (a,b) 内时，$f(x)$ 可以表示为 $(x-x_0)$ 的一个 n 次多项式与一个余项 $R_n(x)$ 之和，即

$$f(x)=f(x_0)+f'(x_0)(x-x_0)+\frac{1}{2!}f''(x_0)(x-x_0)^2+\cdots+\frac{1}{n!}f^{(n)}(x_0)(x-x_0)^n+R_n(x), \tag{3}$$

其中

$$R_n(x)=\frac{f^{(n+1)}(\xi)}{(n+1)!}(x-x_0)^{n+1}\ (\xi\ \text{介于}\ x_0\ \text{与}\ x\ \text{之间}). \tag{4}$$

证　$R_n(x)=f(x)-p_n(x)$. 只需证明

$$R_n(x)=\frac{f^{(n+1)}(\xi)}{(n+1)!}(x-x_0)^{n+1}\ (\xi\ \text{介于}\ x_0\ \text{与}\ x\ \text{之间}).$$

由假设可知 $R_n(x)$ 在 (a,b) 内具有直到 $n+1$ 阶导数，且

$$R_n(x_0)=R_n'(x_0)=R_n''(x_0)=\cdots=R_n^{(n)}(x_0)=0.$$

对两个函数 $R_n(x)$ 及 $(x-x_0)^{n+1}$ 在以 x_0 及 x 为端点的区间上应用柯西中值定理（显然，这两个函数满足柯西中值定理定理条件），得

$$\frac{R_n(x)}{(x-x_0)^{n+1}}=\frac{R_n(x)-R_n(x_0)}{(x-x_0)^{n+1}-0}=\frac{R_n'(\xi_1)}{(n+1)(\xi_1-x_0)^n}\quad(\xi_1\ \text{在}\ x_0\ \text{与}\ x\ \text{之间}),$$

再对两个函数 $R_n'(\xi_1)$ 与 $(n+1)(\xi_1-x_0)^n$ 在以 x_0 与 ξ_1 为端点的区间上应用柯西中值定理，得

$$\frac{R_n'(\xi_1)}{(n+1)(\xi_1-x_0)^n}=\frac{R_n'(\xi_1)-R_n'(x_0)}{(n+1)(\xi_1-x_0)^n-0}=\frac{R_n''(\xi_2)}{n(n+1)(\xi_2-x_0)^{n-1}}\ (\xi_2\ \text{在}\ x_0\ \text{与}\ \xi_1\ \text{之间}),$$

照此方法继续做下去，经过 $(n+1)$ 次后，得

$$\frac{R_n(x)}{(x-x_0)^{n+1}}=\frac{R_n^{(n+1)}(\xi)}{(n+1)!}\ (\xi\ \text{在}\ x_0\ \text{与}\ \xi_n\ \text{之间，也就在}\ x_0\ \text{与}\ x\ \text{之间}).$$

注意到 $R_n^{(n+1)}(x)=f^{(n+1)}(x)$（因为 $p_n^{(n+1)}(x)=0$），则由上式得

$$R_n(x)=\frac{f^{(n+1)}(\xi)}{(n+1)!}(x-x_0)^{n+1}\ (\xi\ \text{介于}\ x_0\ \text{与}\ x\ \text{之间}).$$

称公式(3)为函数 $f(x)$ 按 $(x-x_0)$ 的幂展开的带有**拉格朗日型余项的** n **阶泰勒公式**，而表达式(4) $R_n(x)=\frac{f^{(n+1)}(\xi)}{(n+1)!}(x-x_0)^{n+1}$ 称为**拉格朗日型余项**.

注　当 $n=0$ 时，泰勒公式为拉格朗日中值公式

$$f(x)=f(x_0)+f'(\xi)(x-x_0)\ (\xi \text{ 在 } x_0 \text{ 与 } x \text{ 之间}),$$

可见泰勒中值定理是拉格朗日中值定理的推广.

由泰勒中值定理可知,以多项式 $p_n(x)$ 近似代替表达式 $f(x)$ 时,其误差为 $|R_n(x)|$. 如果对于某个固定的 n,当 x 在区间 (a,b) 内变动时,$|f^{(n+1)}(x)|$ 总不超过一个常数 M,则有估计式:

$$|R_n(x)|=\left|\frac{f^{(n+1)}(\xi)}{(n+1)!}(x-x_0)^{n+1}\right|\leqslant\frac{M}{(n+1)!}|x-x_0|^{n+1} \tag{5}$$

及

$$\lim_{x\to x_0}\frac{R_n(x)}{(x-x_0)^n}=0.$$

可见,当 $x\to x_0$ 时,误差 $|R_n(x)|$ 是比 $(x-x_0)^n$ 高阶的无穷小,即

$$R_n(x)=o((x-x_0)^n).$$

于是在不需要余项的精确表达式时,n 阶泰勒公式也可写成

$$f(x)=f(x_0)+f'(x_0)(x-x_0)+\cdots+\frac{1}{n!}f^{(n)}(x_0)(x-x_0)^n+o[(x-x_0)^n]. \tag{6}$$

而在公式(6)中, $R_n(x)=o[(x-x_0)^n]$ 称为**佩亚诺(Peano)型余项**,公式(6)称为函数 $f(x)$ 按 $(x-x_0)$ 的幂展开的**带有佩亚诺型余项的 n 阶泰勒公式**.

若记

$$\frac{\xi-x_0}{x-x_0}=\theta\ (0<\theta<1),$$

则泰勒公式可以写为

$$f(x)=f(x_0)+f'(x_0)(x-x_0)+\frac{1}{2!}f''(x_0)(x-x_0)^2+\cdots+\frac{1}{n!}f^{(n)}(x_0)(x-x_0)^n$$
$$+\frac{f^{(n+1)}[x_0+\theta(x-x_0)]}{(n+1)!}(x-x_0)^{n+1}\ (0<\theta<1). \tag{7}$$

在泰勒公式(7)中,如果令 $x_0=0$,便得到

$$f(x)=f(0)+f'(0)x+\frac{f''(0)}{2!}x^2+\cdots+\frac{f^{(n)}(0)}{n!}x^n+\frac{f^{(n+1)}(\theta x)}{(n+1)!}x^{n+1}\quad(0<\theta<1), \tag{8}$$

称为带有**拉格朗日型余项的麦克劳林(Maclaurin)公式**.

在泰勒公式(6)中,如果令 $x_0=0$,便得到带有**佩亚诺型余项的麦克劳林(Maclaurin)公式**:

$$f(x)=f(0)+f'(0)x+\frac{f''(0)}{2!}x^2+\cdots+\frac{f^{(n)}(0)}{n!}x^n+o(x^n). \tag{9}$$

由此得近似公式:

$$f(x)\approx f(0)+f'(0)x+\frac{f''(0)}{2!}x^2+\cdots+\frac{f^{(n)}(0)}{n!}x^n,$$

误差估计式(5)相应地变成

$$|R_n(x)|\leqslant\frac{M}{(n+1)!}|x|^{n+1}. \tag{10}$$

例 1 求函数 $f(x)=x^3-2x^2+3$ 在点 $x=1$ 处的泰勒多项式.

解 先求 $f(x)$ 在点 $x=1$ 处的函数值及各阶导数,由

$$f(x)=x^3-2x^2+3,\ f'(x)=3x^2-4x,$$
$$f''(x)=6x-4,\ f'''(x)=6,\ f^{(k)}(x)=0(k\geqslant 4),$$

得

$$f(1)=2,\ f'(1)=-1,\ f''(1)=2,\ f'''(1)=6,$$

又

$$f^{(k)}(\xi)=0(k\geqslant 4),$$

代入公式(2)得 $f(x)$ 在点 $x=1$ 处的泰勒多项式为

$$x^3-2x^2+3=2-(x-1)+(x-1)^2+(x-1)^3.$$

例 2 写出函数 $f(x)=e^x$ 的带有拉格朗日型余项的 n 阶麦克劳林公式.

解 首先计算各阶导数:

$$f(x)=e^x,\ f^{(k)}(x)=e^x,\ k=1,2,\cdots.$$

然后计算直到 n 阶的导数值:

$$f^{(k)}(0)=e^0=1,\ k=0,1,2,\cdots,n;$$
$$f^{(n+1)}(\xi)=e^{\xi}\ (\xi \text{ 介于 } 0,x \text{ 之间}).$$

最后将计算的结果带入公式(8),得

$$f(x)=f(0)+f'(0)x+\cdots+\frac{f^{(n)}(0)}{n!}x^n+\frac{f^{(n+1)}(\xi)}{(n+1)!}x^{n+1},$$

得

$$e^x=1+x+\frac{1}{2!}x^2+\cdots+\frac{1}{n!}x^n+\frac{e^{\xi}}{(n+1)!}x^{n+1}\ (\xi \text{ 介于 } 0,x \text{ 之间}).$$

例 3 给出函数 $f(x)=\sin x$ 的带有拉格朗日型余项的 $2m$ 阶麦克劳林公式.

解 求导可得

$$f'(x)=\cos x,$$
$$f''(x)=-\sin x,$$
$$\cdots\cdots$$
$$f^{(n)}(x)=\sin\left(x+n\frac{\pi}{2}\right).$$

故

$$f(0)=0,\ f'(0)=1,\ f''(0)=0,\ f'''(0)=-1,\ f^{(4)}(0)=1,\cdots$$

令 $n=2m$,则 $f(x)=\sin x$ 的 $2m$ 阶麦克劳林公式:

$$f(x)=f(0)+f'(0)x+\frac{f''(0)}{2!}x^2+\cdots+\frac{f^{(2m-1)}(0)}{(2m-1)!}x^{2m-1}+\frac{f^{(2m)}(0)}{(2m)!}x^{2m}+R_{2m}(x),$$

其中

$$R_{2m}(x)=\frac{f^{(2m+1)}(\xi)}{(2m+1)!}x^{2m+1}=\frac{1}{(2m+1)!}\sin\left[\xi+(2m+1)\frac{\pi}{2}\right]x^{2m+1}.$$

从而

$$\sin x=x-\frac{1}{3!}x^3+\frac{1}{5!}x^5+\cdots+(-1)^{m-1}\frac{1}{(2m-1)!}x^{2m-1}+\frac{\sin\left(\xi+\frac{2m+1}{2}\pi\right)}{(2m+1)!}x^{2m+1}$$

（ξ 介于 $0,x$ 之间）.

如果取 $m=1$，则得近似公式 $\sin x\approx x$，此时误差为

$$|R_2(x)|=\left|\frac{1}{(2+1)!}\sin\left[\xi+(2+1)\frac{\pi}{2}\right]x^{2+1}\right|\leqslant\frac{|x^3|}{6}\text{（}\xi\text{ 介于 }0,x\text{ 之间）}.$$

注　另外几个常用函数的麦克劳林公式

(1) $\cos x=1-\frac{1}{2!}x^2+\frac{1}{4!}x^4+\cdots+(-1)^m\frac{1}{(2m)!}x^{2m}+R_{2m+1}(x)$，

其中

$$R_{2m+1}(x)=\frac{\cos[\theta x+(m+1)\pi]}{(2m+2)!}x^{2m+2}\quad(0<\theta<1).$$

(2) $\ln(1+x)=x-\frac{1}{2}x^2+\frac{1}{3}x^3-\cdots+(-1)^{n-1}\frac{1}{n}x^n+R_n(x)$，

其中

$$R_n(x)=\frac{(-1)^n}{(n+1)(1+\theta x)^{n+1}}x^{n+1}(0<\theta<1).$$

(3) $(1+x)^\alpha=1+\alpha x+\frac{\alpha(\alpha-1)}{2!}x^2+\cdots+\frac{\alpha(\alpha-1)\cdots(\alpha-n+1)}{n!}x^n+R_n(x)$，

其中

$$R_n(x)=\frac{\alpha(\alpha-1)\cdots(\alpha-n+1)(\alpha-n)}{(n+1)!}(1+\theta x)^{\alpha-n-1}x^{n+1}(0<\theta<1).$$

***例 4**　利用带有皮亚诺型余项的麦克劳林公式，求 $\lim\limits_{x\to 0}\frac{e^{x^2}-1-\sin x^2}{x^4}$.

解　因为

$$e^{x^2}=1+x^2+\frac{1}{2!}x^4+o(x^4),\ \sin x^2=x^2-\frac{1}{3!}x^6+o(x^6)$$

故

$$\begin{aligned}&\lim_{x\to 0}\frac{e^{x^2}-1-\sin x^2}{x^4}\\&=\lim_{x\to 0}\frac{\left(x^2+\frac{1}{2}x^4+o(x^4)\right)-\left(x^2-\frac{1}{2!}x^6+o(x^6)\right)}{x^4}\\&=\lim_{x\to 0}\frac{\frac{1}{2}x^4+o(x^4)}{x^4}=\frac{1}{2}.\end{aligned}$$

习　题　4-3(A)

1. 按 $(x-4)$ 的幂展开多项式 $f(x)=x^4-5x^3+x^2-3x+4$.
2. 应用麦克劳林公式，按 x 的幂展开函数 $f(x)=(x^2-3x+1)^3$.
3. 求函数 $f(x)=\tan x$ 的 3 阶麦克劳林公式.
4. 求函数 $f(x)=xe^x$ 的 n 阶麦克劳林公式.

习　题　4-3(B)

1. 若 $\lim\limits_{x\to 0}\dfrac{\sin 6x+xf(x)}{x^3}=0$，则 $\lim\limits_{x\to 0}\dfrac{6+f(x)}{x^2}$ 为(　　).

A. 0　　B. 6　　C. 36　　D. ∞；

2. 已知 $\lim\limits_{x\to 0}\dfrac{\ln(1+x)-(ax+bx^2)}{x^2}=2$，其中 a，b 是常数，则(　　).

A. $a=1$，$b=-\dfrac{5}{2}$　　B. $a=0$，$b=-2$

C. $a=0$，$b=-\dfrac{5}{2}$　　D. $a=1$，$b=-2$

第 4 节　函数的单调性和曲线的凹凸性

一、函数单调性的判定

如果函数 $y=f(x)$ 在 (a,b) 上单调增加，那么它的图形是一条沿 x 轴正向上升的曲线. 这时曲线的各点处的切线斜率是非负的，即 $y'=f'(x)\geqslant 0$；反之，如果函数 $y=f(x)$ 在 $[a,b]$ 上单调减少，则 $y'=f'(x)\leqslant 0$. 由此可见，函数的单调性与导数的符号有着密切的关系(图 4-3). 反过来，能否根据导数的符号来判定函数的单调性呢？

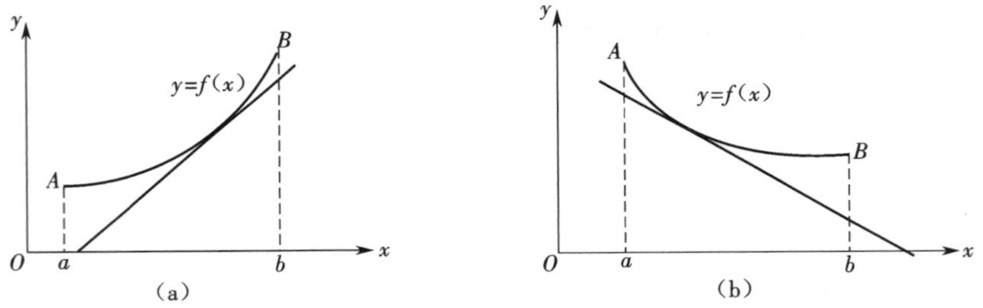

图 4-3

定理 1(函数单调性的判定法)　设函数 $y=f(x)$ 在 $[a,b]$ 上连续，在 (a,b) 内可导.

(1)如果在 (a,b) 内 $f'(x)>0$，那么函数 $y=f(x)$ 在 $[a,b]$ 上单调增加；

(2)如果在 (a,b) 内 $f'(x)<0$，那么函数 $y=f(x)$ 在 $[a,b]$ 上单调减少.

证　不妨设 $f'(x)>0$，$x\in[a,b]$ ($f'(x)<0$ 时同理可证). 在 $[a,b]$ 上任取两点 x_1、x_2 ($x_1<x_2$)，应用拉格朗日中值定理，得到

$$f(x_2)-f(x_1)=f'(\xi)(x_2-x_1)\ (x_1<\xi<x_2).$$

由于在上式中，$x_2-x_1>0$ 因此，如果在 (a,b) 内导数 $f'(x)$ 保持正号，即 $f'(x)>0$. 于是有

$$f(x_2)-f(x_1)>0,$$

即

$$f(x_2)>f(x_1).$$

这表明函数 $f(x)$ 在区间 $[a,b]$ 上单调增加.

注　如果把判定法中的闭区间换成其他各种区间(包括无穷区间),那么结论也成立.

例 1　判定函数 $y = x - \sin x$ 在 $[0,2\pi]$ 上的单调性.

解　因为在 $(0,2\pi)$ 内,

$$y' = 1 - \cos x > 0 ,$$

所以由判定法可知函数 $y = x - \sin x$ 在 $[0,2\pi]$ 上单调增加.

例 2　讨论函数 $y = e^x - x - 1$ 的单调性.

解　函数的定义域为 $(-\infty, +\infty)$, $y' = e^x - 1$.

当 $x < 0$ 时, $y' < 0$; 当 $x > 0$ 时, $y' > 0$. 所以函数在 $(-\infty,0]$ 单调减少, $[0, +\infty)$ 单调增加.

例 3　讨论函数 $y = x^3$ 的单调性.

解　函数的定义域为 $(-\infty, +\infty)$, $y' = 3x^2 \geqslant 0$.

当 $x \neq 0$ 时, $y' > 0$. 所以函数在 $(-\infty, +\infty)$ 单调增加.

例 4　讨论函数 $y = \sqrt[3]{x^2}$ 的单调性.

解　函数的定义域为 $(-\infty, +\infty)$, $y' = \dfrac{2}{3\sqrt[3]{x}}\quad (x \neq 0)$.

可见,函数在 $x = 0$ 处不可导. 当 $x < 0$ 时, $y' < 0$; 当 $x > 0$ 时, $y' > 0$. 所以函数在 $(-\infty,0]$ 单调减少, $[0, +\infty)$ 单调增加.

注　如果函数在定义区间上连续,除去有限个导数不存在的点外,导数存在且连续,那么判断函数单调性的一般步骤如下:

(1)求出 $f'(x)$;

(2)求出方程 $f'(x) = 0$ 的根及 $f'(x)$ 不存在的点;

(3)用上述点将函数 $f(x)$ 的定义域分为若干区间,在每个区间上确定 $f'(x)$ 的符号,从而确定函数的单调性.

例 5　确定函数 $f(x) = 2x^3 - 9x^2 + 12x - 3$ 的单调区间.

解　函数的定义域为 $(-\infty, +\infty)$,求函数的导数

$$f'(x) = 6x^2 - 18x + 12 = 6(x-1)(x-2).$$

令 $f'(x) = 0$,得 $x = 1, x = 2$,将区间 $(-\infty, +\infty)$ 划分为三部分,列表讨论如下:

x	$(-\infty,1)$	1	$(1,2)$	2	$(2,+\infty)$
$f'(x)$	+	0	−	0	+
$f(x)$	↗		↘		↗

因此函数 $f(x)$ 在区间 $(-\infty,1]$ 和 $[2, +\infty)$ 内单调增加,在区间 $[1,2]$ 上单调减少.

例 6　利用函数的单调性证明:当 $0 < x \leqslant \dfrac{\pi}{2}$ 时,不等式 $\dfrac{\sin x}{x} \geqslant \dfrac{2}{\pi}$ 成立.

证　令 $f(x) = \dfrac{\sin x}{x} - \dfrac{2}{\pi}$,则 $f(x)$ 在 $\left(0,\dfrac{\pi}{2}\right]$ 上连续,在 $\left(0,\dfrac{\pi}{2}\right)$ 上可导,且

$$f'(x) = \frac{x \cdot \cos x - \sin x}{x^2} = \frac{\cos x}{x^2}(x - \tan x) < 0.$$

因此 $f(x)$ 在 $\left(0,\dfrac{\pi}{2}\right]$ 内单调减小. 从而 $f(x) \geqslant f\left(\dfrac{\pi}{2}\right) = 0$.

即

$$\frac{\sin x}{x} \geqslant \frac{2}{\pi}, \quad x \in \left(0, \frac{\pi}{2}\right].$$

二、曲线的凹凸性

1. 曲线凹凸性及拐点的定义

上面已经讨论了函数的单调性,这对函数图形的形状的了解是有很大作用的.为了更深入和较精确地掌握图形的形状,我们在这里再讲述一下有关曲线凹凸性的概念及其与函数二阶导数的关系.

什么叫做曲线的凹凸性呢?我们先以两个具体函数为例,如图4-4所示,在$(0,+\infty)$上,函数$y=\sqrt{x}$和函数$y=x^2$都是单调递增的,但图形却有显著的不同.在$(0,+\infty)$上,函数$y=\sqrt{x}$表示的这条曲线是凸的,而函数$y=x^2$所表示的这条曲线则是凹的.

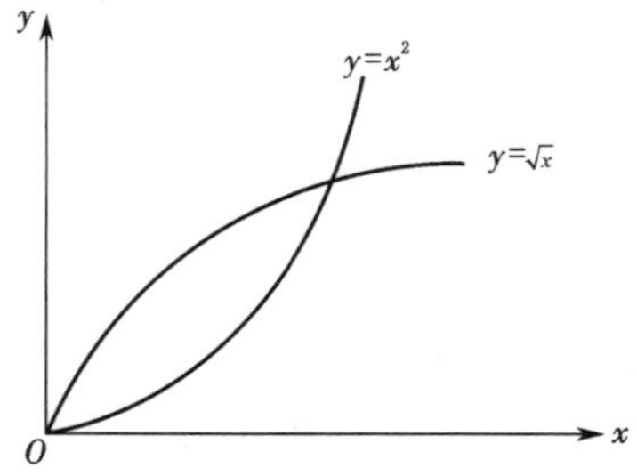

图4-4

定义1 **设$f(x)$在I上连续,若对I中任意两点x_1,x_2,恒有**

$$f\left(\frac{x_1+x_2}{2}\right)<\frac{f(x_1)+f(x_2)}{2},$$

则称$f(x)$在I上的图形是凹的(或凹弧).

若恒有

$$f\left(\frac{x_1+x_2}{2}\right)>\frac{f(x_1)+f(x_2)}{2},$$

则称$f(x)$在I上图形的是凸的(或凸弧).如图4-5所示.

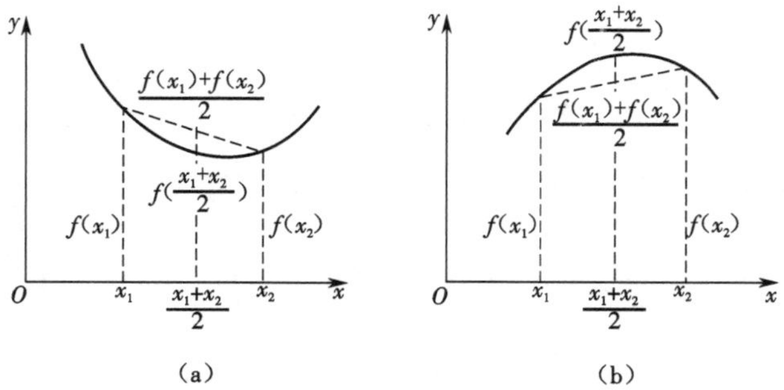

图4-5

一般地,连续曲线$y=f(x)$上凹弧与凸弧的分界点称为该曲线的**拐点**.

2. 凹凸性判别

如果函数在区间 I 内具有二阶导数，那么可以利用二阶导数的符号来判定曲线的凹凸性，这就是下面的曲线凹凸性的判定定理. 我们仅就 I 为闭区间的情形来叙述定理，当 I 不是闭区间时，定理类同.

定理 2　设 $f(x)$ 在 $[a,b]$ 上连续，在 (a,b) 内存在二阶导数 $f''(x)$，那么

(1)若在 (a,b) 内 $f''(x)<0$，则 $f(x)$ 在 $[a,b]$ 为凸的(或凸弧)；

(2)若在 (a,b) 内 $f''(x)>0$，则 $f(x)$ 在 $[a,b]$ 为凹的(或凹弧).

证　在(1) $f''(x)<0$ 的情况下.

设 x_1 和 x_2 为 (a,b) 内任意两点，且 $x_1<x_2$，记 $x_0=\dfrac{x_1+x_2}{2}$，利用拉格朗日公式，得到

$$f(x_0+h)-f(x_0)=f'(x_0+\theta_1 h)h,$$
$$f(x_0-h)-f(x_0)=-f'(x_0-\theta_2 h)h,$$

其中 $0<\theta_1<1, 0<\theta_2<1$，两式相加得

$$\begin{aligned}&f(x_0+h)-f(x_0)+f(x_0-h)-f(x_0)\\&=[f'(x_0+\theta_1 h)-f'(x_0-\theta_2 h)]h.\end{aligned}$$

对 $f'(x)$ 在区间 $[x_0-\theta_2 h, x_0+\theta_1 h]$ 上再利用拉格朗日公式，得

$$[f'(x_0+\theta_1 h)-f'(x_0-\theta_2 h)]h=f''(\xi)(\theta_1+\theta_2)h^2,$$

其中 $x_0-\theta_2 h<\xi<x_0+\theta_1 h$，由于 $f''(\xi)<0$，故有

$$f(x_0+h)-f(x_0)+f(x_0-h)-f(x_0)<0.$$

若记 x_1 为 x_0-h，x_2 为 x_0+h，则上式可化为

$$\frac{f(x_0+h)+f(x_0-h)}{2}=\frac{f(x_1)+f(x_2)}{2}<f(x_0)=f\left(\frac{x_1+x_2}{2}\right).$$

而 x_1 与 x_2 是 (a,b) 内任意两点，这就证明了此时 $f(x)$ 在 (a,b) 为凸的.

类似地，可证明 $f''(x)>0$ 的情形.

例 7　判定曲线 $y=x^3$ 的凹凸性及拐点.

解　因为 $y'=3x^2$，$y''=6x$.

当 $x<0$ 时，$y''<0$，所以曲线在 $(-\infty,0]$ 内为凸弧；

当 $x>0$ 时，$y''>0$，所以曲线在 $[0,+\infty)$ 内为凹弧；

当 $x=0$ 时，$y=0$，点 $(0,0)$ 为曲线的拐点.

例 8　问曲线 $y=x^4$ 是否有拐点?

解　$y'=4x^3$，$y''=12x^2$.

显然，只有 $x=0$ 是方程 $y''=0$ 的根. 但是当 $x\neq 0$ 时，无论 $x<0$ 或 $x>0$ 都有 $y''>0$，所以曲线 $y=x^4$ 在 $(-\infty,+\infty)$ 内是凹的. 点 $(0,0)$ 不是曲线的拐点，曲线 $y=x^4$ 没有拐点.

例 9　求曲线 $y=\sqrt[3]{x}$ 的拐点.

解　函数在 $(-\infty,+\infty)$ 内是连续的，当 $x\neq 0$ 时，

$$y'=\frac{1}{3\sqrt[3]{x^2}},\ y''=-\frac{2}{9x^3\sqrt{x^2}},$$

当 $x=0$ 时，y'，y'' 都不存在，且二阶导数在 $(-\infty,+\infty)$ 内没有零点. 但 $x=0$ 是 y'' 不

存在的点,它把 $(-\infty,+\infty)$ 分成两个部分区间.

在 $(-\infty,0)$ 内,有 $y''>0$,曲线在 $(-\infty,0]$ 上是凹的. 在 $(0,+\infty)$ 内,有 $y''<0$,曲线在 $[0,+\infty)$ 上是凸的.

当 $x=0$ 时, $y=0$,点 $(0,0)$ 为曲线的拐点.

注 判断曲线 $y=f(x)$ 的凹凸性与求拐点的一般步骤如下:

(1)求出 $f''(x)$;

(2)求出方程 $f''(x)=0$ 的根及 $f''(x)$ 不存在的点;

(3)利用上述点将函数 $f(x)$ 的定义域分为若干区间,在每个区间上确定 $f''(x)$ 的符号,从而确定曲线 $y=f(x)$ 的凹凸区间及拐点.

例 10 求曲线 $y=2x^4-4x^3+2$ 的凹凸区间及拐点.

解 $y'=8x^3-12x^2, y''=24x^2-24x=24x(x-1)$.

令 $y''=0$,得 $x_1=0$, $x_2=1$. 于是将定义域分为三个部分区间,列表讨论:

x	$(-\infty,0)$	0	$(0,1)$	1	$(1,+\infty)$
y''	+	0	−	0	+
$y=f(x)$	凹	$(0,2)$ 拐点	凸	$(1,0)$ 拐点	凹

因此,曲线在 $(-\infty,0]$ 、$[1,+\infty)$ 内是凹的,在 $[0,1]$ 内是凸的. 点 $(0,2)$ 、$(1,0)$ 是曲线的两个拐点.

例 11 讨论曲线 $y=(x-1)\sqrt[3]{x^2}$ 的凹凸性及拐点.

解 $y'=\dfrac{5}{3}x^{\frac{2}{3}}-\dfrac{2}{3}x^{-\frac{1}{3}}$, $y''=\dfrac{10}{9}x^{-\frac{1}{3}}+\dfrac{2}{9}x^{-\frac{4}{3}}=\dfrac{2(5x+1)}{9x^{\frac{4}{3}}}$.

于是当 $x=-\dfrac{1}{5}$ 时, $y''=0$;当 $x=0$ 时, y'' 不存在. 将定义域分为三个部分区间, 列表讨论:

x	$\left(-\infty,-\frac{1}{5}\right)$	$-\frac{1}{5}$	$\left(-\frac{1}{5},0\right)$	0	$(0,+\infty)$
y''	−	0	+	不存在	+
$y=f(x)$	凸	拐点	凹	非拐点	凹

因此曲线在 $\left(-\infty,-\dfrac{1}{5}\right]$ 是凸的,在 $\left[-\dfrac{1}{5},+\infty\right)$ 是凹的.

$x=-\dfrac{1}{5}$ 时, $y=-\dfrac{6}{5}\sqrt[3]{\dfrac{1}{25}}$,点 $\left(-\dfrac{1}{5},-\dfrac{6}{5}\sqrt[3]{\dfrac{1}{25}}\right)$ 为曲线的一个拐点.

习 题 4-4(A)

1. 选择题:

(1)已知 $f(a)=g(a)$,且当 $x>a$ 时, $f'(x)>g'(x)$,则当 $x\geqslant a$ 必有(　　).

A. $f(x)\geqslant g(x)$　　B. $f(x)\leqslant g(x)$

C. $f(x)=g(x)$　　D. 以上结论都不正确

(2)在区间 (a,b) 内 $f'(x)>0$, $f''(x)<0$,则在区间 (a,b) 内,曲线 $y=f(x)$ 的图形

(　　).

A. 沿着 x 轴负方向上升且为凸的　　B. 沿着 x 轴正方向上升且为凸的

C. 沿着 x 轴负方向下降且为凹的　　D. 沿着 x 轴负方向上升且为凹的

(3) 设 $f(x)$，$g(x)$ 是恒大于零的可导函数，且 $f'(x)g(x)-f(x)g'(x)<0$. 则当 $a<x<b$ 时，有____________.

A. $f(x)g(b)>f(b)g(x)$　　B. $f(x)g(a)>f(a)g(x)$

C. $f(x)g(x)>f(b)g(b)$　　D. $f(x)g(b)>f(a)g(a)$

2. 确定下列函数的单调区间：

(1) $y=2x^3-6x^2-18x-7$；

(2) $y=x+\sin x$；

(3) $y=2x+\dfrac{8}{x}\quad(x>0)$；

(4) $y=\dfrac{10}{4x^3-9x^2+6x}$；

(5) $y=\ln(x+\sqrt{1+x^2})$；

(6) $y=x^2e^x$.

3. 利用函数的单调性证明下列不等式：

(1) 当 $x>0$ 时，$1+\dfrac{1}{2}x>\sqrt{1+x}$；

(2) 当 $x>0$ 时，$e^x>1+x+\dfrac{x^2}{2}$；

(3) 当 $x>0$ 时，$1+x\ln(x+\sqrt{1+x^2})>\sqrt{1+x^2}$；

(4) 当 $0<x<\dfrac{\pi}{2}$ 时，$\tan x>x+\dfrac{1}{3}x^3$.

4. 求函数图形的凹或凸区间及拐点：

(1) $y=3x-2x^2$；

(2) $y=1+\dfrac{1}{x}(x>0)$；

(3) $y=xe^{-x}$；

(4) $y=(x+1)^2+e^x$；

(5) $y=e^{\arctan x}$；

(6) $y=x^4(12\ln x-7)$.

5. 求 a,b 何值时，点 $(1,3)$ 为曲线 $y=ax^3+bx^2$ 的拐点？

6. 试确定 $y=k(x^2-3)^2$ 中 k 的值，使曲线在拐点处的法线通过原点 $(0,0)$.

习　题　4-4(B)

1. 设函数 $f(x)$ 在 $[0,1]$ 上 $f''(x)>0$，则 $f'(x)$、$f'(1)$、$f(1)-f(0)$ 或 $f(0)-f(1)$ 的大小顺序是(　　).

(A) $f'(1)>f'(0)>f(1)-f(0)$　　(B) $f'(1)>f(1)-f(0)>f'(0)$

(C) $f(1)-f(0)>f'(1)>f'(0)$　　(D) $f'(1)>f(0)-f(1)>f'(0)$

2. 设 $e < a < b < e^2$,证明 $\ln^2 b - \ln^2 a > \frac{4}{e^2}(b - a)$.

3. 利用函数图形的凹凸性,证明下列不等式:

(1) $\frac{1}{2}(x^n + y^n) > \left(\frac{x + y}{2}\right)^n \quad (x > 0, y > 0, x \neq y, n > 1)$;

(2) $\frac{e^x + e^y}{2} > e^{\frac{x+y}{2}} \quad (x \neq y)$.

第 5 节　函数的极值与最值

一、函数的极值

1. 极值的定义

定义 1　设函数 $f(x)$ 在 x_0 的某一邻域 $U(x_0)$ 内有定义,如果对于去心邻域 $\mathring{U}(x_0)$ 内的任一 x,有

$$f(x) < f(x_0)\ (\text{或}\ f(x) > f(x_0)),$$

则称 $f(x_0)$ 是函数 $f(x)$ 的一个极大值(或极小值).

函数的极大值与极小值统称为函数的**极值**,使函数取得极值的点称为**极值点**.

注　函数的极大值和极小值概念是局部性的. 如果 $f(x_0)$ 是函数 $f(x)$ 的一个极大值,那只是就 x_0 附近的一个局部范围来说,$f(x_0)$ 是 $f(x)$ 的一个最大值;如果就 $f(x)$ 的整个定义域来说,$f(x_0)$ 不一定是最大值. 极小值也类似.

2. 极值存在的必要条件

定理 1(必要条件)　设函数 $f(x)$ 在 x_0 处可导,且在 x_0 处取得极值,那么 $f'(x_0) = 0$.

如果函数 $f(x)$ 在 x_0 可导,x_0 是极值点,因而总存在 x_0 的一个邻域,使在此邻域中总有 $f(x) \geqslant f(x_0)$(或 $f(x) \leqslant f(x_0)$),也就是适合费马定理的条件,因而必有 $f'(x_0) = 0$.

此外,若 $f(x)$ 在 x_0 不可导,这时 x_0 也可能是极值点. 例如,$y = |x|$,它在 $x = 0$ 不可导,但从该函数的图形中即可看出 $x = 0$ 是其极小值点. 这就告诉我们,函数 $f(x)$ 的极值点,只需从 $f'(x)$ 的零点和 $f'(x)$ 不存在的点当中去找. 但这些点只是可能的极值点,例如,$y = x^3$,点 $x = 0$ 是其导数 $y' = 3x^2$ 的零点,然而在 $x = 0$ 点的左右两侧 $y' \geqslant 0$,即函数单调上升的,因而 $x = 0$ 并非极值点. 又如,函数

$$f(x) = \begin{cases} 2x, & x \geqslant 0, \\ x, & x < 0. \end{cases}$$

$f'(0)$ 不存在,由于这一函数是单调增加的,所以在 $x = 0$ 点没有极值.

因此,若 x_0 是 $f(x)$ 的极值点,那么 x_0 只可能是 $f'(x)$ 的零点或 $f(x)$ 的不可导点.

3. 极值存在的充分条件

怎样判断函数在驻点或不可导点处是否取得极值呢? 如果取得极值,如何判断是极大值还是极小值呢? 下面,我们给出极值点的两个充分性判别法.

定理 2(第一充分条件)

设函数 $f(x)$ 在 x_0 处连续,且在邻域 $(x_0 - \delta, x_0)$ 和 $(x_0, x_0 + \delta)$(其中 $\delta > 0$)内可导,

那么

(1)若在 $(x_0-\delta,x_0)$ 内 $f'(x)>0$,而在 $(x_0,x_0+\delta)$ 内 $f'(x)<0$,则函数 $f(x)$ 在 x_0 处取得极大值;

(2)若在 $(x_0-\delta,x_0)$ 内 $f'(x)<0$,而在 $(x_0,x_0+\delta)$ 内 $f'(x)>0$,则函数 $f(x)$ 在 x_0 处取得极小点;

(3)若在 $\mathring{U}(x_0,\delta)$ 内,$f'(x)$ 的符号保持不变,则函数 $f(x)$ 在 x_0 处没有极值.

证　(1)由函数单调性的判定方法可知,此时 $f(x)$ 在 $(x_0-\delta,x_0)$ 内单调增加,而在 $(x_0,x_0+\delta)$ 内单调减小,又 $f(x)$ 在 $x=x_0$ 处是连续的,故 $f(x_0)$ 为极大值(如图 4-6(a)).

(2)同理可证如图 4-6(b).

(3)此时 $f(x)$ 在 $(x_0-\delta,x_0+\delta)$ 内单调,从而 x_0 不可能是极值点(如图 4-6(c)、(d)).

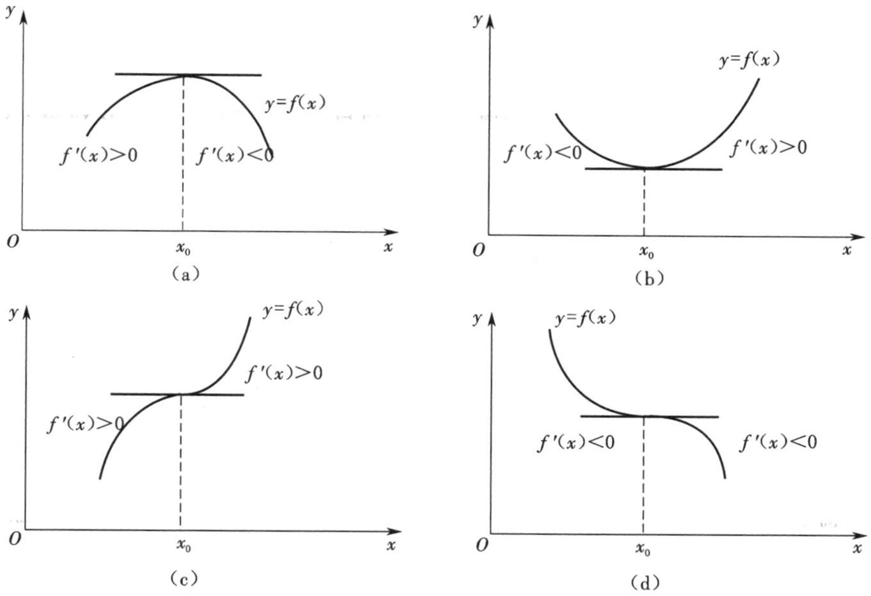

图 4-6

根据上面的定理,如果函数 $f(x)$ 在所讨论的区间内连续,除个别点外处处可导,那么可以按照如下步骤来求极值:

(1)求出导数 $f'(x)$;

(2)求出 $f(x)$ 的全部驻点和 $f'(x)$ 不存在的点;

(3)考察 $f'(x)$ 在每个驻点或不可导点的左、右邻近的符号, 以确定该点是否是极值点; 如果是极值点,进一步确定是极大值点还是极小值点;

(4)求出各极值点的函数值,就得到函数 $f(x)$ 的全部极值.

例 1　求函数 $f(x)=(2x-5)\sqrt[3]{x^2}$ 的极值.

解　(1) $f(x)$ 的定义域为 $(-\infty,+\infty)$.

$$f'(x)=(2x^{\frac{5}{3}}-5x^{\frac{2}{3}})'=\frac{10}{3}x^{\frac{2}{3}}-\frac{10}{3}x^{-\frac{1}{3}}=\frac{10(x-1)}{3\sqrt[3]{x}}\quad(x\neq 0).$$

(2)令 $f'(x)=0$,得驻点 $x_1=1$,而 $x_2=0$ 是不可导点.

(3)列表讨论函数 $f(x)$ 的极值如下：

x	$(-\infty,0)$	0	$(0,1)$	1	$(1,+\infty)$
$f'(x)$	+	不存在	−	0	+
$f(x)$	↗	极大值	↘	极小值	↗

由上表可知，在 $x=1$ 处，函数 $f(x)$ 取得极小值 $f(1)=-3$；在 $x=0$ 处，取得极大值 $f(0)=0$（图 4-7）.

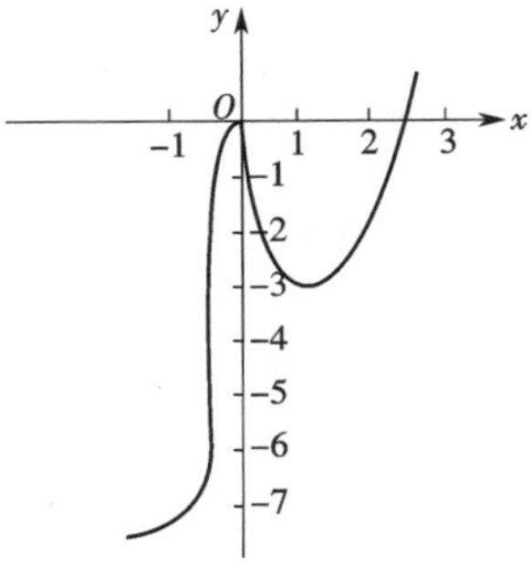

图 4-7

如果 $f'(x_0)=0$ 而 $f''(x_0)\neq 0$，那么我们还可利用下面的定理来判断 $f(x)$ 在驻点处是否取得极值.

定理 3（第二充分条件）

设函数 $f(x)$ 在 x_0 处具有二阶导数且 $f'(x_0)=0$，$f''(x_0)\neq 0$，那么

(1)若 $f''(x_0)<0$，函数 $f(x)$ 在 x_0 处取得极大值；

(2)若 $f''(x_0)>0$，函数 $f(x)$ 在 x_0 处取得极小值.

证 在情形(1)中，由于 $f''(x_0)<0$，按二阶导数的定义，有

$$f''(x_0)=\lim_{x\to x_0}\frac{f'(x)-f'(x_0)}{x-x_0}<0.$$

根据函数极限的局部保号性，当 x 在 x_0 的足够小的去心邻域内时，

$$\frac{f'(x)-f'(x_0)}{x-x_0}<0.$$

但 $f'(x_0)=0$，所以上式即

$$\frac{f'(x)}{x-x_0}<0.$$

从而知道，对于去心邻域内的 x 来说，$f'(x)$ 与 $x-x_0$ 符号相反. 因此，当 $x-x_0<0$ 时，$f'(x)>0$；当 $x-x_0>0$ 时，$f'(x)<0$. 于是，根据定理 2 知，函数 $f(x)$ 在 x_0 处取得极大值.

类似地可以证明情形(2).

例 2 求函数 $f(x)=(x^2-1)^3+1$ 的极值.

解 函数 $f(x)$ 的定义域为 $(-\infty,+\infty)$，

$$f'(x)=6x(x^2-1)^2,\ f''(x)=6(x^2-1)(5x^2-1).$$

令 $f'(x)=0$，求得驻点 $x_1=-1, x_2=0, x_3=1$.

在 $x_2=0$ 处，$f''(0)=6>0$，故函数 $f(x)$ 在 $x_2=0$ 处取得极小值 $f(0)=0$.

在 $x_1=-1$ 和 $x_3=1$ 处，$f''(-1)=f''(1)=0$，用定理 3 无法进行判定，还要利用定理 2 来判定，故在 $x_1=-1$ 的某个去心邻域内，$f'(x)=6x(x^2-1)^2<0$，故函数 $f(x)$ 在 $x=-1$ 处无极值.

同理，函数 $f(x)$ 在 $x_3=1$ 处也无极值（图 4-8）.

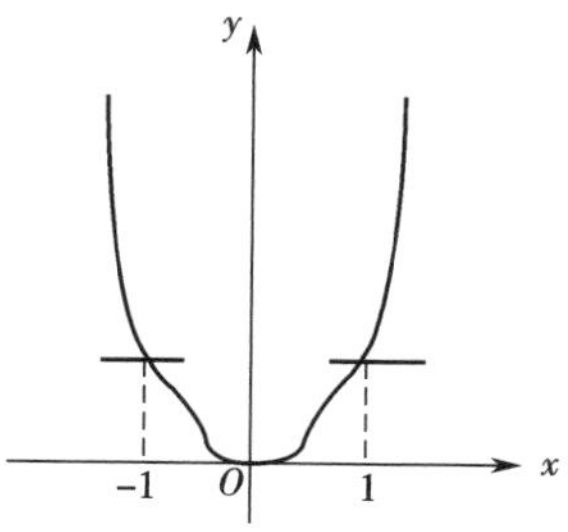

图 4-8

二、最大值最小值问题

在工农业生产、工程技术及科学实验中，常常会遇到这样一类问题：在一定条件下，怎样使“产品最多”、“用料最省”、“成本最低”、“效率最高”等问题，这类问题在数学上有时可归结为求某一函数（通常称为目标函数）的最大值或最小值问题.

假定函数 $f(x)$ 在闭区间 $[a,b]$ 上连续，在开区间 (a,b) 内除有限个点外均可导，至多有有限个驻点，则由闭区间上连续函数的性质，可知函数的最大值和最小值一定存在.

函数的最大值和最小值有可能在区间的端点取得，也可能在开区间 (a,b) 内取得.

如果最大值（或最小值）$f(x_0)$ 在开区间 (a,b) 内的点 x_0 处取得，那么，$f(x_0)$ 也一定是极大值（或极小值），由于 $f(x)$ 在开区间内除有限个点外均可导且至多有有限个驻点，从而 x_0 一定是 $f(x)$ 的驻点或不可导点. 而函数的最大值和最小值有可能在区间的端点取得. 综上，可用下列方法求函数 $f(x)$ 在区间 $[a,b]$ 上的最大值和最小值：

（1）求出 $f(x)$ 在 (a,b) 的驻点 $x_1,x_2,\cdots,x_m$ 及不可导的点 $\tilde{x}_1,\tilde{x}_2,\cdots,\tilde{x}_n$；

（2）计算 $f(x_i)(i=1,2,\cdots,m)$，$f(\tilde{x}_i)(i=1,2,\cdots,n)$ 及 $f(a)$，$f(b)$；

（3）比较（2）中数值的大小，其中最大的是 $f(x)$ 在 $[a,b]$ 上的最大值，最小的是 $f(x)$ 在 $[a,b]$ 上的最小值.

例 3　求 $f(x)=2x^3+3x^2-12x+14$ 在 $[-3,4]$ 上的最大值及最小值.

解　$f'(x)=6(x+2)(x-1)$，令 $f'(x)=0$，得 $x_1=-2$，$x_2=1$. 因

$$f(-3)=23,\ f(-2)=34,\ f(1)=7,\ f(4)=142.$$

比较可知，函数最大值 $f(4)=142$，最小值 $f(1)=7$.

下面我们举一些应用问题的例子，这些问题往往都归结为求函数的最大值或最小值问题.

例 4　铁路线上 AB 段的距离为 100 km. 工厂 C 距 A 处 20 km，AC 垂直于 AB. 为了运输需要，要在 AB 线上选定一点 D 向工厂修筑一条公路. 已知铁路每公里货运的运费与公路上每公里货运的运费之比为 3:5. 为了使货物从供应站 B 运到工厂 C 的运费最省，问 D 点应选在何处（图 4-9）？

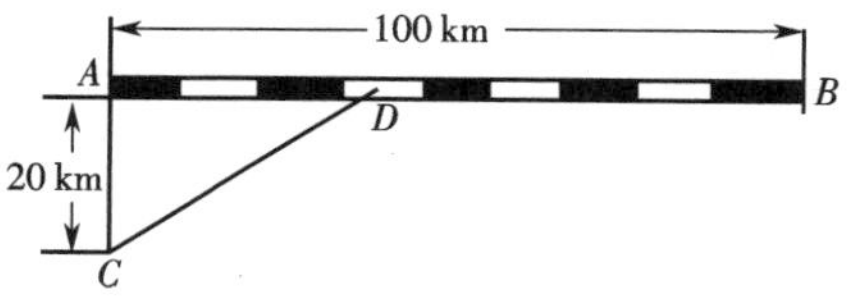

图 4-9

解 先根据题意建立函数关系,通常称这个函数为目标函数.

设 $AD = x\,(\mathrm{k}m)$,那么 $DB = 100 - x$, $CD = \sqrt{20^2 + x^2}$. 铁路每公里货运的运费为 $3k$,公路每公里的运费为 $5\,k$ (k 为某个正数),设从点 B 到点 C 需要的总运费为 y ,则

$$y = 5\,k \cdot CD + 3\,k \cdot DB = 5k\sqrt{400 + x^2} + 3\,k\,(100 - x)\ (0 \leqslant x \leqslant 100)\ .$$

现在,问题归结为: x 在[0,100]上取什么值时,目标函数 y 取得最小值. 因为

$$y' = k\left(\frac{5x}{\sqrt{400 + x^2}} - 3\right),$$

令 $y' = 0$,得 $x = 15\,(\mathrm{k}m)$. 由于当 $x = 0$ 时, $y = 400k$;当 $x = 15$ 时, $y = 380k$;当 $x = 100$ 时, $y = 500k\sqrt{1 + \frac{1}{5^2}}$. 比较三个值知, $y = 380k$ 为最小值. 因此,当 $AD = x = 15\mathrm{k}m$ 时,总运费最省.

注 在实际问题中,往往根据问题的性质就可以判定函数 $f(x)$ 确有最值,而且必在 $f(x)$ 的定义区间内取得,此时,如果函数 $f(x)$ 在定义区间内可导且只有一个驻点 x_0 ,那么就能断定 $f(x_0)$ 是最值点.

例 5 要做一个上下都有底的圆柱形容器,容积是 V_0 ,问底半径 r 为多大时,容器的表面积最小? 并求出此最小表面积.

解 设容器的高度为 h (图 4-10),则容器的表面积 $S = 2\pi r^2 + 2\pi rh$,由于 $V_0 = \pi r^2 h$,故得目标函数

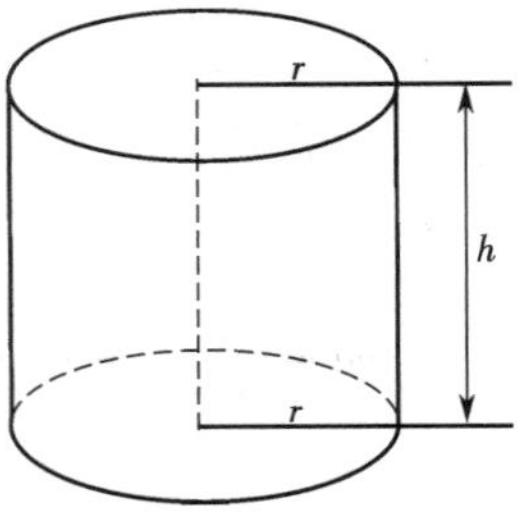

图 4-10

$$S = 2\pi r^2 + \frac{2V_0}{r}\ (0 < r < +\infty).$$

函数 S 对 r 求导,得

$$S' = 4\pi r - \frac{2V_0}{r^2} = \frac{4\pi}{r^2}\left(r^3 - \frac{V_0}{2\pi}\right),$$

令 $S' = 0$,得唯一驻点 $r = \sqrt[3]{\frac{V_0}{2\pi}}$.

依题意,目标函数在 $(0, +\infty)$ 内最小值存在,且驻点唯一,因此当 $r = \sqrt[3]{\frac{V_0}{2\pi}}$ 时,表面积最小,最小表面积为 $3\sqrt[3]{2\pi V_0^2}$.

习　题　4-5(A)

1. 函数 $y=f(x)$ 在点 x_0 处取极大值,则必有(　　).

A. $f'(x_0)=0$　　B. $f''(x_0)<0$

C. $f'(x_0)=0$, $f''(x_0)<0$　　D. $f'(x_0)=0$ 或 $f'(x_0)$ 不存在

2. 求下列函数的极值:

(1) $y=2x^3-6x^2-18x+7$;

(2) $y=x-\ln(1+x)$;

(3) $y=x+\sqrt{1-x}$;

(4) $y=x+\tan x$;

(5) $y=2e^x+e^{-x}$;

(6) $y=2x^3-3x^2$

3. 求下列函数在指定区间上的最大值,最小值:

(1) $y=x^4-2x^2+5$, $-2\leqslant x\leqslant 2$;

(2) $y=2x^3-3x^2$, $-1\leqslant x\leqslant 4$;

(3) $y=x^4-8x^2+2$, $-1\leqslant x\leqslant 3$;

(4) $y=x+\sqrt{1-x}$, $-5\leqslant x\leqslant 1$;

(5) $y=x^2-2x-1$, $-\infty<x<+\infty$;

4. 试问 a 为何值时,函数 $f(x)=a\sin x+\cos x$ 在 $x=\dfrac{\pi}{4}$ 处取得极值?它是极大值还是极小值?并求出该极值.

5. 要用薄铁皮造一圆柱体油筒,体积为 V,问底半径 r 和高 h 等于多少时,才能使表面积最小?这时底直径与高的比是多少?

6. 某地区防空洞的截面拟建成矩形加半圆形,截面的面积为 5 m^2,问底宽 x 为多少时才能使截面的周长最小.

7. 一炮艇停泊在距海岸 9 km 处,派人送信给设在海岸线上距该艇 $3\sqrt{34}$ km 的司令部,若派的人步行速率为 5 km/h,划船速率为 4 km/h,问他在何处上岸到达司令部的时间最短.

8. 将长为 L 的铁丝分成两段,一段绕成一个圆形,另一段绕成一个正方形,要使两者面积之和最小,应如何分法.

9. 用围墙围成面积为 216 m^2 的一块矩形土地,并在长向正中用一堵墙将其隔成两块,问这块地的长和宽选取多大尺寸,才能使所用建材最省?

习　题　4-5(B)

1. 设 $f(x)$ 的导数在 $x=a$ 处连续,又 $\lim\limits_{x\to a}\dfrac{f'(x)}{x-a}=-1$ 则(　　).

A. $x=a$ 是 $f(x)$ 的极小值点

B. $x=a$ 是 $f(x)$ 的极大值点

C. $(a,f(a))$ 是曲线 $y=f(x)$ 的拐点

D. $x=a$ 不是 $f(x)$ 的极值点,$(a,f(a))$ 也不是曲线 $y=f(x)$ 的拐点

2. 设$f(x)=|x(1-x)|$，则(　　).

A. $x=0$ 是$f(x)$的极值点，但$(0,0)$不是曲线$y=f(x)$的拐点

B. $x=0$ 不是$f(x)$的极值点，但$(0,0)$是曲线$y=f(x)$的拐点

C. $x=0$ 是$f(x)$的极值点，且$(0,0)$是曲线$y=f(x)$的拐点

D. $x=0$ 不是$f(x)$的极值点，$(0,0)$也不是曲线$y=f(x)$的拐点

3. 设函数$f(x)$满足关系式$f''(x)+[f'(x)]^2=x$，且$f'(0)=0$，则(　　).

A. $f(0)$是$f(x)$的极大值

B. $f(0)$是$f(x)$的极小值

C. 点$(0,f(0))$曲线$y=f(x)$的拐点

D. $f(0)$不是$f(x)$的极值，点$(0,f(0))$也不是曲线$y=f(x)$的拐点

4. 设函数$f(x)$在$x=a$的某个邻域内连续，且$f(a)$为极大值，则存在$\delta>0$，当$x\in(a-\delta,a+\delta)$时，必有(　　).

A. $(x-a)[f(x)-f(a)]\geqslant 0$　　　　B. $(x-a)[f(x)-f(a)]\leqslant 0$

C. $\lim\limits_{t\to a}\dfrac{f(t)-f(x)}{(t-x)^2}\geqslant 0\quad(x\neq a)$　　　　D. $\lim\limits_{t\to a}\dfrac{f(t)-f(x)}{(t-x)^2}\leqslant 0\quad(x\neq a)$

5. 设$f(x)$有二阶连续导数，且$f'(0)=0$，$\lim\limits_{x\to 0}\dfrac{f''(x)}{|x|}=1$，则(　　).

A. $f(0)$是$f(x)$的极大值

B. $f(0)$是$f(x)$的极小值

C. $(0,f(0))$是曲线$y=f(x)$的拐点

D. $f(0)$不是$f(x)$的极值，$(0,f(0))$也不是曲线$y=f(x)$的拐点

第6节　函数图形的描绘

一、曲线的渐近线

1. 渐近线定义

定义1　当曲线C上动点P沿着曲线C无限延伸时，若动点P到某直线l的距离无限趋近于零，则称直线l是曲线C的渐近线.

2. 渐近线分类

曲线的渐近线有三种：水平渐近线；垂直(铅直)渐近线；斜渐近线.

水平渐近线　若函数$y=f(x)$定义域是无穷区间，且$\lim\limits_{x\to+\infty}f(x)=C$或$\lim\limits_{x\to-\infty}f(x)=C$，则称直线$y=C$是曲线$y=f(x)$的水平渐近线.

垂直渐近线　若$\lim\limits_{x\to a^+}f(x)=\infty$或$\lim\limits_{x\to a^-}f(x)=\infty$，则直线$x=a$是曲线$y=f(x)$的垂直渐近线.

斜渐近线　如果$\lim\limits_{x\to\infty}[f(x)-kx-b]=0$，则称直线$y=kx+b$是曲线$y=f(x)$的斜渐近线(如图4-11)，其中

$$k=\lim_{x\to\infty}\frac{f(x)}{x},\quad b=\lim_{x\to\infty}[f(x)-kx].$$

注　当 $k=0$ 时,则直线 $y=b$ 是曲线 $y=f(x)$ 的水平渐近线.

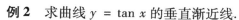

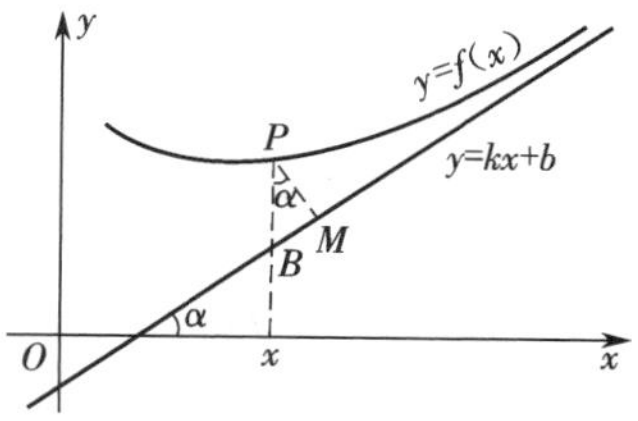

图 4-11

例 1　求曲线 $f(x)=\dfrac{1}{x-2}$ 的水平、垂直渐近线.

解　因为 $\lim\limits_{x\to\infty}\dfrac{1}{x-2}=0$,所以直线 $y=0$ 为曲线的水平渐进线;

又解 $\lim\limits_{x\to2}\dfrac{1}{x-2}=\infty$,所以直线 $x=2$ 是曲线的垂直渐近线.

例 2　求曲线 $y=\tan x$ 的垂直渐近线.

解　因为 $\lim\limits_{x\to\frac{\pi}{2}}\tan x=\infty$ 且 $\lim\limits_{x\to-\frac{\pi}{2}}\tan x=\infty$,函数 $y=\tan x$ 为周期函数.

因此,曲线 $y=\tan x$ 有无限多条垂直渐近线 $x=k\pi+\dfrac{\pi}{2},k\in\mathbf{Z}$.

例 3　求曲线 $f(x)=\dfrac{(x-3)^2}{4(x-1)}$ 的渐近线.

解　已知 $\lim\limits_{x\to1}\dfrac{(x-3)^2}{4(x-1)}=\infty$,则 $x=1$ 是曲线的垂直渐近线.

由于

$$k=\lim_{x\to\infty}\frac{f(x)}{x}=\lim_{x\to\infty}\frac{(x-3)^2}{4x(x-1)}=\frac{1}{4}.$$

$$b=\lim_{x\to\infty}[f(x)-kx]=\lim_{x\to\infty}\left[\frac{(x-3)^2}{4(x-1)}-\frac{x}{4}\right]$$

$$=\lim_{x\to\infty}\frac{x^2-6x+9-x^2+x}{4(x-1)}=\lim_{x\to\infty}\frac{-5x+9}{4(x-1)}=-\frac{5}{4}.$$

故直线 $y=\dfrac{1}{4}x-\dfrac{5}{4}$ 是曲线的斜渐近线.

二、函数图形的描绘

我们已经应用导数研究了函数的单调性、极值,凹凸性及拐点,由此可以较为精确地描绘函数的图形. 一般地,利用导数描绘函数的图形可按下列步骤进行:

(1)确定函数 $y=f(x)$ 的定义域,考察函数有无奇偶性与周期性;

(2)求 $f'(x)$ 与 $f''(x)$;

(3)求出 $f'(x)=0$ 的全部实根及 $f'(x)$ 不存在的点;

(4)求出 $f''(x)=0$ 全部实根及 $f''(x)$ 不存在的点;

(5)由(3)(4)中的点,将定义域分成若干个部分区间,列表讨论函数的单调性、凹凸性、极值及拐点;

(6)考察函数 $y=f(x)$ 的渐近线以及其他变化趋势;

(7)确定 $f(x)$ 的一些特殊点(如与坐标轴的交点等);

(8)在直角坐标系中按曲线的性态逐段描绘.

例 4 作出函数$f(x)=\frac{1}{\sqrt{2\pi}}e^{-\frac{x^2}{2}}$的图形.

解 (1)函数$f(x)=\frac{1}{\sqrt{2\pi}}e^{-\frac{x^2}{2}}$的定义域为$(-\infty,+\infty)$.

由于$f(-x)=f(x)$,即$f(x)$是偶函数,其图形关于y轴对称,因此我们只讨论$[0,+\infty)$上该函数的图形.

(2)$f'(x)=\frac{1}{\sqrt{2\pi}}e^{-\frac{x^2}{2}}\left(-\frac{x^2}{2}\right)'=-\frac{x}{\sqrt{2\pi}}e^{-\frac{x^2}{2}}$,

$$f''(x)=\frac{(x^2-1)}{\sqrt{2\pi}}e^{\frac{-x^2}{2}}.$$

(3)在$[0,+\infty)$上,由$f'(x)=0$,得驻点$x_1=0$;由令$f''(x)=0$,得$x_2=1$.

(4)列表讨论函数$f(x)$的单调性、极值和曲线$f(x)$的凹凸性、拐点如下:

x	0	(0,1)	1	$(1,+\infty)$
$f'(x)$	0	−	−	−
$f''(x)$	−	−	0	+
曲线$y=f(x)$	极大点	单减且凸	拐点	单减且凹

计算得$f(0)=\frac{1}{\sqrt{2\pi}}$,$f(1)=\frac{1}{\sqrt{2\pi e}}$,从而得到曲线的两点$M_1\left(0,\frac{1}{\sqrt{2\pi}}\right)$和$M_2\left(1,\frac{1}{\sqrt{2\pi e}}\right)$,再补充曲线上的一点$M_3\left(2,\frac{1}{\sqrt{2\pi e^2}}\right)$.

(5)因为$\lim\limits_{x\to+\infty}f(x)=\lim\limits_{x\to+\infty}\frac{1}{\sqrt{2\pi}}e^{-\frac{x^2}{2}}=0$,所以$y=f(x)$有一条水平渐近线$y=0$.

(6)先画出函数在$[0,+\infty)$上的图形. 再由对称性,画出函数在$(-\infty,0]$上的图形,从而得到函数$f(x)=\frac{1}{\sqrt{2\pi}}e^{-\frac{x^2}{2}}$在$(-\infty,+\infty)$内的整个图形(图 4-12).

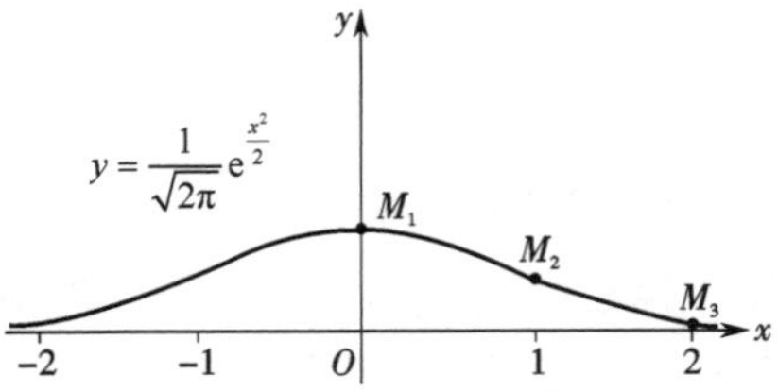

图 4-12

习 题 4-6(A)

1. 求下列函数的渐近线:

(1) $y=e^{-\frac{1}{x}}$; (2) $=\frac{1+x^2}{x}$; (3) $y=e^{-x^2}$; (4) $y=\frac{x^3}{(x-1)^2}$.

2. 作出下列函数的图形:

(1) $y = x^3 - 6x$;　　(2) $y = \dfrac{3x}{1 + x^2}$;

(3) $y = 5e^{-x^2}$;　　(4) $y = \dfrac{e^x + e^{-x}}{2}$;

(5) $y = \dfrac{1}{x^2 - 1}$;　　(6) $y = \ln \dfrac{1 + x}{1 - x}$.

习　题　4-6(B)

1. 曲线 $y = \dfrac{x + 4\sin x}{5x - 2\cos x}$ 的水平渐近线方程为________.

2. 曲线 $y = xe^{\frac{1}{x^2}}$ (　　).

A. 仅有水平渐近线　　B. 仅有铅直渐近线

C. 既有铅直又有水平渐近线　　D. 既有铅直又有斜渐近线

第 7 节　曲率

在工程技术中,有时需要研究曲线的弯曲程度. 例如火车铁轨由直道转入圆弧形弯道之前,需要先在直道线路的末端处接上一段适当的曲线,以使火车转弯时能平稳行驶. 又如,在机械工程建筑中,梁在负荷的作用下要产生弯曲变形,设计时要考虑梁的允许弯曲程度. 本节我们来讨论如何精确描述曲线的弯曲程度.

一、弧微分

曲线 $y = f(x)$ 在区间 (a,b) 内具有连续导数. 在曲线上取定点 A 作为度量弧长的起点,并规定依 x 增大的方向作为曲线的正向. 设 $M(x,y)$ 为曲线上任意一点,弧 $\overset{\frown}{AM}$ 为一有方向的弧段,简称有向弧段. 以 s 表示曲线弧 $\overset{\frown}{AM}$ 的值,即 $s = \overset{\frown}{AM}$. 显然,弧 s 是随点 $M(x,y)$ 的确定而确定的,也就是说 s 是 x 的函数,记为 $s = s(x)$,其中 s 的绝对值等于这弧段的长度. 当有向弧段 $\overset{\frown}{AM}$ 的方向与曲线的正向一致时, $s > 0$,相反时 $s < 0$.

显然, $s(x)$ 是 x 的单调增加函数. 函数 $s(x)$ 的微分称为弧微分.

下面求函数 $s(x)$ 的导数和微分.

设 x, $x + \Delta x$ 为 (a,b) 内两个临近点的横坐标,它们在曲线上对应的点为 M, N(如图 4-13),对应弧 s 的增量为 Δs,则

$$\Delta s = \overset{\frown}{AN} - \overset{\frown}{AM} = \overset{\frown}{MN},$$

可知

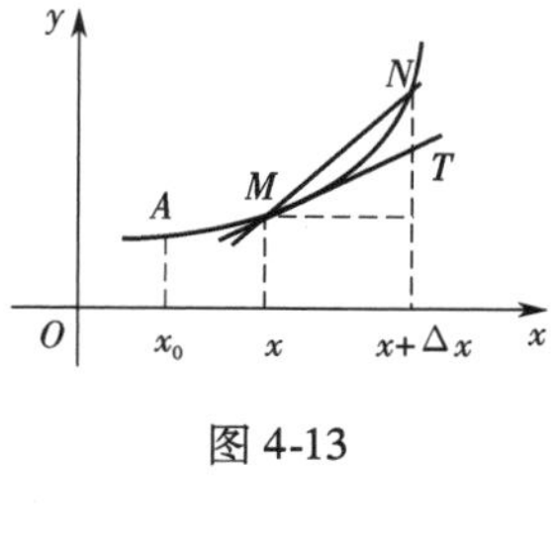

图 4-13

$$\left(\frac{\Delta s}{\Delta x}\right)^2 = \left(\frac{\overset{\frown}{MN}}{\Delta x}\right)^2 = \left(\frac{\overset{\frown}{MN}}{|MN|}\right)^2 \cdot \left(\frac{|MN|}{\Delta x}\right)^2$$

$$= \left(\frac{\overset{\frown}{MN}}{|MN|}\right)^2 \cdot \frac{(\Delta x)^2 + (\Delta y)^2}{(\Delta x)^2}$$

$$= \left(\frac{\widehat{MN}}{|MN|}\right)^2 \cdot \left(1 + \frac{(\Delta y)^2}{(\Delta x)^2}\right)$$

故

$$\frac{\Delta s}{\Delta x} = \pm \sqrt{\left(\frac{\widehat{MN}}{|MN|}\right)^2 \cdot \left(1 + \frac{(\Delta y)^2}{(\Delta x)^2}\right)}.$$

当 $\Delta x \to 0$ 时，$N \to M$，从而

$$\lim_{M \to N} \frac{|\widehat{MN}|}{|MN|} = 1,$$

又

$$\lim_{\Delta x \to 0} \frac{\Delta y}{\Delta x} = y',$$

因此

$$\frac{\mathrm{d}s}{\mathrm{d}x} = \sqrt{1 + (y')^2}.$$

由于函数 $s = s(x)$ 是 x 的单调增加函数，根号前只取正值，就得到弧微分公式

$$\mathrm{d}s = \sqrt{(\mathrm{d}x)^2 + (\mathrm{d}y)^2} = \sqrt{1 + (y')^2}\mathrm{d}x.$$

例 1 求正弦曲线 $y = \sin x$ 的弧微分.

解 由弧微分公式，得

$$\mathrm{d}s = \sqrt{1 + (y')^2}\mathrm{d}x = \sqrt{1 + \cos^2 x}\mathrm{d}x.$$

二、曲率

1. 曲率的概念

我们先从几何图形上分析哪些量与曲线弯曲程度有关.

如图 4-14(a)所示，设曲线上一段弧 $\widehat{MN}$ 的长为 Δs，在 M 点作切线 MT，当点 M 沿曲线变到 N 时，切线 MT 相应地变到切线 NP，记切线转过的角度(称为转角)为 $\Delta\alpha_1$，而对于同样弧长的 $M'N'$，它比 MN 弯曲程度大，其切线转过的角度为 $\Delta\alpha_2$(图 4-14(b))，显然 $\Delta\alpha_2$ 比 $\Delta\alpha_1$ 大，由此可知，弧长相等时，转角愈大，曲线的弯曲程度就愈大.

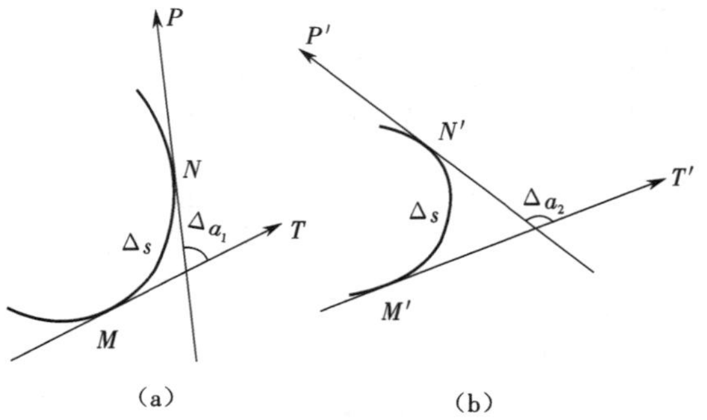

图 4-14

另一方面,从图 4-15 中可以看出,若两段弧 MN 与 $M'N'$ 的转角都是 $\Delta\alpha$,那么弯曲程度与弧线长短相反,弧线愈短,弯曲程度愈大. 因此,曲线的弯曲程度还与曲线弧的长度 Δs 有关.

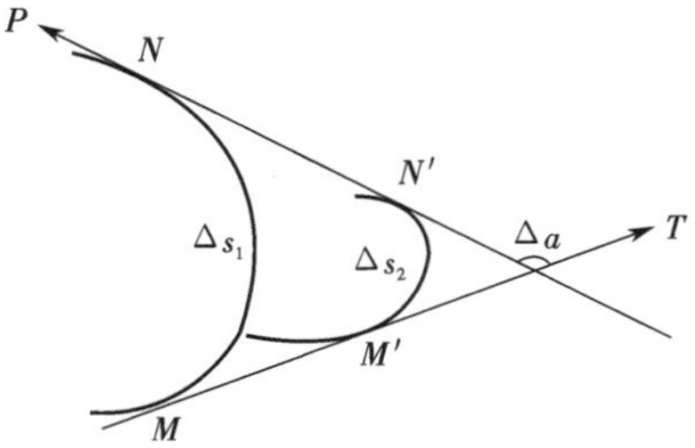

图 4-15

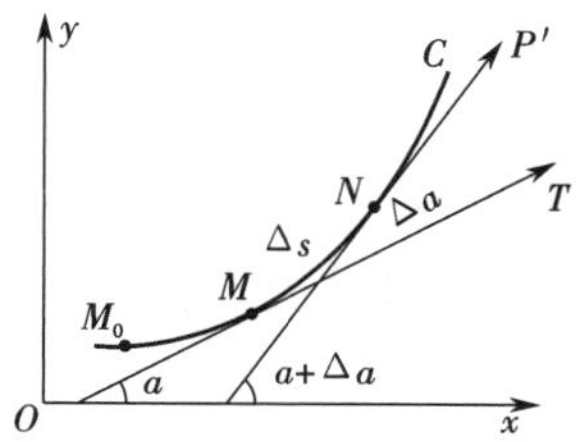

图 4-16

所以确定曲线弧的弯曲程度时,必须同时考察弧段的长度和切线的转角这两个因素.

设曲线上每一点处都具有切线,且切线随切点的移动而连续转动,这样的曲线称为光滑曲线.

设曲线 C 是光滑的,在曲线 C 上选定一点 M_0 作为度量弧 s 的基点. 设曲线上点 M 对应于弧 s ,在点 M 处切线的倾角为 α（这里假定曲线 C 所在的平面上已设立了 xOy 坐标系）,曲线上另外一点 M' 对应于弧 $s+\Delta s$,在点 M' 处切线的倾角为 $\alpha+\Delta\alpha$（图 4-16）,那么,弧段 $\overset{\frown}{MN}$ 的长度为 $|\Delta s|$,当动点从 M 移动到 M' 时切线转过的角度为 $|\Delta\alpha|$.

我们用比值 $\left|\dfrac{\Delta\alpha}{\Delta s}\right|$,即单位弧段上切线转过的角度的大小来表达弧段 $\overset{\frown}{MN}$ 的平均弯曲程度,把这比值叫做弧段 $\overset{\frown}{MN}$ 的平均曲率.

当 $\Delta s\to 0$ 时,平均曲率 $\left|\dfrac{\Delta\alpha}{\Delta s}\right|$ 的极限称为曲线在点 M 处的曲率,记作 K,即

$$K=\lim_{\Delta s\to 0}\left|\frac{\Delta\alpha}{\Delta s}\right|=\left|\frac{\mathrm{d}\alpha}{\mathrm{d}s}\right|.$$

例 2　求半径为 R 的圆的曲率.

解　如图 4-17 所示,设弧 $\overset{\frown}{MN}$ 的长度为 Δs ,切线由 M 点转到 N 点的转角为 $\Delta\alpha$,由几何学得

$$|\Delta s|=R\cdot|\Delta\alpha|.$$

于是

$$\left|\frac{\Delta s}{\Delta\alpha}\right|=R,$$

则曲率

$$K=\lim_{\Delta s\to 0}\left|\frac{\Delta\alpha}{\Delta s}\right|=\frac{1}{R}.$$

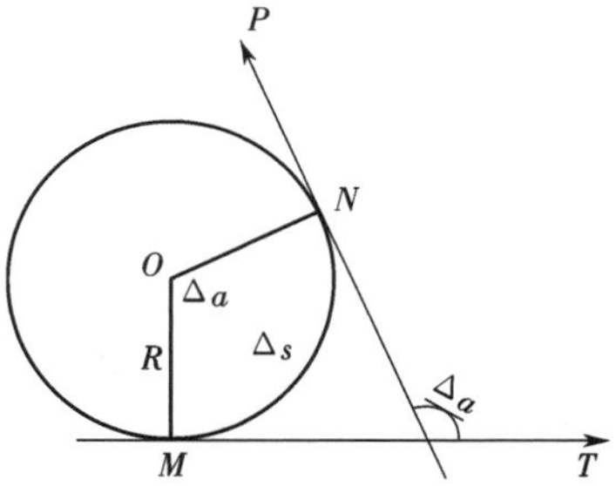

图 4-17

这说明,圆上任一点处的曲率都相等,且等于半径的倒数. 这个结论与实际情况相符的,则当圆的半径越小,其弯曲就越厉害,即曲率越大.

2. 曲率的计算公式

利用曲率的定义来计算曲线的曲率是不方便的,为简便起见,下面给出计算曲率的公

式.

设曲线的方程为 $y=f(x)$，且 $f(x)$ 具有二阶导数，则曲线 $y=f(x)$ 的曲率

$$K=\left|\frac{y''}{(1+y'^2)^{\frac{3}{2}}}\right|,$$

这就是曲线 $y=f(x)$ 在点 (x,y) 处的曲率的计算公式.

例 3 求曲线 $y=ax^3(a>0)$ 在点 $(0,0)$ 处及点 $(1,a)$ 处的曲率.

解 先计算一阶、二阶导数 $y'=3ax^2, y''=6ax$.

代入曲率的计算公式，即得

$$K=\frac{6a|x|}{(1+9a^2x^4)^{\frac{3}{2}}}.$$

在点 $(0,0)$ 处，

$$K|_{x=0}=0;$$

在点 $(1,a)$ 处，

$$K|_{x=1}=\frac{6a}{(1+9a^2)^{\frac{3}{2}}}.$$

3. 曲率圆与曲率半径

设曲线 $y=f(x)$ 在点 $M(x,y)$ 处的曲率为 $K(K\neq 0)$，在点 M 处该曲线的法线上，在凹向的一侧取一点 C，使 $|CM|=\frac{1}{K}=R$，以 C 为圆心，R 为半径作圆，如图 4-18，我们把这个圆叫做曲线在点 M 处的曲率圆，把曲率圆的圆心 C 叫做曲线在点 M 处的曲率中心，把曲率圆的半径 R 叫做曲线在点 M 处的曲率半径，即有

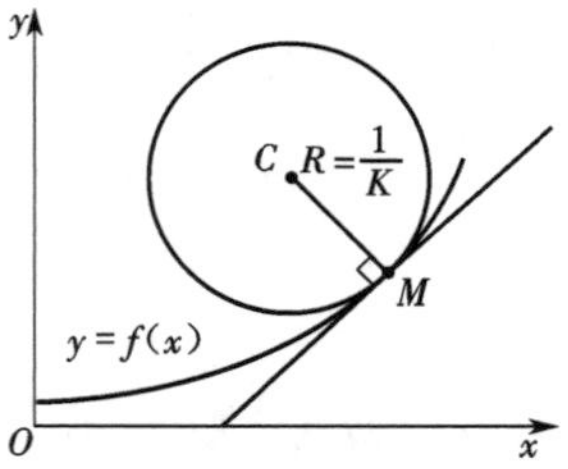

图 4-18

$$R=\frac{1}{K}=\frac{(1+y'^2)^{\frac{3}{2}}}{|y''|}.$$

由此可见，曲线上某点处的曲率半径 R 较大时，曲线在该点处的曲率就较小，则曲线在该点附近就较平坦；当曲率半径 R 较小时，曲线的曲率 K 就较大，则曲线在该点附近就弯曲得较厉害.

例 4 求等边双曲线 $xy=1$ 在点 $(1,1)$ 处的曲率半径.

解 因为 $y=\frac{1}{x}$，所以

$$y'=-x^{-2}, y''=2x^{-3}.$$

因此

$$y'|_{x=1}=-1,\ y''|_{x=1}=2.$$

曲率半径

$$R=\left.\frac{(1+y'^2)^{\frac{3}{2}}}{|y''|}\right|_{x=1}=\frac{[1+(-1)^2]^{\frac{3}{2}}}{2}=\sqrt{2}.$$

所以该曲线在点 $(1,1)$ 处的曲率半径为 $\sqrt{2}$.

习　题　4-7(A)

1. 求下列曲线的弧微分：

(1) $y=x^3-x$；　　(2) $y^2=2px$；

(3) $y=\ln x$；　　(4) $y=\sin x$.

2. 求下列各曲线在指定点处的曲率和曲率半径：

(1) $y=\ln(x+1)$ 在点 $(0,0)$ 处；

(2) $y=\mathrm{e}^x$ 在点 $(0,1)$ 处.

3. 求曲线 $y=x^3$ 在点 $(1,1)$ 处的曲率.

4. 求抛物线 $y=4x-x^2$ 在顶点处的曲率及曲率半径.

5. 求曲线 $y=\tan x$ 在点 $\left(\frac{\pi}{4},1\right)$ 处的曲率及曲率半径.

习　题　4-7(B)

1. 求摆线 $\begin{cases}x=a(\theta-\sin\theta),\\ y=a(1-\cos\theta)\end{cases}$ $(0\leqslant\theta\leqslant 2\pi)$ 的曲率,并讨论在摆线上哪一点曲率最小?最小的曲率是多少($a>0$)?

总习题 4

1. 填空题

(1)设 $f(x)=(x-1)(x-2)(x-3)(x-4)$,方程 $f'(x)=0$ 有____个根,它们分别在区间__________上.

(2)如果函数 $f(x)$ 在区间 I 上的导数__________,那么 $f(x)$ 在区间 I 上是一个常数.

(3) $y=2x+\dfrac{8}{x}$ $(x>0)$在区间______单调减少,在区间______单调增加.

(4)曲线 $y=\ln(1+x^2)$ 在区间______上是凸的,在区间______上是凹的,拐点为______.

(5)若 $f(x)$ 在 $[a,b]$ 上连续、在 (a,b) 内二阶可导且______,则 $f(x)$ 在 $[a,b]$ 上的曲线是凹的.

(6)若 $f(x)=x^5+ax^3+bx$ 在 $x=1$ 时有极值56,则 $a=$____, $b=$__ .

(7)已知 $y=f(x)$ 二阶可导, $f''(x_0)=0$ 是点 $(x_0,f(x_0))$ 为曲线拐点的_______条件.

(8)函数 $y=\sin x-\cos x$ 在区间 $(0,2\pi)$ 内的极大值点是______,极小值点是______.

(9)设函数 $f(x)$ 在点 x_0 处具有导数,且在 x_0 处取得极值,则该函数在 x_0 处的导数 $f'(x_0)=$__________.

2. 选择题

(1)下列函数在给定区间上不满足拉格朗日定理的有(　　).

A. $y=|x|$, $[-1,2]$　　B. $y=4x^3-5x^2+x-1$, $[0,1]$

C. $y=\ln(1+x^2)$, $[0,3]$　　D. $y=\dfrac{2x}{1+x^2}$, $[-1,1]$

(2)函数 $f(x)$ 在点 x_0 处连续但不可导,则该点一定(　　).

A. 是极值点　　B. 不是极值点　　C. 不是拐点　　D. 不是驻点

(3)如果函数 $f(x)$ 在区间 (a,b) 内恒有 $f'(x)>0$, $f''(x)>0$,则函数的曲线为(　　).

A. 上升的凸弧　　B. 下降的凸弧　　C. 上升的凹弧　　D. 下降的凹弧

3. 利用洛必达法则求下列极限:

(1) $\lim\limits_{x\to0}\dfrac{(1+x)^{\alpha}-1}{x}$;　　(2) $\lim\limits_{x\to1}\dfrac{\cos^2\frac{\pi}{2}x}{(x-1)^2}$;

(3) $\lim\limits_{x\to+\infty}\dfrac{\ln(1+x)}{e^x}$;　　(4) $\lim\limits_{x\to0}\dfrac{e^x+e^{-x}-2}{1-\cos x}$;

(5) $\lim\limits_{x\to0}\left(\dfrac{1}{x}-\dfrac{1}{\ln(1+x)}\right)$;　　(6) $\lim\limits_{x\to+\infty}x\left(\arctan x-\dfrac{\pi}{2}\right)$;

(7) $\lim\limits_{x\to0^+}x^x$;　　(8) $\lim\limits_{x\to+\infty}(x+e^x)^{\frac{1}{x}}$.

4. 证明不等式:

(1)当 $x>4$ 时, $2^x>x^2$;

(2)若 $x>0$,则 $\sin x>x-\dfrac{1}{6}x^3$;

(3) 当 $x<1$ 时, $e^x\leqslant\dfrac{1}{1-x}$;

(4)当 $x>0$ 时,证明 $\dfrac{x}{1+x}<\ln(1+x)<x$.

5. 求下列函数的单调区间、极值、凹凸区间及拐点,并描绘函数图像:

(1) $y=x-e^x$;　　(2) $y=\dfrac{(x-2)(3-x)}{x^2}$.

6. 设 $f(x)$ 在 x 处二阶导数存在且连续,求 $\lim\limits_{h\to0}\dfrac{f(x+h)+f(x-h)-2f(x)}{h^2}$.

7. 设曲线 $f(x)=ax^2+bx+c$ 在 $x=-1$ 时取得极值,且与曲线 $g(x)=3x^2$ 相切于点 $(1,3)$,试确定常数 a , b 和 c .

8. 设 $f(x)=ax^3+bx^2+cx+d$ 有拐点 $(1,2)$,并在该点有水平切线, $f(x)$ 交 x 轴于点 $(3,0)$,求 $f(x)$.

相关科学家简介

拉格朗日

约瑟夫·拉格朗日（1736～1813），法国数学家、物理学家．他在数学、力学和天文学三个学科领域中都有历史性的贡献，其中尤以数学方面的成就最为突出．

拉格朗日科学研究所涉及的领域极其广泛．他在数学上最突出的贡献是使数学分析与几何、力学脱离开来，使数学的独立性更为清楚，从此数学不再仅仅是其他学科的工具．拉格朗日总结了18世纪的数学成果，同时又为19世纪的数学研究开辟了道路，堪称法国最杰出的数学大师．同时，他的关于月球运动（三体问题）、行星运动、轨道计算、两个不动中心问题、流体力学等方面的成果，在使天文学力学化、力学分析化上，也起到了历史性的作用，促进了力学和天体力学的进一步发展，成为这些领域的开创性或奠基性研究．

第 5 章　不定积分

逆运算在数学运算中占有很重要的地位,例如加法与减法、乘法与除法都可以看做是互逆运算. 第 3 章我们系统地学习了一元函数的导数与微分运算,那么导数与微分运算是否有类似的逆运算？即能否寻求一个可导函数,使它的导函数等于已知函数？

第 1 节　原函数与不定积分

一、原函数的概念

定义 1　如果在区间 I 上,可导函数 $F(x)$ 的导数为 $f(x)$,即对任意 $x \in I$,都有

$$F'(x) = f(x) \text{ 或 } \mathrm{d}F(x) = f(x)\mathrm{d}x ,$$

则称函数 $F(x)$ 为函数 $f(x)$ 在区间 I 上的原函数.

例如,因为 $(\sin x)' = \cos x$,故正弦函数 $\sin x$ 是余弦函数 $\cos x$ 的一个原函数.

又如,当 $x \in (0, +\infty)$ 时, $(\ln x)' = \dfrac{1}{x}$,故函数 $\ln x$ 是函数 $\dfrac{1}{x}$ 在区间 $(0, +\infty)$ 内的一个原函数,而函数 $\dfrac{1}{x}$ 是函数 $\ln x$ 的导函数.

由这些例子看出,求原函数就是求导函数的逆运算. 函数 $f(x)$ 满足什么条件才有原函数？我们先介绍一个结论.

定理 1(原函数存在定理)　如果函数 $f(x)$ 在区间 I 上连续,那么在该区间 I 上存在可导函数 $F(x)$,使对任意 $x \in I$ 都有

$$F'(x) = f(x)$$

成立.

简单地说就是:**连续函数一定有原函数.**

我们知道一切初等函数在其定义区间上都连续,所以一切初等函数都有原函数.

另外,例如 $(x^2)' = 2x$,所以函数 x^2 为函数 $2x$ 的一个原函数;又因为 $(x^2 + 1)' = 2x$,所以函数 $(x^2 + 1)$ 也为函数 $2x$ 的一个原函数;显然 $(x^2 + C)' = 2x$ (C 为任意常数),则函数 $x^2 + C$ 也为函数 $2x$ 的原函数.

因此,若函数 $f(x)$ 在区间 I 上有一个原函数 $F(x)$,则函数 $f(x)$ 在区间 I 上有无穷多个原函数.那么任意两个原函数之间有什么关系？

已知函数 $F(x)$ 为函数 $f(x)$ 在区间 I 上的一个原函数,则 $\forall x \in I$,有 $F'(x) = f(x)$. 设函数 $\Phi(x)$ 为函数 $f(x)$ 的另一个原函数,即对 $\forall x \in I$,有 $\Phi'(x) = f(x)$,于是

$$[\Phi(x) - F(x)]' = \Phi'(x) - F'(x) = f(x) - f(x) = 0 .$$

因此

$$\Phi(x) - F(x) = C .$$

这表明函数 $\Phi(x)$ 与 $F(x)$ 只差一个常数,因此,当 C 为任意常数时,函数 $f(x)$ 的任一原函数可表示为

$$F(x)+C,$$

而 $f(x)$ 的全体原函数所组成的集合,就是函数族

$$\{F(x)+C \mid -\infty<C<+\infty\}.$$

由以上说明,我们引出下述定义.

二、不定积分

1. 不定积分的定义

定义 2　在区间 I 上,函数 $f(x)$ 的带有任意常数项的原函数称为 $f(x)$（或 $f(x)\mathrm{d}x$）在区间 I 上的不定积分,记作

$$\int f(x)\mathrm{d}x,$$

其中称 $\int$ 为积分号, $f(x)$ 为被积函数, $f(x)\mathrm{d}x$ 为被积表达式, x 为积分变量.

注　若函数 $F(x)$ 为函数 $f(x)$ 在区间 I 上的一个原函数,那么 $F(x)+C$ 就是 $f(x)$ 的不定积分,即 $\int f(x)\mathrm{d}x=F(x)+C$.

例 1　求不定积分 $\int 2x\mathrm{d}x$.

解　因为 $(x^2)'=2x$,所以 x^2 是 $2x$ 的一个原函数. 因此

$$\int 2x\mathrm{d}x=x^2+C\ (C\text{ 为任意常数}).$$

例 2　求不定积分 $\int\cos x\mathrm{d}x$.

解　因为 $(\sin x)'=\cos x$,所以 $\sin x$ 是 $\cos x$ 的一个原函数.
因此

$$\int\cos x\mathrm{d}x=\sin x+C.$$

例 3　求不定积分 $\int\frac{1}{x}\mathrm{d}x$.

解　因为当 $x>0$ 时, $(\ln x)'=\frac{1}{x}$,所以函数 $\ln x$ 是函数 $\frac{1}{x}$ 在区间 $(0,+\infty)$ 内的一个原函数,因此在 $(0,+\infty)$ 内有

$$\int\frac{1}{x}\mathrm{d}x=\ln x+C,$$

又因为当 $x<0$ 时, $(\ln(-x))'=\frac{1}{x}$,所以函数 $\ln(-x)$ 是函数 $\frac{1}{x}$ 在区间 $(-\infty,0)$ 内的一个原函数,因此在 $(-\infty,0)$ 内有

$$\int\frac{1}{x}\mathrm{d}x=\ln(-x)+C.$$

于是,把 $x>0$ 及 $x<0$ 的结果合起来,得

$$\int \frac{1}{x}dx = \ln |x| + C .$$

例 4 设曲线通过点(2,5),且其上任一点处的切线斜率等于这点横坐标的两倍,求此曲线方程.

解 设所求曲线方程为 $y = f(x)$. 由导数的几何意义,可知曲线上任意点 (x,y) 处切线斜率为

$$\frac{dy}{dx} = 2x ,$$

即函数 $f(x)$ 是 $2x$ 的一个原函数,因为

$$y = \int 2x dx = x^2 + C .$$

所以,曲线方程是 $y = x^2 + C$,又所求曲线过点(2,5),故

$$5 = 2^2 + C ,$$

得 $C = 1$,从而得所求曲线方程为

$$y = x^2 + 1 .$$

2. 不定积分的几何意义

函数 $f(x)$ 的原函数的图形称为函数 $f(x)$ 的积分曲线. 设函数 $f(x)$ 的一个原函数为 $F(x)$,在几何上 $y = F(x)$ 所表示的曲线就是积分曲线.

因为

$$F'(x) = f(x) ,$$

故积分曲线上点 x 处的切线斜率恰好等于被积函数 $f(x)$ 在点 x 处的函数值.

如果将积分曲线沿 y 轴方向上下移动,就得到所有的积分曲线

$$y = F(x) + C \quad (C 为任意常数),$$

将其称为**积分曲线族(图 5-1)**.

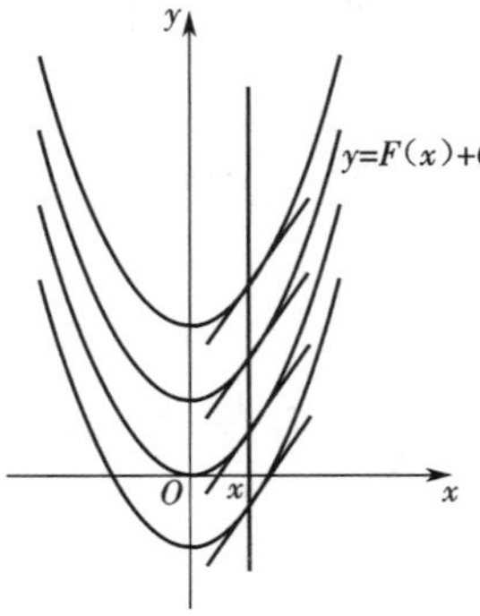

图 5-1

显然,任意两条积分曲线 $y = y_1(x)$,$y = y_2(x)$,有 $y_1(x) - y_2(x) = C$;所有积分曲线在横坐标 x 点处切线斜率均为函数 $f(x)$,即互相平行.

3. 微分运算与积分运算的关系

由于 $\int f(x) dx$ 是 $f(x)$ 的原函数,所以

$$\frac{\mathrm{d}}{\mathrm{d}x}\left[\int f(x)\mathrm{d}x\right] = f(x) \text{ 或 } \mathrm{d}\left[\int f(x)\mathrm{d}x\right] = f(x)\mathrm{d}x.$$

又由于 $F(x)$ 是 $F'(x)$ 的原函数,所以

$$\int F'(x)\mathrm{d}x = F(x) + C \text{ 或} \int \mathrm{d}F(x) = F(x) + C.$$

三、基本积分表

求原函数可视为求导运算的逆运算,我们可将微分法的每一个基本公式反推出相应的积分公式.

例如 $(\arctan x)' = \frac{1}{1+x^2}$,所以 $\int \frac{\mathrm{d}x}{1+x^2} = \arctan x + C$.因此一个导数公式对应一个不定积分公式,下面把与导数公式相应的基本不定积分公式列表如下.

(1) $\int k\mathrm{d}x = kx + C$($k$ 为常数);

(2) $\int x^{\mu}\mathrm{d}x = \frac{1}{\mu+1}x^{\mu+1} + C(\mu \neq -1)$;

(3) $\int \frac{1}{x}\mathrm{d}x = \ln|x| + C$;

(4) $\int a^x\mathrm{d}x = \frac{a^x}{\ln a} + C$;

(5) $\int \mathrm{e}^x\mathrm{d}x = \mathrm{e}^x + C$;

(6) $\int \sin x\mathrm{d}x = -\cos x + C$;

(7) $\int \cos x\mathrm{d}x = \sin x + C$;

(8) $\int \frac{1}{\cos^2 x}\mathrm{d}x = \int \sec^2 x\mathrm{d}x = \tan x + C$;

(9) $\int \frac{1}{\sin^2 x}\mathrm{d}x = \int \csc^2 x\mathrm{d}x = -\cot x + C$;

(10) $\int \sec x\tan x\mathrm{d}x = \sec x + C$;

(11) $\int \csc x\cot x\mathrm{d}x = -\csc x + C$;

(12) $\int \frac{\mathrm{d}x}{\sqrt{1-x^2}} = \arcsin x + C$;

(13) $\int \frac{\mathrm{d}x}{1+x^2} = \arctan x + C$;

以上 13 个基本积分公式,是求不定积分的基础,必须熟记.

例 5　求 $\int \frac{\mathrm{d}x}{x^2}$.

解　$\int \frac{\mathrm{d}x}{x^2} = \int x^{-2}\mathrm{d}x = \frac{x^{-2+1}}{-2+1} + C = -\frac{1}{x} + C.$

例 6 求不定积分 $\int 2^x e^x dx$.

解 $\int 2^x e^x dx = \int (2e)^x dx = \frac{(2e)^x}{\ln(2e)} + C = \frac{(2e)^x}{1+\ln 2} + C$.

四、不定积分的性质

根据不定积分的定义，可以推得不定积分有如下两个性质：

性质 1 设函数 $f(x)$，$g(x)$ 的原函数存在，则

$$\int [f(x) + g(x)] dx = \int f(x) dx + \int g(x) dx . \tag{1}$$

证 将式(1)右端求导，得

$$\left[\int f(x) dx + \int g(x) dx\right]' = \left[\int f(x) dx\right]' + \left[\int g(x) dx\right]' = f(x) + g(x) .$$

说明式(1)右端是 $f(x) + g(x)$ 的原函数，又式(1)右端有两个积分记号，形式上含有两个任意常数，由于任意常数之和仍然为任意常数，故实际上含有一个任意常数，因此式(1)右端是 $f(x) + g(x)$ 的不定积分.

注 性质 1 对于有限个函数都是成立的.

性质 2 设函数 $f(x)$ 的原函数存在，k 为非零常数，则

$$\int kf(x) dx = k\int f(x) dx .$$

利用基本积分表以及不定积分的这两个性质，可以求出一些简单函数的不定积分.

例 7 求不定积分 $\int (3x^2 - 4x + 2) dx$.

解 $\int (3x^2 - 4x + 2) dx = 3\int x^2 dx - 4\int x dx + 2\int dx = x^3 - 2x^2 + 2x + C.$

例 8 求不定积分 $= \int \sqrt{x}(x^2 - 5) dx$.

解 $\int \sqrt{x}(x^2 - 5) dx = \int (x^{\frac{5}{2}} - 5x^{\frac{1}{2}}) dx = \int x^{\frac{5}{2}} dx - 5\int x^{\frac{1}{2}} dx = \frac{2}{7}x^{\frac{7}{2}} - \frac{10}{3}x^{\frac{3}{2}} + C$.

例 9 求不定积分 $\int (e^x - 3\cos x) dx$.

解 $\int (e^x - 3\cos x) dx = \int e^x dx - 3\int \cos dx = e^x - 3\sin x + C$.

例 10 求不定积分 $\int \tan^2 x dx$.

解 $\int \tan^2 x dx = \int (\sec^2 x - 1) dx = \tan x - x + C$.

例 11 求不定积分 $\int \sin^2 \frac{x}{2} dx$.

解 $\int \sin^2 \frac{x}{2} dx = \int \frac{1 - \cos x}{2} dx = \frac{1}{2}(x - \sin x) + C$.

例 12 求不定积分 $\int \frac{\cos 2x dx}{\cos^2 x \sin^2 x}$.

解 $\int \frac{\cos 2x\mathrm{d}x}{\cos^2 x\sin^2 x} = \int \frac{\cos^2 x - \sin^2 x}{\cos^2 x\sin^2 x}\mathrm{d}x = \int \frac{\mathrm{d}x}{\sin^2 x} - \int \frac{\mathrm{d}x}{\cos^2 x}$

$= -\cot x - \tan x + C.$

例 13 求不定积分 $\int \frac{\mathrm{d}x}{\sin^2 \frac{x}{2}\cos^2 \frac{x}{2}}$.

解 $\int \frac{\mathrm{d}x}{\sin^2 \frac{x}{2}\cos^2 \frac{x}{2}} = 4\int \frac{\mathrm{d}x}{\sin^2 x} = -4\cot x + C.$

注 例 10—例 13 被积函数均利用了三角恒等式变形,化成基本积分公式表中的类型,再积分.

例 14 求不定积分 $\int \frac{(x-\sqrt{x})(1+\sqrt{x})}{\sqrt[3]{x}}\mathrm{d}x$.

解 $\int \frac{(x-\sqrt{x})(1+\sqrt{x})}{\sqrt[3]{x}}\mathrm{d}x = \int \frac{x + x\sqrt{x} - \sqrt{x} - x}{\sqrt[3]{x}}\mathrm{d}x = \int \frac{x\sqrt{x} - \sqrt{x}}{\sqrt[3]{x}}\mathrm{d}x$

$= \int x^{\frac{7}{6}}\mathrm{d}x - \int x^{\frac{1}{6}}\mathrm{d}x = \frac{6}{13}x^{\frac{13}{6}} - \frac{6}{7}x^{\frac{7}{6}} + C.$

例 15 求不定积分 $\int \frac{x^4}{1+x^2}\mathrm{d}x$.

解 $\int \frac{x^4}{1+x^2}\mathrm{d}x = \int \frac{x^4 - 1 + 1}{1+x^2}\mathrm{d}x = \int \frac{(x^2-1)(x^2+1)+1}{1+x^2}\mathrm{d}x$

$= \int\left[x^2 - 1 + \frac{1}{1+x^2}\right]\mathrm{d}x = \frac{1}{3}x^3 - x + \arctan x + C.$

习　题 5-1(A)

1. 下列等式中成立的是(　　).

A. $\mathrm{d}\int f(x)\mathrm{d}x = f(x)$　　B. $\frac{\mathrm{d}}{\mathrm{d}x}\int f(x)\mathrm{d}x = f(x)\mathrm{d}x$

C. $\frac{\mathrm{d}}{\mathrm{d}x}\int f(x)\mathrm{d}x = f(x) + C$　　D. $\mathrm{d}\int f(x)\mathrm{d}x = f(x)\mathrm{d}x$

2. 在区间 (a,b) 内,如果 $f'(x) = g'(x)$,则下列各式一定成立的是(　　).

A. $f(x) = g(x)$　　B. $f(x) = g(x) + 1$

C. $(\int f(x)\mathrm{d}x)' = (\int g(x)dx)'$　　D. $\int f'(x)\mathrm{d}x = \int g'(x)\mathrm{d}x$

3. 求下列不定积分:

(1) $\int \frac{1}{x^2}\mathrm{d}x$;　　(2) $\int x\sqrt{x}\mathrm{d}x$;

(3) $\int \frac{1}{\sqrt{x}}\mathrm{d}x$;　　(4) $\int \frac{\mathrm{d}x}{x^2\sqrt{x}}$;

(5) $\int\left(\sqrt[3]{x} - \frac{1}{\sqrt{x}}\right)\mathrm{d}x$;　　(6) $\int \sqrt[m]{x^n}\mathrm{d}x$

(7) $\int \frac{(1-x)^2}{\sqrt{x}}dx$；

(8) $\int \sqrt{x}(x-3)dx$

(9) $\int (2^x + x^2)dx$；

(10) $\int \left(\frac{x}{2} - \frac{1}{x} + \frac{3}{x^3} - \frac{4}{x^4}\right)dx$；

(11) $\int \left(\frac{3}{1+x^2} - \frac{2}{\sqrt{1-x^2}}\right)dx$；

(12) $\int \frac{e^{2x}-1}{e^x-1}dx$；

(13) $\int \cos^2 \frac{x}{2}dx$；

(14) $\int \frac{\cos 2x}{\cos x - \sin x}dx$.

4. 设 $\int xf(x)dx = \arccos x + C$，求 $f(x)$.

5. 求下列不定积分：

(1) $\int \frac{3x^4+3x^2+1}{x^2+1}dx$；

(2) $\int \frac{x^2}{1+x^2}dx$；

(3) $\int \sqrt{x\sqrt{x\sqrt{x}}}dx$；

(4) $\int \frac{1}{x^2(1+x^2)}dx$；

(5) $\int 3^x e^x dx$；

(6) $\int \cot^2 x dx$；

(7) $\int \frac{2\cdot 3^x - 5\cdot 2^x}{3^x}dx$；

(8) $\int \frac{1}{1+\cos 2x}dx$；

(9) $\int \frac{1+\cos^2 x}{1+\cos 2x}dx$；

(10) $\int \left(\sqrt{\frac{1-x}{1+x}} + \sqrt{\frac{1+x}{1-x}}\right)dx$；

(11) $\int \left(1-\frac{1}{x^2}\right)\sqrt{x\sqrt{x}}dx$；

(12) $\int (2e^x + \frac{3}{x})dx$.

6. 曲线通过点 $(e^2, 3)$，且在任意点处的切线的斜率都等于该点的横坐标的倒数，求此曲线的方程.

7. 一物体由静止开始运动，经 t 秒后的速度是 $3t^2$ (m/s). 问：

(1)在 3 秒后物体离开出发点的距离是多少？

(2)物体走完 360 m 需要多少时间？

习　题 5-1(B)

1. 设 $f(x)$ 是连续函数，$F(x)$ 是 $f(x)$ 的原函数，则（　　）.

A. 当 $f(x)$ 是奇函数时，$F(x)$ 必是偶函数.

B. 当 $f(x)$ 是偶函数时，$F(x)$ 必是奇函数.

C. 当 $f(x)$ 是周期函数时，$F(x)$ 必是周期函数.

D. 当 $f(x)$ 是单调增函数时，$F(x)$ 必是单调.

2. 设 $f'(\ln x) = x+1$，则求 $f(x)$.

3. 已知曲线 $y=f(x)$ 在任意点处的切线斜率为 $ax(x-1)$ $(a<0)$，且 $f(x)$ 的极小值为 2，极大值为 6，求 $f(x)$.

第 2 节　换元积分法

上节利用不定积分的基本积分表及性质可以求出一些不定积分，但所能计算的不定积分是很有限的，必须寻求不定积分的其他方法. 本节要介绍的换元积分法，实质为复合函数求导运算的逆运算，可分为第一类换元积分法和第二类换元积分法.

一、第一类换元积分法

设函数 $f(u)$ 具有原函数 $F(u)$ ，即

$$F'(u)=f(u),\int f(u)\mathrm{d}u=F(u)+C.$$

如果函数 $u=\varphi(x)$ 是中间变量，且设 $\varphi(x)$ 可微，那么，根据复合函数微分法，有

$$\mathrm{d}F[\varphi(x)]=f[\varphi(x)]\varphi'(x)\mathrm{d}x.$$

从而由不定积分的定义可得：

$$\int f[\varphi(x)]\varphi'(x)\mathrm{d}x=F[\varphi(x)]+C=[\int f(u)\mathrm{d}u]_{u=\varphi(x)}.$$

于是有如下定理.

定理 1　设函数 $f(u)$ 具有原函数，且 $u=\varphi(x)$ 可导，则有换元公式

$$\int f[\varphi(x)]\varphi'(x)\mathrm{d}x=[\int f(u)\mathrm{d}u]_{u=\varphi(x)}.$$

注　$\int f[\varphi(x)]\varphi'(x)\mathrm{d}x$ 是一个整体符号，但同导数 $\frac{\mathrm{d}y}{\mathrm{d}x}$ 可以看做微商类似，表达式中的 $\mathrm{d}x$ 也可看做变量 x 的微分，从而 $\varphi'(x)\mathrm{d}x=\mathrm{d}u$ ，那么就可简化被积表达式，算出结果.

例 1　$\int 2\cos 2x\mathrm{d}x$.

解　被积函数中 $\cos 2x$ 是复合函数：$\cos 2x=\cos u$ ，$u=2x$.

被积函数中的常数因子 2 恰好是中间变量 u 的导数，即 $\mathrm{d}u=2\mathrm{d}x$ ，因此可做变量代换 $u=2x$ ，便有

$$\int 2\cos 2x\mathrm{d}x=\int\cos 2x\cdot 2\mathrm{d}x=\int\cos 2x\cdot(2x)'\mathrm{d}x$$

$$=\int\cos u\mathrm{d}u=\sin u+C,$$

再以 $u=2x$ 代入，得

$$\int 2\cos 2x\mathrm{d}x=\sin 2x+C.$$

例 2 求不定积分 $\int\frac{2\mathrm{d}x}{3+2x}$.

解　被积函数中 $\frac{1}{3+2x}=\frac{1}{u}$，$u=3+2x$ ，而 $\mathrm{d}u=2\mathrm{d}x$ ，因此可做变量代换 $3+2x=u$ ，从而

$$\int\frac{2\mathrm{d}x}{3+2x}=\int\frac{1}{3+2x}(3+2x)'\mathrm{d}x=\int\frac{\mathrm{d}u}{u}=\ln|u|+C,$$

回代变量 $3+2x=u$ ，所以

$$\int\frac{2\mathrm{d}x}{3+2x}=\ln|3+2x|+C.$$

一般地　积分 $\int f(ax+b)\mathrm{d}x=\frac{1}{a}\int f(ax+b)\mathrm{d}(ax+b)$ ，令 $ax+b=u$ ，

则

$$\int f(ax+b)\,\mathrm{d}x = \frac{1}{a}\left[\int f(u)\,\mathrm{d}u\right]_{u=ax+b}.$$

例 3 求不定积分 $\int \frac{\mathrm{d}x}{x(1+2\ln x)}$.

解 $$\int \frac{\mathrm{d}x}{x(1+2\ln x)} = \int \frac{\frac{1}{x}\mathrm{d}x}{(1+2\ln x)} = \int \frac{\mathrm{d}(\ln x)}{1+2\ln x} = \frac{1}{2}\int \frac{\mathrm{d}(2\ln x)}{1+2\ln x}$$
$$= \frac{1}{2}\int \frac{\mathrm{d}(1+2\ln x)}{1+2\ln x} = \frac{1}{2}\ln|1+2\ln x| + C.$$

注 对于变量代换比较熟练以后,就不用写出中间变量.

例 4 求不定积分 $\int \frac{\mathrm{d}x}{a^2+x^2}$ $(a\neq 0)$.

解 因为

$$\int \frac{\mathrm{d}x}{a^2+x^2} = \frac{1}{a^2}\int \frac{\mathrm{d}x}{1+\left(\frac{x}{a}\right)^2},$$

故令 $u=\frac{x}{a}$,则

$$\mathrm{d}u = \frac{1}{a}\mathrm{d}x.$$

$$原式 = \frac{1}{a^2}\int \frac{a\mathrm{d}u}{1+u^2} = \frac{1}{a}\int \frac{\mathrm{d}u}{1+u^2} = \frac{1}{a}\arctan u + C.$$

回代变量,即得

$$\int \frac{\mathrm{d}x}{a^2+x^2} = \frac{1}{a}\arctan\frac{x}{a} + C.$$

例 5 求不定积分 $\int \frac{\mathrm{d}x}{\mathrm{e}^x+\mathrm{e}^{-x}}$.

解 运用例 4 的结论易知

$$\int \frac{\mathrm{d}x}{\mathrm{e}^x+\mathrm{e}^{-x}} = \int \frac{\mathrm{e}^x\mathrm{d}x}{\mathrm{e}^{2x}+1} = \int \frac{\mathrm{d}(\mathrm{e}^x)}{(\mathrm{e}^x)^2+1} = \arctan \mathrm{e}^x + C.$$

例 6 求不定积分 $\int x\sqrt{1-x^2}\,\mathrm{d}x$.

解 $$\int x\sqrt{1-x^2}\,\mathrm{d}x = \frac{1}{2}\int \sqrt{1-x^2}\,\mathrm{d}(x^2) = -\frac{1}{2}\int \sqrt{1-x^2}\,\mathrm{d}(-x^2)$$
$$= -\frac{1}{2}\int \sqrt{1-x^2}\,\mathrm{d}(1-x^2) = -\frac{1}{2}\cdot\frac{2}{3}(1-x^2)^{\frac{3}{2}} + C$$
$$= -\frac{1}{3}(1-x^2)^{\frac{3}{2}} + C.$$

例 7 求不定积分 $\int \frac{\mathrm{d}x}{\sqrt{a^2-x^2}}(a>0)$.

解 $\int \frac{dx}{\sqrt{a^2 - x^2}} = \frac{1}{a}\int \frac{dx}{\sqrt{1 - \left(\frac{x}{a}\right)^2}} = \int \frac{d\left(\frac{x}{a}\right)}{\sqrt{1 - \left(\frac{x}{a}\right)^2}} = \arcsin \frac{x}{a} + C.$

即有

$$\int \frac{dx}{\sqrt{a^2 - x^2}} = \arcsin \frac{x}{a} + C.$$

例 8 求不定积分 $\int \frac{dx}{\sqrt{3 + 2x - x^2}}$.

解 $\int \frac{dx}{\sqrt{3 + 2x - x^2}} = \int \frac{dx}{\sqrt{3 + (2x - x^2)}} = \int \frac{dx}{\sqrt{3 - (x^2 - 2x + 1) + 1}}$,

运用例 7 的结论易知

$$\text{原式} = \int \frac{d(x-1)}{\sqrt{2^2 - (x-1)^2}} = \arcsin \frac{x-1}{2} + C.$$

例 9 求不定积分 $\int \frac{dx}{x^2 - a^2}$.

解 因为

$$\frac{1}{x^2 - a^2} = \frac{1}{2a}\left(\frac{1}{x-a} - \frac{1}{x+a}\right),$$

所以

$$\begin{aligned}
\int \frac{dx}{x^2 - a^2} &= \frac{1}{2a}\int\left(\frac{1}{x-a} - \frac{1}{x+a}\right)dx \\
&= \frac{1}{2a}(\ln|x-a| - \ln|x+a|) + C \\
&= \frac{1}{2a}\ln\left|\frac{x-a}{x+a}\right| + C.
\end{aligned}$$

即有

$$\int \frac{dx}{x^2 - a^2} = \frac{1}{2a}\ln\left|\frac{x-a}{x+a}\right| + C.$$

例 10 求不定积分 $\int \tan x dx$.

解 $\int \tan x dx = \int \frac{\sin x}{\cos x}dx = \int \frac{-d(\cos x)}{\cos x} = -\ln|\cos x| + C.$

同理得

$$\int \cot x dx = \ln|\sin x| + C.$$

例 11 求不定积分 $\int \csc x dx$.

解 应用例 9 结果,可得

$$\int \csc x dx = \int \frac{dx}{\sin x} = \int \frac{\sin x}{\sin^2 x}dx = -\int \frac{d(\cos x)}{1 - \cos^2 x} = \frac{1}{2}\ln\left|\frac{1-\cos x}{1+\cos x}\right| + C$$

$$= \frac{1}{2}\ln\left|\frac{(1-\cos x)^2}{\sin^2 x}\right| + C = \ln\left|\frac{1-\cos x}{\sin x}\right| + C$$

$$= \ln|\csc x - \cot x| + C.$$

例 12 求不定积分 $\int \sec x \mathrm{d}x$.

解 $\int \sec x \mathrm{d}x = \int \frac{\mathrm{d}x}{\cos x} = \int \frac{\mathrm{d}\left(x+\frac{\pi}{2}\right)}{\sin\left(x+\frac{\pi}{2}\right)}$

$$= \ln\left|\csc\left(x+\frac{\pi}{2}\right) - \cot\left(x+\frac{\pi}{2}\right)\right| + C$$

$$= \ln|\sec x + \tan x| + C.$$

例 13 求不定积分 $\int \sin^2 x \mathrm{d}x$.

解 $\int \sin^2 x \mathrm{d}x = \frac{1}{2}\int(1-\cos 2x)\mathrm{d}x = \frac{1}{2}\left[\int \mathrm{d}x - \int \cos 2x \mathrm{d}x\right]$

$$= \frac{1}{2}x - \frac{1}{4}\sin 2x + C.$$

例 14 求不定积分 $\int \cos^4 x \mathrm{d}x$.

解 $\int \cos^4 x \mathrm{d}x = \int\left[\frac{1}{2}(1+\cos 2x)\right]^2 \mathrm{d}x = \frac{1}{4}\int(1+2\cos 2x+\cos^2 2x)\mathrm{d}x$

$$= \frac{1}{4}\int\left(1+2\cos 2x+\frac{1+\cos 4x}{2}\right)\mathrm{d}x$$

$$= \frac{1}{4}\int\left(\frac{3}{2}+2\cos 2x+\frac{1}{2}\cos 4x\right)\mathrm{d}x$$

$$= \frac{3}{8}x + \frac{1}{4}\sin 2x + \frac{1}{32}\sin 4x + C.$$

例 15 求不定积分 $\int \sin^3 x \mathrm{d}x$.

解 $\int \sin^3 x \mathrm{d}x = -\int(1-\cos^2 x)\mathrm{d}(\cos x) = -\cos x + \frac{1}{3}\cos^3 x + C.$

例 16 求不定积分 $\int \sin^2 x\cos^5 x \mathrm{d}x$.

解 $\int \sin^2 \cos^5 x \mathrm{d}x = \int \sin^2 x(1-\sin^2 x)^2 \cdot \cos x \mathrm{d}x$

$$= \int \sin^2 x(1-2\sin^2 x+\sin^4 x)\mathrm{d}(\sin x)$$

$$= \int(\sin^2 x - 2\sin^4 x + \sin^6 x)\mathrm{d}(\sin x)$$

$$= \frac{1}{3}\sin^3 x - \frac{2}{5}\sin^5 x + \frac{1}{7}\sin^7 x + C.$$

例 17 求不定积分 $\int \sec^6 x \mathrm{d}x$.

解 $\int \sec^6 x dx = \int \sec^4 x \sec^2 x dx = \int (1+\tan^2 x)^2 d(\tan x)$

$$= \int (1+2\tan^2 x+\tan^4 x) d(\tan x)$$

$$= \tan x + \frac{2}{3}\tan^3 x + \frac{1}{5}\tan^5 x + C.$$

例 18 求不定积分 $\int \tan^5 x \cdot \sec^3 x dx$.

解 $\int \tan^5 x \cdot \sec^3 x dx = \int \tan^4 x \cdot \sec^2 x d(\sec x)$

$$= \int (\sec^2 x - 1)^2 \cdot \sec^2 x d(\sec x)$$

$$= \int (\sec^6 x - 2\sec^4 x + \sec^2 x) d(\sec x)$$

$$= \frac{1}{7}\sec^7 x - \frac{2}{5}\sec^5 x + \frac{1}{3}\sec^3 x + C.$$

注 凡被积函数是 $\tan^n x$ 与 $\sec^m x$ 类函数相乘时,均可用公式 $\sec^2 x - \tan^2 x = 1$ 与 $d(\tan x) = \sec^2 x dx$, $d(\sec x) = \tan x \sec x dx$ 变形后再积分.

例 19 求不定积分 $\int \cos 3x \cdot \cos 2x dx$.

解 利用积化和差公式可得

$$\int \cos 3x \cdot \cos 2x dx = \frac{1}{2}\int (\cos x + \cos 5x) dx = \frac{1}{2}\sin x + \frac{1}{10}\sin 5x + C.$$

二、第二类换元积分法

第一类换元法可以解决大部分不定积分的计算,主要对被积函数适当凑微分后,再运用基本的积分公式.但有些被积函数不容易凑出微分,这时尝试做适当的变量代换,改变原积分的被积表达式后,运用基本积分公式求出结果,这就是我们要介绍的第二类换元法.

定理 2　设 $x=\psi(t)$ 是单调、可导函数,并且 $\psi'(t)\neq 0$,又设 $f[\psi(t)]\psi'(t)$ 具有原函数 $\Phi(t)$,则有换元公式

$$\int f(x) dx = \left[\int f[\psi(t)]\psi'(t) dt\right]_{t=\psi^{-1}(x)}$$

其中 $\psi^{-1}(x)$ 是 $x=\psi(t)$ 的反函数.

证 设 $f[\psi(t)]\psi'(t)$ 的原函数为 $\Phi(t)$,记 $\Phi[\psi^{-1}(x)] = F(x)$,利用复合函数的求导法及反函数的导数公式,得到

$$F'(x) = \frac{d\Phi}{dt}\frac{dt}{dx} = f[\psi(t)]\psi'(x)\frac{1}{\psi'(x)} = f[\psi(t)] = f(x).$$

即 $F(x)$ 是 $f(x)$ 的原函数.所以有

$$\int f(x) dx = F(x) + C = \Phi[\psi^{-1}(x)] + C = \left[\int f[\psi(t)]\psi'(t) dt\right]_{t=\psi^{-1}(x)}.$$

下面举例说明公式的应用.

例 20 计算不定积分 $\int \sqrt{a^2 - x^2} dx \ (a>0)$.

解 这个积分的困难在于有根式 $\sqrt{a^2-x^2}$,但我们可以利用三角公式

$$\sin^2 t+\cos^2 t=1$$

来去掉根号.

设 $x=a\sin t,\ -\frac{\pi}{2}<t<\frac{\pi}{2}$,$\mathrm{d}x=a\cos t\mathrm{d}t$, 那么

$$\int\sqrt{a^2-x^2}\,\mathrm{d}x=\int\sqrt{a^2-a^2\sin^2 t}\cdot a\cos t\mathrm{d}t=a^2\int\cos^2 t\mathrm{d}t$$
$$=\frac{a^2}{2}\int(1+\cos 2t)\mathrm{d}t=\frac{a^2}{2}\left[t+\frac{1}{2}\sin 2t\right]+C$$
$$=\frac{a^2}{2}t+\frac{a^2}{2}\sin t\cos t+C.$$

又因为 $x=a\sin t,\ -\frac{\pi}{2}<t<\frac{\pi}{2}$(图 5-2),所以

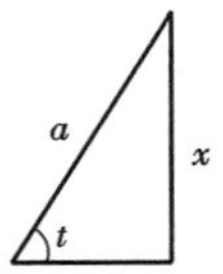

图 5-2

$$t=\arcsin\frac{x}{a},\ \cos t=\frac{\sqrt{a^2-x^2}}{a},$$

回代变量,于是

$$\int\sqrt{a^2-x^2}\,\mathrm{d}x=\frac{a^2}{2}\arcsin\frac{x}{a}+\frac{a^2}{2}\cdot\frac{x}{a}\frac{\sqrt{a^2-x^2}}{a}+C$$
$$=\frac{x}{2}\sqrt{a^2-x^2}+\frac{a^2}{2}\arcsin\frac{x}{a}+C.$$

例 21 计算不定积分 $\int\frac{\mathrm{d}x}{\sqrt{x^2+a^2}}\ (a>0)$.

解 可以利用三角公式

$$1+\tan^2 t=\sec^2 t$$

来去掉根号.

设 $x=a\tan t,\ -\frac{\pi}{2}<t<\frac{\pi}{2}$, $\mathrm{d}x=a\sec^2 t\mathrm{d}t$,于是

$$\sqrt{x^2+a^2}=a\sqrt{1+\tan^2 t}=a|\sec t|=a\sec t,$$

所以

$$\int\frac{\mathrm{d}x}{\sqrt{x^2+a^2}}=\int\frac{a\sec^2 t\mathrm{d}t}{a\sec t}=\int\sec t\mathrm{d}t=\ln|\sec t+\tan t|+C_1.$$

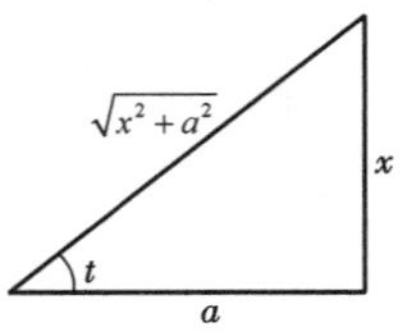

图 5-3

作三角形如图 5-3, $\sec t=\frac{\sqrt{x^2+a^2}}{a}$,且 $\sec t+\tan t>0$,

所以

$$\int\frac{\mathrm{d}x}{\sqrt{x^2+a^2}}=\ln\left(\frac{x}{a}+\frac{\sqrt{x^2+a^2}}{a}\right)+C_1=\ln\left(x+\sqrt{x^2+a^2}\right)+C,$$

其中 $C=C_1-\ln a$.

例 22 计算不定积分 $\int\frac{\mathrm{d}x}{\sqrt{4x^2+9}}$.

解　利用例21可得

$$\int \frac{\mathrm{d}x}{\sqrt{4x^2+9}} = \frac{1}{2}\int \frac{\mathrm{d}(2x)}{\sqrt{(2x)^2+3^2}} = \frac{1}{2}\ln\left(2x+\sqrt{4x^2+9}\right)+C.$$

例23　计算不定积分 $\int \frac{\mathrm{d}x}{\sqrt{x^2-a^2}}(a>0)$.

解　可以利用三角公式

$$\sec^2 t - 1 = \tan^2 t$$

来去掉根号,因为被积函数 $\frac{1}{\sqrt{x^2-a^2}}$ 的定义域为 $|x|>a$,所以分区间讨论.

(1)当 $x>a$ 时,设 $x=a\sec t\left(0<t<\frac{\pi}{2}\right)$, $\mathrm{d}x = a\sec t\tan t\mathrm{d}t$,

$$\sqrt{x^2-a^2} = \sqrt{a^2\sec^2 t - a^2} = a\sqrt{(\sec^2 t-1)} = a|\tan t| = a\tan t,$$

于是

$$\int \frac{\mathrm{d}x}{\sqrt{x^2-a^2}} = \int \frac{a\sec t\tan t\mathrm{d}t}{a\tan t} = \int \sec t\mathrm{d}t$$
$$= \ln(\sec t+\tan t)+C_1$$

作三角形(图5-4),得

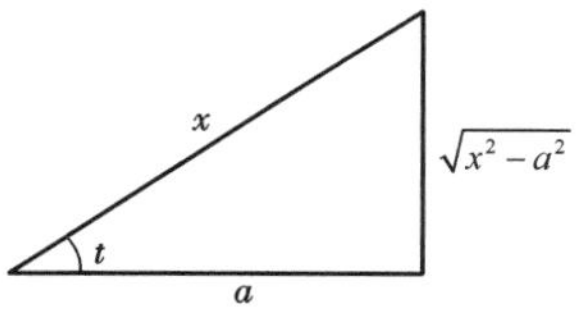

图5-4

$$\int \frac{\mathrm{d}x}{\sqrt{x^2-a^2}} = \ln\left(\frac{x}{a}+\frac{\sqrt{x^2-a^2}}{a}\right)+C_1$$
$$= \ln\left(x+\sqrt{x^2-a^2}\right)+C_1-\ln a$$
$$= \ln\left(x+\sqrt{x^2-a^2}\right)+C,$$

其中 $C=C_1-\ln a$,

(2)当 $x<-a$ 时,令 $x=-u$,那么 $u>a$,由上面讨论,得

$$\int \frac{\mathrm{d}x}{\sqrt{x^2-a^2}} = -\int \frac{\mathrm{d}u}{\sqrt{u^2-a^2}} = -\ln\left(u+\sqrt{u^2-a^2}\right)+C_1$$
$$= -\ln\left(-x+\sqrt{x^2-a^2}\right)+C_1 = \ln\frac{1}{\sqrt{x^2-a^2}-x}+C_1$$
$$= \ln\frac{-x-\sqrt{x^2-a^2}}{a^2}+C_1 = \ln\left(-x-\sqrt{x^2-a^2}\right)+C.$$

其中 $C=C_1-2\ln a$.

综上所述,当 $x>a$ 及 $x<-a$ 时,有

$$\int \frac{dx}{\sqrt{x^2 - a^2}} = \ln | x + \sqrt{x^2 - a^2} | + C .$$

注 一般被积函数含有 $\sqrt{x^2 - a^2}$，$\sqrt{x^2 + a^2}$，$\sqrt{a^2 - x^2}$ 因子，通常采用三角代换的方法.

(1)当被积函数中含 $\sqrt{a^2 - x^2}$ 时，设 $x = a\sin t$；

(2)当被积函数中含 $\sqrt{a^2 + x^2}$ 时，设 $x = a\tan t$；

(3)当被积函数中含 $\sqrt{x^2 - a^2}$ 时，设 $x = a\sec t$.

第二类换元积分法并不局限于上述几种形式，而要根据被积函数在积分时的困难所在，适当地选择变量替换.

例 24 计算不定积分 $\int \frac{dx}{1 + \sqrt{x}}$.

解 求这个积分的主要困难是 $\sqrt{x}$，所以令 $\sqrt{x} = t(t > 0) \Rightarrow x = t^2, dx = 2tdt$，则

$$\int \frac{dx}{1 + \sqrt{x}} = \int \frac{2tdt}{1 + t} = 2\int \frac{t + 1 - 1}{1 + t}dx$$

$$= 2\int (1 - \frac{1}{1 + t}) dt = 2(t - \ln | 1 + t |) + C .$$

回代变量得

$$\int \frac{dx}{1 + \sqrt{x}} = 2(\sqrt{x} - \ln | 1 + \sqrt{x} |) + C .$$

例 25 计算不定积分 $\int \frac{dx}{1 + \sqrt{e^x}}$.

解法一 令 $\sqrt{e^x} = t(t > 0) \Rightarrow x = 2\ln t, dx = \frac{2}{t}dt$，则

$$\int \frac{dx}{1 + \sqrt{e^x}} = \int \frac{\frac{2}{t}}{1 + t}dt = 2\int \frac{dt}{t + t^2} = 2\int \left(\frac{1}{t} - \frac{1}{t + 1}\right)dt$$

$$= 2[\ln t - \ln (t + 1)] + C = 2\ln \frac{t}{t + 1} + C ,$$

回代变量得

$$\int \frac{dx}{1 + \sqrt{e^x}} = 2\ln \frac{\sqrt{e^x}}{1 + \sqrt{e^x}} + C = x - 2\ln (1 + e^{\frac{x}{2}}) + C .$$

解法二 $\int \frac{dx}{1 + \sqrt{e^x}} = \int \frac{1 + e^{\frac{x}{2}} - e^{\frac{x}{2}}}{1 + e^{\frac{x}{2}}}dx = \int dx - \int \frac{e^{\frac{x}{2}}}{1 + e^{\frac{x}{2}}}dx$

$$= \int dx - 2\int \frac{\frac{1}{2}e^{\frac{x}{2}}}{1 + e^{\frac{x}{2}}}dx = \int dx - 2\int \frac{d(e^{\frac{x}{2}} + 1)}{1 + e^{\frac{x}{2}}}$$

$$= x - 2\ln (1 + e^{\frac{x}{2}}) + C .$$

下面通过例子介绍另一种很有用的代换——倒代换，利用它通常可以消掉被积函数的分母中的变量因子 x.

例 26　计算不定积分 $\int \frac{dx}{x\sqrt{3x^2-2x-1}}$ $(x>1)$.

解　设 $x=\frac{1}{t}$，那么 $dx=-\frac{dt}{t^2}$，于是

$$\int \frac{1}{x\sqrt{3x^2-2x-1}}dx=\int \frac{t}{\sqrt{\frac{3}{t^2}-\frac{2}{t}-1}}\left(-\frac{1}{t^2}\right)dt=-\int \frac{1}{\sqrt{3-2t-t^2}}dt$$

$$=-\int \frac{1}{\sqrt{4-(t+1)^2}}d(t+1)=-\arcsin\frac{t+1}{2}+C.$$

回代变量，得

$$\int \frac{dx}{x\sqrt{3x^2-2x-1}}=-\arcsin\frac{1+x}{2x}+C.$$

除了基本积分表的公式之外，补充经常用到的积分公式(其中常数 $a>0$)：

(14) $\int \tan x dx=-\ln|\cos x|+C$；

(15) $\int \cot x dx=\ln|\sin x|+C$；

(16) $\int \sec x dx=\ln|\sec x+\tan x|+C$；

(17) $\int \csc x dx=\ln|\csc x-\cot x|+C$；

(18) $\int \frac{dx}{a^2+x^2}=\frac{1}{a}\arctan\frac{x}{a}+C$；

(19) $\int \frac{dx}{\sqrt{a^2-x^2}}=\arcsin\frac{x}{a}+C$；

(20) $\int \frac{dx}{x^2-a^2}=\frac{1}{2a}\ln\left|\frac{x-a}{x+a}\right|+C$；

(21) $\int \frac{dx}{\sqrt{x^2+a^2}}=\ln(x+\sqrt{x^2+a^2})+C$；

(22) $\int \frac{dx}{\sqrt{x^2-a^2}}=\ln|x+\sqrt{x^2-a^2}|+C$.

习　题 5-2(A)

1. 计算下列不定积分：

(1) $\int (3-2x)^3 dx$；　　(2) $\int e^{3t}dt$；

(3) $\int \frac{1}{3-2x}dx$；　　(4) $\int \frac{dx}{\sqrt[3]{2-3x}}$；

(5) $\int(\sin ax - e^{\frac{x}{b}})dx \ (a \neq 0)$;

(6) $\int \frac{\sin\sqrt{t}}{\sqrt{t}}dt$;

(7) $\int \tan^{10} x \sec^2 x dx$;

(8) $\int \frac{dx}{x\ln x\ln \ln x}$;

(9) $\int \frac{xdx}{\sqrt{2-3x^2}}$;

(10) $\int \tan \sqrt{1+x^2} \frac{xdx}{\sqrt{1+x^2}}$;

(11) $\int \frac{dx}{\sin x\cos x}$;

(12) $\int x\cos (x^2)dx$;

(13) $\int \frac{dx}{2x^2-1}$;

(14) $\int \frac{3x^3}{1-x^4}dx$;

(15) $\int \frac{\sin x}{\cos^3 x}dx$;

(16) $\int \cos^2(\omega t)\sin (\omega t)dt \ (\omega \neq 0)$;

(17) $\int \frac{1-x}{\sqrt{9-4x^2}}dx$;

(18) $\int \frac{x^9}{\sqrt{2-x^{20}}}dx$.

2. 计算下列不定积分:

(1) $\int \cos^3 x dx$;

(2) $\int \sin 5x\sin 7x dx$;

(3) $\int \sin 2x\cos 3x dx$;

(4) $\int \tan^3 x\sec x dx$;

(5) $\int \frac{1}{3\cos^2 x + 4\sin^2 x}dx$;

(6) $\int \frac{10^{2\arccos x}}{\sqrt{1-x^2}}dx$;

(7) $\int \frac{\arctan\sqrt{x}}{\sqrt{x}(1+x)}dx$;

(8) $\int \frac{dx}{(\arcsin x)^2\sqrt{1-x^2}}$;

(9) $\int \frac{x^3}{9+x^2}dx$;

(10) $\int \frac{\ln \tan x}{\cos x\sin x}dx$;

(11) $\int \frac{1+\ln x}{(x\ln x)^2}dx$;

(12) $\int \frac{dx}{1-e^x}$;

(13) $\int \frac{dx}{1+\sqrt{1-x^2}}$;

(14) $\int \frac{\sqrt{x^2-9}}{x}dx$;

(15) $\int \frac{dx}{\sqrt{(x^2+1)^3}}$;

(16) $\int \frac{dx}{\sqrt{(x^2+a^2)^3}}$;

(17) $\int \frac{dx}{\sqrt{1+x-x^2}}$;

(18) $\int \frac{xdx}{1+\sqrt{2x+1}}$.

3. 计算下列不定积分:

(1) $\int \frac{xdx}{(4-5x)^2}$;

(2) $\int \frac{x^2dx}{(x-1)^{100}}$;

(3) $\int \frac{xdx}{x^8-1}$;

(4) $\int \frac{dx}{x(x^6+4)}$;

(5) $\int \frac{dx}{x^8(1-x^2)}$;

(6) $\int \sqrt{5-4x-x^2}dx$.

习　题 5-2(B)

1. 计算下列积分：

(1) $\int \frac{dx}{(2x^2+1)\sqrt{1+x^2}}$；　　(2) $\int \frac{dx}{(2-x)\sqrt{1-x}}$.

2. 已知 $f'(e^x)=xe^{-x}$，且 $f(1)=0$，求 $f(x)$.

第 3 节　分部积分法

前面由复合函数的求导公式得到换元积分公式，现在用两个函数乘积的求导公式，来推出另一个求积分的基本方法——**分部积分法**.

设函数 $u=u(x)$，$v=v(x)$ 具有连续导数，那么由两个函数乘积的导数公式

$$[uv]'=u'v+v'u$$

移项，得

$$uv'=[uv]'-u'v.$$

对上式两边求不定积分，得

$$\int uv'dx=uv-\int vu'dx, \tag{1}$$

运用微分的方法 $dv=v'dx$，$du=u'dx$，即有

$$\int udv=uv-\int vdu. \tag{2}$$

上式称为**分部积分公式**.

定理 1　若函数 $u=u(x)$，$v=v(x)$ 具有连续导数，则有 $\int udv=uv-\int vdu$.

应用定理时，适当地选择 u，v 是关键.

例 1　计算不定积分 $\int x\cos x dx$.

解　这个积分用换元积分法不易求得结果，如果运用分部积分法来计算，如何选择 u，v 呢？

如果取 $u=\cos x$，$dv=xdx$，那么

$$du=-\sin xdx,\ dv=d\left(\frac{x^2}{2}\right)\Rightarrow v=\frac{x^2}{2}$$

于是

$$\int x\cos xdx=\frac{x^2}{2}\cos x+\int\frac{x^2}{2}\sin xdx.$$

上式右端的积分比原来的积分还麻烦，这种取法不可行.

如果取 $u=x$，$dv=\cos xdx$，那么

$$du=dx,\ dv=\cos xdx=d(\sin x)\Rightarrow v=\sin x,$$

代入分部积分公式中，得

$$\int x\cos xdx=x\sin x-\int\sin xdx,$$

而 $\int \sin x\mathrm{d}x$ 很容易求出,故

$$\int x\cos x\mathrm{d}x = x\sin x + \cos x + C.$$

由此可见,选择 u 与 $\mathrm{d}v$ 非常关键,一般要考虑两点:① v 要易求;②积分 $\int v\mathrm{d}u$ 要比积分 $\int u\mathrm{d}v$ 易计算.

例 2 计算不定积分 $\int x\mathrm{e}^x\mathrm{d}x$.

解 设 $u = x$, $\mathrm{d}v = \mathrm{e}^x\mathrm{d}x$,则 $\mathrm{d}u = \mathrm{d}x$, $v = \mathrm{e}^x$,于是

$$\int x\mathrm{e}^x\mathrm{d}x = x\mathrm{e}^x - \int \mathrm{e}^x\mathrm{d}x = x\mathrm{e}^x - \mathrm{e}^x + C.$$

运用分部积分法(2)的形式,解题过程也可写做:

$$\int x\mathrm{e}^x\mathrm{d}x = \int x\mathrm{d}(\mathrm{e}^x) = x\mathrm{e}^x - \int \mathrm{e}^x\mathrm{d}x = x\mathrm{e}^x - \mathrm{e}^x + C.$$

注 若设 $u = \mathrm{e}^x$, $\mathrm{d}v = x\mathrm{d}x$,则 $\int x\mathrm{e}^x\mathrm{d}x = \frac{1}{2}x^2\mathrm{e}^x - \frac{1}{2}\int x^2\mathrm{e}^x\mathrm{d}x$,显然,积分 $\int x^2\mathrm{e}^x\mathrm{d}x$ 比积分 $\int x\mathrm{e}^x\mathrm{d}x$ 要复杂,没有达到预期目的.

例 3 计算不定积分 $\int x^2\mathrm{e}^x\mathrm{d}x$.

解 设 $u = x^2$, $\mathrm{d}v = \mathrm{e}^x\mathrm{d}x$,则 $\mathrm{d}u = 2x\mathrm{d}x$, $v = \mathrm{e}^x$,于是

$$\int x^2\mathrm{e}^x\mathrm{d}x = \int x^2\mathrm{d}(\mathrm{e}^x) = x^2\mathrm{e}^x - 2\int x\mathrm{e}^x\mathrm{d}x,$$

这里 $\int x\mathrm{e}^x\mathrm{d}x$ 的被积函数中的 x 的幂次比 $\int x^2\mathrm{e}^x\mathrm{d}x$ 要低,所以计算比较容易.

$$\begin{aligned}\int x^2\mathrm{e}^x\mathrm{d}x &= x^2\mathrm{e}^x - 2\int x\mathrm{e}^x\mathrm{d}x = x^2\mathrm{e}^x - 2\int x\mathrm{d}(\mathrm{e}^x) = x^2\mathrm{e}^x - 2[x\mathrm{e}^x - \int \mathrm{e}^x\mathrm{d}x] \\ &= x^2\mathrm{e}^x - 2x\mathrm{e}^x + 2\mathrm{e}^x + C.\end{aligned}$$

注 (1)如果要多次分部积分,函数 v 选取的类型要一致,否则会还原.

(2)上面三个例子可见,当被积函数是幂函数和正(余)弦函数或者幂函数和指数函数的乘积时,运用分部积分法一般设 u 为幂函数(假定指数为整数),这样计算比较简单.

例 4 计算不定积分 $\int x\arctan x\mathrm{d}x$.

解 设 $u = \arctan x$, $\mathrm{d}v = x\mathrm{d}x$;则

$$\mathrm{d}u = \frac{\mathrm{d}x}{1 + x^2}, v = \frac{1}{2}x^2,$$

于是

$$\begin{aligned}\int x\arctan x\mathrm{d}x &= \int \arctan x\mathrm{d}\left(\frac{x^2}{2}\right) = \frac{1}{2}x^2\arctan x - \frac{1}{2}\int \frac{x^2}{1 + x^2}\mathrm{d}x \\ &= \frac{1}{2}x^2\arctan x - \frac{1}{2}\int \frac{x^2 + 1 - 1}{x^2 + 1}\mathrm{d}x\end{aligned}$$

$$
\begin{aligned}
&= \frac{1}{2}x^2\arctan x - \frac{1}{2}\int\left(1 - \frac{1}{x^2+1}\right)dx \\
&= \frac{1}{2}x^2\arctan x - \frac{1}{2}(x - \arctan x) + C \\
&= \frac{1}{2}(x^2+1)\arctan x - \frac{1}{2}x + C.
\end{aligned}
$$

例 5　计算不定积分 $\int \arcsin x dx$.

解　设 $u = \arcsin x, dv = dx$;则

$$du = \frac{dx}{\sqrt{1-x^2}}, v = x,$$

于是

$$
\begin{aligned}
\int \arcsin x dx &= x\arcsin x - \int\frac{x dx}{\sqrt{1-x^2}} = x\arcsin x + \frac{1}{2}\int\frac{d(1-x^2)}{\sqrt{1-x^2}} \\
&= x\arcsin x + \sqrt{1-x^2} + C.
\end{aligned}
$$

例 6　计算不定积分 $\int \ln x dx$.

解　设 $u = \ln x, dv = dx$,则

$$du = \frac{1}{x}dx, v = x,$$

于是

$$\int \ln x dx = x\ln x - \int x \cdot \frac{1}{x}dx = x\ln x - \int dx = x\ln x - x + C.$$

注　(1)分部积分法运用比较熟练后,不必写出 u 与 dv,只要把被积表达式凑成 $\varphi(x)d\psi(x)$ 的形式即可.

(2)上面三个例子可见,当被积函数是幂函数和反三角函数或者幂函数和对数函数的乘积时,运用分部积分法一般设 u 为反三角函数、对数函数,这样计算比较简单.

例 7　计算不定积分 $I = \int \sec^3 x dx$.

解　因为

$$
\begin{aligned}
I &= \int \sec x \cdot \sec^2 x dx = \int \sec x \cdot d\tan x \\
&= \sec x\tan x - \int \sec x\tan^2 x dx = \sec x\tan x - \int \sec x(\sec^2 x - 1)dx \\
&= \sec x\tan x - \int \sec^3 x dx + \int \sec x dx,
\end{aligned}
$$

上式中第二项就是所求的积分 $\int \sec^3 x dx$,故将它移项到等号另一端,经过整理得

$$
\begin{aligned}
I &= \frac{1}{2}\sec x\tan x + \frac{1}{2}\int \sec x dx \\
&= \frac{1}{2}\sec x\tan x + \frac{1}{2}\ln[\sec x + \tan x] + C.
\end{aligned}
$$

例 8 计算不定积分 $I = \int e^x \sin x dx$.

解法一 因为

$$I = \int e^x \sin x dx = \int e^x d(-\cos x) = -e^x \cos x + \int e^x \cos x dx.$$

采用相同的 u 与 dv 的类型,

$$\int e^x \cos x dx = \int e^x d(\sin x),$$

于是

$$\begin{aligned} I &= -e^x \cos x + \int e^x \cos x dx \\ &= -e^x \cos x + \int e^x d(\sin x) \\ &= -e^x \cos x + (e^x \sin x - \int e^x \sin x dx), \end{aligned}$$

而

$$I = -e^x \cos x + e^x \sin x - I,$$

故

$$I = \frac{1}{2} e^x (\sin x - \cos x) + C.$$

解法二 $I = \int e^x \sin x dx = \int \sin x d(e^x)$,经过计算也可得到结果.

在积分的过程中往往要将换元法和分部积分法相结合,下面举个例子.

例 9 计算不定积分 $\int e^{\sqrt{x}} dx$.

解 令 $\sqrt{x} = t, x = t^2, dx = 2tdt$,于是

$$\int e^{\sqrt{x}} dx = \int e^t 2t dt = 2\int te^t dt = 2\int t d(e^t) = 2(te^t - \int e^t dt) = 2te^t - 2e^t + C.$$

回代变量得

$$\int e^{\sqrt{x}} dx = 2\sqrt{x} e^{\sqrt{x}} - 2e^{\sqrt{x}} + C.$$

习　题　5-3(A)

1. 求下列不定积分:

(1) $\int e^{-x} \cos x dx$;　(2) $\int \ln(1 + x^2) dx$;

(3) $\int \arctan x dx$;　(4) $\int e^{-2x} \sin \frac{x}{2} dx$;

(5) $\int x \cos \frac{x}{2} dx$;　(6) $\int x^2 \arctan x dx$;

(7) $\int x \tan^2 x dx$;　(8) $\int \ln^2 x dx$;

(9) $\int x \ln(x - 1) dx$;　(10) $\int \cos \ln x dx$;

(11) $\int \frac{\ln x}{x^2} dx$；　　(12) $\int \frac{\ln \ln x}{x} dx$.

2. 求下列不定积分：

(1) $\int x \sin x \cos x dx$；　　(2) $\int x^2 \cos^2 \frac{x}{2} dx$；

(3) $\int (x^2 - 1) \sin 2x dx$；　　(4) $\int e^{\sqrt[3]{x}} dx$；

(5) $\int (\arcsin x)^2 dx$；　　(6) $\int \frac{\ln(1+x)}{\sqrt{x}} dx$；

(7) $\int \frac{\ln(1+e^x)}{e^x} dx$；　　(8) $\int \frac{dx}{\sin 2x \cos x}$；

(9) $\int \frac{\arctan e^x}{e^{2x}} dx$；　　(10) $\int \frac{\ln x - 1}{x^2} dx$.

习　题　5-3(B)

1. 已知 $\frac{\sin x}{x}$ 是 $f(x)$ 的原函数，计算 $\int x f'(x) dx$.

2. 已知 $f(x) = \frac{e^x}{x}$，计算 $\int x f''(x) dx$.

3. 设 $f(\ln x) = \frac{\ln(1+x)}{x}$，计算 $\int f(x) dx$.

第 4 节　有理函数的积分

一、有理函数的积分

1. 有理函数

有理函数是指由两个多项式的商所表示的函数.

如果设两个多项式 $P(x) = a_0 x^n + a_1 x^{n-1} + \cdots + a_n$，$Q(x) = b_0 x^m + b_1 x^{m-1} + \cdots + b_m$. 形如 $\frac{P(x)}{Q(x)} = \frac{a_0 x^n + a_1 x^{n-1} + \cdots + a_{n-1} x + a_n}{b_0 x^m + b_1 x^{m-1} + \cdots + b_{n-1} x + b_m}$ 的函数就是有理函数，其中 m,n 为非负整数，系数 $a_0, a_1, \cdots, a_n$ 及 $b_0, b_1, \cdots, b_n$ 都是实数，且 $a_0 \neq 0, b_0 \neq 0$.

(1) 当分子多项式的次数 n 小于分母多项式的次数 m，即 $n < m$ 时，$\frac{P(x)}{Q(x)}$ 是**有理真分式**.

(2) 当分子多项式的次数不小于分母多项式的次数，即 $n \geq m$ 时，$\frac{P(x)}{Q(x)}$ 是**有理假分式**.

对于有理假分式，可用**多项式除法**将其化为一个多项式与一个有理真分式之和的形式，例如

$$\frac{x^5 + x^4 - 8}{x^3 - 4x} = x^2 + x + 4 + \frac{4x^2 + 16x - 8}{x^3 - 4x},$$

因此,要想计算 $\int\frac{x^5+x^4-8}{x^3-4x}dx$,主要就在于计算被积函数是有理真分式的积分 $\int\frac{4x^2+16x-8}{x^3-4x}dx$.

2. 真分式的分解及积分

有理真分式可以化为简单分式之和. 如

$$\frac{x-3}{x^3-x}=\frac{3}{x}-\frac{1}{x-1}-\frac{2}{x+1}.$$

从上例看出简单分式的分母都是 x^3-x 的因子,因此真分式的分解问题从分母入手.

在实数范围内,多项式 $Q(x)$ 可分解成一次因式和二次质因式的乘积,即

$$Q(x)=b_0(x-a)^{\alpha}\cdots(x-b)^{\beta}(x^2+px+q)^{\lambda}\cdots(x^2+rx+s)^{\mu}$$

$$(\text{其中 } p^2-4q<0,\cdots,r^2-4s<0),$$

那么真分式 $\frac{P(x)}{Q(x)}$ 可以分解成如下**部分分式(简单分式)**之和:

$$\begin{aligned}\frac{P(x)}{Q(x)}=&\frac{A_1}{x-a}+\frac{A_2}{(x-a)^2}+\cdots+\frac{A_{\alpha}}{(x-a)^{\alpha}}\\&+\cdots\\&+\frac{B_1}{x-b}+\frac{B_2}{(x-b)^2}+\cdots+\frac{B_{\beta}}{(x-b)^{\beta}}\\&+\frac{M_1x+N_1}{x^2+px+q}+\frac{M_2x+N_2}{(x^2+px+q)^2}+\cdots+\frac{M_{\lambda}x+N_{\lambda}}{(x^2+px+q)^{\lambda}}\\&+\cdots\\&+\frac{R_1x+S_1}{(x^2+rx+s)}+\frac{R_2x+S_2}{(x^2+rx+s)^2}+\cdots+\frac{R_{\mu}x+S_{\mu}}{(x^2+rx+s)^{\mu}}.\end{aligned}$$

其中 $A_1,\cdots,A_{\alpha},B_1,\cdots,B_{\beta},M_1,\cdots,M_{\lambda},N_1,\cdots,N_{\lambda},R_1,\cdots,R_{\mu},S_1,\cdots,S_{\mu}$ 都是常数.

注 (1)分母 $Q(x)$ 中,如果有因子 $(x-a)^k$,那么分解后有下列 k 个部分分式之和

$$\frac{A_1}{(x-a)}+\frac{A_2}{(x-a)^2}+\cdots+\frac{A_k}{(x-a)^k},$$

其中 $A_1,\cdots,A_{\alpha}$ 都是常数. 特别当 $k=1$ 时,分解后只有一项 $\frac{A}{x-a}$.

例如

$$\frac{x^2}{(x-2)^3}=\frac{1}{x-2}+\frac{4}{(x-2)^2}+\frac{4}{(x-2)^3};$$

(2)分母 $Q(x)$ 中如果有因子 $(x^2+px+q)^k$ ($p^2-4q<0$),那么分解后有下列 k 个部分分式之和

$$\frac{M_1x+N_1}{x^2+px+q}+\frac{M_2x+N_2}{(x^2+px+q)^2}+\cdots+\frac{M_kx+N_k}{(x^2+px+q)^k},$$

例如

$$\frac{x^2}{(x^2+x+1)^2}=\frac{1}{x^2+x+1}-\frac{x+1}{(x^2+x+1)^2}.$$

那么,如何确定各常数,将真分式化为部分分式之和?下面举例说明.

例 1　将有理真分式 $\dfrac{1}{x(x-1)}$ 分解.

解　令 $\dfrac{1}{x(x-1)}=\dfrac{A}{x}+\dfrac{B}{x-1}$,要确定系数 A,B ,可通过以下两种方法解决.

方法一　两端去分母后,得

$$1=A(x-1)+Bx\ , \tag{1}$$

即

$$1=(A+B)x-A \tag{2}$$

因为是恒等式,故等式两端 x 的同次幂的系数相等,于是有

$$\begin{cases}A+B=0,\\ A=-1,\end{cases}$$

从而得到 $A=-1,B=1$.

方法二　在恒等式(1)中,代入特殊的 x 值,从而求出特定的系数.令 $x=1$,得 $B=1$;令 $x=0$,得 $A=-1$. 同样都可得到

$$\frac{1}{x(x-1)}=-\frac{1}{x}+\frac{1}{x-1}.$$

例 2　将有理真分式 $\dfrac{1}{x(x^2+1)}$ 分解.

解　令

$$\frac{1}{x(x^2+1)}=\frac{A}{x}+\frac{Bx+C}{x^2+1},$$

两端去分母后得

$$1=A(x^2+1)+(Bx+C)x\ ,$$

即

$$1=(A+B)x^2+Cx+A.$$

因比较系数法可知 $A=1,C=0,A+B=0$. 即 $A=1,B=-1,C=0$. 即

$$\frac{1}{x(x^2+1)}=\frac{1}{x}+\frac{-x}{x^2+1}.$$

例 3　计算不定积分 $\displaystyle\int\frac{1}{x(x^2+1)}\mathrm{d}x$.

解　首先根据例 2,将被积函数分解

$$\frac{1}{x(x^2+1)}=\frac{1}{x}+\frac{-x}{x^2+1},$$

故原积分

$$\begin{aligned}\int\frac{1}{x(x^2+1)}\mathrm{d}x&=\int\left[\frac{1}{x}+\frac{-x}{x^2+1}\right]\mathrm{d}x\\&=\ln|x|-\frac{1}{2}\int\frac{1}{x^2+1}\mathrm{d}(x^2)=\ln|x|-\frac{1}{2}\int\frac{1}{x^2+1}\mathrm{d}(x^2+1)\\&=\ln|x|-\frac{1}{2}\ln(x^2+1)+C\end{aligned}$$

例 4 计算不定积分 $\int\frac{dx}{x(x-1)^2}$.

解 首先将被积函数分解为

$$\frac{1}{x(x-1)^2}=\frac{1}{x}+\frac{1}{(x-1)^2}-\frac{1}{x-1},$$

所以

$$\int\frac{dx}{x(x-1)^2}=\int\frac{1}{x}dx+\int\frac{dx}{(x-1)^2}-\int\frac{dx}{x-1}=\ln|x|-\frac{1}{x-1}-\ln|x-1|+C.$$

例 5 计算不定积分 $\int\frac{3x-2}{x^2+2x+3}dx$.

解 因为被积函数的分母是二次质因式,分母的导数 $(x^2+2x+3)'=2x+2$,可将分子拆成两部分 $3x-2=\frac{3}{2}(2x+2)-5$. 故

$$\begin{aligned}\int\frac{3x-2}{x^2+2x+3}dx&=\frac{3}{2}\int\frac{2x+2}{x^2+2x+3}dx-5\int\frac{dx}{x^2+2x+3}\\&=\frac{3}{2}\ln(x^2+2x+3)-5\int\frac{d(x+1)}{(x+1)^2+(\sqrt{2})^2}\\&=\frac{3}{2}\ln(x^2+2x+3)-\frac{5}{\sqrt{2}}\arctan\frac{x+1}{\sqrt{2}}+C.\end{aligned}$$

3. 有理假分式的积分

如果被积函数是有理假分式,可先运用多项式除法,将其化为多项式与有理真分式的和.

例 6 计算不定积分 $\int\frac{x^5+x^4-8}{x^3-4x}dx$.

解 由于被积函数是有理假分式,运用多项式除法,将其化为多项式与有理真分式的和.

$$\frac{x^5+x^4-8}{x^3-4x}=x^2+x+4+\frac{4x^2+16x-8}{x^3-4x},$$

令

$$\frac{4x^2+16x-8}{x^3-4x}=\frac{A}{x}+\frac{B}{x-2}+\frac{C}{x+2}$$

去掉分母得恒等式

$$4x^2+16x-8=A(x^2-4)+Bx(x+2)+Cx(x-2)$$

令 $x=0$,得 $A=2$;令 $x=2$,得 $B=5$;令 $x=-2$,得 $C=-3$. 所以

$$\frac{4x^2+16x-8}{x(x-2)(x+2)}=\frac{2}{x}+\frac{5}{x-2}-\frac{3}{x+2},$$

于是

$$\begin{aligned}\int\frac{x^5+x^4-8}{x^3-4x}dx&=\int\left(x^2+x+4+\frac{2}{x}+\frac{5}{x-2}-\frac{3}{x+2}\right)dx\\&=\frac{1}{3}x^3+\frac{1}{2}x^2+4x+2\ln|x|+5\ln|x-2|-3\ln|x+2|+C.\end{aligned}$$

二、可化为有理函数的积分

1. 三角函数有理式的积分

三角函数有理式是指由三角函数和常数经过有限次四则运算所构成的函数. 由于各种三角函数都可用 $\sin x$ 及 $\cos x$ 的有理式表示,故三角函数有理式就是 $\sin x,\cos x$ 的有理式,记作 $R(\sin x,\cos x)$.

三角函数有理式的积分都可通过换元的方法,将其转化为有理函数的积分.

做变量代换 $t = \tan \frac{x}{2}(-\pi < x < \pi)$,则

$$\sin x = 2\sin \frac{x}{2}\cos \frac{x}{2} = \frac{2\sin \frac{x}{2}}{\cos \frac{x}{2}} \cdot \cos^2 \frac{x}{2}$$

$$= 2\tan \frac{x}{2} \cdot \frac{1}{\sec^2 \frac{x}{2}} = \frac{2\tan \frac{x}{2}}{1 + \tan^2 \frac{x}{2}}$$

$$= \frac{2t}{1 + t^2},$$

$$\cos x = \cos^2 \frac{x}{2} - \sin^2 \frac{x}{2} = \cos^2 \frac{x}{2}\left(1 - \frac{\sin^2 \frac{x}{2}}{\cos^2 \frac{x}{2}}\right)$$

$$= \frac{1 - \tan^2 \frac{x}{2}}{\sec^2 \frac{x}{2}} = \frac{1 - \tan^2 \frac{x}{2}}{1 + \tan^2 \frac{x}{2}}$$

$$= \frac{1 - t^2}{1 + t^2},$$

即

$$\sin x = \frac{2t}{1 + t^2},\ \cos x = \frac{1 - t^2}{1 + t^2},\ dx = \frac{2}{1 + t^2}dt .$$

三角函数有理式的积分可化为

$$\int R(\sin x,\cos x)dx = \int R\left(\frac{2t}{1 + t^2},\frac{1 - t^2}{1 + t^2}\right) \cdot \frac{2}{1 + t^2}dt .$$

例 7　计算不定积分 $\int \frac{1 + \sin x}{\sin x(1 + \cos x)}dx$.

解　令 $t = \tan \frac{x}{2}(-\pi < x < \pi)$, $x = 2\arctan t$, $dx = \frac{2dt}{1 + t^2}$,则

$$\sin x = \frac{2t}{1 + t^2},\ \cos x = \frac{1 - t^2}{1 + t^2},\ dx = \frac{2dt}{1 + t^2},$$

于是

$$\int\frac{1+\sin x}{\sin x(1+\cos x)}\mathrm{d}x=\int\frac{1+\dfrac{2t}{1+t^2}}{\dfrac{2t}{1+t^2}\left(1+\dfrac{1-t^2}{1+t^2}\right)}\cdot\frac{2\mathrm{d}t}{1+t^2}$$

$$=\frac{1}{2}\int\left(t+2+\frac{1}{t}\right)\mathrm{d}t=\frac{1}{4}t^2+t+\frac{1}{2}\ln|t|+C$$

$$=\frac{1}{4}\tan^2\frac{x}{2}+\tan\frac{x}{2}+\frac{1}{2}\ln\left|\tan\frac{x}{2}\right|+C.$$

例 8 计算不定积分 $\int\frac{1}{3+5\cos x}\mathrm{d}x$.

解 令 $t=\tan\frac{x}{2}(-\pi<x<\pi)$，则

$$\int\frac{1}{3+5\cos x}\mathrm{d}x=\int\frac{\dfrac{2\mathrm{d}t}{1+t^2}}{3+5\dfrac{1-t^2}{1+t^2}}=\int\frac{\mathrm{d}t}{4-t^2}=\frac{1}{4}\int\left(\frac{1}{2-t}+\frac{1}{2+t}\right)\mathrm{d}t$$

$$=\frac{1}{4}\ln\left|\frac{2+t}{2-t}\right|+C=\frac{1}{4}\ln\left|\frac{2+\tan\dfrac{x}{2}}{2-\tan\dfrac{x}{2}}\right|+C$$

$$=\frac{1}{4}\ln\left|\frac{2\cos\dfrac{x}{2}+\sin\dfrac{x}{2}}{2\cos\dfrac{x}{2}-\sin\dfrac{x}{2}}\right|+C.$$

2. 简单无理函数积分

表达式中出现根式的函数叫无理函数，如 $\frac{1}{x-\sqrt[3]{3x+2}}$，$\frac{1}{\sqrt{x}(1+\sqrt[3]{x})}$，$\frac{1}{\sqrt{x^2+6x+5}}$.

下面只讨论 $R(x,\sqrt[n]{ax+b})$ 及 $R\left(x,\sqrt[n]{\frac{ax+b}{cx+e}}\right)$ 这两类函数积分. 其解题思想是去掉根号，将其化为有理函数的积分.

(1) 形如 $\int R(x,\sqrt[n]{ax+b})\mathrm{d}x$ 的积分

令 $\sqrt[n]{ax+b}=t$，可将被积函数化为变量为 t 的有理函数.

例 9 计算不定积分 $\int\frac{\sqrt{x-1}}{x}\mathrm{d}x$.

解 为了去掉根号，令 $\sqrt{x-1}=t$，则

$$x=t^2+1,\mathrm{d}x=2t\mathrm{d}t,$$

于是

$$\int\frac{\sqrt{x-1}}{x}\mathrm{d}x=\int\frac{t\cdot 2t\mathrm{d}t}{t^2+1}=2\int\frac{t^2+1-1}{t^2+1}\mathrm{d}t=2\int\left(1-\frac{1}{t^2+1}\right)\mathrm{d}t$$

$$=2(t-\arctan t)+C,$$

回代变量得

$$\int \frac{\sqrt{x-1}}{x}\mathrm{d}x = 2(\sqrt{x-1} - \arctan\sqrt{x-1}) + C.$$

例 10　计算不定积分 $\int \frac{\mathrm{d}x}{(1+\sqrt[3]{x})\sqrt{x}}$.

解　为了使得被积函数中的两个根号同时去掉,令 $x = t^6$,$\mathrm{d}x = 6t^5\mathrm{d}t$,于是

$$\int \frac{\mathrm{d}x}{(1+\sqrt[3]{x})\sqrt{x}} = \int \frac{6t^5\mathrm{d}t}{(1+t^2)t^3} = 6\int \frac{t^2}{1+t^2}\mathrm{d}t = 6\int \frac{t^2+1-1}{t^2+1}\mathrm{d}t$$
$$= 6\int\left(1-\frac{1}{t^2+1}\right)\mathrm{d}t = 6(t - \arctan t) + C,$$

回代变量,故

$$\int \frac{\mathrm{d}x}{(1+\sqrt[3]{x})\sqrt{x}} = 6(\sqrt[6]{x} - \arctan\sqrt[6]{x}) + C.$$

(2)形如 $\int R\left(x,\sqrt[n]{\frac{ax+b}{cx+d}}\right)\mathrm{d}x$ 积分

令 $t = \sqrt[n]{\frac{ax+b}{cx+d}}$,可将被积函数化为有理函数.

例 11　计算不定积分 $\int \frac{\mathrm{d}x}{\sqrt[3]{(x-1)(x+1)^2}}$.

解　因为

$$\int \frac{\mathrm{d}x}{\sqrt[3]{(x-1)(x+1)^2}} = \int \sqrt[3]{\frac{x+1}{x-1}}\cdot\frac{\mathrm{d}x}{x+1}.$$

令 $\sqrt[3]{\frac{x+1}{x-1}} = t$,则

$$x = \frac{t^3+1}{t^3-1},\ \mathrm{d}x = -\frac{6t^2}{(t^3-1)^2}\mathrm{d}t,$$

于是

$$\int \frac{\mathrm{d}x}{\sqrt[3]{(x-1)(x+1)^2}} = \int \sqrt[3]{\frac{x+1}{x-1}}\cdot\frac{\mathrm{d}x}{x+1}$$
$$= \int \frac{-3}{t^3-1}\mathrm{d}t = \int\left(\frac{1}{1-t} + \frac{t+2}{t^2+t+1}\right)\mathrm{d}t$$
$$= \frac{1}{2}\ln\left[\frac{t^2+t+1}{(t-1)^2}\right] + \sqrt{3}\arctan\frac{2t+1}{\sqrt{3}} + C,$$

回代变量得

$$\int \frac{\mathrm{d}x}{\sqrt[3]{(x-1)(x+1)^2}} = \frac{1}{2}\ln\frac{\sqrt[3]{\left(\frac{x+1}{x-1}\right)^2} + \sqrt[3]{\frac{x+1}{x-1}} + 1}{\left(\sqrt[3]{\frac{x+1}{x-1}} - 1\right)^2} + \sqrt{3}\arctan\frac{2\sqrt[3]{\frac{x+1}{x-1}} + 1}{\sqrt{3}} + C.$$

习　题　5-4(A)

1. 计算下列不定积分:

(1) $\int\frac{dx}{x^2+2x+5}$;

(2) $\int\frac{2x+1}{x^2+2x-15}dx$;

(3) $\int\frac{x-2}{x^2+2x+3}dx$;

(4) $\int\frac{2x-5}{(x-1)^2(x+2)}dx$;

(5) $\int\frac{x^3}{x+2}dx$;

(6) $\int\frac{x^3+3x^2+12x+11}{x^2+2x+10}dx$.

2. 计算下列不定积分:

(1) $\int\frac{1}{3+\sin^2 x}dx$;

(2) $\int\frac{1}{1+\sin x+\cos x}dx$;

(3) $\int\frac{dx}{\sqrt{x}+\sqrt[4]{x}}$;

(4) $\int\frac{\sqrt{1+x}-1}{\sqrt{1+x}+1}dx$;

习　题　5-4(B)

1. 计算下列不定积分:

(1) $\int\frac{x}{(x+1)(x+2)(x+3)}dx$;

(2) $\frac{1}{(x^2+1)(x^2+x)}dx$.

2. 多种方法计算下列不定积分:

(1) $\int\frac{dx}{1+\sin x}$;

(2) $\int\frac{dx}{\sin 2x+2\sin x}$;

(3) $\int\sqrt{\frac{2-3x}{2+3x}}dx$;

(4) $\int\frac{\sin x}{5\cos^2 x+\sin^2 x}dx$;

总习题 5

1. 填空题;

(1)在积分曲线族$\int\frac{dx}{\sqrt{x}}$中,过(1,1)点的积分曲线是 $y=$_______.

(2)已知 e^{-x^2}是$f(x)$的一个原函数. 则$\int f(\tan x)\sec^2 x dx=$_______.

(3)已知 $F'(x)=f(x)$,则$\int f(ax+b)dx=$__________.

(4)已知$\int f(x)dx=\frac{1}{x^2}+c$,则$\int\frac{f(e^{-x})}{e^x}dx=$__________.

(5)已知$\int xf(x)dx=\arcsin x+c$,则$\int\frac{1}{f(x)}dx=$__________.

(6)$f'(\ln x)=1+x$,则$f(x)=$__________.

2. 选择题:

(1)下列各项中正确的是(　　).

A. $d[\int f(x)dx]=f(x)$

B. $\frac{d}{dx}[\int f(x)dx]=f(x)dx$

C. $\int df(x)=f(x)$

D. $\int df(x)=f(x)+C$

(2) 已知 $f(x)=e^{-x}$，则 $\int\frac{f(\ln x)}{x}dx=$(　　).

A. $\frac{1}{x}+C$　　B. $\ln x+C$　　C. $-\frac{1}{x}+C$　　D. $-\ln x+C$

(3) $\int\frac{1}{\sqrt{x(1-x)}}dx=$(　　).

A. $\frac{1}{2}\arcsin\sqrt{x}+C$　　B. $\arcsin\sqrt{x}+C$

C. $2\arcsin(2x+1)+C$　　D. $\arcsin(2x-1)+C$

(4) 已知 $F'(x)=f(x)$，$f'(x)=\psi(x)$，则 $\int f(x)dx=$(　　).

A. $F(x)$　　B. $\psi(x)$　　C. $\psi(x)+c$　　D. $F(x)+c$

3. 计算下列不定积分：

(1) $\int\frac{\cos 2x}{1+\sin x\cdot\cos x}dx$；　　(2) $\int\frac{1}{x^2+2x+5}dx$；

(3) $\int\frac{dx}{\sin^2x+2\cos^2x}$；　　(4) $\int\frac{\sin x-\cos x}{(\cos x+\sin x)^3}dx$；

(5) $\int\frac{1}{(1+x^2)^2}dx$；　　(6) $\int\frac{x^2}{(1+x^2)^2}dx$；

(7) $\int\frac{1}{(1+x^2)^{\frac{3}{2}}}dx$；　　(8) $\int\frac{x^3}{(1+x^2)^{\frac{3}{2}}}dx$；

(9) $\int\frac{1}{x^2\sqrt{1+x^2}}dx$；　　(10) $\int\frac{dx}{x(x^6+1)}$；

(11) $\int\frac{1}{1+e^x}dx$；　　(12) $\int\frac{1}{\sqrt{1+e^x}}dx$；

(13) $\int\frac{2^x}{1+2^x+4^x}dx$；　　(14) $\int e^{\sqrt{x}}dx$；

(15) $\int\frac{\ln^2x}{x^2}dx$；　　(16) $\int\frac{\arcsin x}{\sqrt{1+x}}dx$；

(17) $\int\sin(\ln x)dx$；　　(18) $\int\frac{\arcsin x}{(1-x^2)^{\frac{3}{2}}}dx$；

(19) $\int\frac{x+2}{x^2+4x+3}dx$；　　(20) $\int\frac{x^2}{(1-x^2)^2}dx$.

4. 试比较下列各组中几个不定积分的积分方法：

(1) $\int\sin x dx$，　$\int\sin^2x dx$，　$\int\sin^3x dx$，　$\int\sin^4x dx$；

(2) $\int\tan x dx$，　$\int\tan^2x dx$，　$\int\tan^3x dx$，　$\int\tan^4x dx$；

(3) $\int\sec x dx$，　$\int\sec^2x dx$，　$\int\sec^3x dx$，　$\int\sec^4x dx$；

(4) $\int\ln x dx$，　$\int x\ln x dx$，　$\int\frac{\ln x}{x}dx$，　$\int\frac{1}{x\ln x}dx$；

(5) $\int\frac{1}{x^2+2x+8}dx$ ，　$\int\frac{x}{x^2+2x+8}dx$ ，　$\int\frac{x^2}{x^2+2x+8}dx$ ，

$\int\frac{1}{x^2+2x-8}dx$ ，　$\int\frac{x}{x^2+2x-8}dx$ ，　$\int\frac{x^2}{x^2+2x-8}dx$ ；

(6) $\int\frac{1}{\sqrt{x^2+2x+3}}dx$ ，　$\int\frac{x}{\sqrt{x^2+2x+3}}dx$ ，

$\int\frac{1}{\sqrt{x^2+2x-3}}dx$ ，　$\int\frac{x}{\sqrt{x^2+2x-3}}dx$.

相关科学家简介

柯西

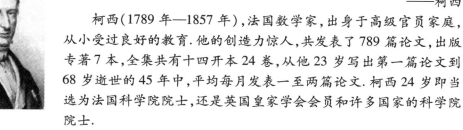

"人总是要死的，但他们的业绩应该永存！"

——柯西

柯西（1789年—1857年），法国数学家，出身于高级官员家庭，从小受过良好的教育.他的创造力惊人，共发表了789篇论文，出版专著7本，全集共有十四开本24卷，从他23岁写出第一篇论文到68岁逝世的45年中，平均每月发表一至两篇论文.柯西24岁即当选为法国科学院院士，还是英国皇家学会会员和许多国家的科学院院士.

柯西对数学的最大贡献是在微积分中引进了清晰和严格的表述与证明方法.正如著名数学家冯·诺伊曼所说："严密性的统治地位基本上由柯西重新建立起来的."在这方面他写下了三部专著.他的这些著作，摆脱了微积分单纯的对几何、运动的直观理解和物理解释，引入了严格的分析上的叙述和论证，从而形成了微积分的现代体系.

柯西的另一个重要贡献，是发展了复变函数的理论，取得了一系列重大成果.

柯西还是探讨微分方程解的存在性问题的第一个数学家.

第 6 章　定积分及其应用

本章将讨论积分学的另一个问题——定积分. 介绍定积分的概念、性质、计算方法及其应用. 不定积分与定积分这两个概念是从形式上不同的两类问题中抽象出来的,但是又可以通过本章介绍的微积分基本定理找到其内在的联系. 定积分问题的计算通过此定理化为不定积分的计算问题;同时不定积分的存在性问题在本章也得到了解决. 微积分基本定理在微积分学中具有重要的枢纽作用.

第 1 节　定积分的概念及性质

一、定积分问题引例

1. 曲边梯形的面积

在初等数学中,我们已经学习过计算多边形的面积,而对于圆、椭圆、扇形等所谓边不全是"直"的曲边形面积,虽然给出了一些公式,但并不知道它们是怎样得出的. 事实上,要计算任意曲边形的面积,仅用初等数学的方法是无法解决的. 下面我们利用极限概念来求曲边所围成的平面图形的面积.

设 $y = f(x)$ 在区间 $[a,b]$ 上非负、连续. 由直线 $x = a$ 、$x = b$ 、$y = 0$ 及曲线 $y = f(x)$ 所围成的图形(图 6-1)称为**曲边梯形**,其中曲线弧称为**曲边**.

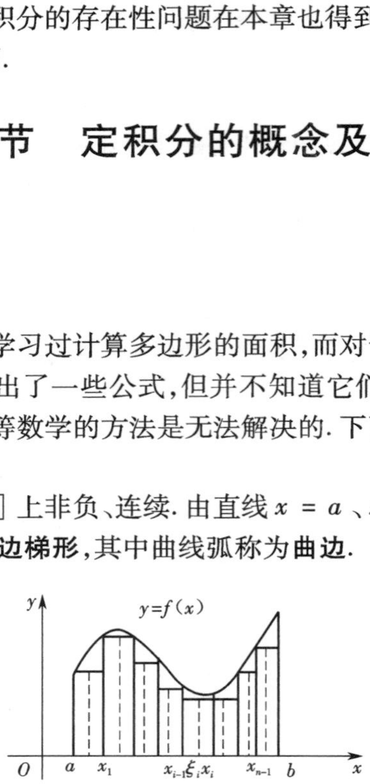

图 6-1

矩形的面积可以按照公式:矩形面积 = 底 × 高来定义和计算. 而曲边梯形在底边上各点处的高 $f(x)$ 在区间 $[a,b]$ 上是变动的,所以它的面积不能按上述公式来定义和计算. 由于曲边梯形的高 $f(x)$ 在区间 $[a,b]$ 上是连续变化的,在很小的一小段区间上,其变化很小,近似于不变. 故如果把区间 $[a,b]$ 划分为许多小区间,在每个小区间上用其中某一点处的高近似代替同一个小区间上的小曲边梯形的变高,那么每个小曲边梯形的面积就可以近似看成这样得到的小矩形的面积. 我们把所有这些小矩形面积之和作为曲边梯形面积的近似值,并把区间 $[a,b]$ 无限细分下去,即让每个小区间的长度都趋于零,这样所有小矩形面积之和的极限就可以定义为曲边梯形的面积. 详细描述如下.

(1)分割:任取 $n - 1$ 个分点:$a = x_0 < x_1 < x_2 < \cdots < x_n = b$,分割区间 $[a,b]$ 为 n 个小区间 $[x_{i-1},x_i]$,记 $x_i - x_{i-1} = \Delta x_i$,其中 Δx_i 既代表第 i 个小区间也表示第 i 个小区间的长

度;与此同时经过每一个分点作平行于 y 轴的直线段,将曲边梯形分割为 n 个小的曲边梯形.

(2)近似:任取 $\xi_i \in [x_{i-1},x_i]$,设 ΔA_i 表示第 i 个小曲边梯形的面积,则 $\Delta A_i \approx f(\xi_i)\Delta x_i$ (图 6-1).

(3)求和:求曲边梯形面积的近似值, $A = \sum_{k=1}^{n}\Delta A_i \approx \sum_{i=1}^{n} f(\xi_i)\Delta x_i$.

(4)取极限:记 $\lambda = \max\{\Delta x_1,\Delta x_2,\cdots,\Delta x_n\}$,若极限 $\lim_{\lambda\to 0}\sum_{i=1}^{n} f(\xi_i)\Delta x_i$ 存在,称之为曲边梯形的面积,即

$$A = \lim_{\lambda\to 0}\sum_{k=1}^{n}\Delta A_i = \lim_{\lambda\to 0}\sum_{i=1}^{n} f(\xi_i)\Delta x_i .$$

2. 变速直线运动的路程

一质点做变速直线运动,设质点的速度函数 $v = v(t)$ (设 $v(t)$ 在 $[a,b]$ 上连续, $v(t) \geqslant 0$),求质点从时刻 a 到时刻 b ($a < b$)所走过的路程.

我们知道,一个质点做匀速直线运动,其速度 $v = v_0$,它从时刻 a 到时刻 b ($a < b$)的运动路程为 $s = v_0(b - a)$.

既然速度 $v = v(t)$ 不是常量,我们就不能直接用速度乘以时间来计算路程,但我们仍可以采取上例所讲的方法解决问题.

(1)分割:在时间区间 $[a,b]$ 上任意插入若干个分点,使 $a = t_0 < t_1 < t_2 < \cdots < t_n = b$,把区间 $[a,b]$ 分成 n 个小区间 $[t_{i-1},t_i]$,记 $t_i - t_{i-1} = \Delta t_i$,其中 Δt_i 既代表第 i 个小区间也表示第 i 个小区间的长度.

(2)近似:在时间间隔 $[t_{i-1},t_i]$ 内,质点的路程近似为: $\Delta s_i \approx v(\xi_i)\Delta t_i$,其中 ξ_i 是 $[t_{i-1},t_i]$ 内的任意一点, $\Delta t_i = t_i - t_{i-1}$, $i = 1,2,\cdots,n$.

(3)求和:求质点在时间间隔 $[a,b]$ 上作变速直线运动所走路程的近似值

$$s = \sum_{i=1}^{n}\Delta s_i \approx \sum_{i=1}^{n} v(\xi_i)\Delta t_i .$$

(4)取极限:记 $\lambda = \max\{\Delta t_1,\Delta t_2,\cdots,\Delta t_n\}$,当 $\lambda \to 0$ 时,和式 $\sum_{i=1}^{n} v(\xi_i)\Delta t_i$ 的极限就是质点从时刻 a 到时刻 b 的路程,即 $s = \lim_{\lambda\to 0}\sum_{i=1}^{n} v(\xi_i)\Delta t_i$.

以上分别讨论了面积和路程的问题,尽管其背景不同,但是处理的方式是相同的:采用的是化整为零、以直代曲(以不变代变)、求和、取极限的方式;舍弃其实际背景,给出定积分的定义.

二、定积分的概念

1. 定积分的定义

定义 1　设函数 $y = f(x)$ 在区间 $[a,b]$ 上有界,在区间 $[a,b]$ 中任意插入 $n - 1$ 个分点

$$a = x_0 < x_1 < x_2 < \cdots < x_{n-1} < x_n = b ,$$

将区间 $[a,b]$ 分成 n 个小区间

$$[x_0,x_1],[x_1,x_2],\cdots,[x_{n-1},x_n] ,$$

各个小区间的长度依次为

$$\Delta x_1 = x_1 - x_0, \Delta x_2 = x_2 - x_1, \cdots, \Delta x_n = x_n - x_{n-1},$$

在每个小区间 $[x_{i-1}, x_i]$ **上任取一点** ξ_i **，作乘积** $f(\xi_i)\Delta x_i$ **，并作和**

$$S = \sum_{i=1}^{n} f(\xi_i)\Delta x_i,$$

记 $\lambda = \max\{\Delta x_1, \Delta x_2, \cdots, \Delta x_n\}$ **，如果不论对区间** $[a,b]$ **怎样划分，也不论在小区间** $[x_{i-1}, x_i]$ **上点** ξ_i **怎样选取，只要当** $\lambda \to 0$ **时，和** S **总趋于确定的极限** I **，则极限** I **叫做函数** $f(x)$ **在区间** $[a,b]$ **上的定积分，记作** $\int_a^b f(x)\mathrm{d}x$ **，即**

$$\int_a^b f(x)\mathrm{d}x = \lim_{\lambda \to 0}\sum_{i=1}^{n} f(\xi_i)\Delta x_i .$$

其中 $f(x)$ **叫做被积函数，** $f(x)\mathrm{d}x$ **叫做被积表达式，** x **叫做积分变量，** a **叫做积分下限，** b **叫做积分上限，** $[a,b]$ **叫做积分区间.**

如果 $f(x)$ 在区间 $[a,b]$ 上的定积分存在，那么就说 $f(x)$ 在区间 $[a,b]$ 上可积，否则说 $f(x)$ 在区间 $[a,b]$ 上不可积.

注 (1)当 $f(x)$ 在区间 $[a,b]$ 上可积时，积分值仅与被积函数 $f(x)$ 及积分区间 $[a,b]$ 有关，而与积分变量的记法选择无关，即

$$\int_a^b f(x)\mathrm{d}x = \int_a^b f(t)\mathrm{d}t = \int_a^b f(u)\mathrm{d}u .$$

(2)同时规定

$$\int_a^b f(x)\mathrm{d}x = -\int_b^a f(x)\mathrm{d}x ;$$

$$\int_a^a f(x)\mathrm{d}x = 0 .$$

(3)函数可积即意味着极限值与对区间的分割方式及在区间 $[x_{i-1}, x_i]$ 上点 ξ_i 的取法无关.

根据定义，在引例中的曲边梯形的面积用定积分可以表示为 $A = \int_a^b f(x)\mathrm{d}x$ ；变速直线运动的质点的路程可以表为 $s = \int_a^b v(t)\mathrm{d}t$.

在定积分中，有这样一个问题：函数 $f(x)$ 在区间 $[a,b]$ 上满足什么条件，$f(x)$ 在区间 $[a,b]$ 上一定可积？下面给出两个充分条件.

2. 定积分存在的条件

(1)闭区间上的连续函数一定可积；

(2)在闭区间上的有界函数且有有限个第一类间断点则其可积.

3. 定积分的几何意义

设 $f(x) \geqslant 0$ ，$x \in [a,b]$ ，则定积分 $\int_a^b f(x)\mathrm{d}x$ 在几何上表示以函数 $y = f(x)$ 为曲边，直线 $x = a, x = b$ 及 x 轴所围平面图形的面积 A .

若 $f(x) < 0$ ，曲边梯形位于 x 轴下方，曲边梯形面积为 $A = \int_a^b [-f(x)]\mathrm{d}x$ ，从而定积分

$\int_a^b f(x)\mathrm{d}x$ 表示该面积的负值，即 $\int_a^b f(x)\mathrm{d}x = -A$.

一般，曲边梯形的面积为 $\int_a^b |f(x)|\mathrm{d}x$；而 $\int_a^b f(x)\mathrm{d}x$ 的几何意义则是曲边梯形面积的代数和（如图 6-2），$\int_a^b f(x)\mathrm{d}x = A_1 - A_2 + A_3 - A_4$.

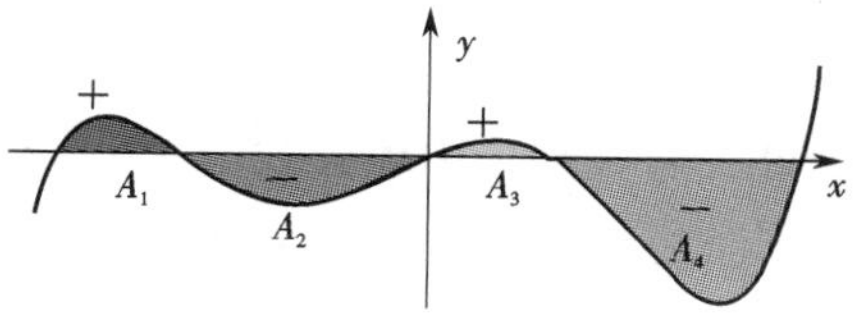

图 6-2

三、定积分的性质

我们假定所列出的定积分都是存在的.

性质 1　$\int_a^b [f(x) \pm g(x)]\mathrm{d}x = \int_a^b f(x)\mathrm{d}x \pm \int_a^b g(x)\mathrm{d}x$.

性质 2　k **是一个常数，那么有** $\int_a^b kf(x)\mathrm{d}x = k\int_a^b f(x)\mathrm{d}x$.

性质 3（定积分积分区间的可加性）　设 a,b,c **是任意三个数，那么有**

$$\int_a^b f(x)\mathrm{d}x = \int_a^c f(x)\mathrm{d}x + \int_c^b f(x)\mathrm{d}x.$$

性质 4　如果在区间 $[a,b]$ **上** $f(x)=1$，**那么**

$$\int_a^b \mathrm{d}x = b - a.$$

性质 5　如果在区间 $[a,b]$ **上，**$f(x) \geqslant 0$，**则**

$$\int_a^b f(x)\mathrm{d}x \geqslant 0 \quad (a < b).$$

推论 1　如果在区间 $[a,b]$ 上，$f(x) \leqslant g(x)$，那么

$$\int_a^b f(x)\mathrm{d}x \leqslant \int_a^b g(x)\mathrm{d}x \quad (a < b).$$

推论 2　$\left|\int_a^b f(x)\mathrm{d}x\right| \leqslant \int_a^b |f(x)|\mathrm{d}x \quad (a < b)$.

证　因为

$$-|f(x)| \leqslant f(x) \leqslant |f(x)|,$$

所以由推论 1 及性质 2 可得

$$-\int_a^b |f(x)|\mathrm{d}x \leqslant \int_a^b f(x)\mathrm{d}x \leqslant \int_a^b |f(x)|\mathrm{d}x,$$

即

$$\left|\int_a^b f(x)\mathrm{d}x\right| \leqslant \int_a^b |f(x)|\mathrm{d}x.$$

性质 6　M **及** m **分别是函数** $f(x)$ **在区间** $[a,b]$ **上的最大值及最小值，那么**

$$m(b-a) \leqslant \int_a^b f(x)\mathrm{d}x \leqslant M(b-a) \quad (a < b).$$

证　因为 $m \leqslant f(x) \leqslant M$，所以由性质 5 推论 1，得

$$\int_a^b m\mathrm{d}x \leqslant \int_a^b f(x)\mathrm{d}x \leqslant \int_a^b M\mathrm{d}x,$$

由性质 2 及性质 4，得证.

性质 7(积分中值定理)　如果函数$f(x)$**在区间**$[a,b]$**上连续,那么至少存在一点**$\xi \in [a,b]$**,使得**

$$\int_a^b f(x)\,dx = f(\xi)(b-a)\ (a \leqslant \xi \leqslant b).$$

这个公式叫做积分中值公式.

证　将性质 6 中的不等式各除以 $b-a$,得

$$m \leqslant \frac{1}{(b-a)}\int_a^b f(x)\,dx \leqslant M,$$

这表明,确定的数值 $\frac{1}{(b-a)}\int_a^b f(x)\,dx$ 介于函数$f(x)$的最小值 m 最大值 M 之间.根据闭区间上连续函数的介值定理,在区间$[a,b]$上至少存在一点 ξ,使得函数值$f(\xi)$与这个确定的数值相等,即

$$f(\xi) = \frac{1}{(b-a)}\int_a^b f(x)\,dx\ \ (a \leqslant \xi \leqslant b).$$

两端同时乘以 $b-a$,即得所要的等式.

注　积分中值公式 $\int_a^b f(x)\,dx = f(\xi)(b-a)$ (ξ **在** a 于 b 之间),无论 $a<b$ 或 $a>b$ 都是成立的.

积分中值公式在几何上表明:在区间$[a,b]$上至少存在一点 ξ,使得以区间$[a,b]$为底、以曲边 $y=f(x)$ 为曲边的曲边梯形的面积等于同一底边以$f(\xi)$的值为高的一个矩形的面积(如图 6-3).

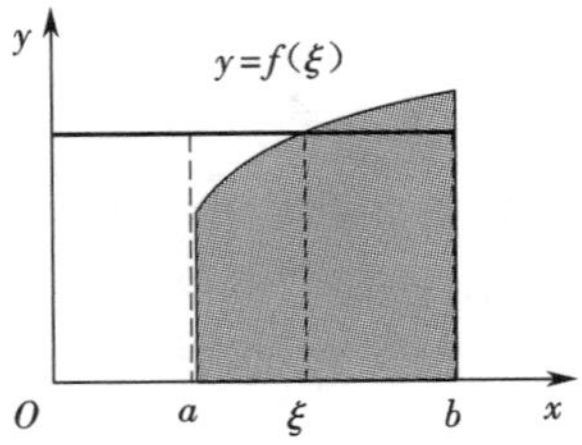

图 6-3

通常称 $\frac{1}{b-a}\int_a^b f(x)\,dx$ 为函数 $y=f(x)$ 在区间$[a,b]$上的**平均值**.

例 1　估计积分值 $\int_{\frac{\pi}{4}}^{\frac{5\pi}{4}}(1+\sin^2 x)\,dx$.

解　在区间 $\left[\frac{\pi}{4},\frac{5\pi}{4}\right]$ 上,

$$1 \leqslant 1+\sin^2 x \leqslant 2,\ b-a = \frac{5\pi}{4}-\frac{\pi}{4} = \pi,$$

所以,

$$\pi \leqslant \int_{\frac{\pi}{4}}^{\frac{5\pi}{4}}(1+\sin^2 x)\,dx \leqslant 2\pi.$$

例 2　不计算比较积分值 $\int_0^1 x\mathrm{d}x$ 与 $\int_0^1 \ln(1+x)\mathrm{d}x$ 的大小.

解　令 $f(x) = x - \ln(x+1)$，在区间 $[0,1]$ 上有

$$f'(x) = 1 - \frac{1}{1+x} = \frac{x}{1+x} > 0,$$

知道函数 $f(x)$ 在区间 $[0,1]$ 上单调增加，所以

$$f(x) \geqslant 0,$$

从而有 $x \geqslant \ln(1+x)$，由性质 5，得

$$\int_0^1 x\mathrm{d}x \geqslant \int_0^1 \ln(1+x)\mathrm{d}x.$$

习　题　6-1(A)

1. 不计算积分，比较下列各组积分值的大小：

(1) $\int_0^1 x\mathrm{d}x$ 与 $\int_0^1 x^2\mathrm{d}x$；　(2) $\int_1^2 \ln^2 x\mathrm{d}x$ 与 $\int_1^2 \ln x\mathrm{d}x$；

(3) $\int_0^{\frac{\pi}{2}} x\mathrm{d}x$ 与 $\int_0^{\frac{\pi}{2}} \sin x\mathrm{d}x$；　(4) $\int_0^1 \mathrm{e}^x\mathrm{d}x$ 与 $\int_0^1 (1+x)\mathrm{d}x$.

2. 利用定积分的性质 6 估计下列积分值：

(1) $\int_{\frac{1}{4}\pi}^{\frac{3}{4}\pi} (1+\sin^2 x)\mathrm{d}x$；　(2) $\int_{\frac{1}{\sqrt{3}}}^{\sqrt{3}} x\arctan x\mathrm{d}x$；

(3) $\int_{-1}^1 \mathrm{e}^{-x^2}\mathrm{d}x$；　(4) $\int_1^3 x^2\mathrm{d}x$.

3. 利用定积分的几何意义，计算下列积分：

(1) $\int_0^1 2x\mathrm{d}x$；　(2) $\int_0^1 \sqrt{1-x^2}\mathrm{d}x$；

(3) $\int_1^2 (x+1)\mathrm{d}x$；　(4) $\int_{-2}^2 \sqrt{1-\frac{x^2}{4}}\mathrm{d}x$.

4. 计算连续函数 $f(x) = \sqrt{4-x^2}$ 在区间 $[0,2]$ 上的平均值.

5. 观察下图像，试用定积分表示下列二图所示的平面图形的面积.

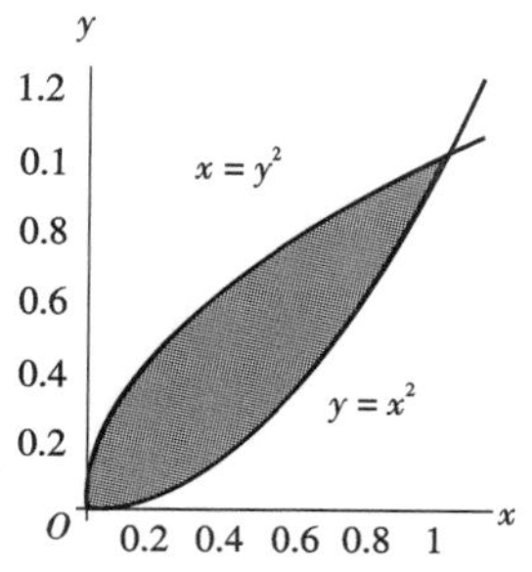

(a)

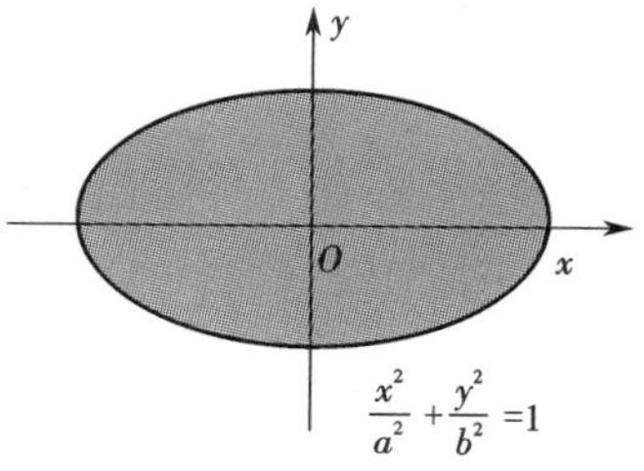

(b)

习　题 6-1(B)

1. 设函数$f(x)$与$g(x)$在$[0,1]$上连续，且$f(x)\leqslant g(x)$，且对任何$c\in(0,1)$，则(　　).

(A)$\int_{\frac{1}{2}}^{c}f(t)\mathrm{d}t\geqslant\int_{\frac{1}{2}}^{c}g(t)\mathrm{d}t$　　(B)$\int_{\frac{1}{2}}^{c}f(t)\mathrm{d}t\leqslant\int_{\frac{1}{2}}^{c}g(t)\mathrm{d}t$

(C)$\int_{c}^{1}f(t)\mathrm{d}t\geqslant\int_{c}^{1}g(t)\mathrm{d}t$　　(D)$\int_{c}^{1}f(t)\mathrm{d}t\leqslant\int_{c}^{1}g(t)\mathrm{d}t$

2. 设$I_1=\int_0^{\frac{\pi}{4}}\frac{\tan x}{x}\mathrm{d}x$，$I_2=\int_0^{\frac{\pi}{4}}\frac{x}{\tan x}\mathrm{d}x$，则(　　).

(A)$I_1>I_2>1$　　(B)$1>I_1>I_2$

(C)$I_2>I_1>1$　　(D)$1>I_2>I_1$

3. 设$f(x)$在区间$[a,b]$上连续，在(a,b)内可导，且$\frac{1}{b-a}\int_a^b f(x)\mathrm{d}x=f(b)$，求证在$(a,b)$内至少存在一点$\xi$，使得$f'(\xi)=0$.

第2节　微积分基本公式

在第1节第二个引例中，一个质点做变速直线运动，$v=v(t)$，则由时刻a到时刻b所通过的路程为

$$s=\lim_{\lambda\to 0}\sum_{i=1}^{n}v(\xi_i)\Delta t_i=\int_a^b v(t)\mathrm{d}t.$$

另一方面，由导数的定义，若$v=v(t)$，有$v=s'(t)$，即路程函数$s(t)$是速度函数$v(t)$的原函数，那么由时刻a到时刻b所通过的路程为$s=s(b)-s(a)$.

由此例可以看出，$v=v(t)$在$[a,b]$上的定积分就是其原函数$s(t)$在区间$[a,b]$上的增量.

这只是一个具体的物理例子，还不能由此而得出结论，需要加以证明.

一、积分上限的函数及其导数

若函数$f(x)$在区间$[a,b]$上连续，则定积分$\int_a^x f(t)\mathrm{d}t$一定存在，其中$x\in[a,b]$. 当x在$[a,b]$上变动时，定积分$\int_a^x f(t)\mathrm{d}t$的值也将随着上限x的变动而变动，它是上限x的一个函数，记作$\Phi(x)$，即

$$\Phi(x)=\int_a^x f(t)\mathrm{d}t\quad(a\leqslant x\leqslant b).$$

这个积分称为**积分上限的函数**.

定理1　设函数$f(x)$在区间$[a,b]$上连续，则积分上限函数

$$\Phi(x)=\int_a^x f(t)\mathrm{d}t,\ x\in[a,b]$$

在区间$[a,b]$上可导，而且它的导函数为

$$\Phi'(x)=\frac{\mathrm{d}}{\mathrm{d}x}\int_a^x f(t)\,\mathrm{d}t=f(x),\ x\in[a,b].$$

证 若 $x\in(a,b)$，给 x 一增量 Δx，使得其绝对值足够小，让 $x+\Delta x\in(a,b)$，则

$$\Delta\Phi=\Phi(x+\Delta x)-\Phi(x)=\int_a^{x+\Delta x}f(t)\,\mathrm{d}t-\int_a^x f(t)\,\mathrm{d}t$$

$$=\left(\int_a^x f(t)\,\mathrm{d}t+\int_x^{x+\Delta x}f(t)\,\mathrm{d}t\right)-\int_a^x f(t)\,\mathrm{d}t=\int_x^{x+\Delta x}f(t)\,\mathrm{d}t.$$

再由积分中值定理，得

$$\Delta\Phi=\int_x^{x+\Delta x}f(t)\,\mathrm{d}t=f(\xi)\Delta x\ (\text{其中},\ \xi\in[x,x+\Delta x]),$$

$$\frac{\Delta\Phi}{\Delta x}=f(\xi).$$

由于 $f(x)$ 在区间 $[a,b]$ 上连续，$\Delta x\to 0$ 时，$\xi\to x$，因此

$$\Phi'(x)=\lim_{\Delta x\to 0}\frac{\Delta\Phi}{\Delta x}=\lim_{\Delta x\to 0}\frac{f(\xi)\Delta x}{\Delta x}=\lim_{\Delta x\to 0}f(\xi)=\lim_{\xi\to x}f(\xi)=f(x).$$

若 $x=a$，取 $\Delta x>0$，可得 $\Phi'_+(a)=f(a)$；同理，若 $x=b$，取 $\Delta x<0$，可得 $\Phi'_-(b)=f(b)$.

注 定理1表明积分上限的函数 $\Phi(x)$ 是连续函数 $f(x)$ 的一个原函数，肯定了连续函数的原函数是存在的.

例1 设 $\Phi(x)=\int_1^x \sin t^2\,\mathrm{d}t$，求 $\Phi'(x)$.

解 由定理1得 $\Phi'(x)=\sin x^2$.

例2 设 $\Phi(x)=\int_x^1\sqrt[3]{\sin t^2}\,\mathrm{d}t$，求 $\Phi'(x)$，$\Phi'\left(\frac{\pi}{2}\right)$.

解 $\Phi(x)=\int_x^1\sqrt[3]{\sin t^2}\,\mathrm{d}t=-\int_1^x\sqrt[3]{\sin t^2}\,\mathrm{d}t$，由定理1得

$$\Phi'(x)=-\sqrt[3]{\sin x^2},\ \Phi'\left(\frac{\pi}{2}\right)=-\sqrt[3]{\sin\frac{\pi^2}{4}}.$$

例3 求函数 $\Phi(x)=\int_0^{x^2}\sin t\,\mathrm{d}t$ 的导数.

解 由复合函数的求导法则

$$\Phi'(x)=\left(\int_0^{x^2}\sin t\,\mathrm{d}t\right)'=\sin x^2\cdot(x^2)'=2x\sin x^2.$$

例4 求 $\frac{\mathrm{d}}{\mathrm{d}x}\int_{x^2}^{\sqrt{x}}\cos t^2\,\mathrm{d}t$.

解 因为

$$\int_{x^2}^{\sqrt{x}}\cos t^2\,\mathrm{d}t=\int_{x^2}^{0}\cos t^2\,\mathrm{d}t+\int_0^{\sqrt{x}}\cos t^2\,\mathrm{d}t=-\int_0^{x^2}\cos t^2\,\mathrm{d}t+\int_0^{\sqrt{x}}\cos t^2\,\mathrm{d}t,$$

故

$$\frac{\mathrm{d}}{\mathrm{d}x}\int_{x^2}^{\sqrt{x}}\cos t^2\,\mathrm{d}t=-\frac{\mathrm{d}}{\mathrm{d}x}\int_0^{x^2}\cos t^2\,\mathrm{d}t+\frac{\mathrm{d}}{\mathrm{d}x}\int_0^{\sqrt{x}}\cos t^2\,\mathrm{d}t$$

$$=-\cos(x^2)^2\cdot(x^2)'+\cos(\sqrt{x})^2\cdot(\sqrt{x})'$$

$$= -2x\cos x^4 + \frac{1}{2\sqrt{x}}\cos x.$$

例 5 求极限 $\lim\limits_{x\to 0}\dfrac{\int_1^{\cos x} e^{-t^2}dt}{x^2}$.

解 易知该极限为“$\dfrac{0}{0}$”型未定式，故由洛必达法则得

$$\lim_{x\to 0}\frac{\int_1^{\cos x} e^{-t^2}dt}{x^2} = \lim_{x\to 0}\frac{\left(\int_1^{\cos x} e^{-t^2}dt\right)'}{(x^2)'} = \lim_{x\to 0}\frac{e^{-\cos^2 x}(-\sin x)}{2x} = -\frac{1}{2e}.$$

二、牛顿—莱布尼茨公式

我们可以根据定理 1 来证明一个非常重要的定理，它给出了利用原函数来计算定积分的公式.

定理 2 设函数 $f(x)$ 在区间 $[a,b]$ 上连续，$F(x)$ 是 $f(x)$ 在区间 $[a,b]$ 上的任意一个原函数，那么

$$\int_a^b f(x)dx = F(b) - F(a).$$

这个公式叫做**牛顿**(Newton)—**莱布尼茨**(Leibniz)**公式**，也叫做**微积分基本公式**.

证 设 $F(x)$ 是 $f(x)$ 在区间 $[a,b]$ 上的任意一个原函数，则 $F'(x) = f(x)$；又由定理 1 知

$$\Phi(x) = \int_a^x f(t)dt,$$

也是 $f(x)$ 的一个原函数，于是这两个原函数相差一个常数 C. 即

$$\Phi(x) - F(x) = C, \text{得 } \Phi(x) = F(x) + C,$$

从而

$$\int_a^x f(t)dt = F(x) + C,\ x \in [a,b].$$

取 $x = a$ 得，

$$\int_a^a f(t)dt = F(a) + C,$$

即

$$F(a) + C = 0,\ C = -F(a);$$

取 $x = b$ 得，

$$\int_a^b f(t)dt = F(b) + C,$$

即

$$\int_a^b f(t)dt = F(b) + C = F(b) - F(a).$$

为了方便起见，用记号 $[F(x)]_a^b$ 表示 $F(b) - F(a)$，于是

$$\int_a^b f(x)dx = [F(x)]_a^b = F(b) - F(a).$$

牛顿—莱布尼茨公式揭示了定积分与原函数或不定积分之间的联系. 同时给出了计算定积分的方法,大大简化了定积分的计算. 只要求出函数 $f(x)$ 的一个原函数,然后代入牛顿—莱布尼茨公式,就可以计算出定积分 $\int_a^b f(x)\mathrm{d}x$.

例 6　计算 $\int_0^1 \frac{1}{1+x^2}\mathrm{d}x$.

解　由于被积函数 $\frac{1}{1+x^2}$ 在 $[0,1]$ 上连续,由牛顿—莱布尼茨公式,得

$$\int_0^1 \frac{1}{1+x^2}\mathrm{d}x = [\arctan x]_0^1 = \arctan 1 - \arctan 0 = \frac{\pi}{4}.$$

例 7　计算 $\int_0^2 |1-x|\,\mathrm{d}x$.

解　
$$\int_0^2 |1-x|\,\mathrm{d}x = \int_0^1 (1-x)\mathrm{d}x + \int_1^2 (x-1)\mathrm{d}x = \left[x-\frac{x^2}{2}\right]_0^1 + \left[\frac{x^2}{2}-x\right]_1^2 = 1.$$

例 8　设

$$f(x) = \begin{cases} \sqrt[3]{x}, & 0 \leqslant x < 1, \\ \mathrm{e}^x, & 1 \leqslant x \leqslant 3, \end{cases}$$

计算 $\int_0^3 f(x)\mathrm{d}x$.

解　这是一个分段函数,根据定积分的性质 3,可得

$$\int_0^3 f(x)\mathrm{d}x = \int_0^1 f(x)\mathrm{d}x + \int_1^3 f(x)\mathrm{d}x = \int_0^1 \sqrt[3]{x}\mathrm{d}x + \int_1^3 \mathrm{e}^x\mathrm{d}x = \left[\frac{3}{4}x^{\frac{4}{3}}\right]_0^1 + [\mathrm{e}^x]_1^3 = \frac{3}{4} + \mathrm{e}^3 - \mathrm{e}.$$

习　题　6-2(A)

1. 求下列极限:

(1) $\lim\limits_{x\to 0}\frac{\int_0^x \ln(1+t)\mathrm{d}t}{x^2}$;　(2) $\lim\limits_{x\to 0}\frac{\int_0^x \cos^2 t\mathrm{d}t}{\sin x}$;

(3) $\lim\limits_{x\to 0}\frac{\left(\int_0^x \mathrm{e}^{t^2}\mathrm{d}t\right)^2}{\int_0^x t\mathrm{e}^{2t^2}\mathrm{d}t}$;　(4) $\lim\limits_{x\to 0}\frac{\int_0^{x^2} \sin t\mathrm{d}t}{x\sin^3 x}$.

2. 求下列导数:

(1) $\frac{\mathrm{d}}{\mathrm{d}x}\int_0^{x^2}\sqrt{1+t^2}\mathrm{d}t$;　(2) $\frac{\mathrm{d}}{\mathrm{d}x}\int_0^{\cos 3x} f(t)\mathrm{d}t$;

(3) $\dfrac{\mathrm{d}}{\mathrm{d}x}\int_{\sin x}^{\cos x}\cos(\pi t^2)\,\mathrm{d}t$；　　(4) $\dfrac{\mathrm{d}}{\mathrm{d}x}\int_{x^2}^{x^3}\dfrac{1}{\sqrt{1+t^6}}\mathrm{d}t$；

(5) $\dfrac{\mathrm{d}}{\mathrm{d}x}\int_a^b\cos t\mathrm{d}t$.

3. 计算下列定积分：

(1) $\int_1^2\left(x+\dfrac{1}{x}\right)^2\mathrm{d}x$；　　(2) $\int_4^9\sqrt{x}(1+\sqrt{x})\,\mathrm{d}x$；

(3) $\int_1^{\sqrt{3}}\dfrac{1+2x^2}{x^2(1+x^2)}\mathrm{d}x$；　　(4) $\int_{-1}^2|2x|\,\mathrm{d}x$；

(5) $\int_0^{2\pi}|\sin x|\,\mathrm{d}x$；　　(6) $\int_0^1\dfrac{1}{\sqrt{4-x^2}}\mathrm{d}x$.

4. 设$f(x)=\begin{cases}x+1, & x\leqslant 1,\\ 3-x^2, & x>1,\end{cases}$计算$\int_0^2 f(x)\,\mathrm{d}x$.

5. 设$f(x)$连续，且$\int_0^{x^3-1}f(t)\,\mathrm{d}t=x$，求$f(7)$.

6. 设$50x^3+40=\int_c^x f(t)\,\mathrm{d}t$，求$f(x)$及$c$.

7. 证明：函数$\Phi(x)=\int_0^{x^2}\mathrm{e}^t\mathrm{d}t$当$x>0$时单调递增.

8. 设函数$y=y(x)$由参数方程$\begin{cases}x=\int_0^t\sin u\mathrm{d}u,\\ y=\int_t^0\cos u\mathrm{d}u\end{cases}$给出，求$\dfrac{\mathrm{d}y}{\mathrm{d}x}$.

习　题　6-2(B)

1. 已知$f(x)=\begin{cases}x^2, & 0\leqslant x<1,\\ 1, & 1\leqslant x\leqslant 2,\end{cases}$令$F(x)=\int_1^x f(t)\,\mathrm{d}t(0\leqslant x\leqslant 2)$，则$F(x)$为(　　).

A. $\begin{cases}\dfrac{1}{3}x^3, & 0\leqslant x<1,\\ x, & 1\leqslant x\leqslant 2\end{cases}$　　B. $\begin{cases}\dfrac{1}{3}x^3-\dfrac{1}{3}, & 0\leqslant x<1,\\ x, & 1\leqslant x\leqslant 2\end{cases}$

C. $\begin{cases}\dfrac{1}{3}x^3, & 0\leqslant x<1,\\ x-1, & 1\leqslant x\leqslant 2\end{cases}$　　D. $\begin{cases}\dfrac{1}{3}x^3-\dfrac{1}{3}, & 0\leqslant x<1,\\ x-1, & 1\leqslant x\leqslant 2\end{cases}$

2. 已知$\int_0^y\mathrm{e}^{t^2}\mathrm{d}t+\int_0^{2x}\cos t\mathrm{d}t=0$，求$\dfrac{\mathrm{d}y}{\mathrm{d}x}$.

3. 设函数$f(x)=\begin{cases}\dfrac{1}{x^3}\int_0^x\sin t^2\mathrm{d}t, & x\neq 0,\\ a, & x=0\end{cases}$在$x=0$处连续，求$a$.

第3节　定积分的换元法及分部积分法

上一节讲述了牛顿—莱布尼茨公式，揭示了不定积分与定积分的内在联系. 定积分的计算与不定积分的计算相类似，也有换元法与分部积分法.

一、定积分的换元法

定理 1　设函数 $f(x)$ 在区间 $[a,b]$ 上连续，函数 $x=\varphi(t)$ 满足条件：

(1) $\varphi(\alpha)=a,\varphi(\beta)=b$；

(2) $\varphi(t)$ 在区间 $[\alpha,\beta]$（或 $[\beta,\alpha]$）上具有连续导数，且当 t 在 α 与 β 之间变动时，$a\leqslant\varphi(t)\leqslant b$. 那么

$$\int_a^b f(x)\mathrm{d}x=\int_\alpha^\beta f[\varphi(t)]\varphi'(t)\mathrm{d}t.$$

此公式叫做定积分的换元公式.

例 1　计算 $\int_0^1\sqrt{1-x^2}\mathrm{d}x$.

解　设 $x=\sin t$，则 $\mathrm{d}x=\cos t\mathrm{d}t$，且当 $x=0$ 时，$t=0$；当 $x=1$ 时，$t=\frac{\pi}{2}$，于是

$$\begin{aligned}\int_0^1\sqrt{1-x^2}\mathrm{d}x&=\int_0^{\frac{\pi}{2}}\cos^2 t\mathrm{d}t\\&=\int_0^{\frac{\pi}{2}}\frac{1+\cos 2t}{2}\mathrm{d}t\\&=\frac{1}{2}\left[\int_0^{\frac{\pi}{2}}\mathrm{d}t+\int_0^{\frac{\pi}{2}}\cos 2t\mathrm{d}(2t)\right]\\&=\frac{1}{2}\left(\frac{\pi}{2}+\frac{1}{2}[\sin 2t]_0^{\frac{\pi}{2}}\right)=\frac{\pi}{4}.\end{aligned}$$

也可以利用定积分的几何意义计算.

注　通过上述例题可见，不定积分的换元积分法与定积分的换元积分法的区别在于：不定积分的换元积分法在求出相对于新变量 t 的积分后，必须回代原变量；而定积分的换元积分法将变量 x 代换成新变量 t 时，积分限也要随之而变，另外，在求出函数 $f[\varphi(t)]\varphi'(t)$ 的原函数后，不必代回原变量 x，直接代入新变量的上下限做差即可.

例 2　计算 $\int_0^4\frac{x+2}{\sqrt{2x+1}}\mathrm{d}x$.

解　设 $\sqrt{2x+1}=t(t>0)$，则 $x=\frac{t^2-1}{2}$，$\mathrm{d}x=t\mathrm{d}t$，且当 $x=0$ 时，$t=1$；当 $x=4$ 时，$t=3$. 于是

$$\begin{aligned}\int_0^4\frac{x+2}{\sqrt{2x+1}}\mathrm{d}x&=\int_1^3\frac{\frac{t^2-1}{2}+2}{t}t\mathrm{d}t\\&=\frac{1}{2}\int_1^3(t^2+3)\mathrm{d}t\\&=\left[\frac{1}{2}\cdot\frac{t^3}{3}+\frac{3}{2}\cdot t\right]_1^3=\frac{22}{3}.\end{aligned}$$

换元公式也可以反过来使用，即

$$\int_a^b f[\varphi(x)]\varphi'(x)\mathrm{d}x = \int_\alpha^\beta f(t)\mathrm{d}t,$$

只须引入新变量 $t=\varphi(x)$，可得 $\alpha=\varphi(a)$，$\beta=\varphi(b)$.

例 3 计算 $\int_0^{\frac{\pi}{2}} \cos^4 x\sin x\mathrm{d}x$.

解 设 $t=\cos x$，则 $\mathrm{d}t=-\sin x\mathrm{d}x$，且 $x=0$ 时，$t=1$；$x=\frac{\pi}{2}$ 时，$t=0$.

$$\int_0^{\frac{\pi}{2}} \cos^4 x\sin x\mathrm{d}x = -\int_1^0 t^4\mathrm{d}t = \int_0^1 t^4\mathrm{d}t = \left[\frac{t^5}{5}\right]_0^1 = \frac{1}{5}.$$

如果不明显地写出新变量 t，那么定积分的上下限就不要变更.

例 4 计算 $\int_0^2 x\mathrm{e}^{x^2}\mathrm{d}x$.

解 $\int_0^2 x\mathrm{e}^{x^2}\mathrm{d}x = \frac{1}{2}\int_0^2 \mathrm{e}^{x^2}\mathrm{d}(x^2) = \frac{1}{2}[\mathrm{e}^{x^2}]_0^2 = \frac{1}{2}(\mathrm{e}^4-1)$.

例 5 计算 $\int_0^\pi \sqrt{\sin x-\sin^3 x}\mathrm{d}x$.

解
$$\begin{aligned}\int_0^\pi \sqrt{\sin x-\sin^3 x}\mathrm{d}x &= \int_0^\pi \sqrt{\sin x(1-\sin^2 x)}\mathrm{d}x\\
&= \int_0^\pi \sqrt{\sin x}\,|\cos x|\,\mathrm{d}x\\
&= \int_0^{\frac{\pi}{2}} \sqrt{\sin x}\cos x\mathrm{d}x - \int_{\frac{\pi}{2}}^\pi \sqrt{\sin x}\cos x\mathrm{d}x\\
&= \int_0^{\frac{\pi}{2}} \sqrt{\sin x}\mathrm{d}(\sin x) - \int_{\frac{\pi}{2}}^\pi \sqrt{\sin x}\mathrm{d}(\sin x)\\
&= \left[\frac{2}{3}\sin^{\frac{3}{2}}x\right]_0^{\frac{\pi}{2}} - \left[\frac{2}{3}\sin^{\frac{3}{2}}x\right]_{\frac{\pi}{2}}^\pi\\
&= \frac{2}{3}-\left(-\frac{2}{3}\right) = \frac{4}{3}.\end{aligned}$$

本题应用的是第一类换元法(凑微分法)，省略了设出新变量的过程，因此计算中也就省略了更换积分上下限的过程.

例 6 计算 $\int_0^{\frac{1}{\sqrt{2}}} \frac{x+1}{\sqrt{1-x^2}}\mathrm{d}x$.

解
$$\begin{aligned}\int_0^{\frac{1}{\sqrt{2}}} \frac{x+1}{\sqrt{1-x^2}}\mathrm{d}x &= \int_0^{\frac{1}{\sqrt{2}}} \frac{x}{\sqrt{1-x^2}}\mathrm{d}x + \int_0^{\frac{1}{\sqrt{2}}} \frac{1}{\sqrt{1-x^2}}\mathrm{d}x\\
&= -\frac{1}{2}\int_0^{\frac{1}{\sqrt{2}}} \frac{1}{\sqrt{1-x^2}}\mathrm{d}(1-x^2) + [\arcsin x]_0^{\frac{1}{\sqrt{2}}}\\
&= -[\sqrt{1-x^2}]_0^{\frac{1}{\sqrt{2}}} + \arcsin\frac{1}{\sqrt{2}}\\
&= 1-\frac{1}{\sqrt{2}}+\frac{\pi}{4}.\end{aligned}$$

例7　设函数$f(x)$在区间$[-a,a]$上连续,证明:

(1)当$f(x)$是奇函数时,$\int_{-a}^{a}f(x)\mathrm{d}x=0$;

(2)当$f(x)$是偶函数时,$\int_{-a}^{a}f(x)\mathrm{d}x=2\int_{0}^{a}f(x)\mathrm{d}x$.

证　由于

$$\int_{-a}^{a}f(x)\mathrm{d}x=\int_{-a}^{0}f(x)\mathrm{d}x+\int_{0}^{a}f(x)\mathrm{d}x,$$

对积分$\int_{-a}^{0}f(x)\mathrm{d}x$作代换$x=-t$,那么

$$\int_{-a}^{0}f(x)\mathrm{d}x=-\int_{a}^{0}f(-t)\mathrm{d}t=\int_{0}^{a}f(-t)\mathrm{d}t.$$

(1)如果$f(x)$是奇函数,那么$f(-x)=-f(x)$,从而有

$$\int_{-a}^{a}f(x)\mathrm{d}x=\int_{0}^{a}-f(x)\mathrm{d}x+\int_{0}^{a}f(x)\mathrm{d}x=0;$$

(2)如果$f(x)$是偶函数,那么$f(-x)=f(x)$,从而有

$$\int_{-a}^{a}f(x)\mathrm{d}x=\int_{0}^{a}f(x)\mathrm{d}x+\int_{0}^{a}f(x)\mathrm{d}x=2\int_{0}^{a}f(x)\mathrm{d}x.$$

例8　计算$\int_{-\frac{1}{2}}^{\frac{1}{2}}\left(\frac{\arctan^6 x}{1+x^2}+\frac{\arcsin x^5}{\sqrt{1-x^2}}\right)\mathrm{d}x$.

解　因为$\frac{\mathrm{arc\,tan}^6 x}{1+x^2}$在$\left[-\frac{1}{2},\frac{1}{2}\right]$上为偶函数;$\frac{\arcsin x^5}{\sqrt{1-x^2}}$在区间$\left[-\frac{1}{2},\frac{1}{2}\right]$上为奇函数,所以

$$\int_{-\frac{1}{2}}^{\frac{1}{2}}\left(\frac{\arctan^6 x}{1+x^2}+\frac{\arcsin x^5}{\sqrt{1-x^2}}\right)\mathrm{d}x=2\int_{0}^{\frac{1}{2}}\frac{\arctan^6 x}{1+x^2}\mathrm{d}x=2\int_{0}^{\frac{1}{2}}\arctan^6 x\mathrm{d}(\arctan x)$$

$$=\frac{2}{7}\left[\mathrm{arc\,tan}^7 x\right]_0^{\frac{1}{2}}=\frac{2}{7}\mathrm{arc\,tan}^7\frac{1}{2}.$$

例9　设函数$f(x)$是以l为周期的连续函数,证明$\int_{a}^{a+l}f(x)\mathrm{d}x$与$a$无关.

证　$\int_{a}^{a+l}f(x)\mathrm{d}x=\int_{a}^{0}f(x)\mathrm{d}x+\int_{0}^{l}f(x)\mathrm{d}x+\int_{l}^{a+l}f(x)\mathrm{d}x$,设$x=l+u$,则

$$\int_{l}^{a+l}f(x)\mathrm{d}x=\int_{0}^{a}f(u)\mathrm{d}u=\int_{0}^{a}f(x)\mathrm{d}x,$$

代入上式,得

$$\int_{a}^{a+l}f(x)\mathrm{d}x=\int_{a}^{0}f(x)\mathrm{d}x+\int_{0}^{l}f(x)\mathrm{d}x+\int_{0}^{a}f(x)\mathrm{d}x=\int_{0}^{l}f(x)\mathrm{d}x.$$

所以此值与a无关.

二、定积分的分部积分法

如果函数$u=u(x)$与$v=v(x)$在区间$[a,b]$上具有连续的导数,那么

$$(uv)'=u'v+uv',$$

即

$$uv' = (uv)' - u'v\ ,$$

则上式两边在区间 $[a,b]$ 上的定积分为

$$\int_a^b uv'\mathrm{d}x = [uv]_a^b - \int_a^b u'v\mathrm{d}x\ ,$$

即

$$\int_a^b u\mathrm{d}v = [uv]_a^b - \int_a^b v\mathrm{d}u\ .$$

上式是定积分的**分部积分公式**.

例 10 计算 $\int_0^{\frac{1}{2}} \arcsin x\mathrm{d}x$.

解 $$\int_0^{\frac{1}{2}} \arcsin x\mathrm{d}x = [x\arcsin x]_0^{\frac{1}{2}} - \int_0^{\frac{1}{2}} \frac{x}{\sqrt{1-x^2}}\mathrm{d}x$$

$$= \frac{1}{2}\cdot\frac{\pi}{6} + \frac{1}{2}\int_0^{\frac{1}{2}} \frac{1}{\sqrt{1-x^2}}\mathrm{d}(1-x^2)$$

$$= \frac{\pi}{12} + [\sqrt{1-x^2}]_0^{\frac{1}{2}} = \frac{\pi}{12} + \frac{\sqrt{3}}{2} - 1\ .$$

例 11 计算 $\int_0^1 \ln(1+x)\mathrm{d}x$.

解 $$\int_0^1 \ln(1+x)\mathrm{d}x = [x\ln(1+x)]_0^1 - \int_0^1 \frac{x}{1+x}\mathrm{d}x$$

$$= \ln 2 - \int_0^1 (1 - \frac{1}{1+x})\mathrm{d}x$$

$$= \ln 2 - [x - \ln(1+x)]_0^1$$

$$= 2\ln 2 - 1\ .$$

例 12 计算积分 $\int_0^1 x\arctan x\mathrm{d}x$.

解 $$\int_0^1 x\arctan x\mathrm{d}x = \frac{1}{2}\int_0^1 \arctan x\mathrm{d}(x^2+1)$$

$$= \frac{1}{2}[(x^2+1)\arctan x]_0^1 - \frac{1}{2}\int_0^1 \frac{x^2+1}{1+x^2}\mathrm{d}x$$

$$= \frac{1}{2}[(\frac{\pi}{2} - 0) - 1] = \frac{1}{2}[\frac{\pi}{2} - 1]\ .$$

例 13 计算积分 $\int_0^{\pi} \mathrm{e}^x\sin x\mathrm{d}x$.

解 $$\int_0^{\pi} \mathrm{e}^x\sin x\mathrm{d}x = \int_0^{\pi} \sin x\,\mathrm{d}(\mathrm{e}^x) = [\mathrm{e}^x\sin x]_0^{\pi} - \int_0^{\pi} \mathrm{e}^x\cos x\mathrm{d}x = -\int_0^{\pi} \mathrm{e}^x\cos x\mathrm{d}x$$

$$= -\int_0^{\pi} \cos x\mathrm{d}(\mathrm{e}^x) = -([\mathrm{e}^x\cos x]_0^{\pi} + \int_0^{\pi} \mathrm{e}^x\sin x\mathrm{d}x)$$

$$= -(-\mathrm{e}^{\pi} - 1) - \int_0^{\pi} \mathrm{e}^x\sin x\mathrm{d}x\ ,$$

移项后可得

$$\int_0^{\pi} e^x \sin x dx = \frac{e^{\pi} + 1}{2}.$$

例 14　计算 $\int_0^1 e^{\sqrt{x}} dx$.

解　令 $\sqrt{x} = t$,则 $x = t^2$ 且 $dx = 2tdt$, $x = 0$ 时, $t = 0$; $x = 1$ 时, $t = 1$. 故

$$\begin{aligned}\int_0^1 e^{\sqrt{x}} dx &= 2\int_0^1 e^t \cdot t dt = 2\int_0^1 t\, de^t \\ &= [2te^t]_0^1 - 2\int_0^1 e^t dt \\ &= 2e - [2e^t]_0^1 = 2.\end{aligned}$$

例 15　计算定积分 $I_n = \int_0^{\frac{\pi}{2}} \sin^n x dx$, n 为非负整数.

解

$$\begin{aligned} I_n &= -\int_0^{\frac{\pi}{2}} \sin^{n-1} x d(\cos x) = -[\sin^{n-1} x \cos x]_0^{\frac{\pi}{2}} + (n-1)\int_0^{\frac{\pi}{2}} \cos x \sin^{n-2} x \cos x dx \\ &= (n-1)\int_0^{\frac{\pi}{2}} \sin^{n-2} x(1 - \sin^2 x) dx \\ &= (n-1)\int_0^{\frac{\pi}{2}} \sin^{n-2} x dx - (n-1)\int_0^{\frac{\pi}{2}} \sin^n x dx \\ &= (n-1)I_{n-2} - (n-1)I_n.\end{aligned}$$

移项后可得: $I_n = \frac{n-1}{n} I_{n-2}$,得递推公式,由此公式有

$$I_{n-2} = \frac{n-3}{n-2} I_{n-4},\ I_{n-4} = \frac{n-5}{n-4} I_{n-6},\ \cdots, \text{至 } I_0 \text{ 或者 } I_1;$$

又

$$I_0 = \int_0^{\frac{\pi}{2}} dx = \frac{\pi}{2},\ I_1 = \int_0^{\frac{\pi}{2}} \sin x dx = 1.$$

故当 n 为偶数时

$$\begin{aligned} I_n &= \frac{n-1}{n} I_{n-2} = \frac{n-1}{n} \cdot \frac{n-3}{n-2} I_{n-4} = \cdots \\ &= \frac{n-1}{n} \cdot \frac{n-3}{n-2} \cdot \frac{n-5}{n-4} \cdots \frac{3}{4} \cdot \frac{1}{2} I_0 \\ &= \frac{(n-1)!!}{n!!} \cdot \frac{\pi}{2};\end{aligned}$$

当 n 为奇数时

$$\begin{aligned} I_n &= \frac{n-1}{n} I_{n-2} = \frac{n-1}{n} \cdot \frac{n-3}{n-2} I_{n-4} = \cdots \\ &= \frac{n-1}{n} \cdot \frac{n-3}{n-2} \cdot \frac{n-5}{n-4} \cdots \frac{4}{5} \cdot \frac{2}{3} I_1 \\ &= \frac{(n-1)!!}{n!!}.\end{aligned}$$

由

$$\int_0^{\frac{\pi}{2}} \sin^n x\mathrm{d}x = \int_0^{\frac{\pi}{2}} \cos^n x\mathrm{d}x,$$

从而有

$$\int_0^{\frac{\pi}{2}} \sin^n x\mathrm{d}x = \int_0^{\frac{\pi}{2}} \cos^n x\mathrm{d}x = \begin{cases} \dfrac{(2k-1)!!}{(2k)!!}\cdot\dfrac{\pi}{2}, & n=2k, \\ \dfrac{(2k)!!}{(2k+1)!!}, & n=2k+1. \end{cases}$$

以上可以作为重要结论来使用,如

$$\int_0^{\frac{\pi}{2}} \sin^6 x\mathrm{d}x = \frac{5}{6}\cdot\frac{3}{4}\cdot\frac{1}{2}\cdot\frac{\pi}{2} = \frac{5\pi}{32},$$

$$\int_0^{\frac{\pi}{2}} \cos^7 x\mathrm{d}x = \frac{6}{7}\cdot\frac{4}{5}\cdot\frac{2}{3} = \frac{16}{35}.$$

习　题　6-3(A)

1. 计算下列定积分:

(1) $\int_{-1}^{1} \frac{x}{\sqrt{5-4x}}\mathrm{d}x$;　　(2) $\int_0^{\frac{\pi}{2}} \sin x\cos^3 x\mathrm{d}x$;

(3) $\int_{e}^{e^2} \frac{1}{x\sqrt{1+\ln x}}\mathrm{d}x$;　　(4) $\int_0^{\sqrt{2}a} \frac{x}{\sqrt{3a^2-x^2}}\mathrm{d}x\ (a>0)$;

(5) $\int_{-2}^{1} \frac{\mathrm{d}x}{(11+5x)^3}$;　　(6) $\int_0^{\pi} (1-\sin^3 x)\mathrm{d}x$;

(7) $\int_{-\sqrt{2}}^{\sqrt{2}} \sqrt{8-2x^2}\mathrm{d}x$;　　(8) $\int_{\frac{1}{\sqrt{2}}}^{1} \frac{\sqrt{1-x^2}}{x^2}\mathrm{d}x$;

(9) $\int_{\frac{3}{4}}^{1} \frac{1}{\sqrt{1-x}-1}\mathrm{d}x$;　　(10) $\int_4^9 \frac{\sqrt{x}}{\sqrt{x}-1}\mathrm{d}x$.

2. 计算下列定积分:

(1) $\int_0^1 xe^{2x}\mathrm{d}x$;　　(2) $\int_0^{\frac{\pi}{2}} x\cos x\mathrm{d}x$;

(3) $\int_{\frac{1}{e}}^{e} |\ln x|\mathrm{d}x$;　　(4) $\int_1^4 \frac{\ln x}{\sqrt{x}}\mathrm{d}x$;

(5) $\int_1^e x\ln x\mathrm{d}x$;　　(6) $\int_1^e \sin(\ln x)\mathrm{d}x$;

(7) $\int_0^{\frac{\pi}{2}} e^{2x}\cos x\mathrm{d}x$;　　(8) $\int_0^{\pi} (x\sin x)^2\mathrm{d}x$.

3. 利用函数的奇偶性,计算下列积分:

(1) $\int_{-a}^{a} \left(x+\sqrt{a^2-x^2}\right)^2\mathrm{d}x$;　　(2) $\int_{-1}^{1} (2x+|x|+1)^2\mathrm{d}x$;

(3) $\int_{-1}^{1} (|x|+x)e^{-|x|}\mathrm{d}x$;　　(4) $\int_{-\frac{\pi}{2}}^{\frac{\pi}{2}} (x^3+\sin^2 x)\cos^2 x\mathrm{d}x$.

习 题 6-3(B)

1. 设$f(x)$连续,则$\frac{\mathrm{d}}{\mathrm{d}x}\int_0^x tf(x^2-t^2)\,\mathrm{d}t=(\quad)$.

(A)$xf(x^2)$; (B)$-xf(x^2)$; (C)$2xf(x^2)$; (D)$-2xf(x^2)$.

2. 已知$f(2)=\frac{1}{2}$,$f'(2)=0$及$\int_0^2 f(x)\,\mathrm{d}x=1$,求$\int_0^1 x^2 f''(2x)\,\mathrm{d}x$.

3. 设$f(x)=\begin{cases} xe^{x^2}, & -\frac{1}{2}\leqslant x<\frac{1}{2}, \\ -1, & x\geqslant\frac{1}{2}, \end{cases}$求$\int_{\frac{1}{2}}^2 f(x-1)\,\mathrm{d}x$.

第4节 反常积分

在定积分中,我们总是假定积分区间是有限的,被积函数是有界的.但在实际应用中常常要去掉这两个限制,希望把定积分拓广为:无限区间上的积分;无界函数的积分.本节就是研究这两种情况的积分——反常积分.

一、无穷限的反常积分

定义1 **若函数$f(x)$在区间$[a,+\infty)$上连续,如果极限$\lim\limits_{t\to+\infty}\int_a^t f(x)\,\mathrm{d}x\,(t>a)$存在,就称此极限为函数$f(x)$在区间$[a,+\infty)$上的反常积分,记作$\int_a^{+\infty}f(x)\,\mathrm{d}x$,即**

$$\int_a^{+\infty}f(x)\,\mathrm{d}x=\lim_{t\to+\infty}\int_a^t f(x)\,\mathrm{d}x.$$

此时称反常积分$\int_a^{+\infty}f(x)\,\mathrm{d}x$是收敛的,如果上述极限不存在,就说反常积分$\int_a^{+\infty}f(x)\,\mathrm{d}x$是发散的.

类似地,可定义函数$f(x)$在区间$(-\infty,b]$上的反常积分,取$t<b$,如果极限

$$\lim_{t\to-\infty}\int_t^b f(x)\,\mathrm{d}x$$

存在,就称此极限为函数$f(x)$在区间$(-\infty,b]$上的反常积分,记作$\int_{-\infty}^b f(x)\,\mathrm{d}x$,即

$$\int_{-\infty}^b f(x)\,\mathrm{d}x=\lim_{t\to-\infty}\int_t^b f(x)\,\mathrm{d}x.$$

设$a\in(-\infty,+\infty)$,如果函数$f(x)$在区间$(-\infty,+\infty)$上连续,且反常积分

$$\int_a^{+\infty}f(x)\,\mathrm{d}x\text{ 与 }\int_{-\infty}^a f(x)\,\mathrm{d}x\tag{1}$$

都收敛,那么称反常积分$\int_{-\infty}^{+\infty}f(x)\,\mathrm{d}x$收敛,且

$$\int_{-\infty}^{+\infty}f(x)\,\mathrm{d}x=\int_{-\infty}^a f(x)\,\mathrm{d}x+\int_a^{+\infty}f(x)\,\mathrm{d}x,$$

否则称反常积分 $\int_{-\infty}^{+\infty} f(x)\,dx$ 发散.

例 1 计算 $\int_{-\infty}^{+\infty} \frac{1}{1+x^2}dx$.

解
$$\int_0^{+\infty} \frac{1}{1+x^2}dx = \lim_{t\to+\infty}\int_0^t \frac{1}{1+x^2}dx = \lim_{t\to+\infty}[\arctan x]_0^t = \lim_{t\to+\infty}\arctan t = \frac{\pi}{2},$$

类似地,可得

$$\int_{-\infty}^0 \frac{1}{1+x^2}dx = \lim_{t\to-\infty}\int_t^0 \frac{1}{1+x^2}dx = \frac{\pi}{2},$$

所以

$$\int_{-\infty}^{+\infty} \frac{1}{1+x^2}dx = \int_{-\infty}^0 \frac{1}{1+x^2}dx + \int_0^{+\infty} \frac{1}{1+x^2}dx = \frac{\pi}{2}+\frac{\pi}{2} = \pi .$$

例 2 判断反常积分 $\int_1^{+\infty} \frac{1}{x^p}dx$ 的敛散性.

解 当 $p = 1$ 时,则

$$\int_1^{+\infty} \frac{1}{x}dx = \lim_{t\to+\infty}\int_1^t \frac{1}{x}dx = \lim_{t\to+\infty}[\ln x]_1^t = +\infty ,$$

所以该反常积分发散.

当 $p \neq 1$ 时,则

$$\int_1^{+\infty} \frac{1}{x^p}dx = \lim_{t\to+\infty}\int_1^t \frac{1}{x^p}dx = \lim_{t\to+\infty}\left[\frac{1}{1-p}x^{1-p}\right]_1^t = \begin{cases}\frac{1}{p-1}, & p>1,\\ +\infty, & p<1.\end{cases}$$

综上所述,当 $p > 1$ 时,该反常积分收敛;当 $p \leq 1$ 时,该反常积分发散.

二、无界函数的反常积分

如果函数 $f(x)$ 在点 a 的任一个邻域内都无界,那么点 a 称为函数 $f(x)$ 的**瑕点**(也称为无穷间断点).无界函数的反常积分也称为**瑕积分**.

定义 2 设函数 $f(x)$ 在区间 $(a,b]$ 上连续,点 a 为瑕点,取 $t > a$,如果极限

$$\lim_{t\to a^+}\int_t^b f(x)\,dx$$

存在,则称 $f(x)$ 在区间 $(a,b]$ 上可积,称极限值为函数 $f(x)$ 在区间 $(a,b]$ 上的反常积分,仍记作 $\int_a^b f(x)\,dx$,即

$$\int_a^b f(x)\,dx = \lim_{t\to a^+}\int_t^b f(x)\,dx .$$

此时也称反常积分 $\int_a^b f(x)\,dx$ 收敛;如果极限 $\lim_{t\to a^+}\int_t^b f(x)\,dx$ 不存在,称反常积分 $\int_a^b f(x)\,dx$ 发散.

类似,设函数$f(x)$ **在区间** $[a,b)$ **上连续,点** b **为瑕点,取** $t<b$ **,如果极限** $\lim\limits_{t\to b^-}\int_a^t f(x)\,\mathrm{d}x$ **存在,则定义**

$$\int_a^b f(x)\,\mathrm{d}x = \lim_{t\to b^-}\int_a^t f(x)\,\mathrm{d}x\,.$$

否则,称反常积分 $\int_a^b f(x)\,\mathrm{d}x$ **发散**.

设函数$f(x)$ **在区间** $[a,c)\cup(c,b]$ **上连续,** c **为瑕点,如果反常积分** $\int_a^c f(x)\,\mathrm{d}x$ **与** $\int_c^b f(x)\,\mathrm{d}x$ **均收敛,则称反常积分** $\int_a^b f(x)\,\mathrm{d}x$ **收敛,即**

$$\begin{aligned}\int_a^b f(x)\,\mathrm{d}x &= \int_a^c f(x)\,\mathrm{d}x + \int_c^b f(x)\,\mathrm{d}x\\ &= \lim_{t\to c^-}\int_a^t f(x)\,\mathrm{d}x + \lim_{t\to c^+}\int_t^b f(x)\,\mathrm{d}x\,.\end{aligned}$$

否则就称反常积分 $\int_a^b f(x)\,\mathrm{d}x$ **发散**.

根据牛顿—莱布尼茨公式和上述定义,可得如下**推广牛顿—莱布尼茨公式**.

若函数$f(x)$ 在区间 $(a,b]$ 上连续,点 a 为瑕点, $F(x)$ 为$f(x)$ 的一个原函数, $\lim\limits_{x\to a^+}F(x)$ 存在,则反常积分

$$\int_a^b f(x)\,\mathrm{d}x = F(b) - \lim_{x\to a^+}F(x) = F(b) - F(a^+) = [F(x)]_a^b\,;$$

若 $\lim\limits_{x\to a^+}F(x)$ 不存在,则反常积分 $\int_a^b f(x)\,\mathrm{d}x$ 发散.

类似,设函数$f(x)$ 在区间 $[a,b)$ 上连续,点 b 为瑕点, $F(x)$ 为$f(x)$ 的一个原函数,极限 $\lim\limits_{x\to b^-}F(x)$ 存在,则反常积分

$$\int_a^b f(x)\,\mathrm{d}x = \lim_{x\to b^-}F(x) - F(a) = F(b^-) - F(a) = [F(x)]_a^b\,;$$

若 $\lim\limits_{x\to b^-}F(x)$ 不存在,则反常积分 $\int_a^b f(x)\,\mathrm{d}x$ 发散.

例 3　计算积分 $\int_1^2 \frac{1}{x\sqrt{x^2-1}}\mathrm{d}x$.

解　在 $[1,2]$ 区间上,在 $x=1$ 点不连续,故 $x=1$ 为瑕点,则

$$\begin{aligned}\int_1^2 \frac{1}{x\sqrt{x^2-1}}\mathrm{d}x &= \lim_{t\to 1^+}\int_t^2 \frac{1}{x\sqrt{x^2-1}}\mathrm{d}x = -\lim_{t\to 1^+}\int_t^2 \frac{1}{\sqrt{1-\frac{1}{x^2}}}\mathrm{d}\left(\frac{1}{x}\right)\\ &= -\lim_{t\to 1^+}\left[\arcsin\frac{1}{x}\right]_t^2 = -\lim_{t\to 1^+}\left[\frac{\pi}{6} - \arcsin\frac{1}{t}\right]\\ &= -\frac{\pi}{6} + \lim_{t\to 1^+}\arcsin\frac{1}{t} = -\frac{\pi}{6} + \frac{\pi}{2} = \frac{\pi}{3}\,.\end{aligned}$$

例 4　讨论积分 $\int_0^1 \frac{1}{x^p}\mathrm{d}x$ ($p>0$)的敛散性.

解 $x=0$ 是瑕点,故当 $p=1$ 时,

$$\int_0^1 \frac{1}{x^p}dx = \int_0^1 \frac{1}{x}dx = \lim_{t\to0^+}\int_t^1 \frac{1}{x}dx = \lim_{t\to0^+}[\ln|x|]_t^1 = \infty ;$$

当 $p\neq1$ 时,

$$\int_0^1 \frac{1}{x^p}dx = \lim_{t\to0^+}\int_t^1 \frac{1}{x^p}dx = \lim_{t\to0^+}\left[\frac{x^{-p+1}}{-p+1}\right]_t^1$$

$$=\begin{cases}\dfrac{1}{1-p}, & p<1,\\ \infty, & p>1.\end{cases}$$

所以综上,当 $p<1$ 时,$\int_0^1 \frac{1}{x^p}dx$ 收敛;当 $p\geqslant1$ 时,$\int_0^1 \frac{1}{x^p}dx$ 发散.

习　题　6-4(A)

1. 判断下列反常积分的收敛性,如果收敛,计算反常积分的值:

(1) $\int_1^{+\infty} \frac{1}{x^2}dx$;　　(2) $\int_0^{+\infty} xe^{-x}dx$;

(3) $\int_{-\infty}^{+\infty} \frac{1}{x^2+2x+2}dx$;　　(4) $\int_0^1 \frac{x}{\sqrt{1-x^2}}dx$;

(5) $\int_0^2 \frac{1}{(1-x)^2}dx$;　　(6) $\int_0^{+\infty} \frac{1}{(1+x)(1+x^2)}dx$.

2. 讨论反常积分 $\int_0^{+\infty} \frac{1}{\sqrt{x}(1+x)}dx$ 的敛散性.

习　题　6-4(B)

1. 计算反常积分 $I_n = \int_0^{+\infty} x^n e^{-x}dx$ 的值.

2. 当 k 为何值时,反常积分 $\int_2^{+\infty} \frac{1}{x(\ln x)^k}dx$ 收敛?当 k 为何值时,这个反常积分发散?

第 5 节　定积分的应用

一、定积分的元素法

在实际问题中,我们要计算某个几何量,如曲边梯形的面积、曲线的弧长等;计算某个物理量,如变速直线运动的路程、变力所做的功、物体的转动惯量等.这些量的变化一般都是非均匀的,如曲边梯形的高是变化的,变速直线运动的速度是变化的.因此,用初等数学的知识已无法解决这些问题,我们可以用定积分来解决.在实际问题中往往不知道定积分的被积函数,这样写出它的表达式很困难.因此,根据上述对定积分的本质的认识——它是“微分的积累”,我们首先找出这些量的微小改变量的微分表达式,自然就有定积分表达式.这个方法通常称为**元素法(或微元法)**.

下面我们通过求曲边梯形的面积来说明元素法的步骤.

设函数$f(x)$在区间$[a,b]$上连续且$f(x)\geqslant 0$，求以曲线$y=f(x)$为曲边、以$[a,b]$区间为底的曲边梯形的面积A.

在区间$[a,b]$上任取一个小区间$[x,x+\mathrm{d}x]$，用ΔA表示该区间上的窄曲边梯形的面积，于是

$$A=\sum \Delta A.$$

用区间$[x,x+\mathrm{d}x]$左端点x的函数值$f(x)$为高，$\mathrm{d}x$为底的小矩形面积$f(x)\mathrm{d}x$来近似小曲边梯形的面积ΔA（如图6-4），即

$$\Delta A\approx f(x)\mathrm{d}x.$$

其中$f(x)\mathrm{d}x$叫做面积元素，记为$\mathrm{d}A=f(x)\mathrm{d}x$，于是

$$A\approx \sum f(x)\mathrm{d}x.$$

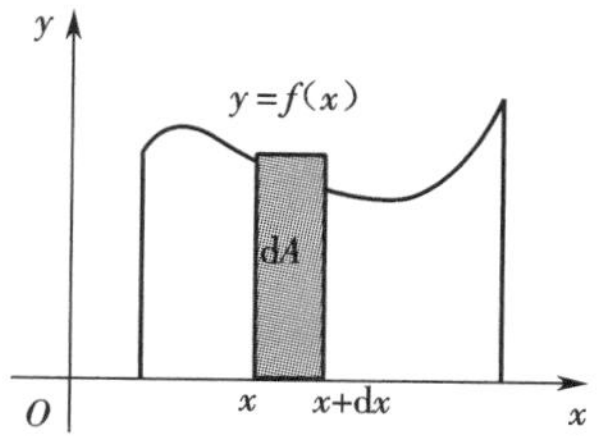

图6-4

则

$$A=\lim \sum f(x)\mathrm{d}x=\int_a^b f(x)\mathrm{d}x.$$

一般地，如果所求量U符合下列条件：

(1) U与一个变量x的变化区间$[a,b]$有关；

(2) U对于区间$[a,b]$具有可加性；

(3)增量ΔU的近似值可以表示为$f(x)\mathrm{d}x$.

则可用定积分计算这个量U.

利用元素法计算量U通常有三个步骤：

第一步　根据具体情况，选取一个积分变量例如x，并确定其变化区间$[a,b]$；

第二步　在区间$[a,b]$上任取小区间$[x,x+\mathrm{d}x]$，在这个小区间上的所求量U的改变量为ΔU，若ΔU可以近似为连续函数$f(x)$与$\mathrm{d}x$的乘积，把$f(x)\mathrm{d}x$称为所求量U的元素，且记为$\mathrm{d}U$，即

$$\mathrm{d}U=f(x)\mathrm{d}x;$$

第三步　以所求量U的元素$f(x)\mathrm{d}x$为被积表达式，在区间$[a,b]$上作定积分，得

$$U=\int_a^b f(x)\mathrm{d}x.$$

这就是所求量U的积分表达式.

这种方法通常叫做**元素法**. 下面运用元素法讨论几何、物理中的一些问题.

二、平面图形的面积

1. 直角坐标的情况

由前面所述，连续函数$y=f(x)$，$y=g(x)$ ($f(x)>g(x)$) 及直线$x=a$，$x=b$所围成的封闭图形的面积元素为$[f(x)-g(x)]\mathrm{d}x$，其面积为（如图6-5）

$$A=\int_a^b [f(x)-g(x)]\mathrm{d}x.$$

另外，连续函数$x=\varphi(y)$，$x=\psi(y)$ ($\varphi(y)>\psi(y)$) 及直线$y=c$，$y=d$所围成的封

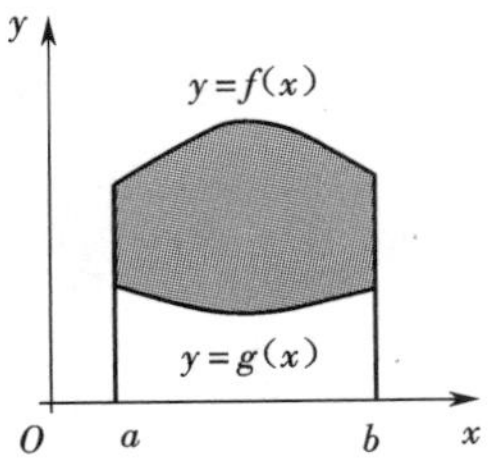

图 6-5

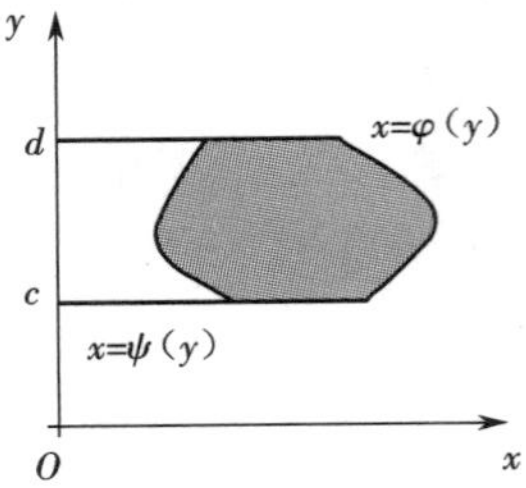

图 6-6

闭图形的面积元素为 $[\varphi(y)-\psi(y)]\mathrm{d}y$，其面积为(如图 6-6).

$$A=\int_c^d[\varphi(y)-\psi(y)]\mathrm{d}y.$$

例 1 计算由两条抛物线 $y=x^2$ 及 $x=y^2$ 所围成的图形的面积.

解 这两条抛物线所围成的平面图形如图 6－7 所示，先求出这两条抛物线的交点坐标.

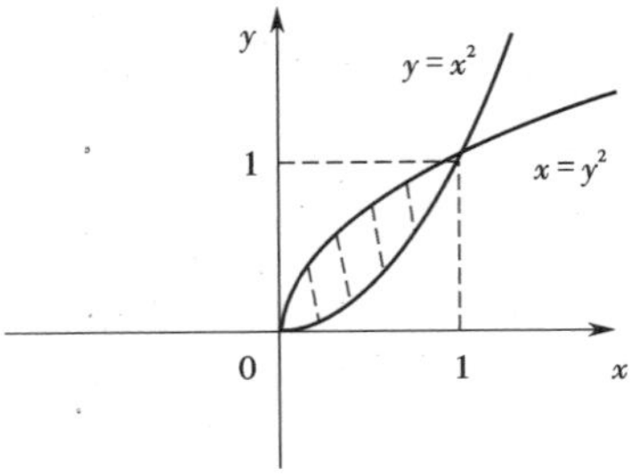

图 6-7

解方程组 $\begin{cases}y=x^2,\\ y^2=x,\end{cases}$ 得交点为 $(0,0)$，$(1,1)$.

由 $y^2=x$，得 $y=\pm\sqrt{x}$，取 $y=\sqrt{x}$. 则

$$\begin{aligned}A&=\int_0^1(\sqrt{x}-x^2)\mathrm{d}x\\&=\left(\frac{2}{3}x^{\frac{3}{2}}-\frac{1}{3}x^3\right)\Big|_0^1=\frac{1}{3}.\end{aligned}$$

例 2 求由抛物线 $y^2=2x$ 与直线 $y=x-4$ 所围平面图形的面积(如图 6-8).

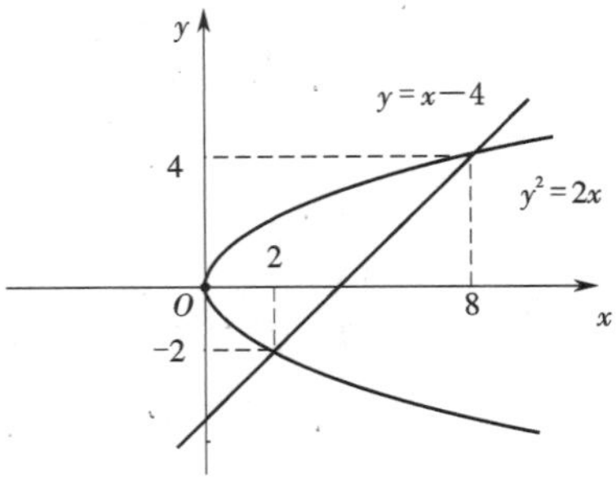

图 6-8

解　先求曲线的交点. 解方程组

$$\begin{cases} y^2 = 2x, \\ y = x - 4, \end{cases}$$

得交点 (2, -2) 和 (8,4) ,因此

$$A = \int_{-2}^{4} (4 + y - \frac{1}{2}y^2)\mathrm{d}y$$

$$= \left[4y + \frac{1}{2}y^2 - \frac{1}{6}y^3\right]_{-2}^{4} = 18 .$$

由例 2 可以看出,积分变量选择适当,就可以使计算简便.

例 3　求椭圆 $\frac{x^2}{a^2} + \frac{y^2}{b^2} = 1$ 的面积.

解　这个椭圆关于两个坐标轴都对称(图 6-9),所以椭圆的面积 $S = 4S_1$. 其中 S_1 是该椭圆在第一象限的面积,因此有

$$S = 4S_1 = 4\int_0^a y\mathrm{d}x .$$

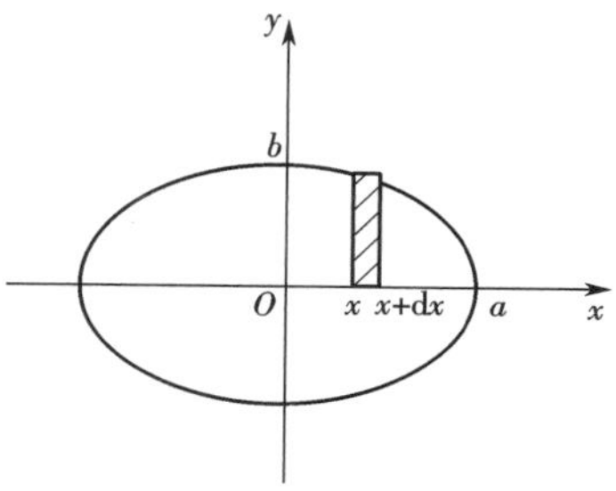

图 6-9

利用椭圆的参数方程 $\begin{cases} x = a\cos t, \\ y = b\sin t \end{cases}$ 求积分,由定积分的换元法,令 $x = a\cos t$, $y = b\sin t$,则 $\mathrm{d}x = -a\sin t\mathrm{d}t$,当 x 由 0 变到 a 时, t 由 $\frac{\pi}{2}$ 变到 0,所以

$$S = 4\int_{\frac{\pi}{2}}^{0} b\sin t(-a\sin t)\mathrm{d}t$$

$$= -4ab\int_{\frac{\pi}{2}}^{0} \sin^2 t\mathrm{d}t = 4ab\int_0^{\frac{\pi}{2}} \sin^2 t\mathrm{d}t$$

$$= 4ab \cdot \frac{1}{2} \cdot \frac{\pi}{2} = \pi ab .$$

2. 极坐标的情况

某些平面图形,利用极坐标来计算它们的面积比较简单.

设由曲线 $\rho = \varphi(\theta)$ 及射线 $\theta = \alpha$, $\theta = \beta$ 围成一个图形,称其为曲边扇形(图 6-10),现在要计算它的面积,设 $\rho = \varphi(\theta)$ 为区间 $[\alpha,\beta]$ 上的连续函数,且 $\varphi(\theta) \geqslant 0$.

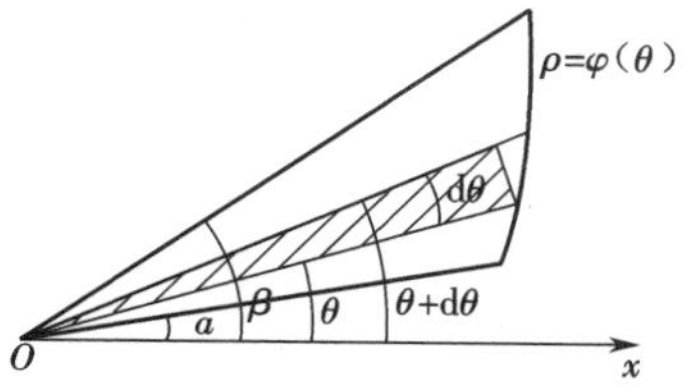

图 6-10

由于当 θ 在 $[\alpha,\beta]$ 上变动的时候,极径 $\rho = \varphi(\theta)$ 也随其变动,因此曲边扇形的面积不

能直接利用扇形面积公式 $A = \frac{1}{2}R^2\theta$ 来计算.

利用定积分的元素法,取极角 θ 为积分变量, $\theta \in [\alpha,\beta]$. 对应于任一小区间 $[\theta,\theta + d\theta]$ 的小曲边扇形的面积可以用半径为 $\rho = \varphi(\theta)$,中心角为 $d\theta$ 的扇形的面积来近似代替,得到这个小曲边扇形面积的近似值,即曲边扇形的面积元素为

$$dA = \frac{1}{2}\varphi^2(\theta)d\theta .$$

以 $dA = \frac{1}{2}\varphi^2(\theta)d\theta$ 为被积表达式,在区间 $[\alpha,\beta]$ 上作定积分,便得曲边扇形的面积为

$$A = \int_\alpha^\beta \frac{1}{2}\varphi^2(\theta)d\theta .$$

例 4 计算阿基米德螺线

$$\rho = a\theta\ (a > 0)$$

上相应于 θ 从 0 变到 2π 的一段弧与极轴所围成的图形(图 6-11)的面积.

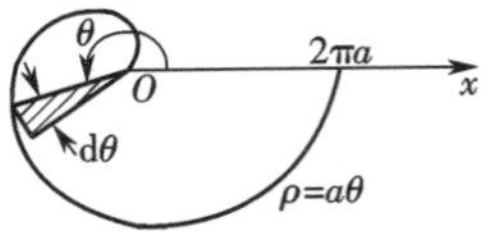

图 6-11

解 $\theta \in [0,2\pi]$,利用定积分的元素法,得到所求图形的面积元素为

$$dA = \frac{1}{2}(a\theta)^2 d\theta .$$

因此,所求图形的面积为

$$S = \frac{1}{2}\int_0^{2\pi} a^2\theta^2 d\theta = \left[\frac{a^2}{2}\cdot\frac{\theta^3}{3}\right]_0^{2\pi} = \frac{4}{3}a^2\pi^3 .$$

例 5 求心脏线 $\rho = a(1 + \cos\theta)$ 所围图形的面积($a > 0$).

解 心脏线所围成的图形如图 6-12 所示,此图形关于极轴对称,由对称性,只需求出图中上半部分的面积即可.

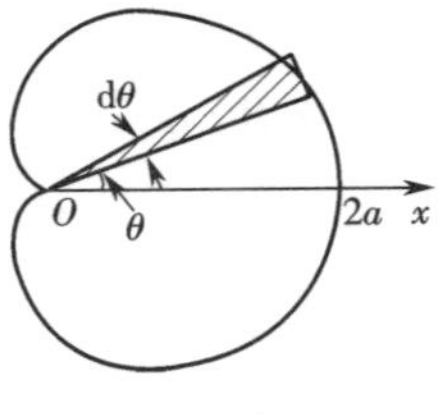

图 6-12

针对极轴以上部分的面积, θ 的变化区间是 $[0,\pi]$. 在 $[0,\pi]$ 上的任一小区间 $[\theta,\theta + d\theta]$ 的小曲边扇形面积近似于半径为 $a(1 + \cos\theta)$,中心角为 $d\theta$ 的扇形面积,得到面积元素

$$dA = \frac{1}{2}a^2(1 + \cos\theta)^2 d\theta .$$

心脏线所围图形面积为

$$A=2\cdot\frac{1}{2}\int_0^{\pi}a^2(1+\cos\theta)^2\mathrm{d}\theta$$
$$=4a^2\int_0^{\pi}\cos^4\frac{\theta}{2}\mathrm{d}\theta,$$

换元令 $t=\frac{\theta}{2}$，则

$$A=8a^2\int_0^{\frac{\pi}{2}}\cos^4 t\mathrm{d}t,$$

利用本章第 3 节中例 15 的结论可得

$$A=8a^2\int_0^{\frac{\pi}{2}}\cos^4 t\mathrm{d}t=8a^2\cdot\frac{3}{4}\cdot\frac{1}{2}\cdot\frac{\pi}{2}=\frac{3}{2}\pi a^2.$$

三、体积

1. 求旋转体的体积

由一个平面图形绕平面内一条直线旋转一周而成的立体叫做**旋转体**. 这条直线叫做**旋转轴**. 如圆柱、圆锥、圆台、球体分别可以看成是由矩形绕它的一条边、直角三角形绕它的一条直角边、直角梯形绕它的直角腰、半圆绕它的直径旋转一周而形成的立体. 它们都是旋转体.

由连续曲线 $y=f(x)$，直线 $x=a,x=b(a<b)$ 及 x 轴所围成的平面图形绕 x 轴旋转一周所形成的旋转体(如图 6-13)，下面利用定积分的元素法来求其体积

取 x 为积分变量，其变化区间为 $[a,b]$. 在区间 $[a,b]$ 上任取一小区间 $[x,x+\mathrm{d}x]$ 的窄曲边梯形绕 x 轴旋转而成的薄片的体积近似等于以 $f(x)$ 为底半径，$\mathrm{d}x$ 为高的扁圆柱体的体积，即体积元素

$$\mathrm{d}V=\pi f^2(x)\mathrm{d}x,$$

以 $\pi f^2(x)\mathrm{d}x$ 为被积表达式，在闭区间 $[a,b]$ 上做定积分，于是得到旋转体的体积为

$$V=\pi\int_a^b f^2(x)\mathrm{d}x;$$

类似地利用元素法求得，由连续曲线 $x=\varphi(y)$，直线 $y=c,y=d(c<d)$ 及 y 轴所围成的平面图形绕 y 轴旋转一周所形成的旋转体(如图 6-14)，其体积为

$$V=\pi\int_c^d\varphi^2(y)\mathrm{d}y.$$

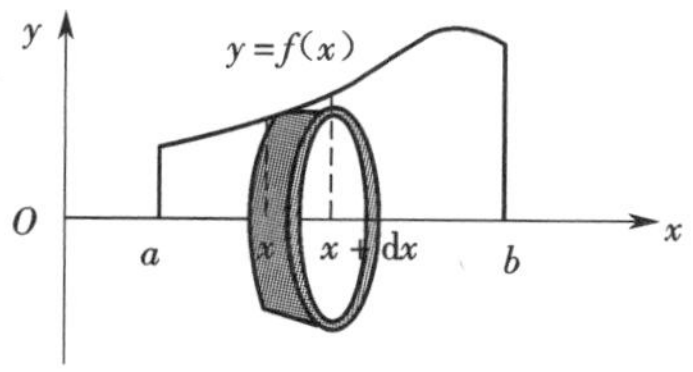

图 6-13

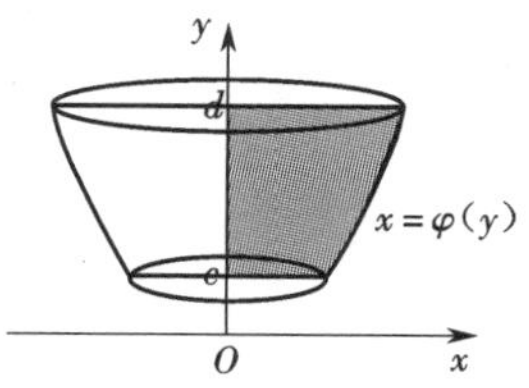

图 6-14

例 6　求由曲线 $y=\sqrt{1-x^2}$ 及直线 $y=0$ 所围成的平面图形绕 x 轴旋转一周所形成的旋转体的体积.

解 曲线 $y = \sqrt{1-x^2}$ 及直线 $y = 0$ 的交点为 $(-1,0)$,$(1,0)$.

取 x 为积分变量,变化区间为 $[-1,1]$,$dV = \pi(\sqrt{1-x^2})^2 dx$,则

$$V = \pi\int_{-1}^{1}[1-x^2]dx = 2\pi\int_{0}^{1}[1-x^2]dx$$

$$= 2\pi\left[x-\frac{x^3}{3}\right]_0^1 = \frac{4\pi}{3}.$$

例 7 求由曲线 $y = e^x$,$y = e^{-x}$ 及直线 $x = 1$ 所围成的平面图形绕 x 轴旋转一周所形成的旋转体的体积(如图 6-15).

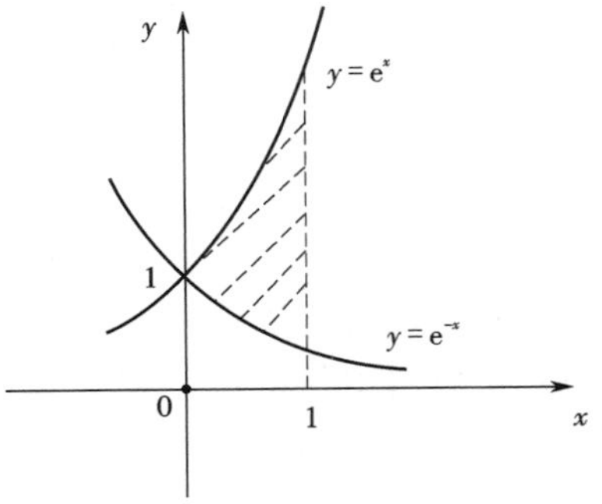

图 6-15

解 $V = \pi\int_0^1[(e^x)^2-(e^{-x})^2]dx$

$$= \pi\left[\frac{1}{2}e^{2x}\right]_0^1 + \pi\left[\frac{1}{2}e^{-2x}\right]_0^1$$

$$= \frac{1}{2}\pi(e^2+e^{-2}-2).$$

2. 平行截面面积为已知的立体体积

如果一个立体不是旋转体,但却知道该立体上垂直于一定轴的各个截面的面积,那么,该立体的体积可以用定积分来计算.

如图 6-16 所示,取上述定轴为 x 轴,并设该立体在过点 $x = a$、$x = b$ 且垂直于 x 轴的两个平面之间. 以 $A(x)$ 表示过点 x 且垂直于 x 轴的截面面积. 假定 $A(x)$ 为 x 的已知的连续函数. 这时,取 x 为积分变量,它的变化区间为 $[a,b]$;立体中相应于 $[a,b]$ 上任一小区间 $[x, x+\Delta x]$ 的一薄片的体积,近似于底面积为 $A(x)$、高为 dx 的扁柱体的体积,即体积元素

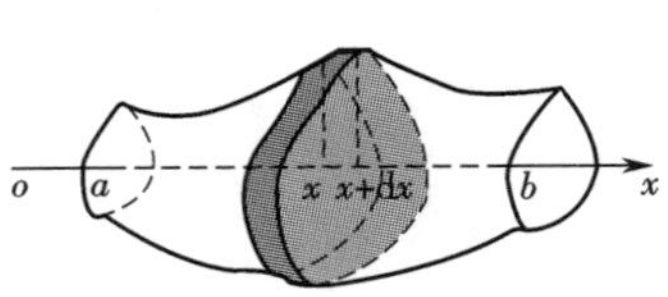

图 6-16

$$dV = A(x)dx.$$

以 $A(x)dx$ 为被积表达式,在闭区间 $[a,b]$ 上作定积分,便得所求立体的体积为

$$V = \int_a^b A(x)\,dx .$$

例 8　已知一个平面过半径为 R 的圆柱体的底面圆中心，并与底面成角 α．求该平面截圆柱体所得立体的体积.

解　如图 6-17 所示，

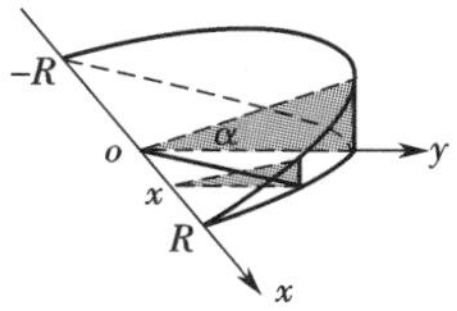

图 6-17

取平面与圆柱体底面的交线为 x 轴，底面上经过圆心且垂直于 x 轴的直线为 y 轴，则圆柱底面圆的方程为 $x^2+y^2=R^2$．立体中过 x 轴上的点 x 垂直于 x 轴的截面是直角三角形，其两条直角边分别为 y 和 $y\tan\alpha$，即 $\sqrt{R^2-x^2}$ 和 $\sqrt{R^2-x^2}\tan\alpha$．因此截面面积为

$$S(x) = \frac{1}{2}(R^2-x^2)\tan\alpha ,$$

故所求立体体积为

$$V = \int_{-R}^{R}\frac{1}{2}(R^2-x^2)\tan\alpha\,dx = \frac{1}{2}\tan\alpha\left[R^2x-\frac{1}{3}x^3\right]_{-R}^{R} = \frac{2}{3}R^3\tan\alpha .$$

四、平面曲线的弧长

我们知道，圆的周长可以利用圆内接多边形的周长，当边数趋于无限时的极限来解决. 对于一般的曲线弧 $\overset{\frown}{AB}$，也可以用无限多小折线的和的极限来求得（图 6-18）.

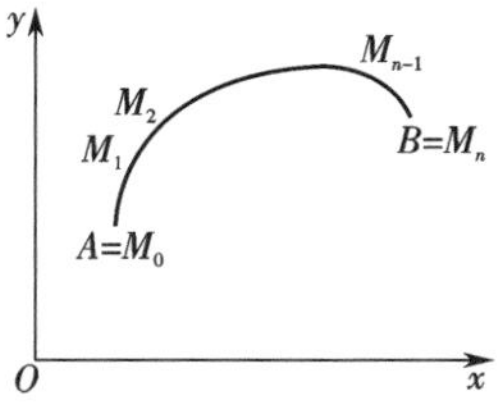

图 6-18

设 A、B 是曲线弧上的两个端点，在弧 $\overset{\frown}{AB}$ 上依次任取分点

$$A = M_0, M_1, M_2, \cdots, M_{n-1}, M_n = B ,$$

并依次连接相邻的分点得内折线. 当分点的数目无限增加且每个小段 $\overset{\frown}{M_{i-1}M_i}$ 都缩向一点时，如果此折线的长 $\sum\limits_{i=1}^{n}|M_{i-1}M_i|$ 的极限存在，则称此极限为曲线弧 $\overset{\frown}{AB}$ 的弧长，并称此曲线弧 $\overset{\frown}{AB}$ 是可求长的.

当曲线上每一点处都具有切线，且切线随着切点的移动而连续转动，这样的曲线称为光滑曲线.

定理　光滑曲线弧是可求长的.

这个定理不加以证明. 由于光滑的曲线弧是可求长的，故可应用定积分来计算弧长.

1. 直角坐标系下曲线的弧长公式

设平面曲线 $\overset{\frown}{AB}$ 为 $y=f(x)\ (a<b)$，$f(x)$ 在 $[a,b]$ 上具有连续的导数. 取 $\overset{\frown}{AB}$ 上的分点 $A=M_0, M_1, M_2, \cdots, M_{n-1}, M_n=B$，它们对应的坐标分别为 (x_0,y_0)，(x_1,y_1)，(x_2,y_2)，$\cdots$，(x_{n-1},y_{n-1})，(x_n,y_n)．弦 $M_{i-1}M_i\ (i=1,2,\cdots,n)$ 的长为

$$\Delta s_i = M_{i-1}M_i = \sqrt{(x_i - x_{i-1})^2 + (y_i - y_{i-1})^2}.$$

由拉格朗日中值定理

$$y_i - y_{i-1} = f(x_i) - f(x_{i-1}) = f'(\xi_i)(x_i - x_{i-1}),$$

其中 $(\xi_i \in [x_{i-1}, x_i]$ 或 $[x_i, x_{i-1}])$，可得

$$\Delta s_i = \sqrt{1 + [f'(\xi_i)]^2}\,|\Delta x_i|\ (\Delta x_i = x_i - x_{i-1}).$$

则 $\overset{\frown}{AB}$ 的这些弦连成的折线长为

$$\sum_{i=1}^{n} \Delta s_i = \sum_{i=1}^{n} \sqrt{1 + [f'(\xi_i)]^2}\,|\Delta x_i|.$$

因 $f'(x)$ 在 $[a,b]$ 上连续，令 $\lambda = \max\{\Delta x_i\} \to 0$，则

$$\lim_{\lambda \to 0} \sum_{i=1}^{n} \Delta s_i = \lim_{\lambda \to 0} \sum_{i=1}^{n} \sqrt{1 + [f'(\xi_i)]^2}\,|\Delta x_i|$$

存在，于是所求弧长为

$$s = \int_a^b \sqrt{1 + [f'(x)]^2}\,dx.$$

2. 参数形式的曲线弧长公式

设曲线弧 $\overset{\frown}{AB}$ 由参数方程

$$\begin{cases} x = \varphi(t), \\ y = \psi(t) \end{cases} \quad (\alpha \leqslant t \leqslant \beta)$$

给出，曲线上点 A 到 B，相应的参数从 α 到 β，设 $\varphi(t)$、$\psi(t)$ 在 $[\alpha,\beta]$ 上有连续的导数，且 $\varphi'(t)$、$\psi'(t)$ 不同时为零. 现在来计算该曲线弧的长度.

取参数 t 为积分变量，它的变化区间为 $[\alpha,\beta]$. 相应于 $[\alpha,\beta]$ 上任一小区间 $[t, t+\Delta t]$ 的小弧段的长度 Δs 近似等于对应的弦的长度 $\sqrt{(\Delta x)^2 + (\Delta y)^2}$，因为

$$\Delta x = \varphi(t + dt) - \varphi(t) \approx dx = \varphi'(t)dt,$$

$$\Delta y = \varphi(t + dt) - \varphi(t) \approx dy = \varphi'(t)dt,$$

所以，Δs 的近似值（弧微分）即弧长元素为

$$ds = \sqrt{(dx)^2 + (dy)^2} = \sqrt{[\varphi'(t)]^2 + [\psi'(t)]^2}\,dt.$$

所以弧长的参数形式的公式为

$$s = \int_\alpha^\beta \sqrt{[\varphi'(t)]^2 + [\psi'(t)]^2}\,dt.$$

3. 极坐标形式的曲线弧长公式

设曲线弧 $\overset{\frown}{AB}$ 的极坐标方程为 $\rho = \rho(\theta)(\alpha \leqslant \theta \leqslant \beta)$，且 $r(\theta)$ 在 $[\alpha,\beta]$ 上有连续的导数. 由直角坐标与极坐标的关系可得

$$\begin{cases} x = \rho(\theta)\cos\theta, \\ y = \rho(\theta)\sin\theta \end{cases} \quad \alpha \leqslant \theta \leqslant \beta.$$

这就是以极角 θ 为参数的曲线弧的参数方程，故弧长元素为

$$ds = \sqrt{x'^2(\theta) + y'^2(\theta)}\,d\theta = \sqrt{\rho^2(\theta) + \rho'^2(\theta)}\,d\theta,$$

所求弧长为

$$s = \int_{\alpha}^{\beta} \sqrt{\rho^2(\theta) + \rho'^2(\theta)}\,d\theta .$$

例 9　计算曲线 $y = \sqrt{1 - x^2}$ 相应于 $0 \leqslant x \leqslant \frac{1}{2}$ 的一段弧长.

解　因为

$$ds = \sqrt{1 + [f'(x)]^2}\,dx = \sqrt{1 + \frac{x^2}{1 - x^2}}\,dx = \frac{dx}{\sqrt{1 - x^2}},$$

所以

$$s = \int_0^{\frac{1}{2}} \sqrt{1 + y'^2}\,dx = \int_0^{\frac{1}{2}} \frac{dx}{\sqrt{1 - x^2}} = [\arcsin x]_0^{\frac{1}{2}} = \frac{\pi}{6}.$$

例 10　求摆线 $x = a(t - \sin t), y = a(1 - \cos t)$ 的一拱($0 \leqslant t \leqslant 2\pi$)的弧长(如图 6-19).

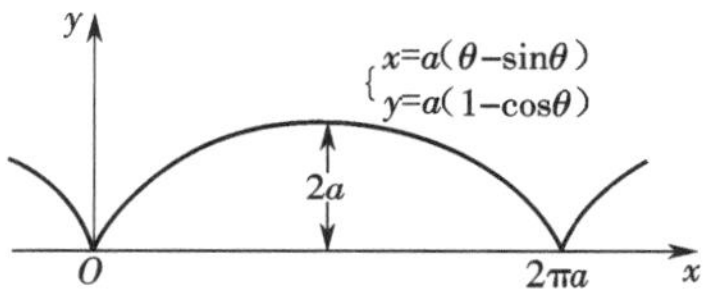

图 6-19

解　因为

$$ds = \sqrt{[\varphi'(t)]^2 + [\psi'(t)]^2}\,dt,$$

所以

$$\begin{aligned} s &= \int_0^{2\pi} \sqrt{[\varphi'(t)]^2 + [\psi'(t)]^2}\,dt \\ &= \int_0^{2\pi} \sqrt{a^2(1 - \cos t)^2 + a^2 \sin^2 t}\,dt \\ &= a\int_0^{2\pi} \sqrt{2(1 - \cos t)}\,dt = 2a\int_0^{2\pi} \sin \frac{t}{2}\,dt \\ &= 4a\int_0^{2\pi} \sin \frac{t}{2}\,d\left(\frac{t}{2}\right) = 4a\left[-\cos \frac{t}{2}\right]_0^{2\pi} = 8a . \end{aligned}$$

例 11　求心脏线 $r = a(1 + \cos\theta)$ 的全长($a > 0$).

解　因为

$$ds = \sqrt{x'^2(\theta) + y'^2(\theta)}\,d\theta = \sqrt{r^2(\theta) + r'^2(\theta)}\,d\theta$$

$$r^2(\theta) + r'^2(\theta) = a^2(1 + \cos\theta)^2 + a^2\sin^2\theta = 2a^2(1 + \cos\theta) = 4a^2\cos^2\frac{\theta}{2},$$

由对称性,得

$$s = 2\int_0^{\pi} \sqrt{r^2(\theta) + r'^2(\theta)}\,d\theta = 4a\int_0^{\pi} \cos\frac{\theta}{2}\,d\theta = 8a\left[\sin\frac{\theta}{2}\right]_0^{\pi} = 8a .$$

五、定积分的物理应用

1. 变力沿直线所做的功

我们由物理学的知识知道,如果物体在恒力 F 作用下,与 F 同向做直线运动,物体若移

动的距离为 s ,那么力 F 对物体所做的功为

$$W = Fs.$$

如果物体在运动中所受的力是变化的,这就是变力所做的功的问题.

例 12 把一个带 $+q$ 电量的点电荷放在 x 轴上的坐标原点处,它产生一个电场,这个电场对周围的电荷有作用力. 求单位正电荷在电场中从 a 沿 x 轴到 b 处 $(a < b)$,电场力对它所做的功.

解 由物理学知道,单位正电荷在点 x 处时,电场对它的作用力的大小为

$$F(x) = k\frac{q}{x^2}.$$

设在区间 $[a,b]$ 上取一小段区间 $[x,x + \mathrm{d}x]$,在这个小区间上的力可近似看成

$$F(x) = k\frac{q}{x^2},$$

则这个小区间上电场力对单位正电荷所做的功就可以近似为

$$\mathrm{d}W = \frac{kq}{x^2}\mathrm{d}x.$$

所以在区间 $[a,b]$ 上电场力所做的功为

$$W = \int_a^b \frac{kq}{x^2}\mathrm{d}x = -\frac{kq}{x}\Big|_a^b = kq\left(\frac{1}{a} - \frac{1}{b}\right).$$

例 13 将一弹簧平放,一端固定. 已知将弹簧拉长 10 cm 用力需要 5 N. 问若将弹簧拉长 15 cm,克服弹性力所做的功是多少?

解 首先建立坐标系如图 6-20,选取平衡位置为坐标原点.

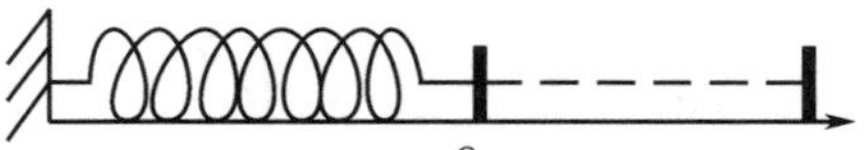

图 6-20

当弹簧被拉长为 x m 时,弹性力为 $f_1 = -kx$,从而所使用的外力为 $f = -f_1 = kx$;由于 $x = 0.1$ m 时, $f = 5$ N ,故 $k = 50$ g ,即 $f = 50x$,所做功为

$$W = \int_a^b F(x)\mathrm{d}x = 50\int_0^{0.15} x\mathrm{d}x = 50\cdot\frac{(0.15)^2}{2} = 0.5625\ (\mathrm{J}).$$

2. 水压力

由物理学知道,在水深为 h 处的压强为 $p = \rho gh$,这里 ρ 为水的密度, g 是重力加速度. 若有一面积为 A 的平板水平地放置在水深为 h 处,那么,平板的一侧所受的水压力为

$$P = p\cdot A = \rho ghA.$$

如果将此平板垂直于液面插入水中,由于水深不同点处压强 p 不相等,平板的一侧所受到的压力就不能用上述方法计算.

将平板(长度单位:m)垂直于水面插入水中(如图 6-21),用微元法求出一侧所受的压力.

建立坐标系如图,取积分变量 $x \in [a,b]$,任取小区间 $[x,x + \mathrm{d}x] \subset [a,b]$,细小条所受压力微元为

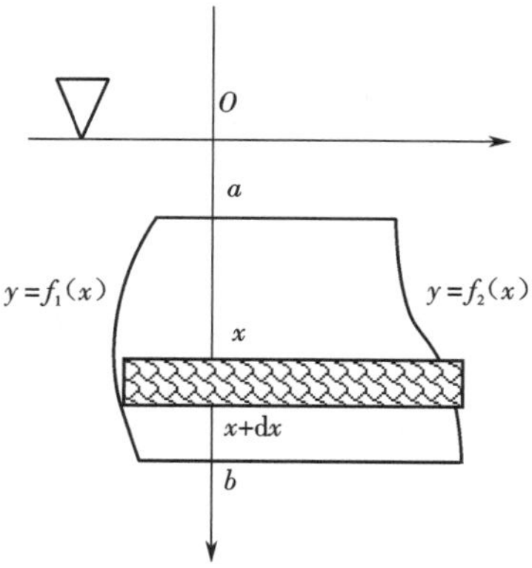

图 6-21

$$dP = \rho g \cdot x \cdot [f_2(x) - f_1(x)]dx,$$

那么,平板的一侧所受到的压力为

$$P = \int_a^b dP = \rho g \int_a^b x[f_2(x) - f_1(x)]dx \text{ (N)}.$$

例 14　一横卧的圆筒内装有半桶水,桶的底半径为 R m,水的密度为 ρ,求桶的一个端面所受的压力.

解　首先建立坐标系如图 6-22 所示,其中

$$a = 0,\ b = R,\ f_1(x) = -\sqrt{R^2 - x^2},$$
$$f_2(x) = \sqrt{R^2 - x^2},$$

由公式

$$\begin{aligned} P &= \rho g \int_0^R x[f_2(x) - f_1(x)]dx \\ &= \rho g \int_0^R x[2\sqrt{R^2 - x^2}]dx \\ &= -\frac{2\rho g}{3}[(R^2 - x^2)^{\frac{3}{2}}]_0^R = \frac{2\rho}{3}gR^3 \text{ (N)}. \end{aligned}$$

3. 引力

由物理学知道,质量分别为 m_1、m_2,相距为 r 的两个质点间的引力的大小为

$$F = G\frac{m_1 m_2}{r^2},$$

其中 G 为引力系数,引力的方向沿着两个质点的连线方向.

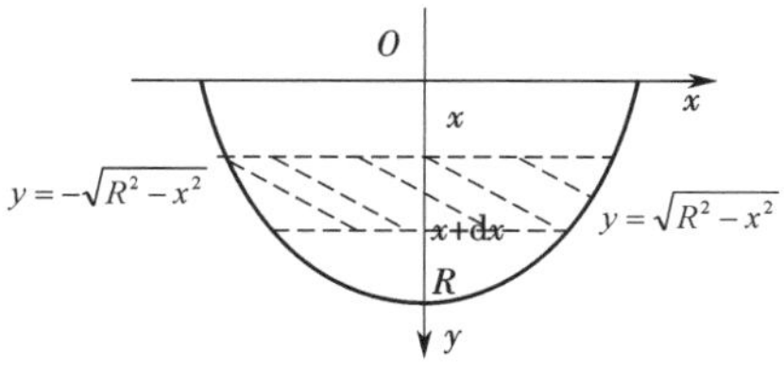

图 6-22

如果要计算一根细棒对一个质点的引力,那么,由于细棒上各点与该质点的距离是变化的,且各质点对该点的引力的方向也是变化的,因此不能采用上述公式直接计算.

例 15　设有一均匀细棒,长为 L,质量为 M;另外有一个质量为 m 的质点,与棒位于同

一条直线上,且与棒的最近距离为 a ,求棒对质点的引力.

解 质量分别为 m_1 , m_2 相距 r 的两个质点之间的引力的计算公式为

$$F = G\frac{m_1 m_2}{r^2}.$$

建立坐标系如图6-23,引力 F 为 x 的函数,任取 $x \in [a,a+L]$,则任一小区间 $[x,x+\mathrm{d}x] \subset [a,a+L]$,相应的小段棒的质量为 $\mathrm{d}M = \frac{M}{L}\mathrm{d}x$,可以得到引力微元为

$$\mathrm{d}F = G\frac{m\mathrm{d}M}{x^2} = G\frac{mM}{Lx^2}\mathrm{d}x .$$

那么

$$F = \int_a^{a+L}\mathrm{d}F = \frac{GmM}{L}\int_a^{a+L}\frac{1}{x^2}\mathrm{d}x = \frac{GmM}{L}\cdot\left[-\frac{1}{x}\right]_a^{a+L}$$

$$= \frac{GmM}{L}\left(\frac{1}{a} - \frac{1}{a+L}\right) = \frac{GMm}{a(a+L)}.$$

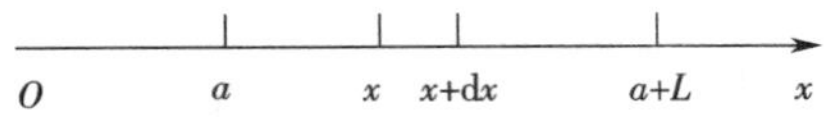

图 6-23

习　题　6-5(A)

1. 求下列曲线所围平面图形的面积:

(1)曲线 $y = x^2$ 与 $y = 2 - x^2$ 所围成的图形;

(2)曲线 $y = \frac{1}{x}$ 与直线 $y = x, y = 2$ 所围成的图形;

(3)由曲线 $y = \mathrm{e}^x$, $y = \mathrm{e}$ 及 y 轴所围成的图形;

(4)由曲线 $y = 3 - x^2$ 及直线 $y = 2x$ 所围成的图形;

(5)由曲线 $y = \mathrm{e}^x$, $y = \mathrm{e}^{-x}$ 及直线 $x = 1$ 所围成的图形;

(6)由曲线 $y = x^2$, $y = x$ 及直线 $y = 2x$ 所围成的图形.

2. 求下列平面图形分别绕 x 轴、y 轴旋转产生的旋转体体积:

(1)曲线 $y = x^2$ 与直线 $x = 2, y = 0$ 所围成的图形;

(2)曲线 $y = \sqrt{x}$ 与直线 $x = 1, x = 4, y = 0$ 所围成的图形.

3. 求下列曲线在指定弧段的弧长:

(1)曲线 $y = \ln x$ 上相应于 $\sqrt{3} \leqslant x \leqslant \sqrt{8}$ 的一段弧长;

(2)渐伸线 $\begin{cases} x = a(\cos t + t\sin t) \\ y = a(\sin t - t\cos t) \end{cases}$ 上相应于 t 从 0 变到 π 的一段弧长;

(3)曲线 $r\theta = 1$,自 $\theta = \frac{3}{4}$ 至 $\theta = \frac{4}{3}$ 一段弧长.

4. 一圆柱形的储水桶高为 5 m,底圆半径为 3 m,桶内盛满了水. 试问要把桶中的水全部吸出需要做多少功?

5. 洒水车的水箱是一个横放的椭圆柱体,其椭圆截面的长轴为 2 m,短轴 1.5 m,深 4

m. 当水箱装满水时,计算水箱椭圆截面所受的压力.

习 题 6-5(B)

1. 求星形线 $\begin{cases} x = a\cos^3 t, \\ y = a\sin^3 t \end{cases}$ $(0 \leqslant t \leqslant 2\pi)$所围图形绕 x 轴旋转一周所得旋转体体积.

2. 求曲线 $y = x\mathrm{e}^{-x}\ (x \geqslant 0)$, $y = 0$ 和 $x = a\ (a > 0)$所围的图形绕 x 轴旋转一周所得旋转体的体积 $V(a)$,并求 $\lim\limits_{a \to +\infty} V(a)$.

3. 在曲线 $y = \ln x\ (2 \leqslant x \leqslant 4)$上求一点,使该点处曲线的切线与 $x = 2$, $x = 4$ 以及曲线 $y = \ln x$ 围成的面积最小.

4. 证明正弦曲线 $y = \sin x$ 在一个周期内的长度等于椭圆 $2x^2 + y^2 = 2$ 的周长.

5. 连续曲线 $y = f(x) > 0$, $a \leqslant x \leqslant b$;将 $y = f(x)$、$x = a$、$x = b$ 与 x 轴围成的曲边梯形绕 y 轴旋转一周,求旋转体的体积.

总习题 6

1. 选择题:

(1)下列反常积分中发散的是(　　).

A. $\int_1^{+\infty} \frac{1}{\sqrt{x}}\mathrm{d}x$　　B. $\int_1^{+\infty} \frac{1}{1+x^2}\mathrm{d}x$　　C. $\int_1^{+\infty} \mathrm{e}^{-x}\mathrm{d}x$　　D. $\int_{\mathrm{e}}^{+\infty} \frac{1}{x(\ln x)^2}\mathrm{d}x$

(2)下列不等式成立的是(　　).

A. $\int_0^1 x^2\mathrm{d}x \leqslant \int_0^1 x^3\mathrm{d}x$　　C. $\int_0^1 x^2\mathrm{d}x \leqslant \int_0^1 x\mathrm{d}x$

B. $\int_1^2 x^3\mathrm{d}x \leqslant \int_1^2 x^2\mathrm{d}x$　　D. $\int_1^2 \ln x\mathrm{d}x < \int_1^2 (\ln x)^2\mathrm{d}x$

(3) $\frac{\mathrm{d}}{\mathrm{d}x}\int_a^b \arctan x\mathrm{d}x = (\quad)$.

A. $\arctan x$　　B. $\frac{1}{1+x^2}$　　C. 0　　D. $\arctan b - \arctan a$

(4)已知函数 $y = \int_0^{x^2} \frac{1}{(1+t)^2}\mathrm{d}t$,则 $y''(1) = (\quad)$.

A. $-\frac{1}{2}$　　B. $-\frac{1}{4}$　　C. $\frac{1}{4}$　　D. $\frac{1}{2}$

(5)设函数 $f(x) = \begin{cases} \sqrt{x}, & 0 \leqslant x \leqslant 1, \\ \mathrm{e}^{-x}, & 1 \leqslant x \leqslant 3, \end{cases}$ 则 $\int_0^3 f(x)\mathrm{d}x = (\quad)$.

A. $2 - \mathrm{e}^{-3}$　　B. $\frac{2}{3} + \frac{\mathrm{e}^2 - 1}{\mathrm{e}^3}$　　C. 不存在　　D. $\frac{4}{3} - \mathrm{e}^{-3}$

(6)设连续函数 $f(x) = \ln x - \int_1^{\mathrm{e}} f(x)\mathrm{d}x$,则 $\int_1^{\mathrm{e}} f(x)\mathrm{d}x = (\quad)$.

A. $\mathrm{e} - 1$　　B. $\mathrm{e} + 1$　　C. e　　D. $\frac{1}{\mathrm{e}}$

(7)若广义积分 $\int_{1}^{+\infty}\frac{1}{x^{p}}\mathrm{d}x$ 收敛,则常数 p 必满足(　　).

A. $p\geqslant 1$　　B. $p>1$　　C. $p\leqslant 1$　　D. $p<1$

2. 填空题:

(1)定积分 $\int_{-1}^{1}x^{6}\sin x\mathrm{d}x=$ ________.

(2) $\lim\limits_{x\to 0}\frac{\int_{0}^{x}\tan t\mathrm{d}t}{x^{2}}=$ ________.

(3) $\int_{-1}^{1}(x^{2}+\sin^{5}x)\mathrm{d}x=$ ________.

(4) $\int_{0}^{\pi}\sqrt{1-\sin^{2}x}\mathrm{d}x=$ ________.

(5)设函数 $f(x)=\int_{0}^{x^{2}}\frac{1}{1+t}\mathrm{d}t$,则 $\int_{0}^{1}f'(x)\mathrm{d}x=$ ________.

(6)设 $\int_{0}^{a}x^{2}\mathrm{d}x=9$,则常数 $a=$ ________.

3. 计算下列定积分:

(1) $\int_{4}^{7}\frac{x}{\sqrt{x-3}}\mathrm{d}x$;　　(2) $\int_{-13}^{2}\frac{1}{\sqrt[5]{(3-x)^{4}}}\mathrm{d}x$;

(3) $\int_{0}^{\frac{\pi}{2}}\cos^{3}x\sin^{2}x\mathrm{d}x$;　　(4) $\int_{\frac{\pi}{4}}^{\frac{\pi}{3}}\frac{x}{\sin^{2}x}\mathrm{d}x$;

(5) $\int_{0}^{1}\ln(1+x^{2})\mathrm{d}x$;　　(6) $\int_{0}^{1}x^{2}\sqrt{1-x^{2}}\mathrm{d}x$.

(7) $\int_{0}^{\frac{\pi}{2}}\sqrt{1-\sin 2x}\mathrm{d}x$;　　(8) $\int_{0}^{\frac{\pi}{2}}\frac{1}{1+\cos^{2}x}\mathrm{d}x$.

4. 已知

$$f(x)=\begin{cases}0, & -\infty<x\leqslant 0,\\ \frac{x}{2}, & 0<x\leqslant 2,\\ 1, & 2<x<+\infty,\end{cases}$$

试用分段函数表示 $\int_{-\infty}^{x}f(t)\mathrm{d}t$.

5. 计算由曲线 $y=\sqrt{x}$, $x+y=2$ 以及 y 轴所围平面图形的面积,并求此图形绕 x 轴旋转一周所得旋转体的体积.

6. 求曲线 $y=x^{2}-2x$, $y=0$, $x=1$, $x=3$ 所围成的平面图形的面积 S(如图),并求该平面图形绕 y 轴旋转一周所得的旋转体的体积.

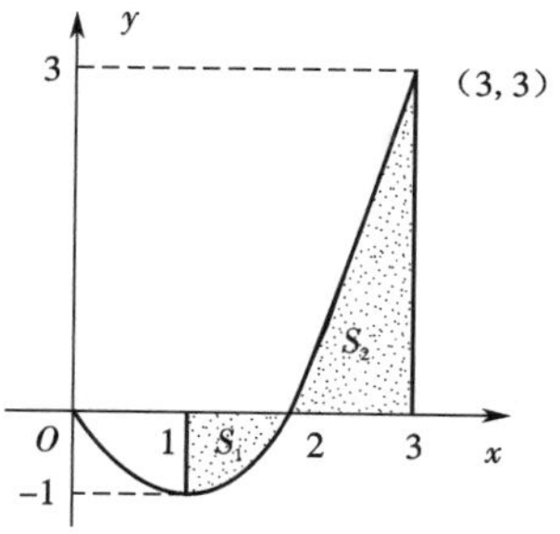
y
3
(3, 3)
S_2
O
1
S_1
2
3
x
−1

相关科学家简介

莱布尼茨

戈特弗里德·威廉·莱布尼茨(Gottfried Wilhelm Leibniz,1646—1716),德国哲学家、数学家.涉及的领域有法学、力学、光学、语言学等40多个范畴,被誉为17世纪的亚里士多德,和牛顿先后独立发明了微积分.由于他创建了微积分,并精心设计了非常巧妙简洁的微积分符号,从而使他以伟大数学家的称号闻名于世.

他的研究成果遍及力学、逻辑学、化学、地理学、解剖学、动物学、植物学、气体学、航海学、地质学、语言学、法学、哲学、历史、外交等等,"世界上没有两片完全相同的树叶"就是出自他之口,他还是最早研究中国文化和中国哲学的德国人,对丰富人类的科学知识宝库做出了不可磨灭的贡献.

第 7 章　空间解析几何与向量代数

在平面解析几何中，曾经通过坐标法把平面上的点与一对有序数组对应起来，把平面上的图形和方程对应起来，从而可以用代数方法来研究几何问题. 空间解析几何也是按照类似的方法建立起来的. 正像平面解析几何的知识对学习一元函数微积分是不可缺少的一样，空间解析几何的知识对学习多元函数微积分也是必要的. 本章先引进向量的概念，根据向量的线性运算建立空间坐标系，然后利用坐标讨论向量的线性运算，并介绍空间解析几何的有关内容.

第 1 节　向量及其线性运算

一、向量概念

客观世界中有这样一类量，它们既有大小，又有方向，例如位移、速度、加速度、力、力矩等等，这一类量叫做**向量(或矢量)**.

在数学上，常用一条有方向的线段，即有向线段来表示向量. 有向线段的长度表示向量的大小，有向线段的方向表示向量的方向. 以 A 为起点、B 为终点的有向线段所表示的向量记作 $\overrightarrow{AB}$（如图 7-1）. 有时也用一个黑体字母来表示向量，例如 $\boldsymbol{a}$、$\boldsymbol{r}$、$\boldsymbol{v}$、$\boldsymbol{F}$，书写时，在字母上面加箭头，例如，$\vec{a}$、$\vec{r}$、$\vec{v}$、$\vec{F}$ 等等.

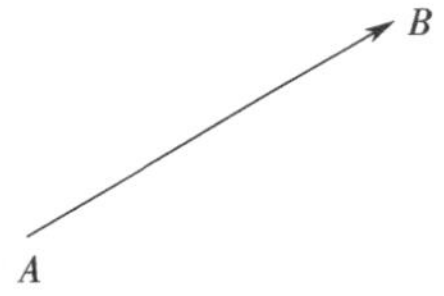

图 7-1

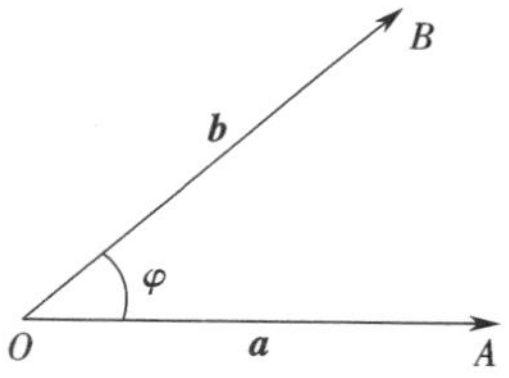

图 7-2

在实际问题中，有些向量与其起点有关（例如质点运动的速度与该质点的位置有关，一个力与该力的作用点的位置有关），有些向量与其起点无关. 由于一切向量的共性是它们都有大小和方向，因此在数学上我们只研究与起点无关的向量，并称这种向量为自由向量（以后简称**向量**），即只考虑向量的大小和方向，而不论它的起点在什么地方. 当遇到与起点有关的向量时，可在一般原则下作特殊处理.

由于我们只讨论自由向量，所以如果两个向量 $\boldsymbol{a}$ 和 $\boldsymbol{b}$ 的大小相等，且方向相同，我们就说向量 $\boldsymbol{a}$ 和 $\boldsymbol{b}$ 是**相等**的，记作 $\boldsymbol{a}=\boldsymbol{b}$. 这就是说，经过平行移动后能完全重合的向量是相等的.

向量的大小叫做向量的**模**. 向量 $\overrightarrow{AB}$、$\boldsymbol{a}$、$\vec{a}$ 的模依次记作 $|\overrightarrow{AB}|$、$|\boldsymbol{a}|$、$|\vec{a}|$. 模等于 1 的向量

叫做**单位向量**. 模等于零的向量叫做**零向量**,记作 $\mathbf{0}$ 或 $\vec{0}$. 零向量的起点和终点重合,它的方向可以看做是任意的.

设有两个非零向量 $\boldsymbol{a}$、$\boldsymbol{b}$,任取空间一点 O,作 $\overrightarrow{OA}=\boldsymbol{a}$,$\overrightarrow{OB}=\boldsymbol{b}$,规定不超过 π 的 $\angle AOB$ (设 $\varphi=\angle AOB, 0\leqslant\varphi\leqslant\pi$)称为**向量 $\boldsymbol{a}$ 与 $\boldsymbol{b}$ 的夹角**(如图 7-2),记作 $(\boldsymbol{a}\hat{,}\boldsymbol{b})$ 或 $(\boldsymbol{b}\hat{,}\boldsymbol{a})$,即 $(\boldsymbol{a}\hat{,}\boldsymbol{b})=\varphi$. 如果向量 $\boldsymbol{a}$ 与 $\boldsymbol{b}$ 中有一个是零向量,规定它们的夹角可以在 0 和 π 之间任意取值.

如果 $(\boldsymbol{a}\hat{,}\boldsymbol{b})=0$ 或 π,就称**向量 $\boldsymbol{a}$ 与 $\boldsymbol{b}$ 平行**,记作 $\boldsymbol{a}/\!/\boldsymbol{b}$. 如果 $(\boldsymbol{a}\hat{,}\boldsymbol{b})=\dfrac{\pi}{2}$,就称**向量 $\boldsymbol{a}$ 与 $\boldsymbol{b}$ 垂直**,记作 $\boldsymbol{a}\perp\boldsymbol{b}$. 由于零向量与另一向量的夹角可以在 0 到 π 之间任意取值,因此可以认为零向量与任意向量都平行,也可以认为零向量与任何向量都垂直.

当两个平行向量的起点放在同一点时,它们的终点和公共起点应在一条直线上. 因此,两向量平行,又称**两向量共线**.

设有 $k(k\geqslant3)$ 个向量,当把它们的起点放在同一点时,如果 k 个终点和公共起点在一个平面上,就称这 k 个向量**共面**.

二、向量的线性运算

1. 向量的加减法

向量的加法运算规定如下.

向量相加的三角形法则 设有两个向量 $\boldsymbol{a}$ 与 $\boldsymbol{b}$,任取一点 A,设 $\overrightarrow{AB}=\boldsymbol{a}$,再以 B 为起点,做 $\overrightarrow{BC}=\boldsymbol{b}$,连接 $\overrightarrow{AC}$(如图 7-3),那么向量 $\overrightarrow{AC}=\boldsymbol{c}$ 称为**向量 $\boldsymbol{a}$ 与 $\boldsymbol{b}$ 的和**,记作 $\boldsymbol{a}+\boldsymbol{b}$,即

$$\boldsymbol{c}=\boldsymbol{a}+\boldsymbol{b}.$$

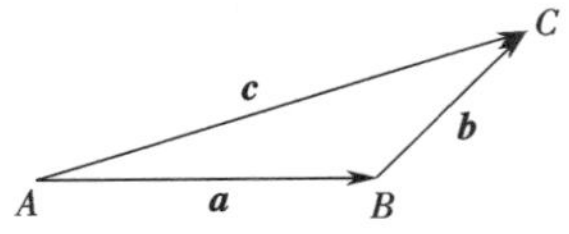

图 7-3

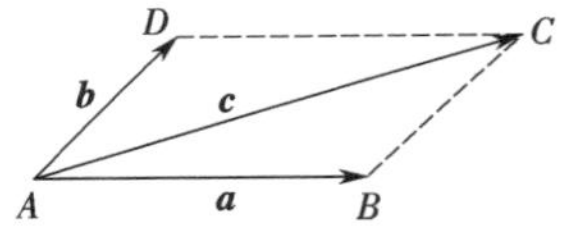

图 7-4

向量相加的平行四边形法则 当向量 $\boldsymbol{a}$ 与 $\boldsymbol{b}$ 不平行时,作 $\overrightarrow{AB}=\boldsymbol{a}$,$\overrightarrow{AD}=\boldsymbol{b}$,以 AB、AD 为边作一平行四边形 $ABCD$,连接对角线 AC(如图 7-4),则向量 $\overrightarrow{AC}$ 即等于 $\boldsymbol{a}$ 与 $\boldsymbol{b}$ 的和 $\boldsymbol{a}+\boldsymbol{b}$.

向量的加法符合下列运算规律:

(1)交换律 $\boldsymbol{a}+\boldsymbol{b}=\boldsymbol{b}+\boldsymbol{a}$;

(2)结合律 $(\boldsymbol{a}+\boldsymbol{b})+\boldsymbol{c}=\boldsymbol{a}+(\boldsymbol{b}+\boldsymbol{c})$.

这是因为,按向量加法的规定(三角形法则),从图 7-4 可见:

$$\boldsymbol{a}+\boldsymbol{b}=\overrightarrow{AB}+\overrightarrow{BC}=\overrightarrow{AC}=\boldsymbol{c},$$
$$\boldsymbol{b}+\boldsymbol{a}=\overrightarrow{AD}+\overrightarrow{DC}=\overrightarrow{AC}=\boldsymbol{c}.$$

所以符合交换律. 又如图 7-5 所示,先作 $\boldsymbol{a}+\boldsymbol{b}$ 再加上 $\boldsymbol{c}$,即得和 $(\boldsymbol{a}+\boldsymbol{b})+\boldsymbol{c}$;如以 $\boldsymbol{a}$ 与 $\boldsymbol{b}+\boldsymbol{c}$ 相加,则得同一结果,所以符合结合律.

由于向量的加法符合交换律与结合律,故 n 个向量 $\boldsymbol{a}_1,\boldsymbol{a}_2,\cdots,\boldsymbol{a}_n(n\geqslant3)$ 相加可写成

$$\boldsymbol{a}_1+\boldsymbol{a}_2+\cdots+\boldsymbol{a}_n,$$

并按向量相加的三角形法则,可得 n 个向量相加的法则如下:使前一向量的终点作为次一向

量的起点，相继作向量，再以第一向量的起点为起点，最后一向量的终点为终点作一向量，这个向量即为所求的和. 如图 7-6，有

$$\boldsymbol{s}=\boldsymbol{a}_1+\boldsymbol{a}_2+\boldsymbol{a}_3+\boldsymbol{a}_4+\boldsymbol{a}_5.$$

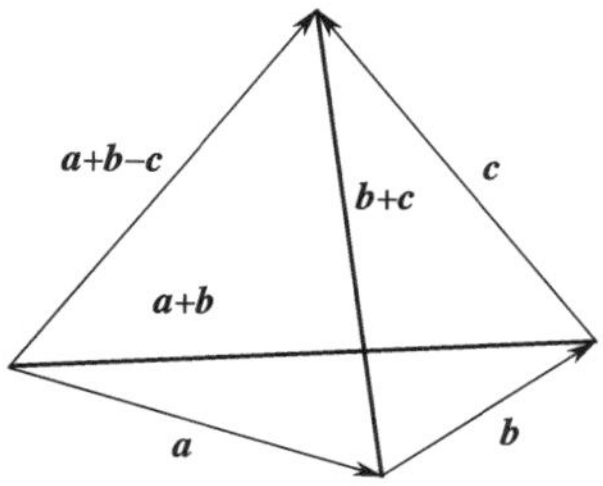

图 7-5

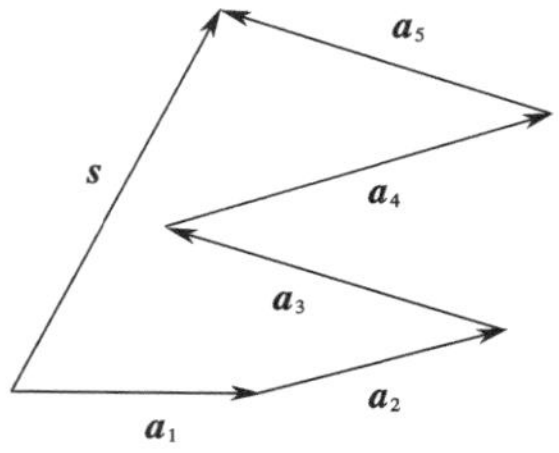

图 7-6

设 $\boldsymbol{a}$ 为一向量，与 $\boldsymbol{a}$ 的模相同而方向相反的向量叫做 $\boldsymbol{a}$ 的**负向量**，记作 $-\boldsymbol{a}$. 由此，我们规定两个向量 $\boldsymbol{b}$ **与** $\boldsymbol{a}$ **的差**

$$\boldsymbol{b}-\boldsymbol{a}=\boldsymbol{b}+(-\boldsymbol{a}).$$

即把向量 $-\boldsymbol{a}$ 加到向量 $\boldsymbol{b}$ 上，便得 $\boldsymbol{b}$ 与 $\boldsymbol{a}$ 的差 $\boldsymbol{b}-\boldsymbol{a}$（如图 7-7）.

特别的，当 $\boldsymbol{b}=\boldsymbol{a}$ 时，有

$$\boldsymbol{a}-\boldsymbol{a}=\boldsymbol{a}+(-\boldsymbol{a})=\boldsymbol{0}.$$

显然，任给向量$\overrightarrow{AB}$及点 O，有

$$\overrightarrow{AB}=\overrightarrow{AO}+\overrightarrow{OB}=\overrightarrow{OB}-\overrightarrow{OA},$$

因此，若把向量 $\boldsymbol{a}$ 与 $\boldsymbol{b}$ 移到同一起点 O，则从 $\boldsymbol{a}$ 的终点 A 向 $\boldsymbol{b}$ 的终点 B 所引向量$\overrightarrow{AB}$便是向量 $\boldsymbol{b}$ 与 $\boldsymbol{a}$ 的差 $\boldsymbol{b}-\boldsymbol{a}$（如图 7-8）.

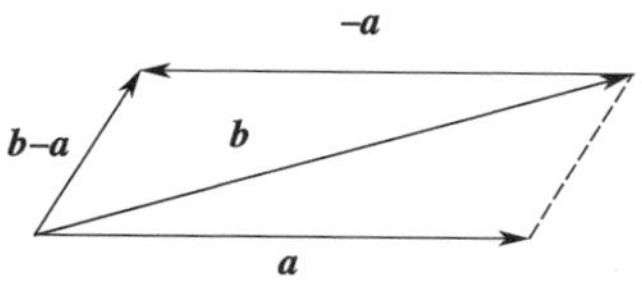

图 7-7

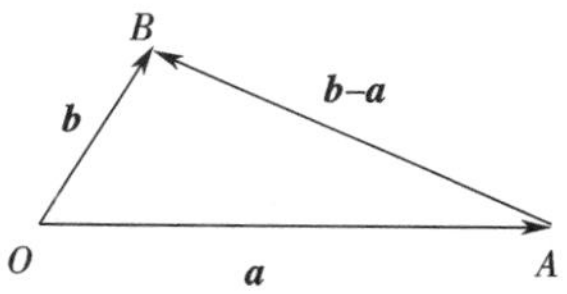

图 7-8

由三角形两边之和大于第三边，有

$$|\boldsymbol{a}+\boldsymbol{b}|\leqslant|\boldsymbol{a}|+|\boldsymbol{b}| \quad 及 \quad |\boldsymbol{a}-\boldsymbol{b}|\leqslant|\boldsymbol{a}|+|\boldsymbol{b}|,$$

其中等号在 $\boldsymbol{a}$ 与 $\boldsymbol{b}$ 同向或反向时成立.

2. 向量与数的乘法

向量 $\boldsymbol{a}$ 与实数 λ 的**乘积**记作 $\lambda\boldsymbol{a}$，规定 $\lambda\boldsymbol{a}$ 是一个向量，它的模

$$|\lambda\boldsymbol{a}|=|\lambda||\boldsymbol{a}|,$$

当 $\lambda>0$ 时它的方向与 $\boldsymbol{a}$ 相同，当 $\lambda<0$ 时与 $\boldsymbol{a}$ 相反.

当 $\lambda=0$ 时，$|\lambda\boldsymbol{a}|=0$，即 $\lambda\boldsymbol{a}$ 为零向量，这时它的方向可以是任意的.

特别地，当 $\lambda=\pm1$ 时，有

$$1\boldsymbol{a}=\boldsymbol{a}, \quad (-1)\boldsymbol{a}=-\boldsymbol{a}.$$

向量与数的乘积符合下列运算规律：

(1)结合律　$\lambda(\mu\boldsymbol{a})=\mu(\lambda\boldsymbol{a})=(\lambda\mu)\boldsymbol{a}$;

因为由向量与数的乘积的规定可知，向量 $\lambda(\mu\boldsymbol{a}),\mu(\lambda\boldsymbol{a}),(\lambda\mu)\boldsymbol{a}$ 都是平行的向量，它们的指向也是相同的，而且

$$|\lambda(\mu\boldsymbol{a})|=|\mu(\lambda\boldsymbol{a})|=|(\lambda\mu)\boldsymbol{a}|=|\lambda\mu||\boldsymbol{a}|,$$

所以

$$\lambda(\mu\boldsymbol{a})=\mu(\lambda\boldsymbol{a})=(\lambda\mu)\boldsymbol{a}.$$

(2)分配律

$$(\lambda+\mu)\boldsymbol{a}=\lambda\boldsymbol{a}+\mu\boldsymbol{a},\tag{1}$$

$$\lambda(\boldsymbol{a}+\boldsymbol{b})=\lambda\boldsymbol{a}+\lambda\boldsymbol{b}.\tag{2}$$

这个规律同样可以按向量与数的乘积的规定来证明，这里从略了.

向量相加及数乘向量统称为**向量的线性运算**.

例 1 在平行四边形 $ABCD$ 中，设$\overrightarrow{AB}=\boldsymbol{a}$，$\overrightarrow{AD}=\boldsymbol{b}$. 试用 $\boldsymbol{a}$ 和 $\boldsymbol{b}$ 表示向量$\overrightarrow{MA}$、$\overrightarrow{MB}$、$\overrightarrow{MC}$和$\overrightarrow{MD}$，这里 M 是平行四边形对角线的交点（如图 7-9）.

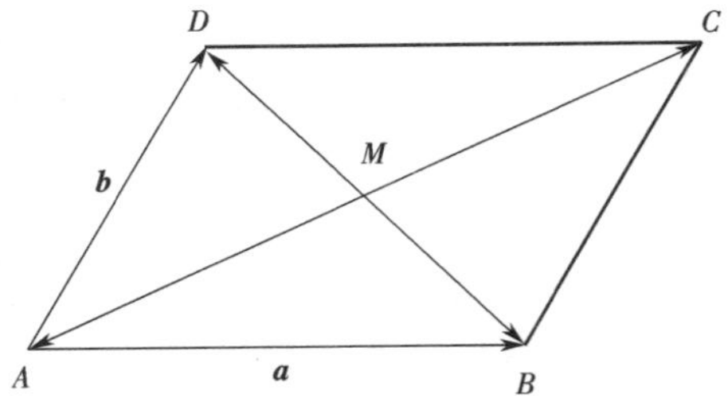

图 7-9

解 由于平行四边形的对角线互相平分，所以

$$\boldsymbol{a}+\boldsymbol{b}=\overrightarrow{AC}=2\overrightarrow{AM},$$

即

$$-(\boldsymbol{a}+\boldsymbol{b})=2\overrightarrow{MA},$$

于是

$$\overrightarrow{MA}=-\frac{1}{2}(\boldsymbol{a}+\boldsymbol{b}).$$

因为$\overrightarrow{MC}=-\overrightarrow{MA}$，所以$\overrightarrow{MC}=\frac{1}{2}(\boldsymbol{a}+\boldsymbol{b})$.

又因 $-\boldsymbol{a}+\boldsymbol{b}=\overrightarrow{BD}=2\overrightarrow{MD}$，所以$\overrightarrow{MD}=\frac{1}{2}(\boldsymbol{b}-\boldsymbol{a})$.

由于$\overrightarrow{MB}=-\overrightarrow{MD}$，所以$\overrightarrow{MB}=\frac{1}{2}(\boldsymbol{a}-\boldsymbol{b})$.

前面已经讲过，模等于 1 的向量叫做单位向量. 设 $\boldsymbol{e}_a$ 表示与非零向量 $\boldsymbol{a}$ 同方向的单位向量，那么按照向量与数的乘积的规定，由于$|\boldsymbol{a}|>0$，所以$|\boldsymbol{a}|\boldsymbol{e}_a$ 与 $\boldsymbol{e}_a$ 的方向相同，即$|\boldsymbol{a}|\boldsymbol{e}_a$ 与 $\boldsymbol{a}$ 的方向相同. 又因$|\boldsymbol{a}|\boldsymbol{e}_a$ 的模是

$$|\boldsymbol{a}|\boldsymbol{e}_a=|\boldsymbol{a}|\cdot 1=|\boldsymbol{a}|,$$

即$|\boldsymbol{a}|\boldsymbol{e}_a$ 与 $\boldsymbol{a}$ 的模也相同，因此

$$\boldsymbol{a}=|\boldsymbol{a}|\boldsymbol{e}_a.$$

我们规定，当 $\lambda\neq0$ 时，$\frac{\boldsymbol{a}}{\lambda}=\frac{1}{\lambda}\boldsymbol{a}$. 由此，上式又可写成

$$\frac{\boldsymbol{a}}{|\boldsymbol{a}|}=\boldsymbol{e}_a.$$

即一个非零向量除以它的模是一个与原向量同方向的单位向量.

由于向量 $\lambda\boldsymbol{a}$ 与 $\boldsymbol{a}$ 平行，因此我们常用向量与数的乘积来说明两个向量的平行关系. 即

有

定理1　设向量 $\boldsymbol{a}\neq\boldsymbol{0}$，那么，向量 $\boldsymbol{b}$ 平行于 $\boldsymbol{a}$ 的充分必要条件是：存在唯一的实数 λ，使 $\boldsymbol{b}=\lambda\boldsymbol{a}$.

定理1是建立数轴的理论依据. 我们知道，给定一个点、一个方向及单位长度，就确定了一条数轴. 由于一个单位向量既确定了方向，又确定了单位长度，因此，给定一个点及一个单位向量就确定了一条数轴. 设点 O 及单位向量 $\boldsymbol{i}$ 确定了数轴 Ox（如图7-10），对于轴上任一点 P，对应一个向量 $\overrightarrow{OP}$，由于 $\overrightarrow{OP}/\!/\boldsymbol{i}$，根据定理1，必有唯一的实数 x，使 $\overrightarrow{OP}=x\boldsymbol{i}$（实数 x 叫做**轴上有向线段 $\overrightarrow{OP}$ 的值**），并知 $\overrightarrow{OP}$ 与实数 x 一一对应. 于是

图7-10

$$点\ P\leftrightarrow 向量\ \overrightarrow{OP}=x\boldsymbol{i}\leftrightarrow 实数\ x,$$

从而轴上的点 P 与实数 x 有一一对应的关系. 据此，定义实数 x 为轴上点 P 的坐标.

由此可知，轴上点 P 的坐标为 x 的充分必要条件是

$$\overrightarrow{OP}=x\boldsymbol{i}.$$

三、空间直角坐标系

在空间取定一点 O 和三个两两垂直的单位向量 $\boldsymbol{i},\boldsymbol{j},\boldsymbol{k}$，就确定了三条都以 O 为原点的两两垂直的数轴，依次记为 x **轴（横轴）**、y **轴（纵轴）**、z **轴（竖轴）**，统称**坐标轴**. 它们构成一个空间直角坐标系，称为 $Oxyz$ **坐标系**或 $[O;\boldsymbol{i},\boldsymbol{j},\boldsymbol{k}]$ **坐标系**（如图7-11）. 通常把 x 轴和 y 轴配置在水平面上，而 z 轴则是铅垂线；它们的正向通常符合右手规则，即以右手握住 z 轴，当右手的四个手指从正向 x 轴以 $\frac{\pi}{2}$ 角度转向正向 y 轴时，大拇指的指向就是 z 轴的正向，如图7-12.

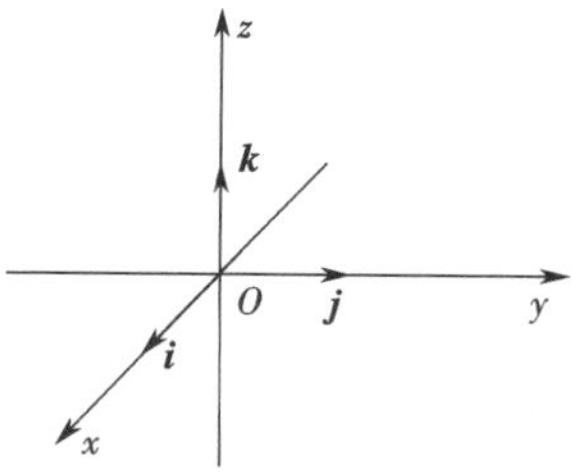

图7-11

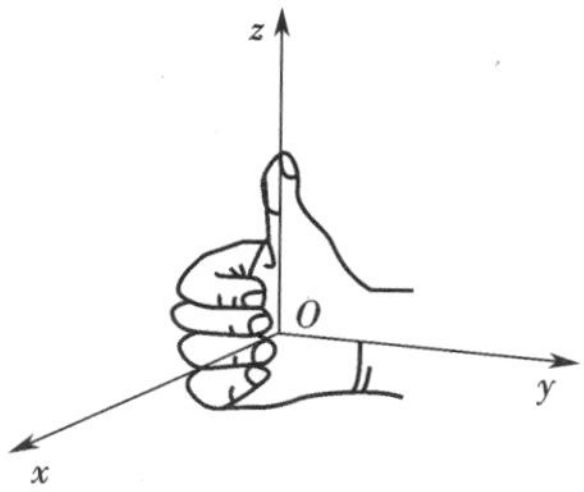

图7-12

三条坐标轴中的任意两条可以确定一个平面，这样定出的三个平面统称为**坐标面**. x 轴及 y 轴所确定的坐标面叫做 xOy 面，另两个由 y 轴及 z 轴和由 z 轴及 x 轴所确定的坐标面，分别叫做 yOz **面**及 zOx **面**，三个坐标面把空间分成八个部分，每一部分叫做一个**卦限**. 含有 x 轴、y 轴、与 z 轴正半轴的那个卦限叫做**第一卦限**，其他第二、第三、第四卦限，在 xOy 面的上方，按逆时针方向确定. 第五至第八卦限，在 xOy 面的下方，由第一卦限之下的第五卦限，按

逆时针方向确定，这八个卦限分别用字母Ⅰ、Ⅱ、Ⅲ、Ⅳ、Ⅴ、Ⅵ、Ⅶ、Ⅷ表示（如图 7-13）.

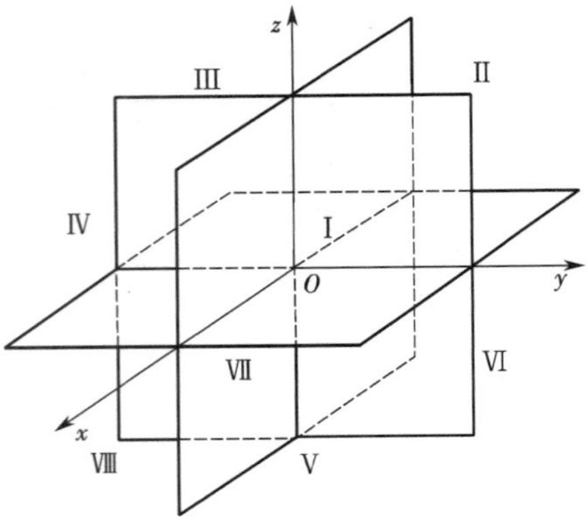

图 7-13

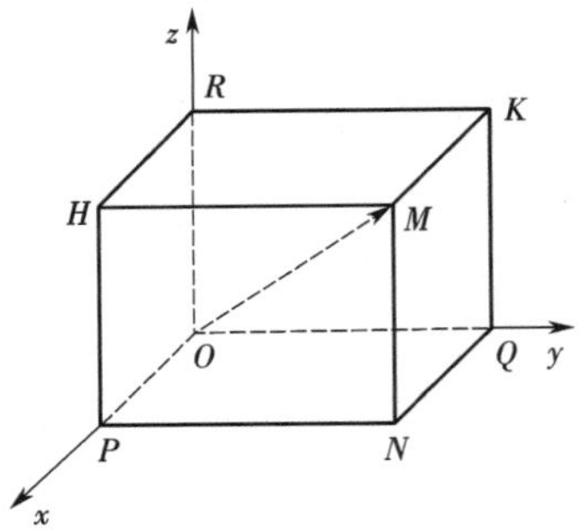

图 7-14

任给向量 $\boldsymbol{r}$，有对应点 M，使 $\overrightarrow{OM}=\boldsymbol{r}$. 以 OM 为对角线、三条坐标轴为棱作长方体 $RHMK$-$OPNQ$，如图 7-14 所示，有

$$\boldsymbol{r}=\overrightarrow{OM}=\overrightarrow{OP}+\overrightarrow{PN}+\overrightarrow{NM}=\overrightarrow{OP}+\overrightarrow{OQ}+\overrightarrow{OR},$$

设

$$\overrightarrow{OP}=x\boldsymbol{i},\overrightarrow{OQ}=y\boldsymbol{j},\overrightarrow{OR}=z\boldsymbol{k},$$

则

$$\boldsymbol{r}=\overrightarrow{OM}=x\boldsymbol{i}+y\boldsymbol{j}+z\boldsymbol{k}.$$

上式称为向量 $\boldsymbol{r}$ 的**坐标分解式**，$x\boldsymbol{i}$、$y\boldsymbol{j}$、$z\boldsymbol{k}$ 称为向量 $\boldsymbol{r}$ 沿三个坐标轴方向的**分向量**.

显然，给定向量 $\boldsymbol{r}$，就确定了点 M 及 $\overrightarrow{OP}$、$\overrightarrow{OQ}$、$\overrightarrow{OR}$ 三个分向量，进而确定了 x、y、z 三个有序数；反之，给定三个有序数 x、y、z，也就确定了向量 $\boldsymbol{r}$ 与点 M. 于是点 M、向量 $\boldsymbol{r}$ 与三个有序数 x、y、z 之间有一一对应的关系

$$M\leftrightarrow\boldsymbol{r}=\overrightarrow{OM}=x\boldsymbol{i}+y\boldsymbol{j}+z\boldsymbol{k}\leftrightarrow(x,y,z)\ ,$$

据此，有序数 x、y、z 称为**向量 $\boldsymbol{r}$（在坐标系 $Oxyz$ 中）的坐标**，记作 $\boldsymbol{r}=(x,y,z)$；有序数 x、y、z 也称为**点 M（在坐标系 $Oxyz$ 中）的坐标**，记作 $M(x,y,z)$.

向量 $\boldsymbol{r}=\overrightarrow{OM}$ 称为点 M 关于原点 O 的向径. 上述定义表明，一个点与该点的向径有相同的坐标. 记号 (x,y,z) 既表示点 M，又表示向量 $\overrightarrow{OM}$.

注　(1) 由于点 M 与向量 $\overrightarrow{OM}$ 有相同的坐标，因此求点 M 的坐标，就是求向量 $\overrightarrow{OM}$ 的坐标；

(2) 记号 (x,y,z) 既表示点 M，又表示向量 $\overrightarrow{OM}$，在几何中点与向量是两个不同的概念，不可混淆. 因此，在看到记号 (x,y,z) 时，须从上下文去认清它究竟表示点还是表示向量. 当 (x,y,z) 表示向量时，可对它进行运算；当 (x,y,z) 表示点时，就不能进行运算.

坐标面上和坐标轴上的点，其坐标各有一定的特征. 例如：如果点 M 在 yOz 面上，则 $x=0$；同样，在 zOx 面上的点，有 $y=0$；在 xOy 面上的点，有 $z=0$. 如果点 M 在 x 轴上，则 $y=z=0$；同样，在 y 轴上的点，有 $z=x=0$；在 z 轴上的点，有 $x=y=0$. 如点 M 为原点，则 $x=y=z=0$.

四、利用坐标作向量的线性运算

利用向量的坐标，可得向量的加法、减法以及向量与数的乘法的运算如下：

设

$$\boldsymbol{a}=(a_x,a_y,a_z),\boldsymbol{b}=(b_x,b_y,b_z),$$

即

$$\boldsymbol{a}=a_x\boldsymbol{i}+a_y\boldsymbol{j}+a_z\boldsymbol{k},\quad \boldsymbol{b}=b_x\boldsymbol{i}+b_y\boldsymbol{j}+b_z\boldsymbol{k},$$

利用向量加法的交换律与结合律以及向量与数的乘法的结合律与分配律，有

$$\boldsymbol{a}+\boldsymbol{b}=(a_x+b_x)\boldsymbol{i}+(a_y+b_y)\boldsymbol{j}+(a_z+b_z)\boldsymbol{k},$$
$$\boldsymbol{a}-\boldsymbol{b}=(a_x-b_x)\boldsymbol{i}+(a_y-b_y)\boldsymbol{j}+(a_z-b_z)\boldsymbol{k},$$
$$\lambda\boldsymbol{a}=(\lambda a_x)\boldsymbol{i}+(\lambda a_y)\boldsymbol{j}+(\lambda a_z)\boldsymbol{k},$$

即

$$\boldsymbol{a}+\boldsymbol{b}=(a_x+b_x,a_y+b_y,a_z+b_z),$$
$$\boldsymbol{a}-\boldsymbol{b}=(a_x-b_x,a_y-b_y,a_z-b_z),$$
$$\lambda\boldsymbol{a}=(\lambda a_x,\lambda a_y,\lambda a_z).$$

由此可见，对向量进行加、减及与数相乘，只需对向量的各个坐标分别进行相应的数量运算就行了.

定理 1 指出，当向量 $\boldsymbol{a}\neq\boldsymbol{0}$ 时，向量 $\boldsymbol{b}/\!/\boldsymbol{a}$ 相当于 $\boldsymbol{b}=\lambda\boldsymbol{a}$，坐标表示为

$$(b_x,b_y,b_z)=\lambda(a_x,a_y,a_z),$$

这也就相当于向量 $\boldsymbol{b}$ 与 $\boldsymbol{a}$ 对应的坐标成比例

$$\frac{b_x}{a_x}=\frac{b_y}{a_y}=\frac{b_z}{a_z}. \tag{3}$$

例 2　设 $\boldsymbol{a}=(4,0,3),\boldsymbol{b}=(-2,1,5)$，求 $\boldsymbol{a}+\boldsymbol{b},\boldsymbol{a}-\boldsymbol{b},2\boldsymbol{a}+5\boldsymbol{b}$.

解　$\boldsymbol{a}+\boldsymbol{b}=(4,0,3)+(-2,1,5)=(4-2,0+1,3+5)=(2,1,8)$，

$$\boldsymbol{a}-\boldsymbol{b}=(4,0,3)-(-2,1,5)=(4+2,0-1,3-5)=(6,-1,-2),$$
$$\begin{aligned}2\boldsymbol{a}+5\boldsymbol{b}&=2(4,0,3)+5(-2,1,5)\\&=(8,0,6)+(-10,5,25)=(-2,5,31).\end{aligned}$$

五、向量的模、方向角、投影

1. 向量的模与两点间的距离公式

设向量 $\boldsymbol{r}=(x,y,z)$，作 $\overrightarrow{OM}=\boldsymbol{r}$，如图 7-14 所示，有

$$\boldsymbol{r}=\overrightarrow{OM}=\overrightarrow{OP}+\overrightarrow{OQ}+\overrightarrow{OR},$$

按勾股定理可得

$$|\boldsymbol{r}|=|\overrightarrow{OM}|=\sqrt{|OP|^2+|OQ|^2+|OR|^2}.$$

由

$$\overrightarrow{OP}=x\boldsymbol{i},\overrightarrow{OQ}=y\boldsymbol{j},\overrightarrow{OR}=z\boldsymbol{k},$$

有

$$|OP|=|x|,|OQ|=|y|,|OR|=|z|,$$

于是得向量模的坐标表示式

$$|\boldsymbol{r}| = \sqrt{x^2+y^2+z^2}.$$

设有点 $A(x_1,y_1,z_1)$ 和点 $B(x_2,y_2,z_2)$，则向量 $\overrightarrow{AB}$ 的坐标为

$$\begin{aligned}\overrightarrow{AB} = \overrightarrow{OB} - \overrightarrow{OA} &= (x_2,y_2,z_2)-(x_1,y_1,z_1)\\ &= (x_2-x_1,y_2-y_1,z_2-z_1),\end{aligned}$$

即以点 $A(x_1,y_1,z_1)$ 为起点，点 $B(x_2,y_2,z_2)$ 为终点的向量 $\overrightarrow{AB}$ 的坐标为

$$\overrightarrow{AB} = (x_2-x_1,y_2-y_1,z_2-z_1),$$

也可表示为

$$\overrightarrow{AB} = (x_2-x_1)\boldsymbol{i}+(y_2-y_1)\boldsymbol{j}+(z_2-z_1)\boldsymbol{k}.$$

即得 A、B **两点间的距离**

$$|AB| = |\overrightarrow{AB}| = \sqrt{(x_2-x_1)^2+(y_2-y_1)^2+(z_2-z_1)^2}.$$

例 3 已知 $A(2,-3,4)$，$B(-2,1,2)$，求 $\overrightarrow{AB}$、$|\overrightarrow{AB}|$ 以及与向量 $\overrightarrow{AB}$ 同方向的单位向量 $\boldsymbol{e}$.

解 $\overrightarrow{AB} = (-2-2,1-(-3),2-4) = (-4,4,-2)$,

$$|\overrightarrow{AB}| = \sqrt{(-4)^2+4^2+(-2)^2} = 6.$$

$$\boldsymbol{e} = \frac{\overrightarrow{AB}}{|\overrightarrow{AB}|} = \frac{1}{6}(-4,4,2) = \left(-\frac{2}{3},\frac{2}{3},\frac{1}{3}\right).$$

2. 方向角与方向余弦

非零向量 $\boldsymbol{r}$ 与三条坐标轴正向的夹角 α、β、γ 称为向量 $\boldsymbol{r}$ 的方向角.

从图 7-15 可见，设 $\overrightarrow{OM} = \boldsymbol{r} = (x,y,z)$，由于 x 是有向线段 $\overrightarrow{OP}$ 的值，$MP \perp OP$，故

$$\cos\alpha = \frac{x}{|OM|} = \frac{x}{|\boldsymbol{r}|},$$

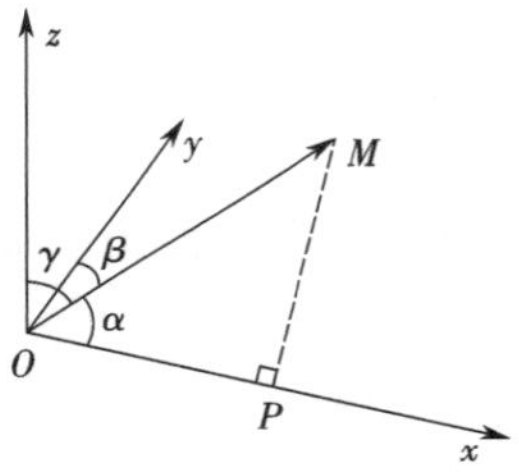

图 7-15

类似，有

$$\cos\beta = \frac{y}{|\boldsymbol{r}|},\quad \cos\gamma = \frac{z}{|\boldsymbol{r}|}.$$

从而

$$(\cos\alpha,\cos\beta,\cos\gamma) = \left(\frac{x}{|\boldsymbol{r}|},\frac{y}{|\boldsymbol{r}|},\frac{z}{|\boldsymbol{r}|}\right) = \frac{1}{|\boldsymbol{r}|}(x,y,z) = \frac{\boldsymbol{r}}{|\boldsymbol{r}|} = \boldsymbol{e}_r.$$

$\cos\alpha,\cos\beta,\cos\gamma$ 称为向量 $\boldsymbol{r}$ 的方向余弦. 上式表明，以向量的方向余弦为坐标的向量就是与 $\boldsymbol{r}$ 同方向的单位向量 $\boldsymbol{e}_r$. 并由此可得

$$\cos^2\alpha+\cos^2\beta+\cos^2\gamma = 1.$$

例 4 已知两点 $M_1(2,2,\sqrt{2})$ 和 $M_2(1,3,0)$，计算向量 $\overrightarrow{M_1M_2}$ 的模、方向余弦和方向角.

解 $\overrightarrow{M_1M_2} = (1-2,3-2,0-\sqrt{2}) = (-1,1,-\sqrt{2})$,

$$|\overrightarrow{M_1M_2}| = \sqrt{(-1)^2+1^2+(-\sqrt{2})^2} = \sqrt{1+1+2} = 2;$$

$$\cos\alpha = -\frac{1}{2},\cos\beta = \frac{1}{2},\cos\gamma = -\frac{\sqrt{2}}{2},$$

$$\alpha = \frac{2\pi}{3},\beta = \frac{\pi}{3},\gamma = \frac{3\pi}{4}.$$

3. 向量在轴上的投影

如果撇开 y 轴和 z 轴，单独考虑 x 轴与向量 $\boldsymbol{r}=\overrightarrow{OM}$ 的关系，那么从图 7-15 可见，过点 M 作与 x 轴垂直的平面，此平面与轴的交点即是点 P. 作出点 P，即得向量 $\boldsymbol{r}$ 在 x 轴上的分向量 $\overrightarrow{OP}$，进而 $\overrightarrow{OP}=x\boldsymbol{i}$，便得向量在 x 轴上的坐标 x，且 $x=|\boldsymbol{r}|\cos\alpha$.

一般的，设点 O 及单位向量 $\boldsymbol{e}$ 确定 u 轴（如图 7-16）. 任给向量 $\boldsymbol{r}$，作 $\overrightarrow{OM}=\boldsymbol{r}$，再过点 M 作与 u 轴垂直的平面交 u 轴于点 M'（点 M' 叫做点 M 在 u 轴上的投影），则向量 $\overrightarrow{OM'}$ 称为向量 $\boldsymbol{r}$ 在 u 轴上的分向量. 设 $\overrightarrow{OM'}=\lambda\boldsymbol{e}$，则数 λ 称为**向量 $\boldsymbol{r}$ 在 u 轴上的投影**，记作

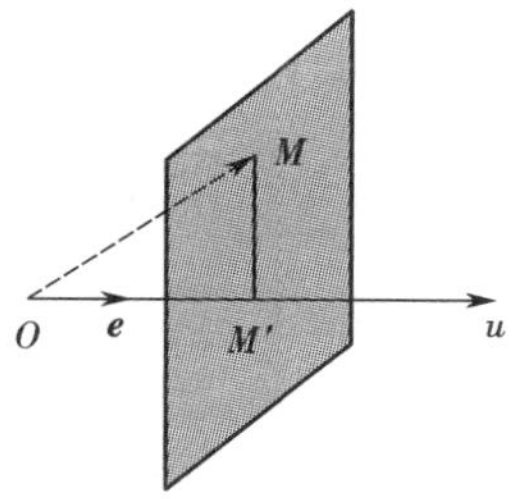

图 7-16

$$\mathrm{Prj}_u\boldsymbol{r}\ 或\ (\boldsymbol{r})_u.$$

按此定义，向量 $\boldsymbol{a}$ 在直角坐标系 $Oxyz$ 中的坐标 a_x、a_y、a_z 就是 $\boldsymbol{a}$ 在三条坐标轴上的投影，即

$$a_x=\mathrm{Prj}_x\boldsymbol{a},\quad a_y=\mathrm{Prj}_y\boldsymbol{a},\quad a_z=\mathrm{Prj}_z\boldsymbol{a}.$$

由此，向量的投影具有与坐标相同的性质：

性质 1　$\mathrm{Prj}_u\boldsymbol{a}=|\boldsymbol{a}|\cos\varphi$，**其中 φ 为向量 $\boldsymbol{a}$ 与 u 轴的夹角；**

性质 2　$\mathrm{Prj}_u(\boldsymbol{a}+\boldsymbol{b})=\mathrm{Prj}_u\boldsymbol{a}+\mathrm{Prj}_u\boldsymbol{b}$；

性质 3　$\mathrm{Prj}_u(\lambda\boldsymbol{a})=\lambda\mathrm{Prj}_u\boldsymbol{a}$.

习　题　7-1(A)

1. 在空间直角坐标系下，指出下列各点所在的位置：

(1) 点 $(1,-2,3)$ 在第__________卦限；

(2) 点 $(2,3,-4)$ 在第__________卦限；

(3) 点 $(2,-3,-4)$ 在第__________卦限；

(4) 点 $(-2,-3,1)$ 在第__________卦限；

(5) 点 $(3,4,0)$ 在__________面上；

(6) 点 $(0,4,3)$ 在__________面上；

(7) 点 $(3,0,0)$ 在__________轴上；

(8) 点 $(0,-1,0)$ 在__________轴上.

2. 填空：

(1) 点 (x,y,z) 关于原点的对称点是______；关于 yOz 面的对称点是______；关于 x 轴的对称点是________.

(2) 设 $\boldsymbol{a}$ 是非零向量，则与 $\boldsymbol{a}$ 同方向的单位向量为________；向量 $\boldsymbol{b}$ 平行于 $\boldsymbol{a}$ 的充分必要条件是________________.

(3)设 $\boldsymbol{u}=\boldsymbol{a}-\boldsymbol{b}+2\boldsymbol{c}$，$\boldsymbol{v}=-\boldsymbol{a}+3\boldsymbol{b}-\boldsymbol{c}$，则用 $\boldsymbol{a}$，$\boldsymbol{b}$，$\boldsymbol{c}$ 表示 $2\boldsymbol{u}-3\boldsymbol{v}$ 的式子是______ .

3. 求点 $M(4,-3,5)$ 与原点及各坐标轴、坐标面间的距离.

4. 设点 P 在 x 轴上，它到点 $P_1(0,2,3)$ 的距离为到点 $P_2(0,1,-1)$ 的距离的两倍，求点 P 的坐标.

5. 已知两点 $M_1(0,1,2)$ 和 $M_2(1,-1,0)$，试用坐标式表示向量 $\overrightarrow{M_1M_2}$ 及 $-2\overrightarrow{M_1M_2}$.

6. 已知点 $A(3,3,2)$，$B(-1,-5,2)$，试求

(1)向量 $\overrightarrow{AB}$ 的模、方向余弦和方向角；

(2)与向量 $\overrightarrow{AB}$ 同方向的单位向量.

7. 证明以点 $P(-2,4,0)$，$Q(1,2,-1)$，$R(-1,1,2)$ 为顶点的三角形为等边三角形.

8. 设向量 $\boldsymbol{r}$ 的模是4，它与 u 轴的夹角是 $\frac{\pi}{3}$，求 $\boldsymbol{r}$ 在 u 轴上的投影.

习　题　7-1(B)

1. 如果一个平面上一个四边形的对角线互相平分，试用向量证明它是平行四边形.

2. 已知三角形 ABC 的三个顶点分别为 $(3,6,-2)$，$(7,-4,3)$ 和 $(-1,4,7)$，求重心的坐标.

3. 应用向量求证：三角形的中位线平行于底边且等于底边的一半.

4. 一向量的终点在点 $(2,-1,7)$，它在 x 轴、y 轴和 z 轴上投影依次为 $4,-4$ 和 7. 求这向量的起点 A 的坐标.

第2节　数量积　向量积　*混合积

一. 两向量的数量积

1. 数量积的定义

设一物体在恒力 $\boldsymbol{F}$ 作用下沿直线从点 M_1 移动到点 M_2，以 $\boldsymbol{s}$ 表示位移 $\overrightarrow{M_1M_2}$. 由物理学知道，力 $\boldsymbol{F}$ 所做的功为

$$W=|\boldsymbol{F}||\boldsymbol{s}|\cos\theta,$$

其中 θ 为 $\boldsymbol{F}$ 与 $\boldsymbol{s}$ 的夹角(如图7-17).

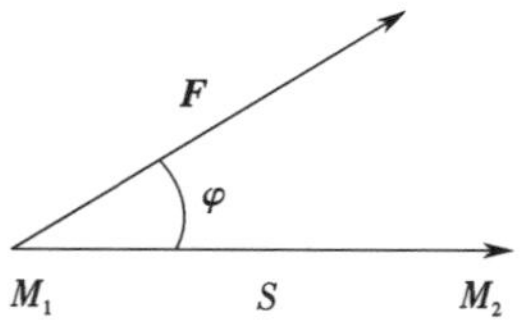

图7-17

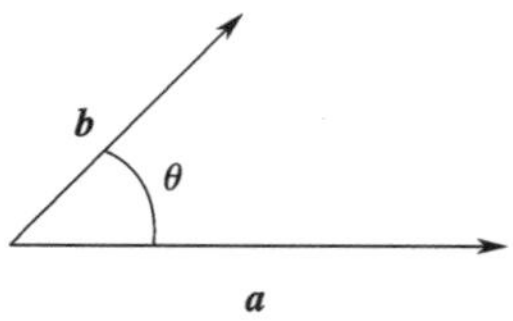

图7-18

从这个问题看出，我们有时要对两个向量 $\boldsymbol{a}$ 和 $\boldsymbol{b}$ 作这样的运算，运算的结果是一个数，它等于 $|\boldsymbol{a}|$、$|\boldsymbol{b}|$ 及它们夹角 θ 的余弦的乘积. 这种运算叫做向量 $\boldsymbol{a}$ 与 $\boldsymbol{b}$ 的数量积，记作 $\boldsymbol{a}\cdot\boldsymbol{b}$(如图7-18)，即

$$\boldsymbol{a}\cdot\boldsymbol{b}=|\boldsymbol{a}||\boldsymbol{b}|\cos\theta.$$

根据这个定义,上述问题中力所做的功 W 是力 $\boldsymbol{F}$ 与位移 $\boldsymbol{s}$ 的数量积,即

$$W=\boldsymbol{F}\cdot\boldsymbol{s}.$$

由于 $|\boldsymbol{b}|\cos\theta=|\boldsymbol{b}|\cos(\widehat{\boldsymbol{a},\boldsymbol{b}})$,当 $\boldsymbol{a}\neq\boldsymbol{0}$ 时是向量 $\boldsymbol{b}$ 在向量 $\boldsymbol{a}$ 的方向上的投影,用 $\mathrm{Prj}_{\boldsymbol{a}}\boldsymbol{b}$ 来表示这个投影,便有

$$\boldsymbol{a}\cdot\boldsymbol{b}=|\boldsymbol{a}|\mathrm{Prj}_{\boldsymbol{a}}\boldsymbol{b}.$$

这就是说,两向量的数量积等于其中一个向量的模和另一个向量在这个向量的方向上的投影的乘积.

2. 数量积的性质

(1) $\boldsymbol{a}\cdot\boldsymbol{a}=|\boldsymbol{a}|^2$.

这是因为夹角 $\theta=0$,所以

$$\boldsymbol{a}\cdot\boldsymbol{a}=|\boldsymbol{a}|^2\cos 0=|\boldsymbol{a}|^2.$$

(2) **对于两个非零向量 $\boldsymbol{a}$、$\boldsymbol{b}$,如果 $\boldsymbol{a}\cdot\boldsymbol{b}=0$,那么 $\boldsymbol{a}\perp\boldsymbol{b}$;反之,如果 $\boldsymbol{a}\perp\boldsymbol{b}$,那么 $\boldsymbol{a}\cdot\boldsymbol{b}=0$.**

这是因为如果 $\boldsymbol{a}\cdot\boldsymbol{b}=0$,由于 $|\boldsymbol{a}|\neq0$,$|\boldsymbol{b}|\neq0$,所以 $\cos\theta=0$,从而 $\theta=\dfrac{\pi}{2}$,即 $\boldsymbol{a}\perp\boldsymbol{b}$;反之,如果 $\boldsymbol{a}\perp\boldsymbol{b}$,那么 $\theta=\dfrac{\pi}{2}$,$\cos\theta=0$,于是 $\boldsymbol{a}\cdot\boldsymbol{b}=|\boldsymbol{a}||\boldsymbol{b}|\cos\theta=0$.

由于可以认为零向量与任何向量都垂直,因此,上述结论可叙述为:向量 $\boldsymbol{a}\perp\boldsymbol{b}$ 的充分必要条件是 $\boldsymbol{a}\cdot\boldsymbol{b}=0$.

3. 数量积的运算规律

(1) 交换律 $\boldsymbol{a}\cdot\boldsymbol{b}=\boldsymbol{b}\cdot\boldsymbol{a}$.

(2) 分配律　$(\boldsymbol{a}+\boldsymbol{b})\cdot\boldsymbol{c}=\boldsymbol{a}\cdot\boldsymbol{c}+\boldsymbol{b}\cdot\boldsymbol{c}$.

(3) 数量积还符合如下的结合律.

$(\lambda\boldsymbol{a})\cdot\boldsymbol{b}=\lambda(\boldsymbol{a}\cdot\boldsymbol{b})$,$\lambda$ 为常数.

例 1　试用向量证明三角形的余弦定理.

证　设在 $\triangle ABC$ 中,$\angle BCA=\theta$,$|BC|=a$,$|CA|=b$,$|AB|=c$,(如图 7-19)要证 $c^2=a^2+b^2-2ab\cos\theta$. 记 $\overrightarrow{CB}=\boldsymbol{a}$,$\overrightarrow{CA}=\boldsymbol{b}$,$\overrightarrow{AB}=\boldsymbol{c}$,则有

$$\boldsymbol{c}=\boldsymbol{a}-\boldsymbol{b},$$

从而

$$\begin{aligned}|\boldsymbol{c}|^2&=\boldsymbol{c}\cdot\boldsymbol{c}=(\boldsymbol{a}-\boldsymbol{b})\cdot(\boldsymbol{a}-\boldsymbol{b})=\boldsymbol{a}\cdot\boldsymbol{a}+\boldsymbol{b}\cdot\boldsymbol{b}-2\boldsymbol{a}\cdot\boldsymbol{b}\\&=|\boldsymbol{a}|^2+|\boldsymbol{b}|^2-2|\boldsymbol{a}||\boldsymbol{b}|\cos(\widehat{\boldsymbol{a},\boldsymbol{b}}).\end{aligned}$$

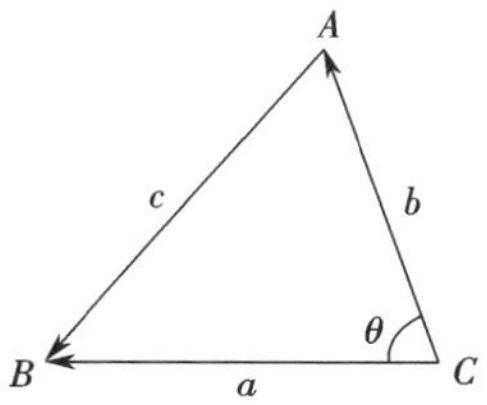

图 7-19

由 $|\boldsymbol{a}|=a$,$|\boldsymbol{b}|=b$,$|\boldsymbol{c}|=c$ 及 $(\widehat{\boldsymbol{a},\boldsymbol{b}})=\theta$,即得

$$c^2=a^2+b^2-2ab\cos\theta.$$

4. 数量积的坐标表示式

设

$$\boldsymbol{a}=a_x\boldsymbol{i}+a_y\boldsymbol{j}+a_z\boldsymbol{k},\quad \boldsymbol{b}=b_x\boldsymbol{i}+b_y\boldsymbol{j}+b_z\boldsymbol{k}.$$

按数量积的运算规律可得

$$\begin{aligned}\boldsymbol{a}\cdot\boldsymbol{b}&=(a_x\boldsymbol{i}+a_y\boldsymbol{j}+a_z\boldsymbol{k})\cdot(b_x\boldsymbol{i}+b_y\boldsymbol{j}+b_z\boldsymbol{k})\\&=a_x\boldsymbol{i}\cdot(b_x\boldsymbol{i}+b_y\boldsymbol{j}+b_z\boldsymbol{k})+a_y\boldsymbol{j}\cdot(b_x\boldsymbol{i}+b_y\boldsymbol{j}+b_z\boldsymbol{k})+a_z\boldsymbol{k}\cdot(b_x\boldsymbol{i}+b_y\boldsymbol{j}+b_z\boldsymbol{k})\\&=a_xb_x\boldsymbol{i}\cdot\boldsymbol{i}+a_xb_y\boldsymbol{i}\cdot\boldsymbol{j}+a_xb_z\boldsymbol{i}\cdot\boldsymbol{k}+a_yb_x\boldsymbol{j}\cdot\boldsymbol{i}+a_yb_y\boldsymbol{j}\cdot\boldsymbol{j}+a_yb_z\boldsymbol{j}\cdot\boldsymbol{k}+\\&\quad a_zb_x\boldsymbol{k}\cdot\boldsymbol{i}+a_zb_y\boldsymbol{k}\cdot\boldsymbol{j}+a_zb_z\boldsymbol{k}\cdot\boldsymbol{k}.\end{aligned}$$

由于 $\boldsymbol{i}$、$\boldsymbol{j}$、$\boldsymbol{k}$ 两两互相垂直，所以

$$\boldsymbol{i}\cdot\boldsymbol{j}=\boldsymbol{j}\cdot\boldsymbol{k}=\boldsymbol{k}\cdot\boldsymbol{i}=0,\boldsymbol{j}\cdot\boldsymbol{i}=\boldsymbol{k}\cdot\boldsymbol{j}=\boldsymbol{i}\cdot\boldsymbol{k}=0.$$

又由于 $\boldsymbol{i}$、$\boldsymbol{j}$、$\boldsymbol{k}$ 的模均为 1，所以

$$\boldsymbol{i}\cdot\boldsymbol{i}=\boldsymbol{j}\cdot\boldsymbol{j}=\boldsymbol{k}\cdot\boldsymbol{k}=1.$$

因而得

$$\boldsymbol{a}\cdot\boldsymbol{b}=a_xb_x+a_yb_y+a_zb_z.$$

这就是两个向量的数量积的坐标表示式.

由于 $\boldsymbol{a}\cdot\boldsymbol{b}=|\boldsymbol{a}||\boldsymbol{b}|\cos\theta$，所以当 $\boldsymbol{a}$、$\boldsymbol{b}$ 都不是零向量时，有

$$\cos\theta=\frac{\boldsymbol{a}\cdot\boldsymbol{b}}{|\boldsymbol{a}||\boldsymbol{b}|}.$$

以数量积的坐标表示式及向量的模的坐标表示式代入上式，就得

$$\cos\theta=\frac{a_xb_x+a_yb_y+a_zb_z}{\sqrt{a_x^{\ 2}+a_y^{\ 2}+a_z^{\ 2}}\sqrt{b_x^{\ 2}+b_y^{\ 2}+b_z^{\ 2}}}.$$

这就是**两向量的夹角余弦的坐标表示式**.

例 2 已知三点 $M(1,1,1)$，$A(2,2,1)$，$B(2,1,2)$，求 $\angle AMB$.

解 作向量 $\overrightarrow{MA}$、$\overrightarrow{MB}$，则 $\angle AMB$ 就是向量 $\overrightarrow{MA}$ 与 $\overrightarrow{MB}$ 的夹角.

因为

$$\overrightarrow{MA}=(2-1,2-1,1-1)=(1,1,0),$$
$$\overrightarrow{MB}=(2-1,1-1,2-1)=(1,0,1),$$

从而有

$$|\overrightarrow{MA}|=\sqrt{2},|\overrightarrow{MB}|=\sqrt{2},\text{且 }\overrightarrow{MA}\cdot\overrightarrow{MB}=1.$$

所以

$$\cos(\angle AMB)=\frac{\overrightarrow{MA}\cdot\overrightarrow{MB}}{|\overrightarrow{MA}||\overrightarrow{MB}|}=\frac{1}{\sqrt{2}\cdot\sqrt{2}}=\frac{1}{2}.$$

因此 $\angle AMB=\dfrac{\pi}{3}$.

二、两向量的向量积

1. 向量积的定义

在研究物体运动问题时，不但要考虑这物体所受的力，还要分析这些力所产生的力矩. 下面就举一个简单的例子来说明表达力矩的方法.

设 O 为一根杠杆 L 的支点. 有一个力 $\boldsymbol{F}$ 作用于这杠杆上点 P 处. $\boldsymbol{F}$ 与 $\overrightarrow{OP}$ 的夹角为 θ（如图 7-20）. 由力学规定，力 $\boldsymbol{F}$ 对支点 O 的力矩是一向量 $\boldsymbol{M}$，它的模

$$|\boldsymbol{M}|=|OQ||\boldsymbol{F}|=|\overrightarrow{OP}||\boldsymbol{F}|\sin\theta,$$

而 M 的方向垂直于 $\overrightarrow{OP}$ 与 $\boldsymbol{F}$ 所决定的平面，$\boldsymbol{M}$ 的指向是按右手法则从 $\overrightarrow{OP}$ 以不超过 π 的角转

向 $\boldsymbol{F}$ 来确定的，即当右手四个手指从 $\overrightarrow{OP}$ 以不超过 π 的角转向 $\boldsymbol{F}$ 握拳时，大拇指的指向就是 $\boldsymbol{M}$ 的指向（如图 7-21），

上述这种情况在其他力学和物理问题中也会遇到. 于是从中抽象出两个向量的向量积的概念.

设向量 $\boldsymbol{c}$ 由两个向量 $\boldsymbol{a}$ 与 $\boldsymbol{b}$ 按下列方式定出：

$\boldsymbol{c}$ 的模 $|\boldsymbol{c}| = |\boldsymbol{a}||\boldsymbol{b}|\sin\theta$，其中 θ 为 $\boldsymbol{a}$、$\boldsymbol{b}$ 间的夹角；

$\boldsymbol{c}$ 的方向垂直于 $\boldsymbol{a}$ 与 $\boldsymbol{b}$ 所决定的平面（即 $\boldsymbol{c}$ 既垂直于 $\boldsymbol{a}$，又垂直于 $\boldsymbol{b}$），$\boldsymbol{c}$ 的指向按右手法则从 $\boldsymbol{a}$ 转向 $\boldsymbol{b}$ 来确定（如图 7-22），那么，向量 $\boldsymbol{c}$ 叫做向量 $\boldsymbol{a}$ 与 $\boldsymbol{b}$ 的向量积，记作 $\boldsymbol{a}\times\boldsymbol{b}$，即

$$\boldsymbol{c} = \boldsymbol{a}\times\boldsymbol{b}.$$

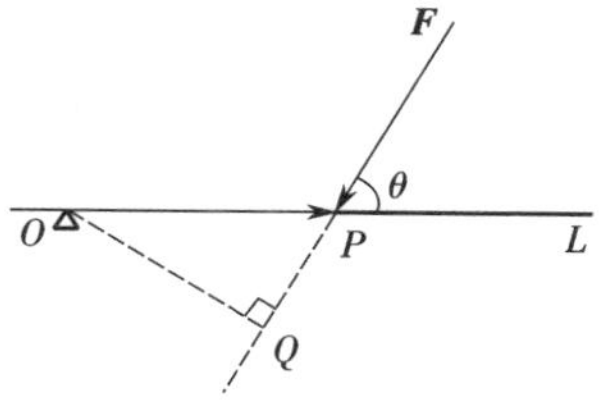

图 7-20

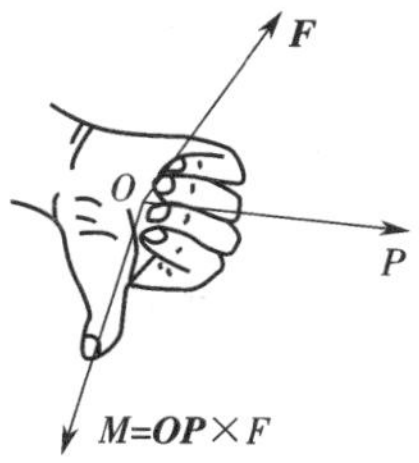

图 7-21

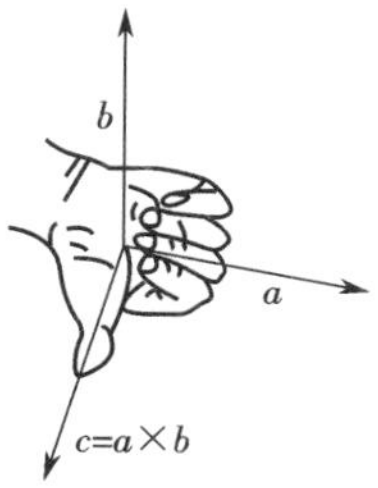

图 7-22

按此定义，上面的力矩 $\boldsymbol{M}$ 等于 $\overrightarrow{OP}$ 与 $\boldsymbol{F}$ 的向量积，即

$$\boldsymbol{M} = \overrightarrow{OP}\times\boldsymbol{F}.$$

2. 向量积的性质

(1) $\boldsymbol{a}\times\boldsymbol{a} = \boldsymbol{0}$.

这是因为夹角 $\theta = 0$，所以 $|\boldsymbol{a}\times\boldsymbol{a}| = |\boldsymbol{a}|^2\sin 0 = 0$.

(2) 对于两个非零向量 $\boldsymbol{a}$、$\boldsymbol{b}$，如果 $\boldsymbol{a}\times\boldsymbol{b} = \boldsymbol{0}$，那么 $\boldsymbol{a}/\!/\boldsymbol{b}$；反之，如果 $\boldsymbol{a}/\!/\boldsymbol{b}$，那么 $\boldsymbol{a}\times\boldsymbol{b} = \boldsymbol{0}$.

由于可以认为零向量与任何向量都平行，因此，上述结论可叙述为：向量 $\boldsymbol{a}/\!/\boldsymbol{b}$ 的充分必要条件是 $\boldsymbol{a}\times\boldsymbol{b} = \boldsymbol{0}$.

3. 向量积的运算规律

(1) $\boldsymbol{b}\times\boldsymbol{a} = -\boldsymbol{a}\times\boldsymbol{b}$.

这是因为按右手法则从 $\boldsymbol{b}$ 转向 $\boldsymbol{a}$ 定出的方向恰好与按右手法则从 $\boldsymbol{a}$ 转向 $\boldsymbol{b}$ 定出的方向相反. 它表明交换律对向量积不成立.

(2) 分配律　$(\boldsymbol{a}+\boldsymbol{b})\times\boldsymbol{c} = \boldsymbol{a}\times\boldsymbol{c}+\boldsymbol{b}\times\boldsymbol{c}$.

(3) 向量积还符合如下的结合律

$$(\lambda\boldsymbol{a})\times\boldsymbol{b} = \boldsymbol{a}\times(\lambda\boldsymbol{b}) = \lambda(\boldsymbol{a}\times\boldsymbol{b}) \quad (\lambda\text{ 为数}).$$

这两个规律这里不予证明.

4. 向量积的坐标表示式

设

$$\boldsymbol{a} = a_x\boldsymbol{i}+a_y\boldsymbol{j}+a_z\boldsymbol{k},\quad \boldsymbol{b} = b_x\boldsymbol{i}+b_y\boldsymbol{j}+b_z\boldsymbol{k}.$$

按向量积的运算规律可得

$$\boldsymbol{a}\times\boldsymbol{b} = (a_x\boldsymbol{i}+a_y\boldsymbol{j}+a_z\boldsymbol{k})\times(b_x\boldsymbol{i}+b_y\boldsymbol{j}+b_z\boldsymbol{k})$$

$$
\begin{aligned}
&= a_x\boldsymbol{i}\times(b_x\boldsymbol{i}+b_y\boldsymbol{j}+b_z\boldsymbol{k})+a_y\boldsymbol{j}\times(b_x\boldsymbol{i}+b_y\boldsymbol{j}+b_z\boldsymbol{k})+\\
&\quad a_z\boldsymbol{k}\times(b_x\boldsymbol{i}+b_y\boldsymbol{j}+b_z\boldsymbol{k})\\
&= a_xb_x(\boldsymbol{i}\times\boldsymbol{i})+a_xb_y(\boldsymbol{i}\times\boldsymbol{j})+a_xb_z(\boldsymbol{i}\times\boldsymbol{k})+\\
&\quad a_yb_x(\boldsymbol{j}\times\boldsymbol{i})+a_yb_y(\boldsymbol{j}\times\boldsymbol{j})+a_yb_z(\boldsymbol{j}\times\boldsymbol{k})+\\
&\quad a_zb_x(\boldsymbol{k}\times\boldsymbol{i})+a_zb_y(\boldsymbol{k}\times\boldsymbol{j})+a_zb_z(\boldsymbol{k}\times\boldsymbol{k}),
\end{aligned}
$$

由于

$$\boldsymbol{i}\times\boldsymbol{i}=\boldsymbol{j}\times\boldsymbol{j}=\boldsymbol{k}\times\boldsymbol{k}=\boldsymbol{0},\boldsymbol{i}\times\boldsymbol{j}=\boldsymbol{k},\boldsymbol{j}\times\boldsymbol{k}=\boldsymbol{i},\boldsymbol{k}\times\boldsymbol{i}=\boldsymbol{j},\boldsymbol{j}\times\boldsymbol{i}=-\boldsymbol{k},\boldsymbol{k}\times\boldsymbol{j}=-\boldsymbol{i},\boldsymbol{i}\times\boldsymbol{k}=-\boldsymbol{j},$$

所以

$$\boldsymbol{a}\times\boldsymbol{b}=(a_yb_z-a_zb_y)\boldsymbol{i}+(a_zb_x-a_xb_z)\boldsymbol{j}+(a_xb_y-a_yb_x)\boldsymbol{k}.$$

为了帮助记忆，利用三阶行列式，上式可写成

$$\boldsymbol{a}\times\boldsymbol{b}=\begin{vmatrix}\boldsymbol{i}&\boldsymbol{j}&\boldsymbol{k}\\a_x&a_y&a_z\\b_x&b_y&b_z\end{vmatrix}.$$

例 3 设 $\boldsymbol{a}=(2,1,-1)$，$\boldsymbol{b}=(1,-1,2)$，计算 $\boldsymbol{a}\times\boldsymbol{b}$.

解 $\boldsymbol{a}\times\boldsymbol{b}=\begin{vmatrix}\boldsymbol{i}&\boldsymbol{j}&\boldsymbol{k}\\2&1&-1\\1&-1&2\end{vmatrix}=\boldsymbol{i}-5\boldsymbol{j}-3\boldsymbol{k}.$

例 4 已知三角形 ABC 的顶点分别是 $A(1,2,3)$、$B(3,4,5)$ 和 $C(2,4,7)$，求 $\triangle ABC$ 的面积.

解 根据向量积的定义，可知三角形 ABC 的面积

$$
\begin{aligned}
S_{\triangle ABC}&=\frac{1}{2}|\overrightarrow{AB}||\overrightarrow{AC}|\sin\angle A\\
&=\frac{1}{2}|\overrightarrow{AB}\times\overrightarrow{AC}|.
\end{aligned}
$$

由于 $\overrightarrow{AB}=(2,2,2)$，$\overrightarrow{AC}=(1,2,4)$，因此

$$\overrightarrow{AB}\times\overrightarrow{AC}=\begin{vmatrix}\boldsymbol{i}&\boldsymbol{j}&\boldsymbol{k}\\2&2&2\\1&2&4\end{vmatrix}=4\boldsymbol{i}-6\boldsymbol{j}+2\boldsymbol{k},$$

于是

$$S_{\triangle ABC}=\frac{1}{2}|4\boldsymbol{i}-6\boldsymbol{j}+2\boldsymbol{k}|=\frac{1}{2}\sqrt{4^2+(-6)^2+2^2}=\sqrt{14}.$$

注 (1)二阶行列式 $\begin{vmatrix}a_{11}&a_{12}\\a_{21}&a_{22}\end{vmatrix}=a_{11}a_{22}-a_{12}a_{21}$，如图 7-23 所示，把 a_{11} 到 a_{22} 的实联线称为主对角线，a_{12} 到 a_{21} 的虚联线称为副对角线，二阶行列式便是主对角线上的两元素之积减去副对角线上两元素之积所得的差 .

(2)三阶行列式

$$\begin{vmatrix}a_{11}&a_{12}&a_{13}\\a_{21}&a_{22}&a_{23}\\a_{31}&a_{32}&a_{33}\end{vmatrix}=a_{11}a_{22}a_{33}+a_{12}a_{23}a_{31}+a_{13}a_{21}a_{32}-a_{11}a_{23}a_{32}-a_{12}a_{21}a_{33}-a_{13}a_{22}a_{31}$$

三阶行列式遵循如图 7-24 所示的对角线法则:即图中有三条实线看做是平行于主对角线的联线,三条虚线看做是平行于副对角线的联线,实线上三元素的乘积冠以正号,虚线上三元素的乘积冠以负号.

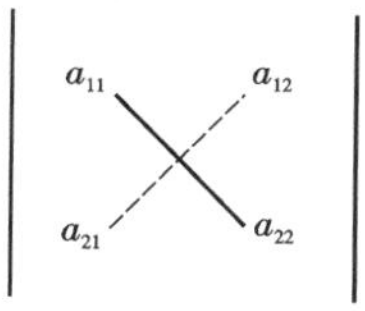

图 7-23

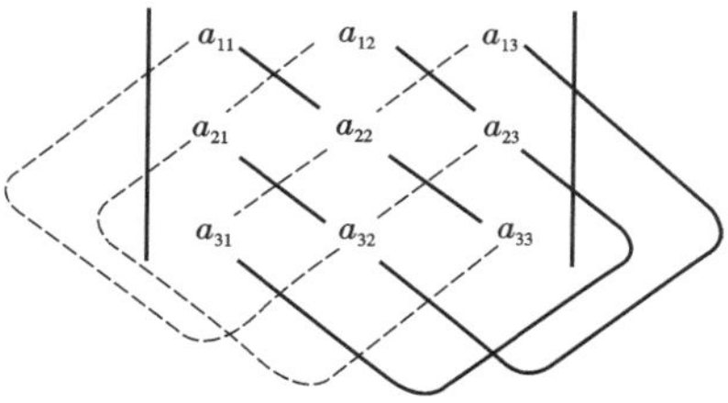

图 7-24

*三、向量的混合积

1. 混合积的定义

设已知三个向量 $\boldsymbol{a}$、$\boldsymbol{b}$ 和 $\boldsymbol{c}$,如果先作两向量 $\boldsymbol{a}$ 和 $\boldsymbol{b}$ 的向量积 $\boldsymbol{a}\times\boldsymbol{b}$,把所得到的向量与第三个向量 $\boldsymbol{c}$ 再作数量积 $(\boldsymbol{a}\times\boldsymbol{b})\cdot\boldsymbol{c}$,这样得到的数量叫做三向量 $\boldsymbol{a}$、$\boldsymbol{b}$、$\boldsymbol{c}$ 的混合积,记作 $[\boldsymbol{abc}]$.

2. 混合积的坐标表示式

设　$\boldsymbol{a}=(a_x,a_y,a_z)$,$\boldsymbol{b}=(b_x,b_y,b_z)$,$\boldsymbol{c}=(c_x,c_y,c_z)$,因为

$$\boldsymbol{a}\times\boldsymbol{b}=\begin{vmatrix}\boldsymbol{i}&\boldsymbol{j}&\boldsymbol{k}\\a_x&a_y&a_z\\b_x&b_y&b_z\end{vmatrix}=\begin{vmatrix}a_y&a_z\\b_y&b_z\end{vmatrix}\boldsymbol{i}-\begin{vmatrix}a_x&a_z\\b_x&b_z\end{vmatrix}\boldsymbol{j}+\begin{vmatrix}a_x&a_y\\b_x&b_y\end{vmatrix}\boldsymbol{k}.$$

再按量向量的数量积的坐标表示式,便得

$$\begin{aligned}[\boldsymbol{abc}]&=(\boldsymbol{a}\times\boldsymbol{b})\cdot\boldsymbol{c}\\&=c_x\begin{vmatrix}a_y&a_z\\b_y&b_z\end{vmatrix}-c_y\begin{vmatrix}a_x&a_z\\b_x&b_z\end{vmatrix}+c_z\begin{vmatrix}a_x&a_y\\b_x&b_y\end{vmatrix}\\&=\begin{vmatrix}a_x&a_y&a_z\\b_x&b_y&b_z\\c_x&c_y&c_z\end{vmatrix}.\end{aligned}$$

3. 混合积的几何意义

向量的混合积 $[\boldsymbol{abc}]=(\boldsymbol{a}\times\boldsymbol{b})\cdot\boldsymbol{c}$ 是这样一个数,它的绝对值表示以向量 $\boldsymbol{a}$、$\boldsymbol{b}$、$\boldsymbol{c}$ 为棱的平行六面体的体积.如果向量 $\boldsymbol{a}$、$\boldsymbol{b}$、$\boldsymbol{c}$ 组成右手系(即 $\boldsymbol{c}$ 的指向按右手规则从 $\boldsymbol{a}$ 转向 $\boldsymbol{b}$ 来确定),那么混合积的符号是正的;如果向量 $\boldsymbol{a}$、$\boldsymbol{b}$、$\boldsymbol{c}$ 组成左手系(即 $\boldsymbol{c}$ 的指向按左手规则从 $\boldsymbol{a}$ 转向 $\boldsymbol{b}$ 来确定),那么混合积的符号是负的.

事实上,设 $\overrightarrow{OA}=\boldsymbol{a}$,$\overrightarrow{OB}=\boldsymbol{b}$,$\overrightarrow{OC}=\boldsymbol{c}$,按向量积的定义,向量积 $\boldsymbol{a}\times\boldsymbol{b}=\boldsymbol{f}$ 是一个向量,它的模在数值上等于以向量 $\boldsymbol{a}$ 和 $\boldsymbol{b}$ 为边的平行四边形 $OADB$ 的面积,它的方向垂直这平行四边

形的平面,且当 $\boldsymbol{a}$、$\boldsymbol{b}$、$\boldsymbol{c}$ 组成右手系时,向量 $\boldsymbol{f}$ 与向量 $\boldsymbol{c}$ 朝着这平面的同侧(图 7-25);当 $\boldsymbol{a}$、$\boldsymbol{b}$、$\boldsymbol{c}$ 组成左手系时,向量 $\boldsymbol{f}$ 与向量 $\boldsymbol{c}$ 朝着这平面的异侧. 所以,如设 $\boldsymbol{f}$ 与 $\boldsymbol{c}$ 的夹角为 α,那么当 $\boldsymbol{a}$、$\boldsymbol{b}$、$\boldsymbol{c}$ 组成右手系时,α 为锐角;当 $\boldsymbol{a}$、$\boldsymbol{b}$、$\boldsymbol{c}$ 组成左手系时,α 为钝角. 由于

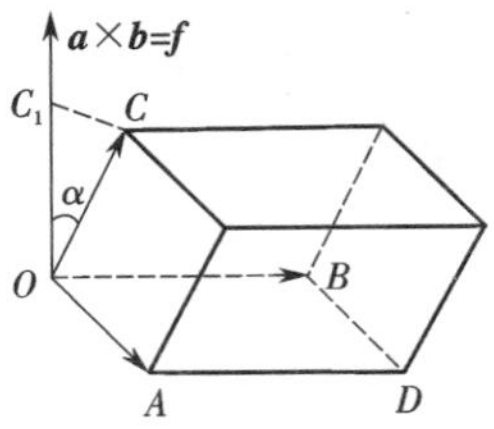

图 7-25

$$[\boldsymbol{abc}] = (\boldsymbol{a}\times\boldsymbol{b})\cdot\boldsymbol{c} = |\boldsymbol{a}\times\boldsymbol{b}||\boldsymbol{c}|\cos\alpha,$$

所以当 $\boldsymbol{a}$、$\boldsymbol{b}$、$\boldsymbol{c}$ 组成右手系时,$[\boldsymbol{abc}]$ 为正;当 $\boldsymbol{a}$、$\boldsymbol{b}$、$\boldsymbol{c}$ 组成左手系时,$[\boldsymbol{abc}]$ 为负.

因为以向量 $\boldsymbol{a}$、$\boldsymbol{b}$、$\boldsymbol{c}$ 为棱的平行六面体的底(平行四边形 $OADB$)的面积 S 在数值上等于 $|\boldsymbol{a}\times\boldsymbol{b}|$,它的高 h 等于向量 $\boldsymbol{c}$ 在向量 $\boldsymbol{f}$ 上的投影的绝对值,即

$$h = |\mathrm{Prj}_{\boldsymbol{f}}\boldsymbol{c}| = |\boldsymbol{c}||\cos\alpha|,$$

所以平行六面体的体积

$$V = Sh = |\boldsymbol{a}\times\boldsymbol{b}||\boldsymbol{c}||\cos\alpha| = |[\boldsymbol{abc}]|.$$

由上述混合积的几何意义可知,若混合积 $[\boldsymbol{abc}]\neq 0$,则能以 $\boldsymbol{a}$、$\boldsymbol{b}$、$\boldsymbol{c}$ 三向量为棱构成平行六面体,从而 $\boldsymbol{a}$、$\boldsymbol{b}$、$\boldsymbol{c}$ 三向量不共面;反之,若 $\boldsymbol{a}$、$\boldsymbol{b}$、$\boldsymbol{c}$ 三向量不共面,则必能以 $\boldsymbol{a}$、$\boldsymbol{b}$、$\boldsymbol{c}$ 三向量为棱构成平行六面体,从而 $[\boldsymbol{abc}]\neq 0$. 于是有下述结论.

三向量 $\boldsymbol{a}$、$\boldsymbol{b}$、$\boldsymbol{c}$ 共面的充分必要条件是它们的混合积 $[\boldsymbol{abc}]=0$,即

$$\begin{vmatrix} a_x & a_y & a_z \\ b_x & b_y & b_z \\ c_x & c_y & c_z \end{vmatrix} = 0.$$

例 5 求顶点为 $A(3,1,2)$,$B(0,1,3)$,$C(2,3,-1)$,$D(4,3,2)$ 的四面体的体积.

解 由立体几何知道,四面体的体积 V 是以向量 $\overrightarrow{AB}$,$\overrightarrow{AC}$,$\overrightarrow{AD}$ 为棱的平行六面体的体积的 1/6. 因为

$$\overrightarrow{AB} = (-3,0,1),\quad \overrightarrow{AC} = (-1,2,-3),\quad \overrightarrow{AD} = (1,2,0),$$

$$[\overrightarrow{AB}\ \ \overrightarrow{AC}\ \ \overrightarrow{AD}] = \begin{vmatrix} -3 & 0 & 1 \\ -1 & 2 & -3 \\ 1 & 2 & 0 \end{vmatrix} = -22.$$

因此,所求四面体的体积为

$$V = -\frac{1}{6}[\overrightarrow{AB}\ \ \overrightarrow{AC}\ \ \overrightarrow{AD}] = \frac{22}{6} = \frac{11}{3}.$$

习 题 7-2(A)

1. 选择题

(1) 设 $\boldsymbol{i}$,$\boldsymbol{j}$,$\boldsymbol{k}$ 是三个坐标轴正方向上的单位向量,下列等式中正确的是(　　).

(A) $\boldsymbol{k}\times\boldsymbol{j}=\boldsymbol{i}$.　(B) $\boldsymbol{j}\times\boldsymbol{i}=\boldsymbol{k}$.　(C) $\boldsymbol{i}\times\boldsymbol{i}=\boldsymbol{k}\times\boldsymbol{k}$.　(D) $\boldsymbol{k}\times\boldsymbol{k}=\boldsymbol{k}\cdot\boldsymbol{k}$.

(2) 设 $\boldsymbol{a}$,$\boldsymbol{b}$,$\boldsymbol{c}$,$\boldsymbol{d}$ 为向量,则下列各量为向量的是(　　).

(A) $\mathrm{Prj}_{\boldsymbol{b}}\boldsymbol{a}$.　(B) $\boldsymbol{b}\cdot(\boldsymbol{c}\times\boldsymbol{d})$.　(C) $(\boldsymbol{a}\times\boldsymbol{b})\cdot(\boldsymbol{c}\times\boldsymbol{d})$.　(D) $\boldsymbol{a}\times(\boldsymbol{b}\times\boldsymbol{c})$.

(3) 以下结论正确的是(　　).

(A) $(\boldsymbol{a}\cdot\boldsymbol{b})^2 = |\boldsymbol{a}|^2\cdot|\boldsymbol{b}|^2$

(B) $\boldsymbol{a}\times\boldsymbol{b} = |\boldsymbol{a}||\boldsymbol{b}|\sin(\widehat{\boldsymbol{a},\boldsymbol{b}})$

(C)若 $\boldsymbol{a}\cdot\boldsymbol{b}=\boldsymbol{a}\cdot\boldsymbol{c}$ 或 $\boldsymbol{a}\times\boldsymbol{b}=\boldsymbol{a}\times\boldsymbol{c}$,且 $\boldsymbol{a}\neq\boldsymbol{0}$,则 $\boldsymbol{b}=\boldsymbol{c}$

(D)$(\boldsymbol{a}+\boldsymbol{b})\times(\boldsymbol{a}-\boldsymbol{b})=-2\boldsymbol{a}\times\boldsymbol{b}$

2. 填空题

(1)已知向量 $\boldsymbol{a},\boldsymbol{b}$ 的模分别为 $|\boldsymbol{a}|=2,|\boldsymbol{b}|=\sqrt{2}$, 且 $\boldsymbol{a}\cdot\boldsymbol{b}=2$,则 $|\boldsymbol{a}\times\boldsymbol{b}|=$______.

(2)若非零向量 $\boldsymbol{a},\boldsymbol{b}$ 的方向余弦分别为$(\cos\alpha,\cos\beta,\cos\gamma)$,$(\cos\alpha_1,\cos\beta_1,\cos\gamma_1)$,则向量 $\boldsymbol{a},\boldsymbol{b}$ 夹角的余弦为__________.

(3)若 $\boldsymbol{a}\neq\boldsymbol{0}$,且 $\boldsymbol{a}\cdot\boldsymbol{b}=\boldsymbol{a}\cdot\boldsymbol{c}$,则必能推出____________.

(4)设 $\boldsymbol{a}=3\boldsymbol{i}-\boldsymbol{j}-2\boldsymbol{k}$, $\boldsymbol{b}=\boldsymbol{i}+2\boldsymbol{j}-\boldsymbol{k}$ 则 $\boldsymbol{a}\cdot\boldsymbol{b}=$________ ,$\boldsymbol{a}\times\boldsymbol{b}=$__________,$\cos(\widehat{\boldsymbol{a},\boldsymbol{b}})$ $=$__________.

3. 已知:$\boldsymbol{a}\perp\boldsymbol{b}$,且 $|\boldsymbol{a}|=3,|\boldsymbol{b}|=4$, 求 $|(\boldsymbol{a}+\boldsymbol{b})\times(\boldsymbol{a}-\boldsymbol{b})|$.

4. 求同时垂直于 $\boldsymbol{a}=2\boldsymbol{i}-\boldsymbol{j}+\boldsymbol{k}$, $\boldsymbol{b}=\boldsymbol{i}+2\boldsymbol{j}-\boldsymbol{k}$ 的单位向量.

5. 求向量 $\boldsymbol{a}=(4,-3,4)$在向量 $\boldsymbol{b}=(2,2,1)$上的投影.

6. 已知$\overrightarrow{OA}=\boldsymbol{i}+3\boldsymbol{k}$,$\overrightarrow{OB}=\boldsymbol{j}+3\boldsymbol{k}$, 求$\triangle OAB$ 的面积.

7. 已知向量 $\boldsymbol{a}$ 与 $\boldsymbol{b}$ 垂直,并且 $|\boldsymbol{a}|=5,|\boldsymbol{b}|=12$,求 $|\boldsymbol{a}+\boldsymbol{b}|,|\boldsymbol{a}-\boldsymbol{b}|$.

习　题　7-2(B)

1. 设 $\boldsymbol{a}=(3,5,-2)$,$\boldsymbol{b}=(2,1,4)$,问 λ 与 μ 有怎样的关系,能使得 $\lambda\boldsymbol{a}+\mu\boldsymbol{b}$ 与 z 轴垂直?

2. 试用向量证明直径所对的圆周角是直角.

3. 已知 $\boldsymbol{a}=(a_x,a_y,a_z)$,$\boldsymbol{b}=(b_x,b_y,b_z)$,$\boldsymbol{c}=(c_x,c_y,c_z)$,试利用行列式的性质证明:

$$(\boldsymbol{a}\times\boldsymbol{b})\cdot\boldsymbol{c}=(\boldsymbol{b}\times\boldsymbol{c})\cdot\boldsymbol{a}=(\boldsymbol{c}\times\boldsymbol{a})\cdot\boldsymbol{b}.$$

4. 若 $\boldsymbol{a}\times\boldsymbol{b}+\boldsymbol{b}\times\boldsymbol{c}+\boldsymbol{c}\times\boldsymbol{a}=\boldsymbol{0}$,证明 $\boldsymbol{a},\boldsymbol{b},\boldsymbol{c}$ 共面.

第 3 节　平面及其方程

在日常生活中,我们经常会遇到各种曲面,例如反光镜的镜面、管道的外表面以及锥面等等. 像在平面解析几何中把平面曲线当作动点轨迹一样,在空间解析几何中,任何曲面都看做点的几何轨迹. 在本节里,我们将以向量为工具,在空间直角坐标系中讨论最简单的曲面—平面.

简单地说,平面方程就是平面上任意点的坐标所满足的关系式,更确切地说,平面上任意点的坐标都满足一方程,而不在平面上的点的坐标都不满足这一方程,这个方程就称为这个平面的方程.

一、平面的点法式方程

由立体几何知识知道,过空间一点能作而且只能作一平面与一条已知的直线垂直. 因此,一个平面在空间的位置,可由它上面的一个定点及平面的一条垂线所确定.

如果一非零向量垂直于一平面,这向量就叫做该平面的**法线向量**,显然,平面上的任一向量都与该平面的法线向量垂直.

现给定平面 Π 上一定点 $M_0(x_0,y_0,z_0)$ 及一个法线向量 $\boldsymbol{n}=(A,B,C)$，其中 A,B,C 不全为零，下面我们来建立平面 Π 的方程.

设 $M(x,y,z)$ 为平面 Π 上的任一点（如图 7-26），则 $\boldsymbol{n}\perp\overrightarrow{M_0M}$，即它们的数量积为零

$$\boldsymbol{n}\cdot\overrightarrow{M_0M}=0,$$

而 $\boldsymbol{n}=(A,B,C)$，$\overrightarrow{M_0M}=(x-x_0,y-y_0,z-z_0)$，所以有

$$A(x-x_0)+B(y-y_0)+C(z-z_0)=0, \qquad (1)$$

这就是平面 Π 上任意一点 M 的坐标 x,y,z 所满足的方程.

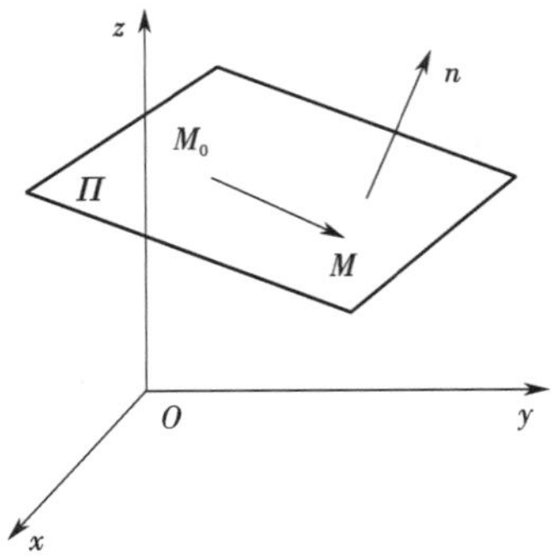

图 7-26

反过来，如果点 $M(x,y,z)$ 不在平面 Π 上，那么向量 $\overrightarrow{M_0M}$ 与法线向量 $\boldsymbol{n}$ 不垂直，从而 $\boldsymbol{n}\cdot\overrightarrow{M_0M}\neq 0$，即不在平面 Π 上的点 M 的坐标 x,y,z 不满足方程(1).

由此可知，平面 Π 上的任一点的坐标 x,y,z 都满足方程(1)；不在平面 Π 上的点的坐标都不满足方程(1). 这样，方程(1)就是平面 Π 的方程，而平面 Π 就是方程(1)的图形. 由于方程(1)是由平面 Π 上的一点 $M_0(x_0,y_0,z_0)$ 及它的一个法线向量 $\boldsymbol{n}=(A,B,C)$ 确定的，所以方程(1)叫做**平面的点法式方程**.

例 1　求过点 $(2,-3,0)$ 且以 $\boldsymbol{n}=(1,-2,3)$ 为法线向量的平面方程.

解　根据平面的点法式方程(1)，得所求平面方程为

$$1(x-2)+(-2)(y+3)+3(z-0)=0,$$

即

$$x-2y+3z-8=0.$$

例 2　求过三点 $M_1(2,4,-3)$，$M_2(1,2,1)$，$M_3(5,-2,-3)$ 的平面方程.

解　先找出这平面的法线向量，由于法线向量 $\boldsymbol{n}$ 与向量 $\overrightarrow{M_1M_2}$、$\overrightarrow{M_1M_3}$ 都垂直，而 $\overrightarrow{M_1M_2}=(-1,-2,4)$，$\overrightarrow{M_1M_3}=(3,-6,0)$，所以可取它们的向量积作为 $\boldsymbol{n}$，即

$$\boldsymbol{n}=\overrightarrow{M_1M_2}\times\overrightarrow{M_1M_3}=\begin{vmatrix} \boldsymbol{i} & \boldsymbol{j} & \boldsymbol{k} \\ -1 & -2 & 4 \\ 3 & -6 & 0 \end{vmatrix}=12(2\boldsymbol{i}+\boldsymbol{j}+\boldsymbol{k}).$$

此处，可取向量 $(24,12,12)$ 作为法线向量，也可取与 $\boldsymbol{n}$ 共线的向量 $(2,1,1)$ 作为法线向量，取定点 $M_2(1,2,1)$，根据平面的点法式方程(1)得所求平面的方程为

$$2(x-1)+1(y-2)+1(z-1)=0,$$

即

$$2x+y+z-5=0.$$

二、平面的一般方程

由于平面的点法式方程(1)是 x,y,z 的一次方程，而任一平面都可以用它上面的一点及它的法线向量来确定，所以任一平面都可以用三元一次方程来表示.

反过来，设有一个三元一次方程

$$Ax+By+Cz+D=0. \qquad (2)$$

我们任取满足该方程的一组数 x_0,y_0,z_0，即

$$Ax_0+By_0+Cz_0+D=0, \tag{3}$$

把上述两等式相减，得

$$A(x-x_0)+B(y-y_0)+C(z-z_0)=0. \tag{4}$$

把它和平面的点法式方程(1)作比较，可以知道方程(4)是通过点 $M_0(x_0,y_0,z_0)$ 且以 $\boldsymbol{n}=(A,B,C)$ 为法线向量的平面方程，但方程(2)与方程(4)同解，这是因为由(2)减去(3)即得(4)，又由(4)加上(3)就得(2). 由此可知，任一三元一次方程(2)的图形总是一个平面. 方程(2)称为**平面的一般方程**，其中 x,y,z 的系数就是该平面的一个法线向量 $\boldsymbol{n}$ 的坐标，即 $\boldsymbol{n}=(A,B,C)$.

例3　求过两点 $M_1(1,2,0)$ 及 $M_2(3,7,-3)$ 且平行于向量 $\boldsymbol{a}=(-2,-1,1)$ 的平面方程.

解　设所求平面方程为 $Ax+By+Cz+D=0$，则它的法线向量为 $\boldsymbol{n}=(A,B,C)$，由于点 M_1,M_2 在此平面上，且 $\boldsymbol{n}\perp\boldsymbol{a}$，所以可得方程组

$$\begin{cases}A+2B+D=0,\\3A+7B-3C+D=0,\\-2A-B+C=0,\end{cases}$$

解之得 $A=\dfrac{C}{4},B=\dfrac{C}{2},D=-\dfrac{5}{4}C$，代入所设方程中得

$$\frac{C}{4}x+\frac{C}{2}y+Cz+\left(-\frac{5}{4}C\right)z=0,$$

化简得 $x+2y+4z-5=0$，即为所求的平面方程.

对于一些特殊的三元一次方程，应该熟悉它们的图形的特点.

当 $D=0$ 时，方程(2)成为 $Ax+By+Cz=0$，它表示一个通过原点的平面.

当 $A=0$ 时，方程(2)成为 $By+Cz+D=0$，法线向量 $\boldsymbol{n}=(0,B,C)$ 垂直于 x 轴，方程表示一个平行于 x 轴的平面.

同样，方程 $Ax+Cz+D=0$ 和 $Ax+By+D=0$ 分别表示一个平行于 y 轴和 z 轴的平面.

当 $A=B=0$ 时，方程(2)成为 $Cz+D=0$ 或 $z=-\dfrac{D}{C}$，法线向量 $\boldsymbol{n}=(0,0,C)$ 同时垂直 x 轴和 y 轴，方程表示一个平行于 xOy 面的平面.

同样，方程 $Ax+D=0$ 和 $By+D=0$ 分别表示一个平行于 yOz 面和 xOz 面的平面.

例4　求通过 y 轴及点 $M_0(3,-1,5)$ 的平面方程.

解　通过 y 轴的平面方程可设为 $Ax+Cz=0$，因为点 $M_0(3,-1,5)$ 在此平面上，所以有 $3A+5C=0,C=-\dfrac{3}{5}A$，代入所设方程中，得

$$Ax-\frac{3}{5}Az=0,$$

化简得

$$5x-3z=0.$$

例5　设一平面与 x、y、z 轴的交点依次为 $P(a,0,0)$、$Q(0,b,0)$、$R(0,0,c)$ 三点（如图7-27），求这个平面的方程（其中 $a\neq0,b\neq0,c\neq0$）.

解　设所求平面的方程为

$$Ax+By+Cz+D=0.$$

因 $P(a,0,0)$、$Q(0,b,0)$、$R(0,0,C)$ 三点都在这个平面上，所以点 P、Q、R 的坐标都满足方程(2)，即有

$$\begin{cases}aA+D=0,\\bB+D=0,\\cC+D=0.\end{cases}$$

得

$$A=-\frac{D}{a},\quad B=-\frac{D}{b},\quad C=-\frac{D}{c}.$$

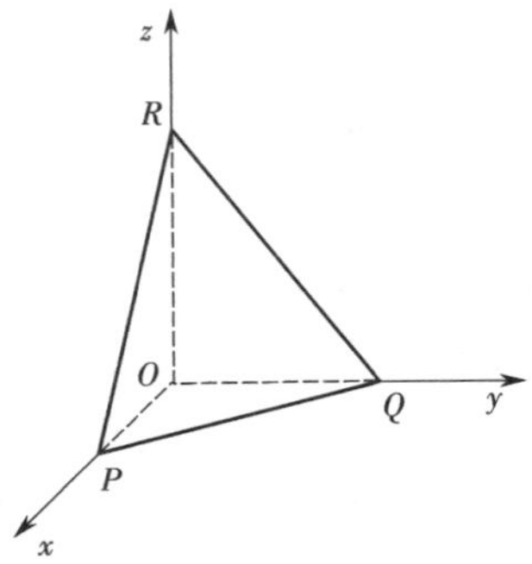

图 7-27

以此代入(2)并除以 $D(D\neq0)$，便得所求的平面方程为

$$\frac{x}{a}+\frac{y}{b}+\frac{z}{c}=1. \tag{5}$$

方程(5)叫做平面的**截距式方程**，而 a、b、c 依次叫做平面在 x、y、z 轴上的**截距**.

三、两平面的夹角

两平面法线向量的夹角(通常指锐角)称为**两平面的夹角**.

设两平面 Π_1 和 Π_2 的方程为

$$\Pi_1: A_1x+B_1y+C_1z+D_1=0,$$
$$\Pi_2: A_2x+B_2y+C_2z+D_2=0.$$

则它们的法线向量为 $\boldsymbol{n}_1=(A_1,B_1,C_1)$，$\boldsymbol{n}_2=(A_2,B_2,C_2)$，那么平面 Π_1 和 Π_2 的夹角 θ(如图 7-28)应是 $(\widehat{\boldsymbol{n}_1,\boldsymbol{n}_2})$ 和 $(\widehat{-\boldsymbol{n}_1,\boldsymbol{n}_2})=\pi-(\widehat{\boldsymbol{n}_1,\boldsymbol{n}_2})$ 两者中的锐角，因此 $\cos\theta=|\cos(\widehat{\boldsymbol{n}_1,\boldsymbol{n}_2})|$. 按两向量夹角余弦的坐标表示式，平面 Π_1 和 Π_2 的夹角 θ 余弦为

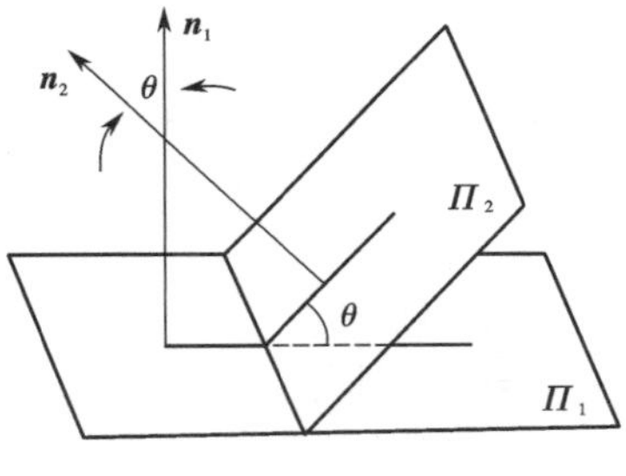

图 7-28

$$\cos\theta=\frac{|A_1A_2+B_1B_2+C_1C_2|}{\sqrt{A_1^2+B_1^2+C_1^2}\cdot\sqrt{A_2^2+B_2^2+C_2^2}}. \tag{6}$$

从两向量垂直、平行的充分必要条件立即推得下列结论：

Π_1、Π_2 互相垂直相当于 $A_1A_2+B_1B_2+C_1C_2=0$；

Π_1、Π_2 互相平行或者重合相当于 $\dfrac{A_1}{A_2}=\dfrac{B_1}{B_2}=\dfrac{C_1}{C_2}$.

例 6　(1)求两平面 $x+y+2z-7=0$ 与 $x+2y-z+3=0$ 的夹角；

(2)求平面 $2x-3y-z+3=0$ 与 xOy 平面的夹角 θ.

解　(1)根据式(6)可得两平面之间的夹角 θ 满足

$$\cos\theta=\frac{|1\times1+1\times2+2\times(-1)|}{\sqrt{1^2+1^2+2^2}\sqrt{1^2+2^2+(-1)^2}}=\frac{1}{6},$$

故

$$\theta=\arccos\frac{1}{6}.$$

(2)所给平面与 xOy 平面之间的夹角 θ_1 满足

$$\cos\theta_1=\frac{|2\times0-3\times0-1\times1|}{\sqrt{2^2+(-3)^2+(-1)^2}\sqrt{0^2+0^2+1^2}}=\frac{1}{\sqrt{14}},$$

故

$$\theta_1=\arccos\left(\frac{1}{\sqrt{14}}\right).$$

例 7　求通过原点并与两平面 $x+y-z-1=0$,$2x-y-z+4=0$ 都垂直的平面方程.

解　因所求的平面过原点,可设其方程为 $Ax+By+Cz=0$,因它与两已知平面垂直,应满足条件

$$\begin{cases}A+B-C=0,\\2A-B-C=0,\end{cases}$$

解之得 $A=\frac{2}{3}C$,$B=\frac{1}{3}C$,代入所设方程得

$$\frac{2}{3}Cx+\frac{1}{3}Cy+Cz=0,$$

化简得 $2x+y+3z=0$,即为所求的平面方程.

例 8　设 $P_0(x_0,y_0,z_0)$ 是平面 $Ax+By+Cz+D=0$ 外一点,求 P_0 到这个平面的距离(如图 7-29).

解　在平面上任取一点 $P_1(x_1,y_1,z_1)$,并作一法线向量 $\boldsymbol{n}$,由图 7-29,并考虑到$\overrightarrow{P_1P_0}$与 n 的夹角 θ 也可能是钝角,得所求距离

$$d=|\mathrm{Prj}_{\boldsymbol{n}}\overrightarrow{P_1P_0}|.$$

设 $\boldsymbol{e}_n$ 为与向量 $\boldsymbol{n}$ 方向一致的单位向量,那么有

$$\mathrm{Prj}_n\overrightarrow{P_1P_0}=\overrightarrow{P_1P_0}\cdot\boldsymbol{e}_n.$$

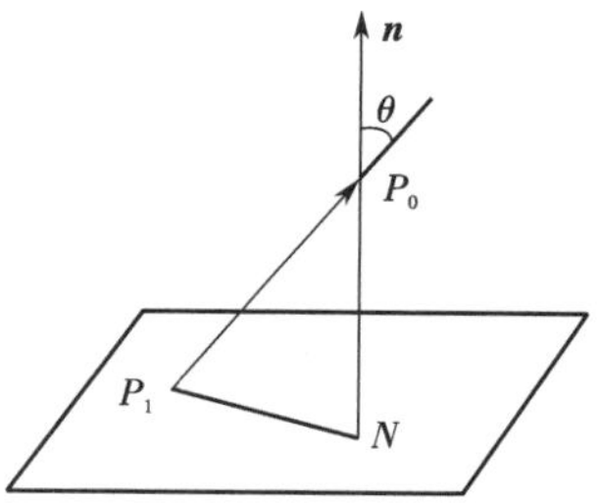

图 7-29

又

$$\boldsymbol{e}_n=\frac{1}{\sqrt{A^2+B^2+C^2}}(A,B,C),$$

$$\overrightarrow{P_1P_0}=(x_0-x_1,y_0-y_1,z_0-z_1),$$

有

$$\mathrm{Prj}_n\overrightarrow{P_1P_0}=\frac{A(x_0-x_1)+B(y_0-y_1)+C(z_0-z_1)}{\sqrt{A^2+B^2+C^2}}$$

$$= \frac{Ax_0 + By_0 + Cz_0 - (Ax_1 + By_1 + Cz_1)}{\sqrt{A^2 + B^2 + C^2}}.$$

由于

$$Ax_1 + By_1 + Cz_1 + D = 0,$$

所以

$$\text{Prj}_n \overrightarrow{P_1P_0} = \frac{Ax_0 + By_0 + Cz_0 + D}{\sqrt{A^2 + B^2 + C^2}}.$$

由此得到点 $P_0(x_0, y_0, z_0)$ 到平面 $Ax + By + Cz + D = 0$ 的距离公式

$$d = \frac{|Ax_0 + By_0 + Cz_0 + D|}{\sqrt{A^2 + B^2 + C^2}}.$$

习　题　7-3(A)

1. 求过点$(3, 0, -1)$且与平面 $3x - 7y + 5z - 12 = 0$ 平行的平面方程.
2. 求过三点$(1, 1, -1)$、$(-2, -2, 2)$和$(1, -1, 2)$的平面方程.
3. 求过点$(5, -7, 4)$且在三个坐标轴上的截距相等的平面方程.
4. 求平行于 xOz 面且经过点$(2, -5, 3)$的平面方程.
5. 求过点$(0, -1, 3)$和 y 轴的平面方程.
6. 求两平面 $2x - y + z - 7 = 0$ 与 $x + y + 2z - 11 = 0$ 的夹角.
7. 求点$(1, 2, 1)$到平面 $x + 2y + 2z - 10 = 0$ 的距离.

习　题　7-3(B)

1. 求平面 $2x - 2y + z + 5 = 0$ 与各坐标面的夹角的余弦.
2. 求三平面 $x + 3y + z = 1$，$2x - y - z = 0$，$-x + 2y + 2z = 3$ 的交点.
3. 决定参数 k 的值，使平面 $x + ky - 2z = 9$ 适合下列各条件之一：

(1)经过点$(5, -4, -6)$；

(2)与平面 $2x + 4y + 3z = 3$ 垂直；

(3)与原点相距 3 个单位.

4. 求两平行平面 $3x + 2y + 6z - 35 = 0$ 与 $6x + 4y + 12z + 11 = 0$ 之间的距离.
5. 求一个平面方程，这个平面包含所有到点 $A(1, 1, 0)$和点 $B(0, 1, 1)$的距离相等的点.

第 4 节　空间直线及其方程

一、空间直线的一般方程

空间直线 L 可以看做是两个平面 Π_1 和 Π_2 的交线(如图 7-30). 如果两个相交平面 Π_1 和 Π_2 的方程分别为 $A_1x + B_1y + C_1z + D_1 = 0$ 和 $A_2x + B_2y + C_2z + D_2 = 0$，那么直线 L 上的任一点的坐标应同时满足这两个平面方程，即应满足方程组

$$\begin{cases} A_1x + B_1y + C_1z + D_1 = 0, \\ A_2x + B_2y + C_2z + D_2 = 0. \end{cases} \tag{1}$$

反过来,如果点 M 不在直线 L 上,那么它不可能同时在平面 Π_1 和 Π_2 上,所以它的坐标不满足方程组(1). 因此,直线 L 可以用方程组(1)来表示. 方程组(1)叫做**空间直线的一般方程**.

通过空间一直线 L 的平面有无限多个,只要在这无限多个平面中任意选取两个,把它们的方程联立起来,所得的方程组就表示空间直线 L.

二、空间直线的对称式方程和参数方程

如果一个非零向量平行于一条已知直线,这个向量就叫做这条直线的**方向向量**. 显然,直线上任一向量都平行于该直线的方向向量.

我们知道,过空间一点可作且只能作一条直线平行于一已知直线,所以当直线 L 上一点 $M_0(x_0,y_0,z_0)$ 和它的一方向向量 $\boldsymbol{s}=(m,n,p)$ 为已知时,直线 L 的位置就完全确定了. 下面我们来建立该直线的方程.

设点 $M(x,y,z)$ 是直线 L 上的任一点,那么向量 $\overrightarrow{M_0M}$ 与 L 的方向向量 $\boldsymbol{s}$ 平行(如图 7-31),所以两向量的对应坐标成比例,由于 $\overrightarrow{M_0M}=(x-x_0,y-y_0,z-z_0)$, $\boldsymbol{s}=(m,n,p)$,从而有

$$\frac{x-x_0}{m}=\frac{y-y_0}{n}=\frac{z-z_0}{p}. \tag{2}$$

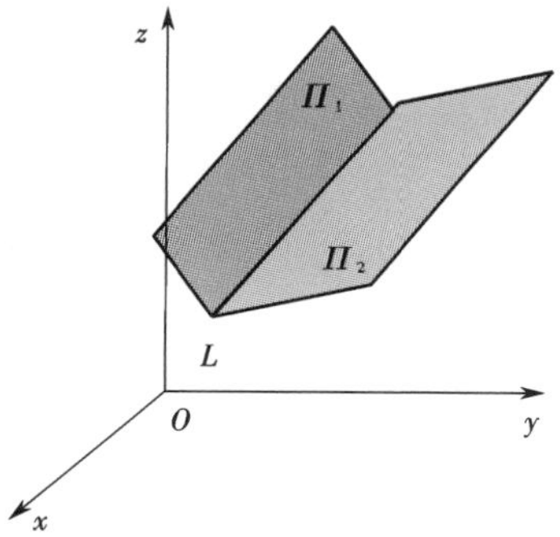

图 7-30

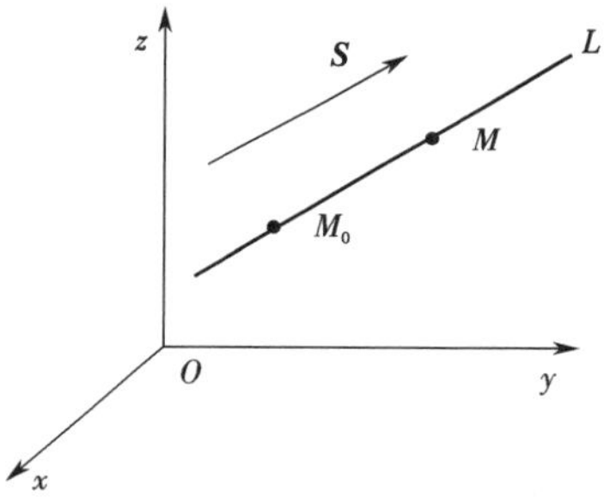

图 7-31

反过来,如果点 M 不在直线 L 上,那么由于 $\overrightarrow{M_0M}$ 与 $\boldsymbol{s}$ 不平行,这两向量的对应坐标不成比例. 因此方程组(2)就是直线 L 的方程,叫做直线的**对称式方程或点向式方程**.

注　当 m,n,p 中有一个为零,例如 $m=0$,而 $n,p\neq0$ 时,这方程组应理解为

$$\begin{cases} x-x_0=0, \\ \dfrac{y-y_0}{n}=\dfrac{z-z_0}{p}; \end{cases}$$

当 m,n,p 中有两个为零,例如 $m=n=0$,而 $p\neq0$ 时,这方程组应理解为

$$\begin{cases} x-x_0=0, \\ y-y_0=0. \end{cases}$$

直线的任一方向向量 $\boldsymbol{s}$ 的坐标 m,n,p 叫做这直线的一组**方向数**,而向量 $\boldsymbol{s}$ 的方向余弦叫做该**直线的方向余弦**.

由直线的对称式方程容易导出直线的参数方程. 如设

$$\frac{x-x_0}{m}=\frac{y-y_0}{n}=\frac{z-z_0}{p}=t,$$

那么

$$\begin{cases}x=x_0+mt,\\ y=y_0+nt,\\ z=z_0+pt.\end{cases}\tag{3}$$

方程组(3)就是**直线的参数方程**.

例 1 求通过点 $A(3,7,-2)$ 及 $B(-1,4,-2)$ 的直线的点向式方程与参数式方程.

解 取向量 $\overrightarrow{AB}=(-4,-3,0)$ 作为直线 AB 的方向向量 $\boldsymbol{s}$,取 A 为定点,则直线 AB 的点向式方程为

$$\frac{x-3}{-4}=\frac{y-7}{-3}=\frac{z+2}{0}$$

或

$$\frac{x-3}{4}=\frac{y-7}{3}=\frac{z+2}{0}.$$

这个方程组可以理解为

$$\begin{cases}\dfrac{x-3}{4}=\dfrac{y-7}{3},\\ z+2=0.\end{cases}$$

令 $\dfrac{x-3}{4}=\dfrac{y-7}{3}=t$,得直线 AB 的参数方程为

$$\begin{cases}x=3+4t,\\ y=7+3t,\\ z=-2.\end{cases}$$

例 2 将直线 L 的一般式方程

$$\begin{cases}2x-y-z+3=0,\\ 3x+4y-z-2=0\end{cases}$$

化为点向式方程和参数方程.

解 先找出 L 上的一点 (x_0,y_0,z_0),比如令 $x_0=0$,得

$$\begin{cases}y+z=3,\\ 4y-z=2,\end{cases}$$

解之得 $y_0=1,z_0=2$,即得点 $(0,1,2)$ 在 L 上.

其次,找出 L 的方向向量 $\boldsymbol{s}$,由于两平面的交线与这两个平面的法线向量 $\boldsymbol{n}_1=(2,-1,-1)$, $\boldsymbol{n}_2=(3,4,-1)$ 都垂直,所以可取

$$\boldsymbol{s}=\boldsymbol{n}_1\times\boldsymbol{n}_2=\begin{vmatrix}\boldsymbol{i}&\boldsymbol{j}&\boldsymbol{k}\\ 2&-1&-1\\ 3&4&-1\end{vmatrix}=5\boldsymbol{i}-\boldsymbol{j}+11\boldsymbol{k}.$$

因此直线 L 的点向式方程是

$$\frac{x}{5}=\frac{y-1}{-1}=\frac{z-2}{11}.$$

参数方程是

$$\begin{cases} x=5t, \\ y=1-t, \\ z=2+11t. \end{cases}$$

三、两直线的夹角

两直线的方向向量的夹角(通常指锐角)叫做**两直线的夹角**.

设直线 L_1 和 L_2 的方向向量依次为 $\boldsymbol{s}_1=(m_1,n_1,p_1)$ 和 $\boldsymbol{s}_2=(m_2,n_2,p_2)$，那么直线 L_1 和 L_2 的夹角 φ 应是 $(\widehat{\boldsymbol{s}_1,\boldsymbol{s}_2})$ 和 $(\widehat{-\boldsymbol{s}_1,\boldsymbol{s}_2})=\pi-(\widehat{\boldsymbol{s}_1,\boldsymbol{s}_2})$ 两者中的锐角，因此

$$\cos\varphi=|\cos(\widehat{\boldsymbol{s}_1,\boldsymbol{s}_2})|.$$

按两向量的夹角的余弦公式，直线 L_1 和 L_2 的夹角 φ 可由

$$\cos\varphi=\frac{|m_1m_2+n_1n_2+p_1p_2|}{\sqrt{m_1^2+n_1^2+p_1^2}\cdot\sqrt{m_2^2+n_2^2+p_2^2}} \tag{4}$$

来确定.

从两向量垂直、平行的充分必要条件立即推得下列结论：

两直线 L_1、L_2 互相垂直相当于 $m_1m_2+n_1n_2+p_1p_2=0$；

两直线 L_1、L_2 互相平行或者重合相当于 $\dfrac{m_1}{m_2}=\dfrac{n_1}{n_2}=\dfrac{p_1}{p_2}$.

例 3　求直线 $L_1:\dfrac{x-1}{1}=\dfrac{y}{-4}=\dfrac{z+3}{1}$ 和 $L_2:\dfrac{x}{2}=\dfrac{y+2}{-2}=\dfrac{z}{-1}$ 的夹角.

解　直线 L_1 的方向向量为 $\boldsymbol{s}_1=(1,-4,1)$，直线 L_2 的方向向量为 $\boldsymbol{s}_2=(2,-2,-1)$，设直线 L_1 和 L_2 的夹角为 φ，那么由公式(4)有

$$\cos\varphi=\frac{|1\times2+(-4)\times(-2)+1\times(-1)|}{\sqrt{1^2+(-4)^2+1^2}\cdot\sqrt{2^2+(-2)^2+(-1)^2}}=\frac{1}{\sqrt{2}},$$

所以 $\varphi=\dfrac{\pi}{4}$.

四、直线与平面的夹角

当直线与平面不垂直时，直线和它在平面上的投影直线的夹角 $\varphi\left(0\leqslant\varphi<\dfrac{\pi}{2}\right)$ 称为**直线与平面的夹角**(如图 7-32)，当直线与平面垂直时，规定直线与平面的夹角为 $\dfrac{\pi}{2}$.

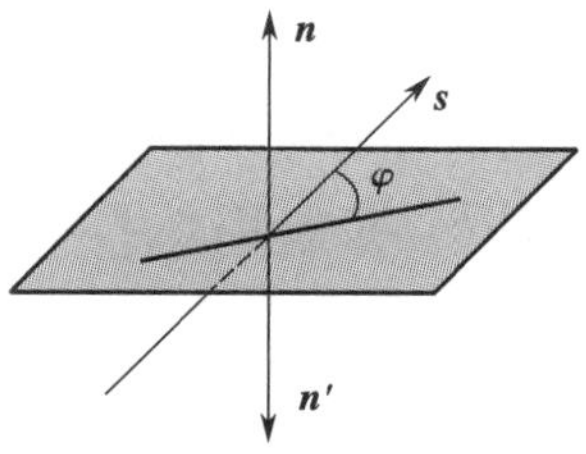

图 7-32

设直线的方向向量为 $\boldsymbol{s}=(m,n,p)$，平面的法线向量为 $\boldsymbol{n}=(A,B,C)$，直线与平面的夹角为 φ，那么 $\varphi=\left|\dfrac{\pi}{2}-(\widehat{\boldsymbol{s},\boldsymbol{n}})\right|$，因此 $\sin\varphi=|\cos(\widehat{\boldsymbol{s},\boldsymbol{n}})|$. 按两向量夹角余弦的坐标表示式，有

$$\sin\varphi=\frac{|Am+Bn+Cp|}{\sqrt{A^2+B^2+C^2}\cdot\sqrt{m^2+n^2+p^2}}.$$

因为直线与平面垂直相当于直线的方向向量与平面的法线向量平行，所以有

$$\frac{A}{m}=\frac{B}{n}=\frac{C}{p};$$

直线与平面平行或直线在平面上相当于直线的方向向量与平面的法线向量垂直，所以有

$$Am+Bn+Cp=0.$$

例 4 求过点$(1,-2,4)$且与平面$2x-3y+z-4=0$垂直的直线的方程.

解 因为所求直线垂直于已知平面，所以可以取已知平面的法线向量$(2,-3,1)$作为所求直线的方向向量，由此可得所求直线的方程为

$$\frac{x-1}{2}=\frac{y+2}{-3}=\frac{x-4}{1}.$$

例 5 求直线$\frac{x-2}{1}=\frac{y-3}{1}=\frac{z-4}{2}$与平面$2x+y+z-6=0$的交点.

解 所给直线的参数方程为

$$x=2+t,y=3+t,z=4+2t,$$

代入平面方程中，得

$$2(2+t)+(3+t)+(4+2t)-6=0.$$

解上述方程，得$t=-1$. 将求得的t值代入直线的参数方程中，即得所求交点的坐标为

$$x=1,y=2,z=2.$$

例 6 求点$P(-2,3,2)$在平面$x-2y-z+4=0$上的投影.

解 先求过点P与所给平面垂直的直线；再计算这条垂线与平面的交点即可. 与所给平面垂直的直线L的方向向量$\boldsymbol{s}$可取成该平面的法线向量$\boldsymbol{n}$，即$\boldsymbol{s}=(1,-2,-1)$，此垂线过点$P(-2,3,2)$，其方程为

$$\frac{x+2}{1}=\frac{y-3}{-2}=\frac{z-2}{-1},$$

化为一般式后与方程$x-2y-z+4=0$联立，可得

$$\begin{cases}x+z=0,\\-2z+y=-1,\\x-2y-z=-4,\end{cases}$$

解之得$x=-1,y=1,z=1$，即垂线与所给平面的交点P'的坐标为$(-1,1,1)$. $P'(-1,1,1)$就是点P在所给平面内的投影.

例 7 求点$M(2,3,1)$到直线

$$L:\begin{cases}x=t-7,\\y=2t-2,\\z=3t-2\end{cases}$$

的距离.

解 过点M作直线L的垂直平面Π，则垂足M'就是点M在直线L上的投影. 因此，$|MM'|$就是点M到直线L的距离.

已知直线L的方向向量$\boldsymbol{s}=(1,2,3)$，也是直线L的垂直平面Π的法线向量$\boldsymbol{n}$，因此，垂

直平面 Π 的方程为

$$(x-2)+2(y-3)+3(z-1)=0,$$

即

$$x+2y+3z-11=0.$$

将直线 L 的参数式方程代入平面 Π 的方程中，得

$$(t-7)+2(2t-2)+3(3t-2)-11=0,$$

解出 $t=2$，在直线 L 上与 $t=2$ 对应点 $M'(-5,2,4)$ 就是点 M 在直线 L 上的投影点，于是，点 M 到直线 L 的距离为

$$d=|\overrightarrow{MM'}|=\sqrt{(2+5)^2+(3-2)^2+(1-4)^2}=\sqrt{59}.$$

习　题　7-4(A)

1. 求过点 $(4,-1,3)$ 且平行于直线 $\frac{x-3}{2}=\frac{y}{1}=\frac{z-1}{5}$ 的直线方程.

2. 求过两点 $M_1(3,-2,1)$ 和 $M_2(-1,0,2)$ 的直线方程.

3. 求过点 $(2,-3,4)$ 且与平面 $3x-y+2z+4=0$ 垂直的直线方程.

4. 求过点 $(3,5,8)$ 且和 z 轴平行的直线方程.

5. 用对称式方程及参数方程表示直线

$$\begin{cases}x-y+z=1,\\2x+y+z-4=0.\end{cases}$$

6. 求直线 $\frac{x+1}{2}=\frac{y-1}{3}=\frac{z-3}{6}$ 与平面 $2x+2y-z+15=0$ 的夹角.

7. 试确定下列各组中的直线和平面间的关系：

(1) $\frac{x+3}{-2}=\frac{y+4}{-7}=\frac{z}{3}$ 和 $4x-2y-2z=3$；

(2) $\frac{x}{3}=\frac{y}{-2}=\frac{z}{7}$ 和 $3x-2y+7z=8$；

(3) $\frac{x-2}{3}=\frac{y+2}{1}=\frac{z-3}{-4}$ 和 $x+y+z=3$.

习　题　7-4(B)

1. 求过点 $(1,1,1)$ 垂直于直线 $\begin{cases}x-y+z-7=0,\\3x+2y-12z+5=0\end{cases}$ 的平面方程 .

2. 求直线 $\begin{cases}x+y+3z=0,\\x-y-z=0\end{cases}$ 和平面 $x-y-z+1=0$ 间的夹角 .

3. 求点 $P(1,-4,3)$ 在平面 $x+5y-2z-5=0$ 上的投影.

4. 求点 $P(-3,4,0)$ 在直线 $\frac{x-4}{0}=\frac{y+1}{2}=\frac{z-5}{-1}$ 上的投影.

5. 求直线 $\begin{cases}2x-4y+z=0,\\3x-y-2z-9=0\end{cases}$ 在平面 $4x-y+z-1=0$ 上的投影直线的方程.

6. 证明直线 $l_1:\begin{cases}x-z-1=0,\\y-2z+1=0\end{cases}$ 与 $l_2:\begin{cases}x-z-1=0,\\y-2z+3=0\end{cases}$ 平行,并求其间的距离.

7. 求点 $P(3,-1,2)$ 到直线 $\begin{cases}x+y-z+1=0,\\2x-y+z-4=0\end{cases}$ 的距离.

第 5 节　曲面及其方程

一、曲面方程的概念

如果曲面 S 与三元方程

$$F(x,y,z)=0 \tag{1}$$

有下述关系:

(1)曲面 S 上任一点的坐标满足方程(1);

(2)不在曲面 S 上的点的坐标不满足方程(1).

那么,方程(1)就叫做**曲面 S 的方程**,曲面 S 就叫做**方程(1)的图形**(如图 7-33).

在空间解析几何中,关于曲面的研究有下列两个基本问题:

(1)已知一曲面作为点的轨迹时,建立这曲面的方程;

(2)已知坐标 x、y 和 z 之间的一个方程时,研究这方程所表示的曲面的形状.

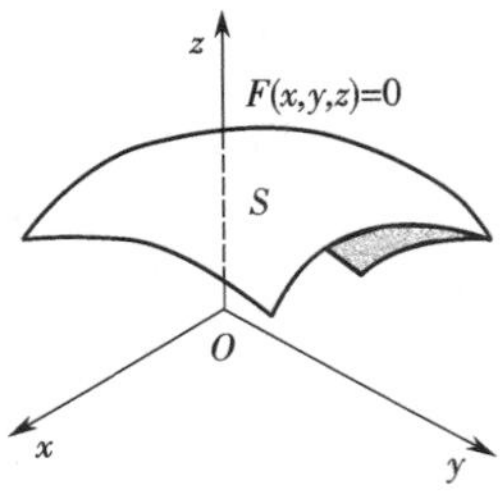

图 7-33

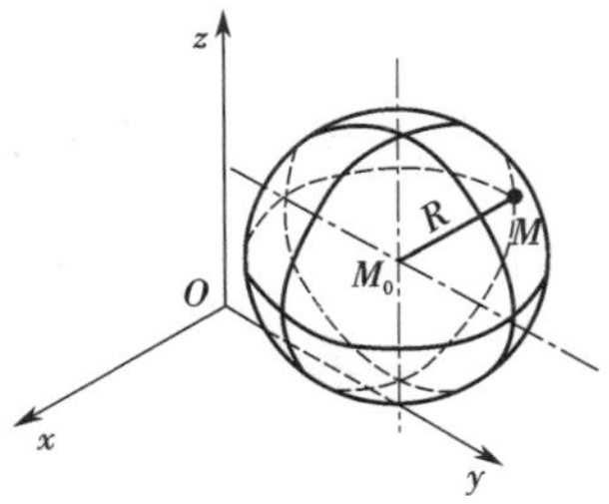

图 7-34

例 1　建立球心在点 $M_0(x_0,y_0,z_0)$、半径为 R 的球面的方程.

解　设 $M(x,y,z)$ 是球面上的任一点(如图 7-34),那么

$$|M_0M|=R.$$

由于

$$|M_0M|=\sqrt{(x-x_0)^2+(y-y_0)^2+(z-z_0)^2},$$

所以

$$\sqrt{(x-x_0)^2+(y-y_0)^2+(z-z_0)^2}=R,$$

或

$$(x-x_0)^2+(y-y_0)^2+(z-z_0)^2=R^2. \tag{2}$$

这就是球面上的点的坐标所满足的方程,而不在球面上的点的坐标都不满足这个方程,所以方程(2)就是以点 $M_0(x_0,y_0,z_0)$ 为球心、R 为半径的球面方程.

例 2　方程 $x^2+y^2+z^2-2x+4y=0$ 表示怎样的曲面?

解　原方程配方，得

$$(x-1)^2+(y+2)^2+z^2=5,$$

它表示球心在点 $M_0(1,-2,0)$、半径为 $R=\sqrt{5}$ 的球面.

下面针对基本问题(1)、(2)来讨论几类曲面.

二、旋转曲面

以一条平面曲线绕该平面上的一条定直线旋转一周所成的曲面叫做**旋转曲面**，旋转曲线和定直线依次叫做旋转曲面的**母线**和**轴**.

设在 yOz 坐标面上有一已知曲线 C，它的方程为

$$f(y,z)=0.$$

把这曲线绕 z 轴旋转一周，就得到一个以 z 轴为轴的旋转曲面(如图 7-35). 它的方程可以求得如下.

设 $M_1(0,y_1,z_1)$ 为曲线 C 上的任一点，那么有

$$f(y_1,z_1)=0. \tag{3}$$

当曲线 C 绕 z 轴旋转时，点 M_1 绕转到另一点 $M(x,y,z)$，这时 $z=z_1$ 保持不变，且点 M 到 z 轴的距离

$$d=\sqrt{x^2+y^2}=|y_1|.$$

将 $z=z_1,y_1=\pm\sqrt{x^2+y^2}$ 代入式(3)，就有

$$f(\pm\sqrt{x^2+y^2},z)=0,$$

这就是所求旋转曲面的方程.

由此可知，在曲线 C 的方程 $f(y,z)=0$ 中将 y 改成 $\pm\sqrt{x^2+y^2}$，便得曲线 C 绕 z 轴旋转所成的旋转曲面的方程.

同理，曲线 C 绕 y 轴所成的旋转曲面的方程为 $f(y,\pm\sqrt{x^2+z^2})=0$.

例 3　直线 L 绕另一条与 L 相交的直线旋转一周，所得旋转曲面叫做**圆锥面**. 两直线的交点叫做**圆锥面的顶点**，两直线的夹角 $\alpha\left(0<\alpha<\frac{\pi}{2}\right)$ 叫做**圆锥面的半顶角**. 试建立顶点在坐标原点 O，旋转轴为 z 轴，半顶角为 α 的圆锥面(如图 7-36)的方程.

解　在 yOz 面上，直线 L 的方程为

$$z=y\cot\alpha, \tag{4}$$

因为旋转轴为 z 轴，所以只要将方程(4)中的 y 改成 $\pm\sqrt{x^2+y^2}$，得

$$z=\pm\sqrt{x^2+y^2}\cot\alpha$$

或

$$z^2=a^2(x^2+y^2), \tag{5}$$

其中 $a=\cot\alpha$.

显然，圆锥面上任一点 M 的坐标一定满足方程(5). 如果点 M 不在圆锥面上，那么直线 OM 与 z 轴的夹角就不等于 α，于是点 M 的坐标就不满足方程(5).

例 4　将 xOz 坐标面上的双曲线

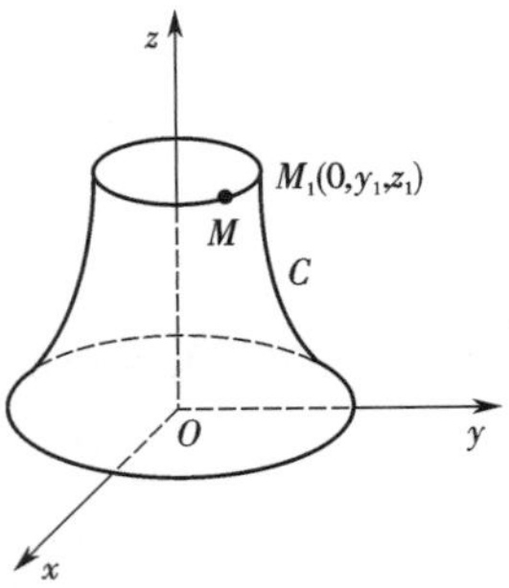

图 7-35

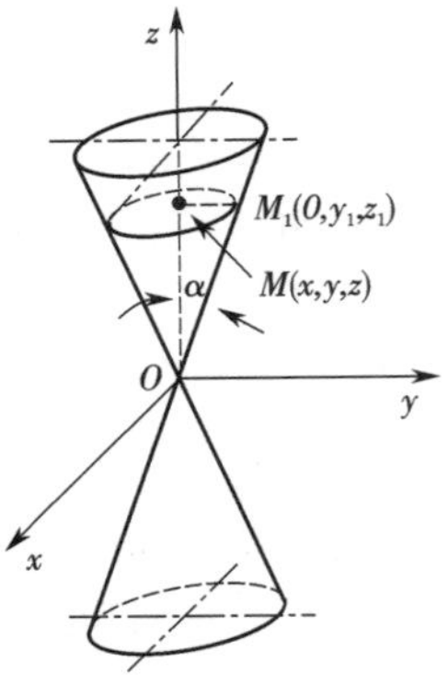

图 7-36

$$\frac{x^2}{a^2}-\frac{z^2}{c^2}=1$$

分别绕 z 轴和 x 轴旋转一周,求所生成的旋转曲面的方程.

解 绕 z 轴旋转所生成的旋转曲面叫做**旋转单叶双曲面**(如图 7-37),它的方程为

$$\frac{x^2+y^2}{a^2}-\frac{z^2}{c^2}=1.$$

绕 x 轴旋转所生成的旋转曲面叫做**旋转双叶双曲面**(如图 7-38),它的方程为

$$\frac{x^2}{a^2}-\frac{y^2+z^2}{c^2}=1.$$

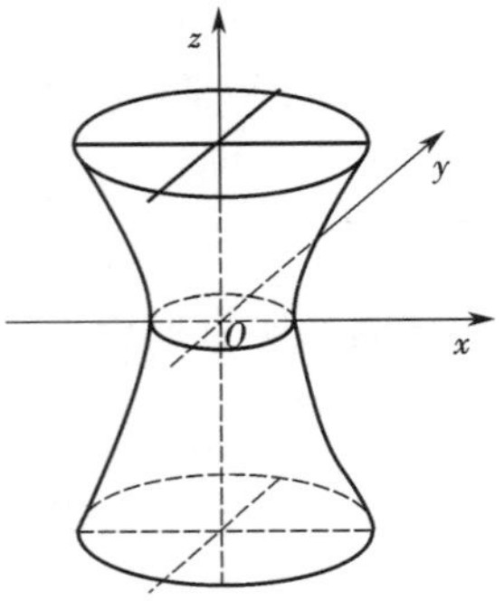

图 7-37

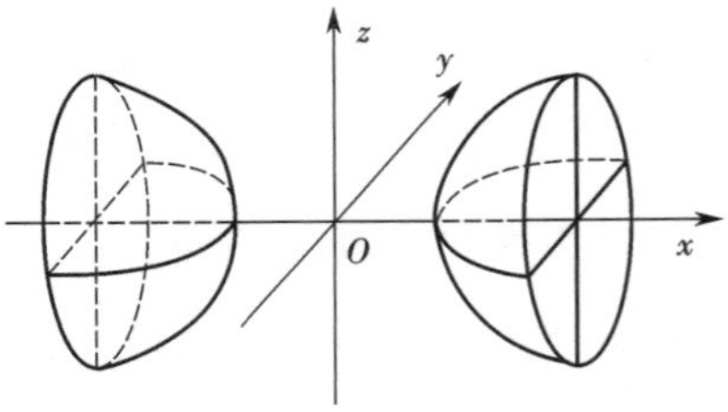

图 7-38

三、柱面

我们先来分析一个具体的例子.

例 5 方程 $x^2+y^2=R^2$ 表示怎样的曲面?

解 方程 $x^2+y^2=R^2$ 在 xOy 面上表示圆心在原点 O、半径为 R 的圆. 在空间直角坐标系中,这方程不含竖坐标 z,即不论空间点的竖坐标 z 怎样,只要它的横坐标 x 和纵坐标 y 能满足这方程,那么这些点就在这曲面上. 这就是说,凡是通过 xOy 面内圆 $x^2+y^2=R^2$ 上的一点 $M(x,y,0)$,且平行于 z 轴的直线 l 都在这曲面上,因此,这曲面可以看做是由平行于 z 轴

的直线 l 沿着 xOy 面上的圆 $x^2+y^2=R^2$ 移动而形成的. 该曲面叫做**圆柱面**(如图 7-39),xOy 面上的圆 $x^2+y^2=R^2$ 叫做它的准线,平行于 z 轴的直线 l 叫做它的母线.

一条直线沿着一条固定曲线 C 平行移动所产生的曲面称为**柱面**. 动直线 L 称为**柱面的母线**,定曲线 C 称为**柱面的准线**.

注　在平面解析几何中,xOy 坐标面上的一条曲线 C 可以用方程 $F(x,y)=0$ 表示. 但在空间解析几何中,因为曲线 C 在 xOy 面上每一点的竖坐标 $z=0$,所以曲线 C 应表示为

$$\begin{cases}F(x,y)=0,\\ z=0.\end{cases}$$

上面我们看到,不含 z 的方程 $x^2+y^2=R^2$ 在空间直角坐标系中表示圆柱面,它的母线平行于 z 轴,它的准线是 xOy 面上的圆 $x^2+y^2=R^2$.

类似地,方程 $y^2=2x$ 表示母线平行于 z 轴的柱面,它的准线是 xOy 面上的抛物线 $y^2=2x$,该柱面叫做抛物柱面(如图 7-40).

又如,方程 $x-y=0$ 表示母线平行于 z 轴的柱面,其准线是 xOy 面上的直线 $x-y=0$,所以它是过 z 轴的平面(如图 7-41).

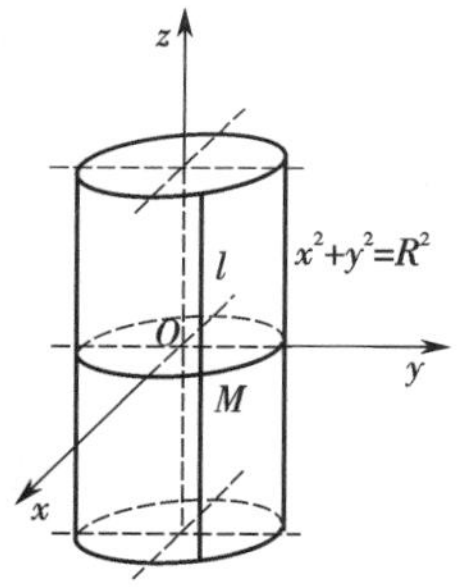

图 7-39

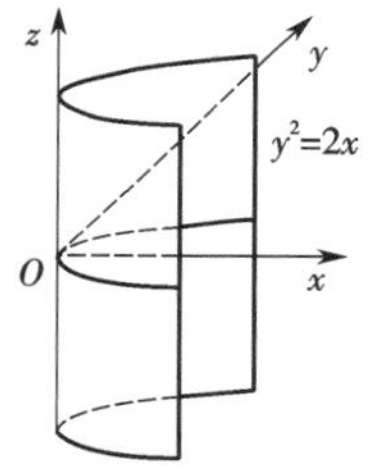

图 7-40

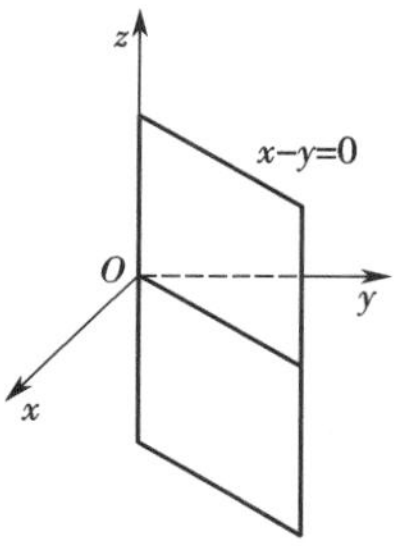

图 7-41

一般的,只含 x、y 而缺 z 的方程 $F(x,y)=0$ 在空间直角坐标系中表示母线平行于 z 轴的柱面,其准线是 xOy 面上的曲线 $C:F(x,y)=0$(如图 7-42).

类似可知,只含 y、z 而缺 x 的方程 $G(y,z)=0$ 与只含 x、z 而缺 y 的方程 $H(z,x)=0$ 分别表示母线平行于 x 轴和 y 轴的柱面,准线分别为 yOz 面上的曲线 $G(y,z)=0$ 和 zOx 面上的曲线 $H(z,x)=0$.

例如,方程 $x-z=0$ 表示母线平行于 y 轴的柱面,其准线是 zOx 面上的直线 $x-z=0$,所以它是过 y 轴的平面(如图 7-43).

四、二次曲面

与平面解析几何中规定的二次曲线相类似,我们把三元二次方程 $F(x,y,z)=0$ 所表示的曲面称为**二次曲面**,而把平面称为**一次曲面**.

二次曲面有 9 种,适当选取空间直角坐标系,可得它们的标准方程. 下面就 9 种二次曲面的标准方程来讨论二次曲面的形状.

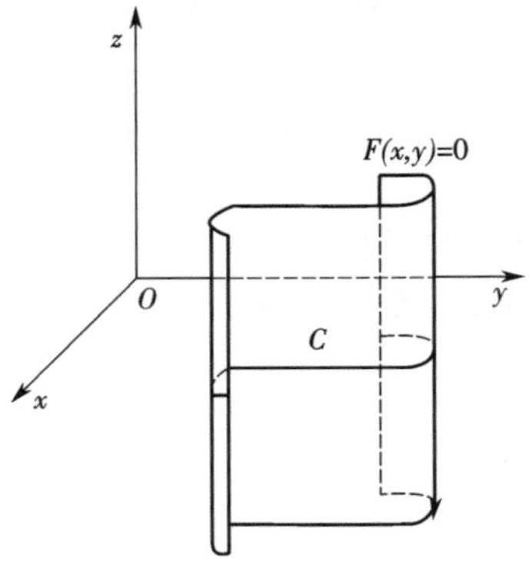

图 7-42

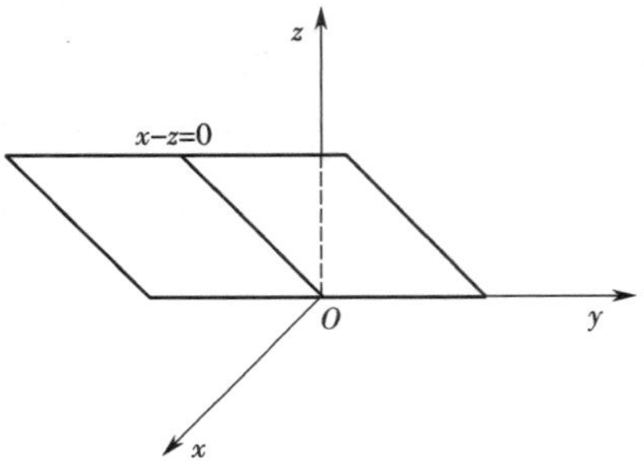

图 7-43

1. 椭圆锥面

其方程为

$$\frac{x^2}{a^2}+\frac{y^2}{b^2}=z^2. \tag{6}$$

以垂直于 z 轴的平面 $z=t$ 截此曲面，当 $t=0$ 时得一点 $(0,0,0)$；当 $t\neq0$ 时，得平面 $z=t$ 上的椭圆

$$\frac{x^2}{(at)^2}+\frac{y^2}{(bt)^2}=1.$$

当 t 变化时，上式表示一族长短轴比例不变的椭圆，当 $|t|$ 从大到小变为 0 时，这族椭圆从大到小并缩为一点. 综合上述讨论，可得椭圆锥面(6)的形状如图 7-44 所示.

平面 $z=t$ 与曲面 $F(x,y,z)=0$ 的交线称为**截痕**. 通过综合截痕的变化来了解曲面形状的方法称为**截痕法**.

我们还可以用伸缩法来得出椭圆锥面(1)的形状.

先说明 xOy 平面上的图形伸缩变形的方法. 在 xOy 平面上，把点 $M(x,y)$ 变为点 $M'(x,\lambda y)$，从而把点 M 的轨迹 C 变为点 M' 的轨迹 C'，称为把图形 C 沿 y 轴方向伸缩 λ 倍变成图形 C'. 假如 C 为曲线 $F(x,y)=0$，点 $M(x_1,y_1)\in C$，点 M 变为点 $M'(x_2,y_2)$，其中 $x_2=x_1$，$y_2=\lambda y_1$，即 $x_1=x_2$，$y_1=\frac{1}{\lambda}y_2$，因为点 $M\in C$，有 $F(x_1,y_1)=0$，故 $F(x_2,\frac{1}{\lambda}y_2)=0$，因此点 $M'(x_2,y_2)$ 的轨迹 C' 的方程为 $F(x,\frac{1}{\lambda}y)=0$. 例如把圆 $x^2+y^2=a^2$ 沿 y 轴方向伸缩 $\frac{b}{a}$ 倍，就变为椭圆 $\frac{x^2}{a^2}+\frac{y^2}{b^2}=1$（如图 7-45）.

类似地，把空间图形沿 y 轴方向伸缩 $\frac{b}{a}$ 倍，那么圆锥面 $\frac{x^2+y^2}{a^2}=z^2$（图 7-36）即变为椭圆锥面 $\frac{x^2}{a^2}+\frac{y^2}{b^2}=z^2$（如图 7-44）.

利用圆锥面（旋转曲面）的伸缩变形来得出椭圆锥面的形状，这种方法是研究曲面形状的一种较方便的方法.

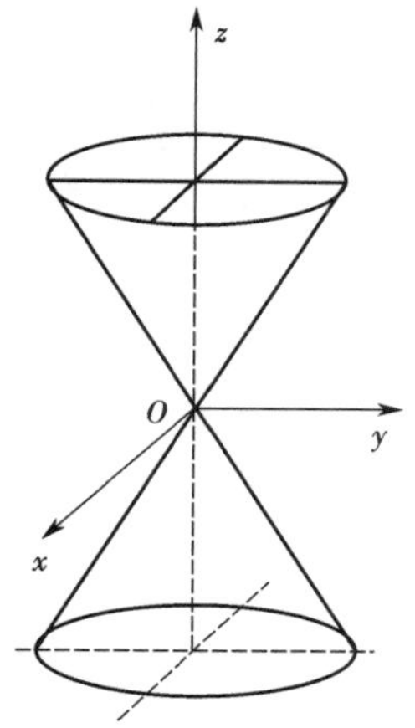

图7-44

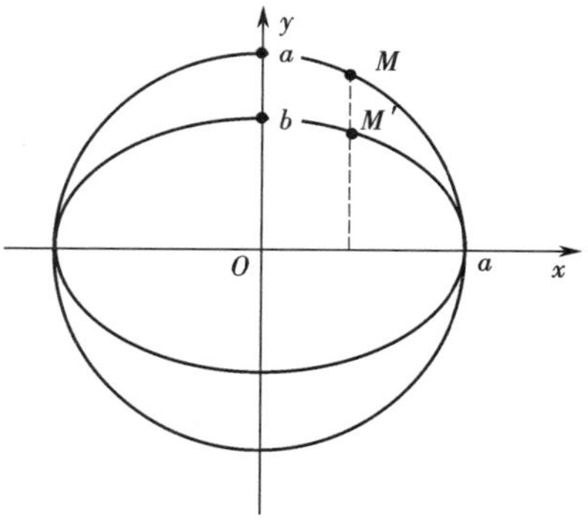

图7-45

2. 椭球面

其方程为

$$\frac{x^2}{a^2}+\frac{y^2}{b^2}+\frac{z^2}{c^2}=1.$$

在 xOz 面上的椭圆$\frac{x^2}{a^2}+\frac{z^2}{c^2}=1$ 绕 z 轴旋转,所得曲面称为旋转椭球面,其方程为

$$\frac{x^2+y^2}{a^2}+\frac{z^2}{c^2}=1.$$

再把旋转椭球面沿 y 轴方向伸缩$\frac{b}{a}$倍,便得椭球面$\frac{x^2}{a^2}+\frac{y^2}{b^2}+\frac{z^2}{c^2}=1$ 的形状,如图 7-46 所示.

当 $a=b=c$ 时,椭球面$\frac{x^2}{a^2}+\frac{y^2}{b^2}+\frac{z^2}{c^2}=1$ 成为 $x^2+y^2+z^2=a^2$,这是球心在原点、半径为 a 的球面. 显然,球面是旋转椭球面的特殊情形,旋转椭球面是椭球面的特殊情形. 把球面 $x^2+y^2+z^2=a^2$ 沿 z 轴方向伸缩$\frac{c}{a}$倍,即得旋转椭球面$\frac{x^2+y^2}{a^2}+\frac{z^2}{c^2}=1$;再沿 y 轴方向伸缩$\frac{b}{a}$倍,即得椭球面$\frac{x^2}{a^2}+\frac{y^2}{b^2}+\frac{z^2}{c^2}=1$.

3. 单叶双曲面

其方程为

$$\frac{x^2}{a^2}+\frac{y^2}{b^2}-\frac{z^2}{c^2}=1.$$

在 xOz 面上的双曲线$\frac{x^2}{a^2}-\frac{z^2}{c^2}=1$ 绕 z 轴旋转,得旋转单叶双曲面$\frac{x^2+y^2}{a^2}-\frac{z^2}{c^2}=1$(如图 7-37).

把此旋转曲面沿 y 轴方向伸缩$\frac{b}{a}$倍,即得单叶双曲面$\frac{x^2}{a^2}+\frac{y^2}{b^2}-\frac{z^2}{c^2}=1$.

4. 双叶双曲面

其方程为

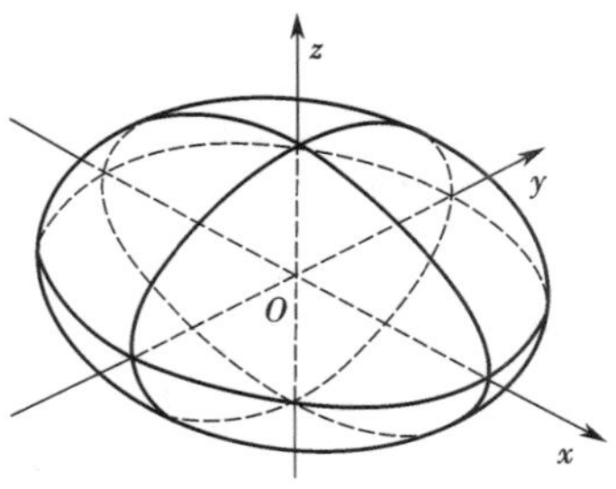

图 7-46

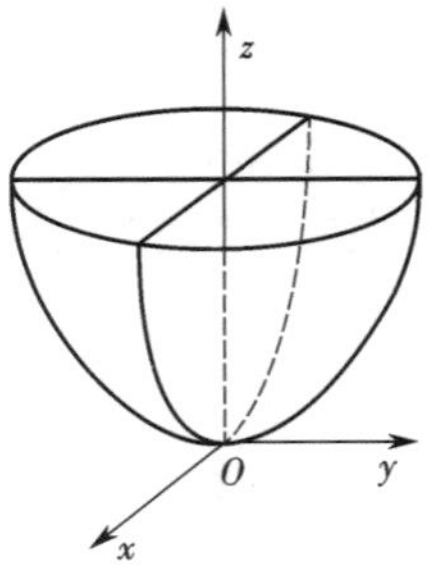

图 7-47

$$\frac{x^2}{a^2}-\frac{y^2}{b^2}-\frac{z^2}{c^2}=1.$$

把 xOz 面上的双曲线$\frac{x^2}{a^2}-\frac{z^2}{c^2}=1$ 绕 x 轴旋转，得旋转双叶双曲面$\frac{x^2}{a^2}-\frac{y^2+z^2}{c^2}=1$（如图 7-38），把此旋转曲面沿 y 轴方向伸缩$\frac{b}{c}$倍，便得双叶双曲面$\frac{x^2}{a^2}-\frac{y^2}{b^2}-\frac{z^2}{c^2}=1$.

5. 椭圆抛物面

其方程为

$$\frac{x^2}{a^2}+\frac{y^2}{b^2}=z$$

把 xOz 面上的抛物线$\frac{x^2}{a^2}=z$ 绕 z 轴旋转，所得曲面$\frac{x^2+y^2}{a^2}=z$ 叫做**旋转抛物面**，如图 7-47 所示，把此旋转曲面沿 y 轴方向伸缩$\frac{b}{a}$倍，即得椭圆抛物面$\frac{x^2}{a^2}+\frac{y^2}{b^2}=z$.

6. 双曲抛物面

其方程为

$$\frac{x^2}{a^2}-\frac{y^2}{b^2}=z$$

双曲抛物面又称**马鞍面**，我们用截痕法来讨论它的形状.

用平面 $x=t$ 截此曲面，所得截痕 l 为平面 $x=t$ 上的抛物线

$$-\frac{y^2}{b^2}=z-\frac{t^2}{a^2}.$$

此抛物线开口朝下，其顶点坐标为

$$x=t,\ \ y=0,\ \ z=\frac{t^2}{a^2}.$$

当 t 变化时，l 的形状不变，位置只做平移，而 l 的顶点的轨迹 L 为平面 $y=0$ 上的抛物线

$$z=\frac{x^2}{a^2}.$$

因此，以 l 为母线，L 为准线，母线 l 的顶点在准线 L 上滑动，且母线做平行移动，这样得到的曲面便是双曲抛物面，如图 7-48 所示.

还有 3 种二次曲面是以 3 种二次曲线为准线的柱面

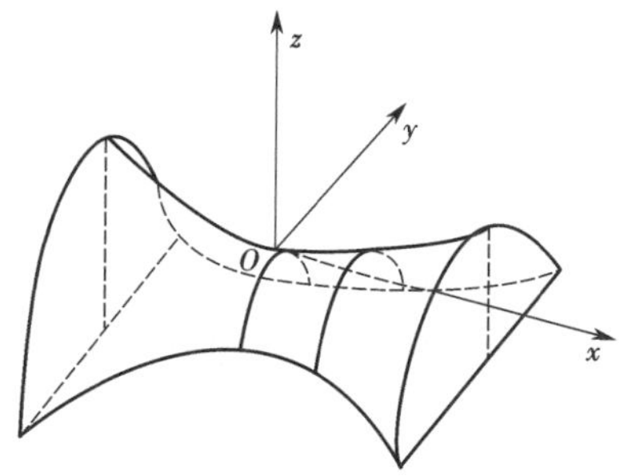

图 7-48

$$\frac{x^2}{a^2}+\frac{y^2}{b^2}=1, \quad \frac{x^2}{a^2}-\frac{y^2}{b^2}=1, \quad x^2=ay$$

依次称为**椭圆柱面、双曲柱面、抛物柱面**. 柱面的形状在本节三、柱面中已经讨论过,这里不再赘述.

习　题　7-5(A)

1. 求球心在点 $C(-1,-3,2)$,且经过点 $M(1,-1,1)$ 的球面方程.

2. 方程 $x^2+y^2+z^2-2x+4y+2z=0$ 表示什么曲面?

3. 指出下列方程在平面解析几何和空间解析几何中分别表示什么图形:

(1) $x=2$; (2) $y=x+1$; (3) $x^2+y^2=1$; (4) $y^2-z=0$.

4. 将 xOz 坐标面上的抛物线 $z^2=5x$ 绕 x 轴旋转一周,求所生成的旋转曲面的方程.

5. 将 xOy 坐标面上的双曲线 $4x^2-9y^2=36$ 分别绕 x 轴及 y 轴旋转一周,求所生成的旋转曲面的方程.

6. 求下列柱面方程:

(1) 以 $\begin{cases} x^2=2z, \\ y=0 \end{cases}$ 为准线,母线平行于 y 轴;

(2) 以 $\begin{cases} \dfrac{x^2}{4}+\dfrac{y^2}{9}-z^2=1, \\ x=2 \end{cases}$ 为准线,母线平行于 x 轴;

7. 判断下列方程表示什么曲面,并画出其图形:

(1) $z=1$;

(2) $z^2=x^2+y^2$;

(3) $z=x^2+y^2$;

(4) $z=\sqrt{4-x^2-y^2}$;

(5) $x^2+y^2=3-z$;

(6) $z=\sqrt{x^2+y^2}$;

(7) $x^2+y^2=4$;

(8) $x+y+z=1$;

(9) $x^2+y^2+z^2=1$.

习 题 7-5(B)

1. 求球面过点 $A(1,5,-3)$，$B(-3,0,0)$，且球心在直线 $\begin{cases}3x-y-3z=0,\\ x+2y-4=0\end{cases}$ 上的球面方程.

2. 试求以 $\begin{cases}x^2+y^2+z^2=1,\\ x+y+z=0\end{cases}$ 为准线，母线平行于直线 $x=y=z$ 的柱面方程.

3. 判断下列方程表示什么曲面，并画出其图形：

(1) $\dfrac{x^2}{4}+\dfrac{y^2}{9}+z^2=1$；　　(2) $z=3(x^2+y^2)$；

(3) $16x^2+4y^2-z^2=64$；　　(4) $\dfrac{x^2+y^2}{4}-z^2=0$.

4. 说明下列旋转曲面是怎样形成的：

(1) $\dfrac{x^2}{4}+\dfrac{y^2}{9}+\dfrac{z^2}{9}=1$；　　(2) $x^2-\dfrac{y^2}{4}+z^2=1$；

(3) $x^2-y^2-z^2=1$；　　(4) $(z-a)^2=x^2+y^2$.

第 6 节　空间曲线及其方程

一、空间曲线的一般方程

空间曲线可以看做两个曲面的交线. 设

$$F(x,y,z)=0 \text{ 和 } G(x,y,z)=0$$

是两个曲面的方程，它们的交线为 C（如图 7-49）. 因为曲线 C 上的任何点的坐标应同时满足这两个曲面的方程，所以应满足方程组

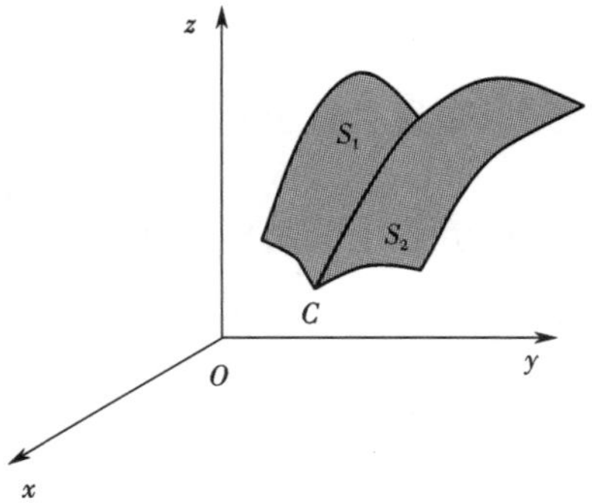

图 7-49

$$\begin{cases}F(x,y,z)=0,\\ G(x,y,z)=0.\end{cases} \tag{1}$$

反过来，如果点 M 不在曲线 C 上，那么它不可能同时在两个曲面上，所以它的坐标不满足方程组(1). 因此，曲线 C 可以用方程组(1)来表示. 方程组(1)叫做空间曲线 C 的一般方

程.

例 1　方程组

$$\begin{cases}x^2+y^2+z^2=8,\\ z=2,\end{cases}$$

表示什么曲线?

解　所给的方程组表示以原点为球心,半径为 $2\sqrt{2}$ 的球面被平面 $z=2$ 所截的截口曲线,这一曲线是圆

$$\begin{cases}x^2+y^2=4,\\ z=2.\end{cases}$$

又可以理解为,中心轴为 z 轴的圆柱面 $x^2+y^2=4$ 被平面 $z=2$ 所截的截口曲线.

二、空间曲线的参数方程

空间曲线 C 的方程除了一般方程之外,也可以用参数形式表示,只要将 C 上动点的坐标 x、y、z 表示为参数 t 的函数

$$\begin{cases}x=x(t),\\ y=y(t),\\ z=z(t).\end{cases}\tag{2}$$

当给定 $t=t_1$ 时,就得到 C 上的一个点 (x_1,y_1,z_1);随着 t 的变动便可得曲线 C 上的全部点. 方程组(2)叫做**空间曲线的参数方程**.

例 2　一个动点绕定直线做等角速度圆周运动,同时沿该直线的方向做等速直线运动,这个动点的轨迹叫圆柱螺旋,试建立圆柱螺旋线的方程.

解　设动点 M 在半径为 R 的圆柱面 $x^2+y^2=R^2$ 上以角速度 ω 做圆周运动,同时又以线速度 v 沿圆柱面轴线方向做等速度直线运动,则点 M 的运动轨迹就是圆柱螺旋线.

建立如图 7-50 所示的坐标系. 设动点由 M_0 出发经时间 t 运动到点 $M(x,y,z)$. 记 M 在 xOy 面上的投影为 M',它的坐标为 $(x,y,0)$,由于动点在圆柱面上以角速度 ω 绕 z 轴旋转,所以经过时间 t 后,$\angle M_0OM'=\omega t$,从而

$$x=|OM'|\cos\angle M_0OM'=R\cos\omega t,$$
$$y=|OM'|\sin\angle M_0OM'=R\sin\omega t.$$

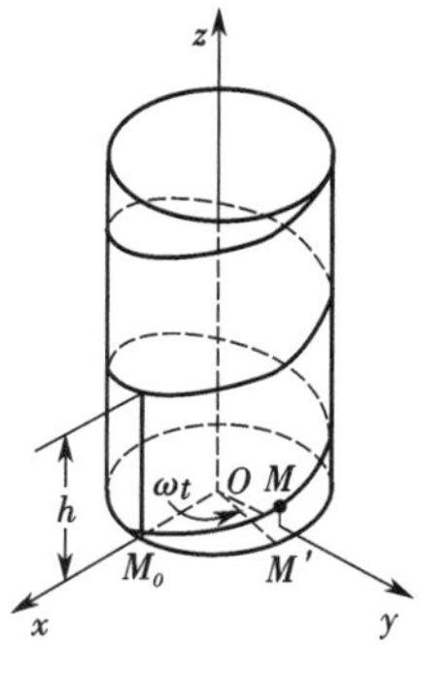

图 7-50

由于动点同时以线速度 v 沿平行与 z 轴的正方向上升,所以

$$z=|M'M|=vt.$$

因此,圆柱螺旋线的参数方程为

$$\begin{cases}x=R\cos\omega t,\\ y=R\sin\omega t,\quad 0\leqslant t<+\infty.\\ z=vt,\end{cases}$$

令 $\theta=\omega t$,而 $t=\dfrac{\theta}{\omega}$,则圆柱螺旋线可用 θ 作参数的参数方程表示,即

$$\begin{cases}x = R\cos\theta,\\ y = R\sin\theta, \quad 0\leqslant\theta< +\infty.\\ z = b\theta,\end{cases}$$

这里 $b=\dfrac{v}{\omega}$，当 $\theta=2\pi$ 时，$z=2\pi b$，这表示点 M 绕 z 轴转动一周后，沿 z 轴方向移动的距离为螺距.

三、空间曲线在坐标面上的投影

设空间曲线 C 的一般方程为

$$\begin{cases}F(x,y,z)=0,\\ G(x,y,z)=0.\end{cases} \tag{3}$$

现在来研究由方程组(3)消去变量 z 后所得的方程

$$H(x,y)=0. \tag{4}$$

由于方程(4)是由方程组(3)消去 z 后所得的结果，因此当 x、y 和 z 满足方程组(3)时，前两个数 x、y 必定满足方程(4)，这说明曲线 C 上的所有点都在由方程(4)所表示的曲面上.

由上节知道，方程(4)表示一个母线平行于 z 轴的柱面. 由上面的的讨论可知，这柱面必定包含曲线 C. 以曲线 C 为准线、母线平行于 z 轴（即垂直于 xOy 面）的柱面叫做曲线 C 关于 xOy 面的投影柱面，投影柱面与 xOy 面的交线叫做空间曲线 C 在 xOy 面上投影曲线，或简称投影. 因此，方程(4)所表示的柱面必定包含投影柱面，而方程

$$\begin{cases}H(x,y)=0,\\ z=0\end{cases}$$

所表示的曲线必定包含空间曲线 C 在 xOy 面上的投影.

同理，消去方程组(3)中的变量 x 或变量 y，再分别和 $x=0$ 或 $y=0$ 联立，我们就可得曲线 C 在 yOz 或 xOz 面上的投影曲线方程：

$$\begin{cases}R(y,z)=0,\\ x=0,\end{cases} \text{或} \begin{cases}T(x,z)=0,\\ y=0.\end{cases}$$

例 3 设一个立体由上半球面 $z=\sqrt{4-x^2-y^2}$ 和锥面 $z=\sqrt{3(x^2+y^2)}$ 所围成（图 7-51），求它在 xOy 面上的投影曲线及其围成的区域.

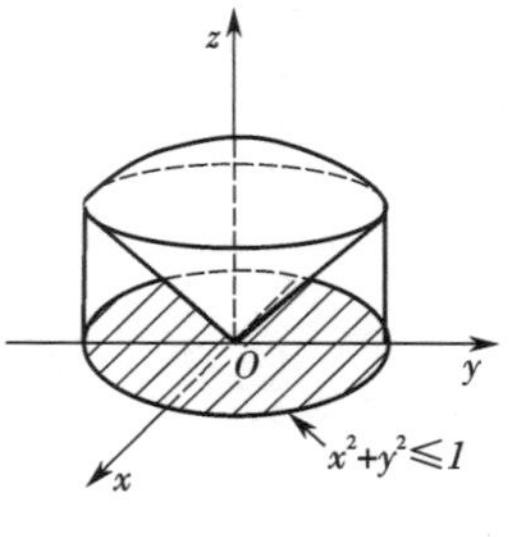

图 7-51

解 半球面和锥面的交线为

$$C:\begin{cases} z=\sqrt{4-x^2-y^2}, \\ z=\sqrt{3(x^2+y^2)}, \end{cases} \tag{5}$$

从方程组中消去 z，得 $x^2+y^2=1$，这方程就是曲线 C 在 xOy 面上的投影柱面. 把 $x^2+y^2=1$ 代入原方程组(5)中，得 $z=\sqrt{3}$. 于是，两曲面的交线 C 的方程也可以写成

$$\begin{cases} x^2+y^2=1, \\ z=\sqrt{3}. \end{cases}$$

因此，交线 C 在 xOy 面上的投影曲线为

$$L:\begin{cases} x^2+y^2=1, \\ z=0. \end{cases}$$

这是一个圆，于是所求立体在 xOy 面上的投影就是该圆在 xOy 面上所围的部分：$x^2+y^2\leqslant 1$.

例4　已知两球面的方程为 $x^2+y^2+z^2=1$ 和 $x^2+(y-1)^2+(z-1)^2=1$，求它们的交线 C 在 xOy 面上的投影方程.

解　先求包含交线 C 而母线平行与 z 轴的柱面方程.

由方程组

$$\begin{cases} x^2+y^2+z^2=1, \\ x^2+(y-1)^2+(z-1)^2=1 \end{cases} \tag{6}$$

消去 z 并化简得

$$y+z=1.$$

再把 $y+z=1$ 代入方程组(6)中，得

$$x^2+2y^2-2y=0.$$

这就是交线 C 在 xOy 面上的投影柱面方程，于是两球面的交线 C 在 xOy 面上的投影方程为

$$\begin{cases} x^2+2y^2-2y=0, \\ z=0. \end{cases}$$

习　题　7-6(A)

1. 画出下列曲线在第一卦限内的图形：

(1) $\begin{cases} x=1, \\ y=2; \end{cases}$　　(2) $\begin{cases} z=\sqrt{4-x^2-y^2}, \\ x-y=0; \end{cases}$　　(3) $\begin{cases} x^2+y^2=1, \\ x^2+z^2=1. \end{cases}$

2. 指出下列方程组在平面解析几何中与在空间解析几何中分别表示什么图形：

(1) $\begin{cases} y=5x+1, \\ y=2x-3; \end{cases}$　　(2) $\begin{cases} \dfrac{x^2}{4}+\dfrac{y^2}{9}=1, \\ y=3. \end{cases}$

3. 画出下列各曲面所围立体的图形，在图中用阴影表示其在 xOy 面上的投影区域，并用 x,y,z 的不等式表示该立体 .

(1) $x=0,y=0,z=0$ 及 $x+y+z=1$ 所围成的立体 Ω;

(2) 由 $z=2-\sqrt{x^2+y^2}$ 及 $z=x^2+y^2$ 所围成立体 Ω;

(3) 由 $z^2=x^2+y^2$ 及上半球面 $z=\sqrt{4-x^2-y^2}$ 所围成的立体 Ω;

(4)由 $x^2+y^2=1$ 及平面 $z=1,z=0,x=0,y=0$ 所围成的第一卦限内的部分 Ω.

4. 求球面 $x^2+y^2+z^2=9$ 与平面 $x+z=1$ 的交线在 xOy 面上的投影的方程.

5. 求旋转抛物面 $z=x^2+y^2(0\leqslant z\leqslant 4)$ 在三个坐标面上的投影.

习 题 7-6(B)

1. 分别求母线平行于 x 轴及 y 轴而且通过曲线 $\begin{cases}2x^2+y^2+z^2=16,\\ x^2-y^2+z^2=0\end{cases}$ 的柱面方程.

2. 求螺旋线 $\begin{cases}x=a\cos\theta,\\ y=a\sin\theta,\\ z=b\theta\end{cases}$ 在三个坐标面上的投影曲线的直角坐标方程.

3. 求下列曲线在 xOy 面上的投影柱面：

(1) $\begin{cases}x^2+y^2+4z^2=1,\\ x^2-y^2=z^2;\end{cases}$　　(2) $\begin{cases}x^2+y^2=z,\\ x^2+y^2+z=2.\end{cases}$

总习题 7

1. 填空：

(1)设在坐标系 $[O;\boldsymbol{i},\boldsymbol{j},\boldsymbol{k}]$ 中点 A 和点 M 的坐标依次为 (x_0,y_0,z_0) 和 (x,y,z)，则在 $[A;\boldsymbol{i},\boldsymbol{j},\boldsymbol{k}]$ 坐标系中，点 M 的坐标为 __________，向量 $\overrightarrow{OM}$ 的坐标为 __________.

(2)设数 $\lambda_1,\lambda_2,\lambda_3$ 不全为0，使 $\lambda_1\boldsymbol{a}+\lambda_2\boldsymbol{b}+\lambda_3\boldsymbol{c}=\boldsymbol{0}$，则 $\boldsymbol{a},\boldsymbol{b},\boldsymbol{c}$ 三个向量是 __________.

(3)设 $\boldsymbol{a}=(2,1,2),\boldsymbol{b}=(4,-1,10),\boldsymbol{c}=\boldsymbol{b}-\lambda\boldsymbol{a}$，且 $\boldsymbol{a}\perp\boldsymbol{c}$，则 $\lambda=$ __________.

(4)设 $|\boldsymbol{a}|=3,|\boldsymbol{b}|=4,|\boldsymbol{c}|=5$，且满足 $\boldsymbol{a}+\boldsymbol{b}+\boldsymbol{c}=\boldsymbol{0}$，则 $|\boldsymbol{a}\times\boldsymbol{b}+\boldsymbol{b}\times\boldsymbol{c}+\boldsymbol{c}\times\boldsymbol{a}|=$ ______.

2. 在 y 轴上求与点 $A(1,-3,7)$ 和点 $B(5,7,-5)$ 等距离的点.

3. 已知 ΔABC 的顶点 $A(3,2,-1)$、$B(5,-4,7)$ 和 $C(-1,1,2)$，求从顶点 C 所引中线的长度.

4. 试用向量证明三角形两边中点的连线平行于第三边，且其长度等于第三边长度的一半.

5. 设 $|\boldsymbol{a}+\boldsymbol{b}|=|\boldsymbol{a}-\boldsymbol{b}|,\boldsymbol{a}=(3,-5,8),\boldsymbol{b}=(-1,1,z)$，求 z.

6. 设 $|\boldsymbol{a}|=\sqrt{3},|\boldsymbol{b}|=1,(\widehat{\boldsymbol{a},\boldsymbol{b}})=\dfrac{\pi}{6}$，求向量 $\boldsymbol{a}+\boldsymbol{b}$ 与 $\boldsymbol{a}-\boldsymbol{b}$ 的夹角.

7. 设 $\boldsymbol{a}=(2,-1,2),\boldsymbol{b}=(1,1,z)$，问 z 为何值时 $(\widehat{\boldsymbol{a},\boldsymbol{b}})$ 最小？并求出此最小值.

8. 设 $\boldsymbol{a}=(-1,3,2),\boldsymbol{b}=(2,-3,-4),\boldsymbol{c}=(-3,12,6)$，证明三向量 $\boldsymbol{a}$、$\boldsymbol{b}$、$\boldsymbol{c}$ 共面，并用 $\boldsymbol{a}$ 和 $\boldsymbol{b}$ 表示 $\boldsymbol{c}$.

9. 指出下列旋转曲面的一条母线和旋转轴：

(1) $z=2(x^2+y^2)$；　　(2) $z^2=3(x^2+y^2)$；

(3) $\dfrac{x^2}{36}+\dfrac{y^2}{9}+\dfrac{z^2}{36}=1$；　　(4) $x^2-\dfrac{y^2}{4}-\dfrac{z^2}{4}=1$.

10. 求通过点 $A(3,0,0)$ 和点 $B(0,0,1)$ 且与 xOy 面成 $\dfrac{\pi}{3}$ 角的平面方程.

11. 求过点$(-1,0,4)$且平行于平面$3x-4y+z-10=0$，又与直线$\frac{x+1}{1}=\frac{y-3}{1}=\frac{z}{2}$相交的直线的方程.

12. 设一平面垂直于平面$z=0$，并通过从点$(1,-1,1)$到直线$\begin{cases}y-z+1=0,\\x=0\end{cases}$的垂线，求此平面的方程.

13. 已知点$A(1,0,0)$和点$B(0,2,1)$，试在z轴上求一点C，使ΔABC的面积最小.

14. 求曲线$\begin{cases}z=2-x^2-y^2,\\z=(x-1)^2+(y-1)^2\end{cases}$在三个坐标面上的投影曲线的方程.

15. 求锥面$z=\sqrt{x^2+y^2}$与柱面$z^2=2x$所围立体在三个坐标面上的投影.

相关科学家简介

欧几里得

欧几里得(约公元前 325 年—公元前 265 年),古希腊数学家,被称为“几何之父”。他活跃于托勒密一世(公元前 323 年—公元前 283 年)时期的亚历山大里亚,他最著名的著作《几何原本》是欧洲数学的基础,提出了五大公设,被广泛地认为是历史上最成功的教科书.欧几里得也写了一些关于透视、圆锥曲线、球面几何学及数论的作品.

直到现在,我们还没有找到任何欧几里得在世时期所画的画像,所以现存的欧几里得画像都是出于画家的想像.此外,一些中世纪时期的作家经常把欧几里得与麦加拉的欧几里得(一位受苏格拉底影响的哲学家)弄混.

附录一　初等数学常用公式

一、乘法公式与二项式定理

(1) $(a+b)^2=a^2+2ab+b^2$；　$(a-b)^2=a^2-2ab+b^2$.

(2) $(a+b)^3=a^3+3a^2b+3ab^2+b^3$；　$(a-b)^3=a^3-3a^2b+3ab^2-b^3$.

(3) $(a+b)^n=C_n^0a^n+C_n^1a^{n-1}b+C_n^2a^{n-2}b^2+\cdots+C_n^ka^{n-k}b^k+\cdots+C_n^{n-1}ab^{n-1}+C_n^nb^n$.

(4) $(a+b+c)(a^2+b^2+c^2-ab-ac-bc)=a^3+b^3+c^3-3abc$.

(5) $(a+b-c)^2=a^2+b^2+c^2+2ab-2ac-2bc$.

二、因式分解

(1) $a^2-b^2=(a+b)(a-b)$.

(2) $a^3+b^3=(a+b)(a^2-ab+b^2)$；　$a^3-b^3=(a-b)(a^2+ab+b^2)$.

(3) $a^n-b^n=(a-b)(a^{n-1}+a^{n-2}b+\cdots+b^{n-1})$.

三、分式裂项

(1) $\dfrac{1}{x(x+1)}=\dfrac{1}{x}-\dfrac{1}{x+1}$.　　(2) $\dfrac{1}{(x+a)(x+b)}=\dfrac{1}{b-a}\left(\dfrac{1}{x+a}-\dfrac{1}{x+b}\right)$.

四、指数运算(a,b 是正实数，m,n 是任意实数)

(1) $a^{-n}=\dfrac{1}{a^n}\ (a\neq 0)$.　　(2) $a^0=1\ (a\neq 1)$.　　(3) $a^{\frac{m}{n}}=\sqrt[n]{a^m}$.

(4) $a^ma^n=a^{m+n}$.　　(5) $\dfrac{a^m}{a^n}=a^{m-n}$.　　(6) $(a^m)^n=a^{mn}$.

(7) $\left(\dfrac{b}{a}\right)^n=\dfrac{b^n}{a^n}\ (a\neq 0)$.　　(8) $(ab)^n=a^nb^n$.　　(9) $\sqrt{a^2}=|a|$.

五、对数运算($a>0,a\neq 1,b>0,N>0,M>0$)

1. 恒等式

$a^{\log_a N}=N\ (a\neq 1)$.

2. 运算法则

(1) $\log_a b^n=n\log_a b$.　　(2) $\log_a\sqrt[n]{b}=\dfrac{1}{n}\log_a b$.　　(3) $\log_a a=1$.

(4) $\log_a 1=0$.　　(5) $\log_a(MN)=\log_a M+\log_a N$.

(6) $\log_a\dfrac{M}{N}=\log_a M-\log_a N$.　(7) $\log_a b=\dfrac{1}{\log_b a},(b\neq 1)$.　(8) $\lg a=\log_{10}a$.

(9) $\ln a=\log_e a$.

3. 换底公式

$$\log_a M = \frac{\log_b M}{\log_b a}\ (b \neq 1).$$

六、排列组合

(1) $P_n^m = n(n-1)\cdots[n-(m-1)] = \frac{n!}{(n-m)!}$ （约定 $0! = 1$）

(2) $C_n^m = \frac{P_n^m}{m!} = \frac{n!}{m!(n-m)!}$.

(3) $C_n^m = C_n^{n-m}$.

(4) $C_n^m + C_n^{m-1} = C_{n+1}^m$.

(5) $C_n^0 + C_n^1 + C_n^2 + \cdots + C_n^n = 2^n$.

七、数列公式

1. 等差数列

通项公式 $a_n = a_1 + (n-1)d$.

前 n 项和公式 $S_n = \frac{n(a_1 + a_n)}{2} = \frac{n}{2}[2a_1 + (n-1)d]$.

2. 等比数列

通项公式 $a_n = a_1 q^{n-1}$.

前 n 项和公式 $S_n = \frac{a_1(1-q^n)}{1-q}$.

八、三角公式

1. 基本关系式

$\cot x = \frac{1}{\tan x}$. $\sec x = \frac{1}{\cos x}$. $\csc x = \frac{1}{\sin x}$.

$\tan x = \frac{\sin x}{\cos x}$. $\cot x = \frac{\cos x}{\sin x}$.

$\sin^2 x + \cos^2 x = 1$ $1 + \tan^2 x = \sec^2 x$ $1 + \cot^2 x = \csc^2 x$

2. 倍角公式

$\sin 2x = 2\sin x\cos x$. $\cos 2x = \cos^2 x - \sin^2 x = 2\cos^2 x - 1 = 1 - 2\sin^2 x$.

$\tan 2x = \frac{2\tan x}{1-\tan^2 x}$. $\sin^2 x = \frac{1-\cos 2x}{2}$. $\cos^2 x = \frac{1+\cos 2x}{2}$.

3. 加法与减法公式

$\sin(\alpha \pm \beta) = \sin\alpha\cos\beta \pm \cos\alpha\sin\beta$.

$\cos(\alpha \pm \beta) = \cos\alpha\cos\beta \mp \sin\alpha\sin\beta$.

$\tan(\alpha \pm \beta) = \frac{\tan\alpha \pm \tan\beta}{1 \mp \tan\alpha\tan\beta}$.

$\cot(\alpha \pm \beta) = \frac{\cot\alpha\cot\beta \mp 1}{\cot\beta \pm \cot\alpha}$.

4. 积化和差

$\sin\alpha\cos\beta=\frac{1}{2}[\sin(\alpha+\beta)+\sin(\alpha-\beta)]$.

$\cos\alpha\sin\beta=\frac{1}{2}[\sin(\alpha+\beta)-\sin(\alpha-\beta)]$.

$\cos\alpha\cos\beta=\frac{1}{2}[\cos(\alpha+\beta)+\cos(\alpha-\beta)]$.

$\sin\alpha\sin\beta=-\frac{1}{2}[\cos(\alpha+\beta)-\cos(\alpha-\beta)]$.

5. 和差化积

$\sin\alpha+\sin\beta=2\sin\frac{\alpha+\beta}{2}\cos\frac{\alpha-\beta}{2}$.

$\sin\alpha-\sin\beta=2\cos\frac{\alpha+\beta}{2}\sin\frac{\alpha-\beta}{2}$.

$\cos\alpha+\cos\beta=2\cos\frac{\alpha+\beta}{2}\cos\frac{\alpha-\beta}{2}$.

$\cos\alpha-\cos\beta=-2\sin\frac{\alpha+\beta}{2}\sin\frac{\alpha-\beta}{2}$.

6. 正、余弦定理

正弦定理　$\frac{a}{\sin A}=\frac{b}{\sin B}=\frac{c}{\sin C}=2R$.

余弦定理　$a^2=b^2+c^2-2bc\cos A$.　$b^2=c^2+a^2-2ca\cos B$.

$c^2=a^2+b^2-2ab\cos C$.

其中 a、b、c 为三角形的三条边,A、B、C 为三角形的三个内角,R 为三角形外接圆半径.

九、平面解析几何两个基本公式

两点间距离公式:两点 $A(x_1,y_1)$,$B(x_2,y_2)$间的距离为

$d=\sqrt{(x_2-x_1)^2+(y_2-y_1)^2}$.

定比分点公式:点 $M(x,y)$是线段 AB 的分点 $\frac{AM}{MB}=\lambda$,

$$\begin{cases}x=\dfrac{x_1+\lambda x_2}{1+\lambda},\\ y=\dfrac{y_1+\lambda y_2}{1+\lambda}.\end{cases}$$

特别地有中点分式:点 $M(x,y)$是线段 AB 的中点,

$$\begin{cases}x=\dfrac{x_1+x_2}{2},\\ y=\dfrac{y_1+y_2}{2}.\end{cases}$$

十、二次函数的图像及其方程的求根公式

判别式	$\Delta=b^2-4ac>0$	$\Delta=b^2-4ac=0$	$\Delta=b^2-4ac<0$
一元二次方程 $ax^2+bx+c=0$，$(a\neq0)$ 的求根公式	两个不等的实根 $x_{1,2}=\dfrac{-b\pm\sqrt{b^2-4ac}}{2a}$	两个相等的实根 $x_1=x_2=\dfrac{-b}{2a}$	方程在复数集内有两个共轭复根 $x_{1,2}=\dfrac{-b\pm\mathrm{i}\sqrt{\lvert b^2-4ac\rvert}}{2a}$
一元二次函数 $y=ax^2+bx+c$ $(a>0)$ 图像	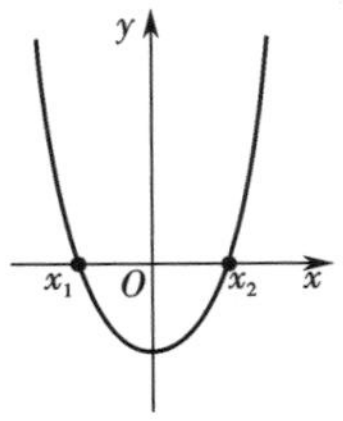	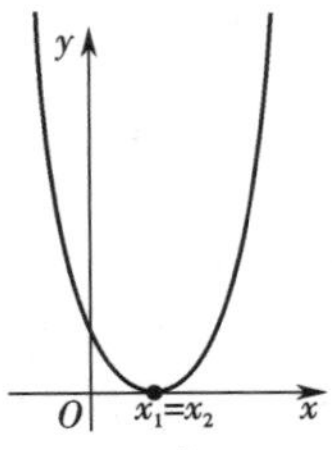	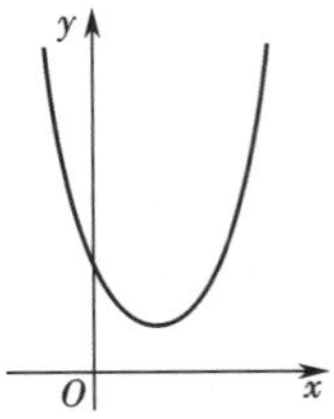

附录二　各章习题参考答案

第 1 章　习题答案

习　题 1-1(A)

1. $\varnothing$，$\{0\}$，$\{1\}$，$\{2\}$，$\{0,1\}$，$\{0,2\}$，$\{1,2\}$，$\{0,1,2\}$

2. (1) $\{1,2,3,5\}$；　(2) $\{1,3\}$；　(3) $\{1,2,3,4,5,6\}$；
   (4) $\varnothing$；　(5) $\{2\}$.

3. (1) $\{4,5,6\}$；　(2) $I=\{1,3,5\}$；　(3) $\{1,3,4,5,6\}$；　(4) $\{5\}$.

4. (1) $(-1,1)\cup(1,3)$；　(2) $(-\infty,-1)\cup(2,+\infty)$.

习　题 1-1(B)

1. $A\cup B=(-\infty,3)\cup(5,+\infty)$，$A\cap B=[-10,5)$，
$A\backslash B=(-\infty,-10)\cup(5,+\infty)$，$A\backslash(A\backslash B)=[-10,5)$.

2. 2^n，2^n-1.

习　题 1-2(A)

1. (1) $[-2,2]$；　(2) $(-\infty,+\infty)$；
   (3) $(3,9)$；　(4) $(-\infty,-1)\cup(2,+\infty)$.

2. (1)是；(2)否；(3)否；(4)否.

3. (1)偶；(2)奇；(3)偶；(4)非奇非偶.

4. (1) $(0,+\infty)$上递增；　(2) $(-\infty,1)\cup(1,+\infty)$上递增.

5. (1)是，π；　(2)是，$\dfrac{\pi}{2}$；　(3)不是.

习　题 1-2(B)

略.

习　题 1-3(A)

1. (1) $y=\sin u, u=3x$；　(2) $y=e^u, u=\dfrac{2}{x-3}$.

2. (1) $[2,+\infty)$；　(2) $(-\infty,-\sqrt{5})\cup(\sqrt{5},+\infty)$.

3. (1) $y=e^{x-1}-2$；　(2) $y=\dfrac{1-x}{1+x}$.

4. (1) $[-2,-1]$; (2) $\left[2k\pi-\frac{\pi}{2},2k\pi+\frac{\pi}{2}\right]$;

(3) $[-1,1]$; (4) $[0,\ln 2]$.

习　题 1-3(B)

1. $f[\varphi(x)]=\sin^3 2x-\sin 2x$. $\varphi[f(x)]=\sin 2(x^3-x)$

2. (1) $f(\cos x)=2\sin^2 x$;

(2) $f(x)=x^2-2$.

习　题 1-4(A)

1. 否.

2. (1) $(-2,-1)\cup(-1,1)\cup(1,+\infty)$; (2) $(-\infty,0)\cup(2,+\infty)$

(3) $[-1,7]$; (4) $\{x|x\in\mathrm{R},x\neq-1$ 且 $x\neq3\}$

3. (1)不是; (2)是,周期为 π;

(3)不是; (4)是,周期为 2.

4. (1) $y=\arccos u,u=\ln v,v=(3x^2+1)$;

(2) $y=\mathrm{e}^u,u=v^3,v=\cos w,w=x^2$.

5. (1) $y=\log_2\frac{x}{1-x}$; (2) $y=\frac{\arcsin x}{2}$.

习　题 1-4(B)

1. (1) $\left(-\frac{1}{3},1\right)$; (2) $\{x\in\mathbf{R},x\neq k\pi,k=0,\pm1,\pm2,\cdots\}$.

2. $f(x)=\frac{1}{1-x}-2x,0<x<\sin^2 1$.

3. 奇函数.

习　题 1-5

1. $\rho(\sin\theta+\cos\theta)=0$.

2. $\rho=\sqrt{2}$.

3. $\tan\theta=k$.

4. $x^2+y^2=4^2$,表示以原点为圆心,4 为半径的圆.

5. $x^2+y^2=4y$,表示以(0,2)为圆心,以 2 为半径的圆.

总习题 1

1. $(2,3],(-\infty,2)\cup[-1,+\infty)$.

2. (1) $[0,\tan 1]$; (2) $[1,\mathrm{e}]$.

3. $f[f(x)]=\frac{(1-x^2)^2}{x^4-2x^2}$, $f\left[\frac{1}{f(x)}\right]=\frac{1}{2x^2-x^4}$.

4. $\varphi(x) = \sqrt{\ln(1-x)}$，$x \leqslant 0$.

5. $g(f(x)) = \begin{cases} 2+x, & x \geqslant 0, \\ x^2+2, & x < 0. \end{cases}$

6. $f\{f[f(x)]\} = 1$.

7. 略.

8. 略.

9. 略.

10. $f(2) = 2a, f(5) = 5a$.

11. $\rho = a$.

第 2 章　习题答案

习　题 2-1(A)

1. D.

2. (1)0;　　(2)0;　　(3)∞;　　(4)∞.

3. $\lim\limits_{n\to\infty} x_n = 0$，$N = 1000$.

习　题 2-1(B)

略.

习　题 2-2(A)

1. D.

2. A.

3. A.

4. A.

5. 0.

6. 当 $x \to 0$ 时，$f(x) \to 1$，$\varphi(x)$ 极限不存在.

习　题 2-2(B)

略.

习　题 2-3(A)

1. D.

2. D.

3. 错;对.

习　题 2-3(B)

略.

习　题 2-4(A)

1. (1)错误,因为 $g(x)=\dfrac{f(x)g(x)}{f(x)}$,故只有当 $\lim\limits_{x\to x_0}f(x)g(x)$ 、$\lim\limits_{x\to x_0}f(x)$ 均存在,且 $\lim\limits_{x\to x_0}f(x)\neq 0$ 时,$\lim\limits_{x\to x_0}g(x)$ 才存在.

反例:$\lim\limits_{x\to 0}x$,$\lim\limits_{x\to 0}\left(x\sin\dfrac{1}{x}\right)$ 均存在,但 $\lim\limits_{x\to 0}\sin\dfrac{1}{x}$ 不存在.

(2)正确,反证法,假设 $\lim\limits_{x\to x_0}[f(x)+g(x)]$ 存在,根据两个函数和的极限运算法则,可知 $\lim\limits_{x\to x_0}[f(x)+g(x)-f(x)]=\lim\limits_{x\to x_0}g(x)$ 存在,这与已知 $\lim\limits_{x\to x_0}g(x)$ 不存在矛盾,故假设不成立,$\lim\limits_{x\to x_0}[f(x)+g(x)]$ 不存在.

2. D.

3. B.

4. 略.

5. (1)0;　(2)$\dfrac{2^{70}}{5^{100}}$;　(3)0;　(4)∞;　(5)$\dfrac{1}{3}$;

(6)$\dfrac{2}{3}$;　(7)-1;　(8)1;　(9)2;　(10)$-\dfrac{\sqrt{2}}{6}$.

6. 不一定,例如 $f(x)=g(x)=x$ 为 $x\to 0$ 时的无穷小,但是 $\dfrac{f(x)}{g(x)}=1$ 不是 $x\to 0$ 时的无穷小.

7. (1)0;　(2)0.

8. $a=-\dfrac{1}{2}$.

习　题 2-4(B)

1. -1.

2. $\lim\limits_{x\to 0}f(x)$ 不存在.

3. $a=1,b=-\dfrac{1}{2}$.

4. $a=2$,$b=-3$.

习　题 2-5(A)

1. B.

2. C.

3. (1) 2ω;　(2)5;　(3)$\dfrac{3}{7}$;　(4)1;

(5)2;　(6) x;　(7)6;　(8) 0 .

4. (1) e^{-2};　(2) e^{3};　(3) e^{3};

(4) e^{-2k};　(5) e;　(6) e^{3}.

习　题 2-5(B)

1. (1) e^{-4}；　(2)1；　(3)$\frac{6}{5}$；　(4)1.

2. 略.

习　题 2-6(A)

1. B.
2. -4.
3. 略.
4. 略.
5. (1)$\sqrt{2}$；　(2)0；　(3)0；
   (4)$\frac{2}{9}$；　(5)1；　(6)0.

习　题 2-6(B)

1. (1) $\ln a$；　(2)2；　(3)$\frac{1}{2}$.
2. 12.
3. $\frac{3}{4}$.

习　题 2-7(A)

1. B.
2. 略.
3. (1) $x = 1$ 是可去间断点,补充定义 $x = 1$ 时 $y = -2$，$x = 2$ 是无穷间断点；
   (2) $x = 0$ 为可去间断点,补充定义 $x = 0$ 时 $y = 1$，$x = k\pi(k \neq 0)$ 为无穷间断点.
4. $(-\infty, -3) \cup (-3, 2) \cup (2, +\infty)$，$\frac{1}{2}$，$-\frac{8}{5}$；$\infty$.
5. $k = 1$.

习　题 2-7(B)

1. D.
2. $x = 1$ 为无穷间断点，$x = 0$ 为跳跃间断点.
3. $f(x) = \begin{cases} x, & |x| < 1, \\ 0, & |x| = 1, \\ -x, & |x| > 1, \end{cases}$　$x = 1$ 和 $x = -1$ 为跳跃间断点.

习　题 2-8(A)

1. A；

2. (1)2；　(2)1；　(3)0；　(4)1；

(5)$\frac{1}{4}$；　(6)2；　(7)1；　(8)$\ln 2$；

(9)1；　(10)e^{-3}；　(11)$e^{-\frac{3}{2}}$；　(12)$\frac{1}{2}$.

3. $a = 1$.

4. $a = 0$.

习　题 2-8(B)

1. $p > 0$.

2. $a = 0, b = 1$.

3. $\sqrt[n]{a_1 a_2 \cdots a_n}$.

4. $p = 1$.

习　题 2-9(A)

略.

习　题 2-9(B)

1. 要证明存在ξ使$f(\xi) = \frac{pf(c) + qf(d)}{(p + q)}$的值介于$f(x)$在$[c,d]$上的最大值与最小值之间,就得出所求证的结果.

总习题 2

1. (1)必要,充分；　(2)必要,充分；　(3)充分必要.

2. B.

3. B.

4. D.

5. B.

6. (1)$\frac{5}{3}$；　(2)2；　(3)$\frac{1}{2}$；　(4)2；

(5)1；　(6)2；　(7)e；　(8)e^3；

(9)e^2；　(10)$\sqrt[3]{abc}$.

7. (1) $x = 0$是可去间断点,补充定义$f(0) = \frac{1}{2}$；

(2) $x = 0$是跳跃间断点；

(3) $x = 1$是跳跃间断点；(4) $x = 0$是跳跃间断点.

8. $f(x)$在其定义域内除去$x = 1$外均连续,$x = 1$为$f(x)$的跳跃间断点.

9. 应用介值定理证明.

第3章　习题答案

习　题 3-1(A)

1. (1) $-f'(x_0)$；　(2) $4f'(x_0)$；　(3) $f'(x_0)$.

2. (1)正确；　(2)正确；　(3)正确.

3. (1)B；　(2)B；　(3)B.

4. 切线方程 $y = x + 1$；法线方程 $y = -x + 1$.

5. $4y + x = 2$.

6. 12 m/s.

7. $V = N'(t)$.

8. 2.

9. $a = 3, b = 1$.

10. 连续，不可导.

习　题 3-1(B)

1. B.

2. 略.

3. 略.

习　题 3-2(A)

1. (1)正确；　(2)正确；　(3)错误；　(4)错误.

2. $\frac{1}{3}$.

3. (1) $y' = \frac{3}{2}\sqrt{x} - \frac{2}{x^3}$；　(2) $y' = \frac{\cos x}{\pi}$；

(3) $y' = \frac{x\cos x - \sin x}{x^2}$；　(4) $y' = \frac{-1}{(1+x)^2}$；

(5) $y' = \frac{-(1+2\ln x)}{x^3}$；　(6) $y' = \frac{1+\sin x+\cos x}{(1+\cos x)^2}$；

(7) $y' = -2 - 42x$；　(8) $y' = \frac{e^x}{x^2} - 2\frac{e^x}{x^3}$；

(9) $y' = \frac{-\csc^2 x}{\sqrt{x}} - \frac{\cot x}{2}\cdot x^{-\frac{3}{2}}$；(10) $y' = \frac{-2\cot x\csc x}{1+x^2} - \frac{4x\csc x}{(1+x^2)^2}$.

4. (1) $y' = \frac{2}{x^2\sqrt{1-\left(\frac{2}{x}\right)^2}}$；

(2) $y' = \sec^2 x(2\tan x\sin x + \cos x)$；

(3) $y=\frac{3}{(5-x)^2}+\frac{2x}{5}$;

(4) $y'=-6\sin(\cos 3x)\cos(\cos 3x)\sin 3x$;

(5) $y'=\arcsin\frac{x}{2}$;

(6) $y'=\frac{1}{\sqrt{a^2+x^2}}$;

(7) $y'=\frac{1+2\sqrt{x}}{4\sqrt{x(x+\sqrt{x})}}$;

(8) $y'=-3^{-\sin^2\frac{x}{2}}\ln 3\cdot\sin\frac{x}{2}\cdot\cos\frac{x}{2}-\tan x$.

5. (1) $-\frac{2}{3}$;　(2) $-\ln a$;　(3) $\frac{\sqrt{2}}{4}+\frac{\sqrt{2}\pi}{8}$;　(4) $1+\frac{1}{a}$.

6. (1) $y'=\frac{2f(x)f'(x)}{1+f^2(x)}$;　(2) $y'=2xf(\ln x)+xf'(\ln x)$.

(3) $y'=\frac{1}{f(2x)}\cdot f'(2x)\cdot 2$;　(4) $y'=2f(e^x)\cdot f'(e^x)\cdot e^x$.

习　题 3-2(B)

1. C.
2. $f'''(2)=2e^{3f(2)}=2e^3$.
3. B.
4. $y'=(f'(\sin^2 x)-f'(\cos^2 x))2\cos x\sin x$.
5. $y'=\frac{f(x)f'(x)+g(x)g'(x)}{\sqrt{f^2(x)+g^2(x)}}$.
6. $a=3$, $b=-1$, $c=1$, $d=3$.

习　题 3-3(A)

1. (1)B;　(2)D;　(3)C.

2. (1) $2\arctan x+\frac{2x}{1+x^2}$;　(2) $\frac{-a^2}{\sqrt{(a^2-x^2)^3}}$;　(3) $-\frac{2(1+x^2)}{(1-x^2)^2}$;

(4) $\frac{-x}{\sqrt{(1+x^2)^3}}$;　(5) $\frac{(x^2-2x+2)e^x}{x^3}$;　(6) $4\cos 2x-4x\sin 2x$.

3. 略.

4. (1) $a^n e^{ax}$;

(2) $(-1)^n\frac{(n-2)!}{x^{n-1}}(n\geqslant 2)$;

(3) $(x+n)e^x$;

(4) $(-1)^n n!\left[\frac{1}{(x+2)^{n+1}}-\frac{1}{(x+3)^{n+1}}\right]$;

(5) $2^{n-1}\sin\left[2x+(n-1)\dfrac{\pi}{2}\right]$;

(6) $(-1)^n n!\left[\dfrac{1}{(x-2)^{n+1}}-\dfrac{1}{(x-1)^{n+1}}\right]$.

5. $y^{(4)}=-4e^x\cos x$.

6. $f^{(n)}(1)=\dfrac{(-1)^n n!}{2^n}$

习　题3-3(B)

1. $f''\cdot\left(\dfrac{2\ln x}{x}-2e^{-2x}\right)^2+f'\cdot\left(\dfrac{2(1-\ln x)}{x^2}+4e^{-2x}\right)$.

2. $y''=f''(x\varphi(x))(\varphi(x)+x\varphi'(x))^2+f'(x\varphi(x))[2\varphi'(x)+x\varphi''(x)]$.

3. $f''(x)=\begin{cases}0, x<1,\\2, x>1.\end{cases}$

4. $(-1)^{n-1}\cdot n!$.

习　题3-4(A)

1. (1) $\dfrac{2x-y}{x-2y}$;　(2) $-\dfrac{e^y}{1+xe^y}$;　(3) $\dfrac{y}{1+y}$;

(4) $\dfrac{(x-1)y}{x(1-y)}$;　(5) $\dfrac{y^2-e^x-2x\cos(x^2+y^2)}{2y\cos(x^2+y^2)-2xy}$;

(6) $-\dfrac{ye^{xy}+\sin x}{xe^{xy}+2y}$.

2. $y'=\dfrac{e^x-y\cos xy}{x\cos xy+e^y}$, $y'|_{x=0}=1$.

3. 1.

4. $4x-3y+3=0$.

5. $x+y-\dfrac{\sqrt{2}}{2}a=0$, $x-y=0$.

6. -2.

7. (1) $y'=\left(\dfrac{x}{1+x}\right)^x\left(\ln\dfrac{x}{1+x}+\dfrac{1}{1+x}\right)$;

(2) $y'=(\sin x)^{\cos^2 x}\left(\dfrac{\cos^3 x}{\sin x}-\sin 2x\ln\sin x\right)$;

(3) $y'=\dfrac{1}{2}\sqrt{\dfrac{(x-1)(x-2)}{(x-3)(x-4)}}\left(\dfrac{1}{x-1}+\dfrac{1}{x-2}-\dfrac{1}{x-3}-\dfrac{1}{x-4}\right)$;

(4) $y'=\dfrac{(3-x)^4\sqrt{x+2}}{(x+1)^5}\left[\dfrac{1}{2(x+2)}-\dfrac{4}{3-x}-\dfrac{5}{x+1}\right]$;

(5) $y'=-(1+\cos x)^{\frac{1}{x}}\left(\dfrac{\sin x}{x(1+\cos x)}+\dfrac{\ln(1+\cos x)}{x^2}\right)$;

(6) $y' = x^6(1+x^2)^3(x+2)^2\left(\frac{6x}{1+x^2}+\frac{2}{x+2}+\frac{6}{x}\right)$.

习　题3-4(B)

1. (1) $-\frac{4\sin y}{(2-\cos y)^3}$;　　　(2) $\frac{2(x^2+y^2)}{(x-y)^3}$.

2. $\frac{f''}{(1-f')^3}$.

3. $-\frac{[1-f'(y)]^2-f''(y)}{x^2[1-f'(y)]^3}$.

4. (1) $y' = x^{x^x}\cdot x^x\left[\frac{1}{x}+\ln x+(\ln x)^2\right]$;

(2) $y' = \sqrt[5]{\frac{x+5}{\sqrt[5]{x^2+2}}}\left[\frac{1}{5(x+5)}-\frac{2x}{25(x^2+2)}\right]$

习　题3-5(A)

1. (1) $\sqrt{\frac{1+t}{1-t}}$;　　　(2) $\frac{\cos t-\sin t}{\sin t+\cos t}$.

2. (1) $x+2y-4=0, 2x-y-3=0$;

(2) $x+y-\frac{\sqrt{2}}{2}a=0, y-x=0$.

3. $-\frac{b}{a^2}\csc^3 t$.

4. $\frac{(6t+5)(t+1)}{t}$.

5. 设圆的半径为 R,圆的面积为 S,则 $S=\pi R^2$, $\frac{dS}{dt}=2\pi R\cdot\frac{dR}{dt}$,

当 $t=2$ 时, $R=6\times 2=12$, $\frac{dR}{dt}=6$,故 $\frac{dS}{dt}\Big|_{t=2}=2\pi\times 12\times 6=144\pi(m^2/s)$.

习　题3-5(B)

1. A.

2. $x+y=e^{\frac{\pi}{2}}$.

3. $\frac{1}{f''(t)}$.

4. $\frac{(y^2-e^t)(1+t^2)}{2(1-ty)}$.

习　题3-6(A)

1. (1) $5x+C$;　　　(2) $-\frac{1}{2}e^{-2x}+C$;

(3) x^2+C；　　(4) $-\frac{1}{x}+C$；

(5) $-\frac{1}{3}\cos 3x+C$；　　(6) $2\sqrt{x}+C$；

(7) $\ln(1+x)+C$；　　(8) $\frac{1}{2}\tan 2x+C$.

2. C.

3. D.

4. (1) $dy=\frac{1}{(1-x)^2}dx$；

(2) $dy=\frac{1}{2}\cot\frac{x}{2}dx$；

(3) $dy=\frac{-1}{\sqrt{1-x^2}}dx$；

(4) $dy=e^{-x}[\cos(x-3)-\sin(x-3)]dx$；

(5) $dy=xe^{3x}(2+3x)dx$；

(6) $dy=8x\tan(1+2x^2)\cdot\sec^2(1+2x^2)dx$.

5. $e^{f(x)}\left[\frac{1}{x}f'(\ln x)+f'(x)f(\ln x)\right]dx$；

6. 当 $\Delta x=0.1$ 时，$\Delta y=1.161$，$dy=1.1$；
当 $\Delta x=0.01$ 时，$\Delta y=0.111$，$dy=0.11$.

7. 0.485.

8. 1.025.

习　题 3-6(B)

1. 略.

2. $(\ln 2-1)dx$.

3. $y'(\pi)dx=-\pi dx$.

4. 25.13 cm^3.

总习题 3

1. (1)充分;必要；　　(2)必要；　　(3)充要.

2. (1) -20；　　(2) $100!$；　　(3) $\frac{99!}{(1-x)^{100}}$.

3. (1)D；　　(2)A.

4. 连续可导. $\lim\limits_{x\to0}\frac{f(x)-f(0)}{x}=\lim\limits_{x\to0}x\sin\frac{1}{x}=0$.

5. 4(a).

6. $a=4, b=-5, f'(2)=4$.

7. $f'(x)=\begin{cases}\cos x, & x<0,\\ 1, & x\geqslant 0.\end{cases}$

8. (1) $dy = \frac{4-x}{\sqrt{4x-x^2}}dx$;

(2) $y' = \frac{e^x}{\sqrt{1+e^{2x}}}$;

(3) $y' = \frac{\cos\sqrt{x}}{2\sqrt{x}} + x^{\sqrt{x}}\left(\frac{\ln\sqrt{x}}{\sqrt{x}} + \frac{1}{\sqrt{x}}\right)$;

(4) $dy = \csc^2 x \ln(1+\sin x)dx$.

9. $1+t^2$.

10. (1) $(-1)^n n!\left(\frac{1}{(x+3)^{a+1}} + \frac{1}{(x-1)^{a+1}}\right)$;

(2) $-2^{n-1}\sin\left[2x+(n-1)\frac{\pi}{2}\right]$.

11. -0.875.

第 4 章　习题答案

习　题 4-1(A)

1. B.
2. D.
3. $\xi = 0$.
4. $\xi = \sqrt[3]{\frac{15}{4}}$.
5. (1)构造函数 $F(u) = \arctan u$ 在区间 $[x,y]$ 或 $[y,x]$ 上应用拉格朗日定理.

(2)构造函数 $F(x) = \ln x$ 在区间 $[b,a]$ 上应用拉格朗日定理.

(3)构造函数 $F(x) = x^n$ 在区间 $[b,a]$ 上应用拉格朗日定理.

6. 首先,构造函数 $F(x) = x^3 + x - 1$ 在区间 $[0,1]$ 上应用零点定理;然后利用反证法或者函数的单调性. 证明唯一性.

7. 略.

习　题 4-1(B)

1. (1)实际上是证明存在 $\eta \in \left(\frac{1}{2},1\right)$,使得 $F(\eta) = 0$(其中 $F(x) = f(x) - x$),这一点可用连续函数的零点定理证明.

(2)由于 $f'(\xi) - \lambda[f(\xi) - \xi] = 1$,即为 $\{[f(x) - x]' - \lambda[f(x) - x]\}_{x=\xi} = 0$,所以只要作辅助函数 $G(x) = e^{-\lambda x}F(x)$ 即可.

2. 若令 $F(x) = f(x) - g(x)$,则问题转化为证明 $F''(\xi) = 0$,只需对 $F'(x)$ 用罗尔定理,关键是找到 $F'(x)$ 的端点函数值相等的区间(特别是两个一阶导数同时为零的点),而利用 $F(a) = F(b) = 0$,若能再找一点 $c \in (a,b)$,使得 $F(c) = 0$,则在区间 $[a,c]$,$[c,b]$

上两次利用罗尔定理有一阶导函数相等的两点，再对 $F'(x)$ 用罗尔定理即可.

3.(1)反证法，假设存在一点 $x_0 \in (a,b)$ 使得 $g(x_0)=0$，在 $[a,x_0]$，$[x_0,b]$ 上应用罗尔定理得 ξ_1,ξ_2；然后在区间 $[\xi_1,\xi_2]$ 上对 $g'(x)$ 再应用罗尔定理.

4.(1)用闭区间上连续函数的介值定理.

(2)为双介值问题，可考虑用拉格朗日中值定理，但应注意利用(1)已得结论.

习　题 4-2(A)

1. C.

2. (1)1；　(2)2；　(3) $\cos a$；

(4)1；　(5) e^{-1}；　(6)0；

(7)1；　(8) -1；　(9) $\frac{1}{3}$；

(10)1；　(11) $\frac{2}{\pi}$；　(12)1；

(13) $\frac{1}{2}$；　(14)3.

3. 略.

习　题 4-2(B)

1. (1) $-\frac{1}{2}$；　(2) $-\frac{1}{6}$；　(3) $-\frac{1}{4}$；

(4) $\frac{4}{3}$；　(5) $e^{-\frac{1}{3}}$；

2. $a=2, b=-1$.

习　题 4-3(A)

1. $f(x)=-56+21(x-4)+37(x-4)^2+11(x-4)^3+(x-4)^4$.

2. $f(x)=x^6-9x^5+30x^4-45x^3+30x^2-9x+1$.

3. $\tan x = x+\frac{1}{3}x^3+\frac{\sin(\theta x)[\sin^2(\theta x)+2]}{3\cos^5(\theta x)}x^4 (0<\theta<1)$.

4. $xe^x = x+x^2+\frac{x^3}{2!}+\cdots+\frac{x^n}{(n-1)!}+o(x^n) (0<\theta<1)$.

习　题 4-3(B)

1. C.

2. A.

习　题 4-4(A)

1. A,B,A.

2. (1) $(-\infty,-1] \cup [3,+\infty)$ 单调增加；$[-1,3]$ 单调减少；

(2) $(-\infty, +\infty)$ 单调增加;

(3) $(0,2]$ 单调减少, $[2, +\infty)$ 单调增加;

(4) $(-\infty,0)\cup(0,\frac{1}{2}]\cup[1,+\infty)$ 单调减少, $[\frac{1}{2},1]$ 单调增加;

(5) $(-\infty, +\infty)$ 单调增加;

(6) $(-\infty,-2]\cup[0,+\infty)$ 单调增加, $[-2,0]$ 单调减少.

3. 略.

4. (1) $(-\infty, +\infty)$ 凸(弧),无拐点;

(2) $(0, +\infty)$ 凹(弧),无拐点;

(3) $(-\infty,2]$ 凸(弧), $[2, +\infty)$ 凹(弧);$(2,2e^{-2})$为拐点;

(4) $(-\infty, +\infty)$ 凹(弧),无拐点;

(5) $(-\infty,\frac{1}{2}]$ 凹(弧), $[\frac{1}{2},+\infty)$ 凸(弧), $\left(\frac{1}{2},e^{\arctan\frac{1}{2}}\right)$为拐点;

(6) $(0,1]$ 凸(弧), $[1,+\infty)$ 凹(弧), $(1,-7)$为拐点.

5. $a=-\frac{3}{2},b=\frac{9}{2}$.

6. $k=\pm\frac{\sqrt{2}}{8}$.

习　题 4-4(B)

1. B.

2. 设 $\varphi(x)=\ln^2x-\frac{4}{e^2}x$, $\varphi'(x)$ 单调减少,从而当 $e<x<e^2$ 时, $\varphi'(x)>\varphi'(e^2)=\frac{4}{e^2}-\frac{4}{e^2}=0$,即当 $e<x<e^2$ 时, $\varphi(x)$ 单调增加. 因此当 $e<x<e^2$ 时, $\varphi(b)>\varphi(a)$.

3. 略.

习　题 4-5(A)

1. D.

2. (1)极大值 $y(-1)=17$,极小值 $y(3)=-47$;

(2)极小值 $y(0)=0$;

(3)极大值 $y(\frac{3}{4})=\frac{5}{4}$;

(4)没有极值;

(5)极小值 $y(-\frac{1}{2}\ln 2)=2\sqrt{2}$;

(6)极大值 $y(0)=0$,极小值 $y(1)=-1$.

3. (1)最大值 $y(\pm 2)=13$,最小值 $y(\pm 1)=4$;

(2)最大值 $y(4)=80$,最小值 $y(-1)=-5$;

(3)最大值 $y(3)=11$,最小值 $y(2)=-14$;

(4)最大值 $y(\frac{3}{4}) = \frac{5}{4}$,最小值 $y(-5) = \sqrt{6} - 5$；

(5)最小值 $y(1) = -2$.

4. $a = 1$,极小值 $f(\frac{\pi}{4}) = \sqrt{2}$.

5. $r = \sqrt[3]{\frac{V}{2\pi}}, h = 2\sqrt[3]{\frac{V}{2\pi}}, \frac{d}{h} = 1$.

6. 底宽为 $\sqrt{\frac{40}{4+\pi}} = 2.366$(m).

7. 略.

8. 略.

9. 略.

习　题 4-5(B)

1. B.
2. C.
3. C.
4. C.
5. B.

习　题 4-6(A)

1. (1)水平渐近线 $y=1$,垂直渐近线 $x=0$,无斜渐近线；
   (2)垂直渐近线 $x=0$,无水平渐近线,斜渐近线 $y=x$；
   (3)水平渐近线 $y=0$,无垂直渐近线,无斜渐近线；
   (4)无水平渐近线,垂直渐近线 $x=1$,斜渐近线 $y=x+2$.
2. 略.

习　题 4-6(B)

1. $y = \frac{1}{5}$.

2. D.

习　题 4-7(A)

1. (1) $ds = \sqrt{9 \times 4 - 6x^2 + 2}\,dx$；　　(2) $ds = \sqrt{\frac{p^2 + y^2}{p^2}}\,dy$；

   (3) $ds = \frac{\sqrt{1+x^2}}{x}dx$；　　(4) $ds = \sqrt{1 + \cos^2 x}\,dx$；

2 (1) $k = \frac{\sqrt{2}}{4}, R = 2\sqrt{2}$；　　(2) $k = \frac{\sqrt{2}}{4}, R = 2\sqrt{2}$.

3. $k=\frac{3\sqrt{10}}{50}$.

4. $k=2, R=\frac{1}{2}$.

5. $k=\frac{4\sqrt{5}}{25}, R=\frac{5\sqrt{5}}{4}$.

习　题 4-7(B)

1. 在$(a\pi, 2a)$处曲率最小,最小曲率 $k=\frac{1}{4a}$.

总习题 4

1. (1)3,(1,2)(2,3)(3,4);
   (2)恒等于零;
   (3)$(0,2]$,$[2,+\infty)$;
   (4)$(-\infty,-1]$,$[1,+\infty)$凸,$[-1,1]$凹,拐点$(-1,\ln 2)$及$(1,\ln 2)$;
   (5)$f''(x)>0$;
   (6)$-30,85$;由题知 $1+a+b=56$.
   (7)必要;
   (8)$x=\frac{3\pi}{4}, x=\frac{7\pi}{4}$;
   (9)0.
2. (1)A;　(2)D;　(3)C.
3. (1) α;　(2) $\frac{\pi^2}{4}$;　(3) 0;　(4)2;
   (5) $-\frac{1}{2}$;　(6) -1;　(7)1;　(8) e.
4. 略.
5. 略.
6. $f''(x)$.
7. $f'(-1)=0, f(1)=3$,并结合两曲线相切列出方程,得 $a=\frac{3}{2}, b=3, c=-\frac{3}{2}$.
8. 由$f''(1)=0, f(1)=2, f'(1)=0, f(3)=0$解方程组,得 $a=-\frac{1}{4}, b=\frac{3}{4}, c=\frac{-3}{4}$, $d=\frac{9}{4}$.

第 5 章　习题答案

习　题 5-1(A)

1. D.

2. D.

3. (1) $-\frac{1}{x}+C$;　(2) $\frac{2}{5}x^{\frac{5}{2}}+C$;

(3) $2\sqrt{x}+c$;　(4) $-\frac{2}{3}x^{-\frac{5}{2}}+C$;

(5) $\frac{3}{4}x^{\frac{4}{3}}-2\sqrt{x}+C$;　(6) $\frac{m}{m+n}x^{\frac{m+n}{m}}+C$;

(7) $2\sqrt{x}-\frac{4}{3}x^{\frac{3}{2}}+\frac{2}{5}x^{\frac{5}{2}}+C$;　(8) $\frac{2}{5}x^{\frac{5}{2}}-2x^{\frac{3}{2}}+C$;

(9) $\frac{1}{\ln 2}2^x+\frac{1}{3}x^3+C$;　(10) $\frac{1}{4}x^2-\ln|x|-\frac{3}{2x^2}+\frac{4}{3x^3}+C$;

(11) $3\arctan x-2\arcsin x+C$;　(12) e^x+x+C;

(13) $\frac{1}{2}(\sin x+x)+C$;　(14) $\sin x-\cos x+C$.

4. $-\frac{1}{x\sqrt{1-x^2}}$.

5. (1) $x^3+\arctan x+C$;　(2) $x-\arctan x+C$;

(3) $\frac{8}{15}x^{\frac{15}{8}}+C$;　(4) $-\frac{1}{x}-\arctan x+C$;

(5) $\frac{1}{\ln 3e}(3e)^x+C$;　(6) $-\cot x-x+C$;

(7) $2x-\frac{5}{\ln 2-\ln 3}\left(\frac{2}{3}\right)^x+C$;　(8) $\frac{1}{2}\tan x+C$;

(9) $\frac{1}{2}(\tan x+x)+C$;　(10) $2\arcsin x+C$;

(11) $\frac{4}{7}x^{\frac{7}{4}}+4x^{-\frac{1}{4}}+C$;　(12) $2e^x+3\ln x+C$.

6. $y=\ln|x|+1$

7. (1) 27;　(2) $2\sqrt[3]{45}$.

习　题 5-1(B)

1. A,这是因为

取 $f(x)=x^2$,则 $F(x)=\frac{1}{3}x^3+C$,当 $C\neq 0$ 时,$F(x)$不是奇函数,排除(B).

取 $f(x)=\cos x+1$,则 $F(x)=\sin x+x+C$ 不再是周期函数,排除(C).

取 $f(x)=x$,则 $F(x)=\frac{1}{2}x^2+C$ 不再是单调函数,又排除(D). 故应选(A).

2. $f(x)=x+e^x+C$.

3. $f(x)=-8x^3+12x^2+2$.

习　题 5-2(A)

1. (1) $-\frac{1}{8}(3-2x)^4+C$;　(2) $\frac{1}{3}e^{3t}+C$;

(3) $-\frac{1}{2}\ln|3-2x|+C$; (4) $-\frac{1}{2}(2-3x)^{\frac{2}{3}}+C$;

(5) $-\frac{1}{a}\cos ax-be^{\frac{x}{b}}+C$; (6) $-2\cos\sqrt{t}+C$;

(7) $\frac{1}{11}\tan^{11}x+C$; (8) $\ln|\ln\ln x|+C$;

(9) $-\frac{1}{3}(2-3x^2)^{\frac{1}{2}}+C$; (10) $\ln\frac{1}{|\cos\sqrt{1+x^2}|}+C$;

(11) $\ln|\tan x|+C$ 或 $\ln|\csc 2x-\cot 2x|+C$;

(12) $\frac{1}{2}\sin x^2+C$; (13) $\frac{\sqrt{2}}{4}\ln\left|x-\frac{\sqrt{2}}{2}\right|-\frac{\sqrt{2}}{4}\ln\left|x+\frac{\sqrt{2}}{2}\right|+C$;

(14) $-\frac{3}{4}\ln|1-x^4|+C$; (15) $\frac{1}{2\cos^2 x}+C$

(16) $-\frac{1}{3\omega}\cos^3(\omega t)+C$; (17) $\frac{1}{2}\arcsin\frac{2}{3}x+\frac{1}{4}\sqrt{9-4x^2}+C$;

(18) $\frac{1}{10}\arcsin\frac{x^{10}}{\sqrt{2}}+C$.

2. (1) $\sin x-\frac{1}{3}\sin^3 x+C$; (2) $-\frac{1}{24}\sin 12x+\frac{1}{4}\sin 2x+C$;

(3) $-\frac{1}{10}\cos 5x+\frac{1}{2}\cos x+C$; (4) $\frac{1}{3}\sec^3 x-\sec x+C$;

(5) $\frac{1}{2\sqrt{3}}\arctan\left(\frac{2}{\sqrt{3}}\tan x\right)+C$; (6) $-\frac{1}{2\ln 10}10^{2\arccos x}+C$;

(7) $(\arctan\sqrt{x})^2+C$; (8) $-\frac{1}{\arcsin x}+C$;

(9) $\frac{1}{2}x^2-\frac{9}{2}\ln(9+x^2)+C$; (10) $\frac{1}{2}(\ln\tan x)^2+C$;

(11) $-\frac{1}{x\ln x}+C$; (12) $-\ln|e^{-x}-1|+C$;

(13) $\arcsin x-\frac{x}{1+\sqrt{1-x^2}}+C$; (14) $\sqrt{x^2-9}-3\arccos\frac{3}{|x|}+C$;

(15) $\frac{x}{\sqrt{1+x^2}}+C$; (16) $\frac{x}{a^2\sqrt{a^2+x^2}}+C$;

(17) $\arcsin\frac{2x-1}{\sqrt{5}}+C$; (18) $\frac{1}{6}(2x+1)^{\frac{3}{2}}-\frac{1}{4}(2x+1)+C$.

3. (1) $\frac{1}{25}\ln|4-5x|+\frac{4}{25}(4-5x)^{-1}+C$;

(2) $-\frac{1}{97}(x-1)^{-97}-\frac{1}{49}(x-1)^{-98}-\frac{1}{99}(x-1)^{-99}+C$;

(3) $\frac{1}{8}\ln\left|\frac{x^2-1}{x^2+1}\right|-\frac{1}{4}\arctan x^2+C$;

(4) $\frac{1}{24}\ln \frac{x^6}{x^6+4}+C$；

(5) $-\frac{1}{7}x^{-7}-\frac{1}{5}x^{-5}-\frac{1}{3}x^{-3}-x^{-1}-\frac{1}{2}\ln \frac{1-x}{1+x}+C$；

(6) $\frac{9}{2}\left(\arcsin \frac{x+2}{3}+\frac{x+2}{3}\cdot\frac{\sqrt{5-4x-x^2}}{3}\right)+C$.

习　题 5-2(B)

1. (1) $\arctan \frac{x}{\sqrt{1+x^2}}+C$；

(2) $-2\arctan \sqrt{1-x}+C$.

2. $\frac{1}{2}(\ln x)^2$.

习　题 5-3(A)

1. (1) $\frac{1}{2}e^{-x}(\sin x-\cos x)+C$；

(2) $x\ln(1+x^2)-2x+2\arctan x+C$；

(3) $x\arctan x-\frac{1}{2}\ln(1+x^2)+C$；

(4) $-\frac{1}{17}e^{-2x}\left(2\cos \frac{x}{2}+8\sin \frac{x}{2}\right)+C$；

(5) $2x\sin \frac{x}{2}+4\cos \frac{x}{2}+C$；

(6) $\frac{1}{3}x^3\arctan x-\frac{1}{6}x^2+\frac{1}{6}\ln(1+x^2)+C$；

(7) $x\tan x+\ln|\cos x|-\frac{1}{2}x^2+C$；

(8) $x\ln^2 x-2x\ln x+2x+C$；

(9) $\frac{1}{2}x^2\ln(x-1)-\frac{1}{2}\ln(x-1)-\frac{1}{4}(x+1)^2+C$；

(10) $\frac{1}{2}x(\cos\ln x+\sin\ln x)+C$；

(11) $-\frac{1}{x}\ln x-\frac{1}{x}+C$；

(12) $\ln x\cdot\ln\ln x-\ln x+C$.

2. (1) $-\frac{1}{4}x\cos 2x+\frac{1}{8}\sin 2x+C$；

(2) $\frac{1}{6}x^3+\frac{1}{2}x^2\sin x+x\cos x-\sin x+C$；

(3) $-\frac{1}{2}x^2\cos 2x+\frac{1}{2}x\sin 2x+\frac{3}{4}\cos 2x+C$；

(4) $3x^{\frac{2}{3}}e^{\sqrt[3]{x}} - 6\sqrt[3]{x}e^{\sqrt[3]{x}} + 6e^{\sqrt[3]{x}} + C$；

(5) $x(\arcsin x)^2 + 2\sqrt{1-x^2}\arcsin x - 2x + C$；

(6) $2\sqrt{x}\ln(1+x) - 4\sqrt{x} + 4\arctan\sqrt{x} + C$；

(7) $-e^{-x}\ln(1+e^x) - \ln(1+e^{-x}) + C$；

(8) $\frac{1}{2\cos x} + \frac{1}{2}\ln|\csc x - \cot x| + C$；

(9) $-\frac{1}{2}(e^{-2x}\arctan e^x + e^{-x} + \arctan e^x) + C$；

(10) $-\frac{\ln x}{x} + C$.

习　题 5-3(B)

1. $\frac{x\cos x - 2\sin x}{x} + C.$

2. $\frac{xe^x - 2e^x}{x} + C.$

3. $-e^{-x}(n(1+e^x) + x - \ln(1+e^x) + C.$

习　题 5-4(A)

1. (1) $\frac{1}{2}\arctan\frac{x+1}{2} + C$；

(2) $\ln|x^2+2x-15| + \frac{1}{8}\ln\left|\frac{x+5}{x-3}\right| + C$；

(3) $\frac{1}{2}\ln|x^2+2x+3| - \frac{3}{\sqrt{2}}\arctan\frac{x+1}{\sqrt{2}} + C$；

(4) $-\ln|x+2| + \ln|x-1| + \frac{1}{x-1} + C$；

(5) $\frac{1}{3}x^3 - x^2 + 4x - 8\ln|x+2| + C$；

(6) $\frac{1}{2}x^2 + x + \frac{1}{3}\arctan\frac{x+1}{3} + C$.

2. (1) $\frac{1}{2\sqrt{3}}\arctan\frac{2\tan x}{\sqrt{3}} + C$；　(2) $\ln\left|1+\tan\frac{x}{2}\right| + C$；

(3) $2\sqrt{x} - 4\sqrt[4]{x} + 4\ln(\sqrt[4]{x}+1) + C$；　(4) $x - 4\sqrt{1+x} + 4\ln(\sqrt{1+x}+1) + C$.

习　题 5-4(B)

1. (1) $2\ln|x+2| - \frac{1}{2}\ln|x+1| - \frac{3}{2}\ln|x+3| + C$；

(2) $\ln|x| - \frac{1}{2}\ln|x+1| - \frac{1}{4}\ln(x^2+1)x - \frac{1}{2}\arctan x + C$.

2. (1) $\tan x-\frac{1}{\cos x}+C$；

(2) $\frac{1}{4}\ln\left|\tan\frac{x}{2}\right|+\frac{1}{8}\tan^2\frac{x}{2}+C$；

(3) $\frac{2}{3}\arcsin\frac{3}{2}x+\frac{1}{3}\sqrt{4-9x^2}+C$；

(4) $-\frac{1}{2}\arctan(2\cos x)+C$.

总习题 5

1. (1) $y=2\sqrt{x}-1$；
(2) $e^{-\tan^2 x}+C$；
(3) $\frac{1}{a}F(ax+b)+C$；
(4) $-e^{2x}+C$；
(5) $-\frac{1}{3}(1-x)^{\frac{3}{2}}+C$；
(6) e^x+x+c.

2. (1) D； (2) C； (3) D； (4) D.

3. (1) $\ln|1+\sin x\cos x|+C$；
(2) $\frac{1}{2}\arctan\frac{x+1}{2}+C$；
(3) $\frac{1}{\sqrt{2}}\arctan\frac{\tan x}{\sqrt{2}}+C$；
(4) $\frac{1}{2}(\cos x+\sin x)^{-2}+C$；
(5) $\frac{1}{2}\arctan x+\frac{x}{2(1+x^2)}+C$；
(6) $\frac{1}{2}\arctan x-\frac{1}{2}\frac{x}{1+x^2}+C$；
(7) $\frac{x}{\sqrt{1+x^2}}+C$；
(8) $-\sqrt{1+x^2}+\frac{1}{\sqrt{1+x^2}}+C$；
(9) $-\frac{\sqrt{1+x^2}}{x}+C$；
(10) $-\frac{1}{6}\ln\left(1+\frac{1}{x^6}\right)+C$；
(11) $x-\ln(1+e^x)+C$；
(12) $\ln\left|\frac{\sqrt{1+e^x}-1}{\sqrt{1+e^x}+1}\right|+C$；
(13) $\frac{2\sqrt{3}}{3\ln 2}\arctan\frac{2^{x+1}+1}{\sqrt{3}}+C$；
(14) $2(\sqrt{x}-1)e^{\sqrt{x}}+e$；
(15) $-\frac{1}{x}\ln^2 x-\frac{2}{x}\ln x-\frac{2}{x}+C$；
(16) $2\sqrt{1+x}\arcsin x+4\sqrt{1-x}+C$；
(17) $\frac{x}{2}[\sin(\ln x)-\cos(\ln x)]+C$；
(18) $\frac{x}{\sqrt{1-x^2}}\arcsin x+\frac{1}{2}\ln(1-x^2)+C$；
(19) $\frac{1}{2}\ln|x^2+4x+3|+C$；
(20) $\frac{x}{2(1-x^2)}+\frac{1}{4}\ln\left|\frac{x-1}{x+1}\right|+C$.

4. 略.

第 6 章　习题答案

习　题 6-1(A)

1. (1) >;(2) <;(3) >;(4) >.

2. (1) $\frac{3}{4}\pi \leqslant \int_{\frac{\pi}{4}}^{\frac{3}{4}\pi}(1+\sin^2 x)\mathrm{d}x \leqslant \pi$;　(2) $\frac{\pi}{9} \leqslant \int_{\frac{1}{\sqrt{3}}}^{\sqrt{3}} x\arctan x\mathrm{d}x \leqslant \frac{2}{3}\pi$;

(3) $\frac{2}{\mathrm{e}} \leqslant \int_{1}^{1}\mathrm{e}^{-x^2}\mathrm{d}x \leqslant 2$;　(4) $2 \leqslant \int_{1}^{3} x^2\mathrm{d}x \leqslant 18$.

3. (1)1;　(2)$\frac{\pi}{4}$;　(3)$\frac{5}{2}$;　(4)π.

4. 平均值为$\dfrac{\int_0^2\sqrt{4-x^2}\mathrm{d}x}{2}$,根据定积分的几何意义可得$\frac{\pi}{2}$.

5. (1) $\int_0^1(\sqrt{x}-x^2)\mathrm{d}x$;　(2) $4\int_0^a b\sqrt{1-\frac{x^2}{a^2}}\mathrm{d}x$.

习　题 6-1(B)

1. D.
2. B.
3. 由积分中值定理知,在(a,b)内至少存在点η,使得$f(\eta)=\frac{1}{b-a}\int_a^b f(x)\mathrm{d}x=f(b)$,再应用罗尔定理,可证之.

习　题 6-2(A)

1. (1) $\frac{1}{2}$;　(2)1;　(3)2;　(4) $\frac{1}{2}$.

2. (1) $2x\sqrt{1+x^4}$;　(2) $-3\sin(3x)\cdot f(\cos 3x)$;

(3) $-\sin x\cos(\pi\cos^2 x)-\cos x\cdot\cos(\pi\sin^2 x)$;

(4) $\frac{3x^2}{\sqrt{1+x^{18}}}-\frac{2x}{\sqrt{1+x^{12}}}$;

(5)0.

3. (1)$\frac{29}{6}$;　(2) $\frac{271}{6}$;　(3)$\frac{3-\sqrt{3}}{3}+\frac{\pi}{12}$;

(4)5;　(5)4;　(6)$\frac{\pi}{6}$.

4. $\frac{13}{6}$.

5. $\frac{1}{12}$.

6. $f(x) = 150x^2, c = -\sqrt[3]{\frac{4}{5}}$.

7. 略.

8. $-\cot t$.

习　题 6-2(B)

1. D.

2. $y' = \frac{2\cos 2x}{e^{y^2}}$.

3. $a = \frac{1}{3}$.

习　题 6-3(A)

1. (1) $\frac{23}{24}$;　(2) $\frac{1}{4}$;　(3) $2(\sqrt{3}-\sqrt{2})$;

(4) $\frac{\sqrt{3}-1}{4}a$;　(5) $\frac{51}{512}$;　(6) $\pi - \frac{4}{3}$;

(7) $\sqrt{2}(\pi+2)$;　(8) $1-\frac{\pi}{4}$;　(9) $1-2\ln 2$;

(10) $7+2\ln 2$.

2. (1) $\frac{e^2}{4}+\frac{1}{4}$;　(2) $\frac{\pi}{2}-1$;　(3) $2-\frac{2}{e}$;

(4) $8\ln 2-4$;　(5) $\frac{e^2}{4}+\frac{1}{4}$;　(6) $\frac{1}{2}(e\sin 1 - e\cos 1 + 1)$;

(7) $\frac{1}{5}(e^{\pi}-2)$;　(8) $\frac{\pi^3}{6}-\frac{\pi}{4}$.

3. (1) $2a^3$;　(2) $\frac{22}{3}$;　(3) $2(1-2e^{-1})$;　(4) $\frac{\pi}{8}$.

习　题 6-3(B)

1. A.

2. 0,先作变量代换,$t = 2x$.

3. 先换元:$x-1=t$. $-\frac{1}{2}$.

习　题 6-4(A)

1. (1) 1;　(2) 1;　(3) π;

(4) 1;　(5) ∞;　(6) $\frac{\pi}{2}$.

2. π.

习　题 6-4(B)

1. $n!$.
2. 当 $k>1$ 时收敛,当 $k\leqslant 1$ 时发散.

习　题 6-5(A)

1. (1) $\frac{8}{3}$;　(2) $\frac{3}{2}-\ln 2$;　(3) 1;
   (4) $\frac{32}{3}$;　(5) $e+\frac{1}{e}-2$;　(6) $\frac{7}{6}$.
2. (1) $V_x=\frac{32}{5}\pi$, $V_y=8\pi$;
   (2) $V_x=\frac{15}{2}\pi$, $V_y=\frac{124}{5}\pi$.
3. (1) $1+\frac{1}{2}\ln\frac{3}{2}$;
   (2) $\frac{a}{2}\pi^2$;
   (3) $\frac{5}{12}+\ln\frac{3}{2}$.
4. 3 462(kJ).
5. 17.3(kN).

习　题 6-5(B)

1. $\frac{32}{105}\pi a^3$.
2. $V(a)=\int_0^a \pi\,(xe^{-x})^2\mathrm{d}x$.
3. $2\ln 3-6\ln 2+2$.
4. 略.
5. $2\pi\int_a^b xf(x)\,\mathrm{d}x$.

总习题 6

1. (1) A;　(2) C;　(3) C;　(4) A;
   (5) B;　(6) D;　(7) B.
2. (1) 0;　(2) $\frac{1}{2}$;　(3) $\frac{2}{3}$;
   (4) 2;　(5) $\ln 2$;　(6) 3.
3. (1) $\frac{32}{3}$;　(2) $5(\sqrt[5]{16}-1)$;　(3) $\frac{2}{15}$;

(4) $\pi\left(\frac{1}{4}-\frac{\sqrt{3}}{9}\right)+\frac{1}{2}\ln\frac{3}{2}$；(5) $\ln 2-2+\frac{\pi}{2}$；(6) $\frac{\pi}{16}$；

(7) $2(\sqrt{2}-1)$；(8) $\pi\frac{\sqrt{2}}{4}$.

4. $\int_{-\infty}^{x} f(t)\,dt=\begin{cases}0, & -\infty<x\leqslant 0,\\ \frac{x^2}{4}, & 0<x\leqslant 2,\\ x-1, & 2<x<+\infty.\end{cases}$

5. $S=\frac{5}{6}, V=\frac{11}{6}\pi$.

6. $S_1=\int_1^2(2x-x^2)\,dx$.

$S_2=\int_2^3(x^2-2x)\,dx$.

$S=S_1+S_2=2$.

平面图形 S_1 绕 y 轴旋转一周所得旋转体体积

$$V_1=\pi\int_{-1}^{0}(1+\sqrt{1+y})^2\,dy-\pi.$$

平面图形 S_2 绕 y 轴旋转一周所得旋转体体积

$$V_2=27\pi-\pi\int_0^3(1+\sqrt{1+y})^2\,dy.$$

故所求旋转体的体积 $V=V_1+V_2=\frac{11\pi}{6}+\frac{43\pi}{6}=9\pi$.

第 7 章 习题答案

习 题 7-1(A)

1. (1) Ⅳ； (2) Ⅷ； (3) Ⅶ； (4) Ⅲ；
(5) xOy； (6) yOz； (7) x； (8) y.

2. (1) $(-x,-y,-z),(-x,y,z),(x,-y,-z)$；

(2) $\frac{\boldsymbol{a}}{|\boldsymbol{a}|}, \boldsymbol{b}=\lambda\boldsymbol{a}\ (\lambda\neq 0)$；

(3) $5\boldsymbol{a}-11\boldsymbol{b}+7\boldsymbol{c}$.

3. 到原点的距离为 $5\sqrt{2}$，到 x 轴的距离为 $\sqrt{34}$，到 y 轴的距离为 $\sqrt{41}$，到 z 轴的距离为 5，到 xOy 面的距离为 5，到 yOz 面的距离为 4，到 zOx 面的距离为 3.

4. $\left(\frac{\sqrt{5}}{3},0,0\right)$或$\left(-\frac{\sqrt{5}}{3},0,0\right)$.

5. $\overrightarrow{M_1M_2}=(1,-2,-2)$，$-2\overrightarrow{M_1M_2}=(-2,4,4)$.

6. (1) $|\overrightarrow{AB}|=4\sqrt{5}$，$\cos\alpha=-\frac{\sqrt{5}}{5}$，$\cos\beta=-\frac{2\sqrt{5}}{5}$，$\cos\gamma=0$，

$$\alpha=\pi-\arccos\frac{\sqrt{5}}{5},\beta=\pi-\arccos\frac{2\sqrt{5}}{5},\gamma=\frac{\pi}{2};$$

(2) $\left(-\frac{\sqrt{5}}{5},-\frac{2\sqrt{5}}{5},0\right)$.

7. 略.

8. 2.

习　题 7-1(B)

1. 略.

2. $\left(3,2,\frac{8}{3}\right)$.

3. 略.

4. $(-2,3,0)$.

习　题 7-2(A)

1(1)C；　(2)D；　(3)D.

2. (1) $\sqrt{2}$;

(2) $\cos\alpha\cos\alpha_1+\cos\beta\cos\beta_1+\cos\gamma\cos\gamma_1$;

(3) $\boldsymbol{a}\perp(\boldsymbol{b}-\boldsymbol{c})$;

(4) $3,(5,1,7),\frac{\sqrt{21}}{14}$.

3. 24.

4. $\left(-\frac{1}{\sqrt{35}},\frac{3}{\sqrt{35}},\frac{5}{\sqrt{35}}\right)$或$\left(\frac{1}{\sqrt{35}},-\frac{3}{\sqrt{35}},-\frac{5}{\sqrt{35}}\right)$.

5. 2.

6. $\frac{\sqrt{19}}{2}$.

7. $|\boldsymbol{a}+\boldsymbol{b}|=13,|\boldsymbol{a}-\boldsymbol{b}|=13$.

习　题 7-2(B)

略.

习　题 7-3(A)

1. $3x-7y+5z-4=0$.

2. $x-3y-2z=0$.

3. $x+y+z=2$.

4. $y=-5$.

5. $x=0$.

6. $\frac{\pi}{3}$.

7. 1.

习　题 7-3(B)

1. xOy 面$\frac{1}{3}$，yOz 面$\frac{2}{3}$，zOx 面$\frac{2}{3}$.

2. $(1,-1,3)$.

3. (1)$k=2$；　　(2)$k=1$；　　(3)$k=\pm 2$.

4. $\frac{81}{14}$.

5. $x-z=0$.

习　题 7-4(A)

1. $\frac{x-4}{2}=\frac{y+1}{1}=\frac{z-3}{5}$.

2. $\frac{x-3}{-4}=\frac{y+2}{2}=\frac{z-1}{1}$.

3. $\frac{x-2}{3}=\frac{y+3}{-1}=\frac{z-4}{2}$.

4. $\begin{cases}x=3,\\ y=5.\end{cases}$

5. $\frac{x-1}{-2}=\frac{y-1}{1}=\frac{z-1}{3}$，　$\begin{cases}x=1-2t,\\ y=1+t,\\ z=1+3t.\end{cases}$

6. $\varphi=\arcsin\frac{4}{21}$.

7. (1)平行；　　(2)垂直；　　(3)直线在平面内.

习题 7-4(B)

1. $2x+3y+z=6$.

2. $\varphi=0$.

3. $P'(2,1,1)$.

4. $P'(4,5,2)$.

5. $\begin{cases}17x+31y-37z-117=0,\\ 4x-y+z-1=0.\end{cases}$

6. $2\sqrt{3}$.

7. $\frac{3}{2}\sqrt{2}$.

习　题 7-5(A)

1. $(x+1)^2+(y+3)^2+(z-2)^2=9$.

2. 表示以点(1，-2，-1)为球心、$\sqrt{6}$为半径的球面.

3. 略.

4. $y^2+z^2=5x$.

5. 绕 x 轴:$4x^2-9(y^2+z^2)=36$;绕 y 轴:$4(x^2+z^2)-9y^2=36$.

6. (1)$x^2=2z$;　　　(2)$y=3z$ 和 $y=-3z$.

7. 略.

习　题 7-5(B)

1. $\left(x+\frac{1}{2}\right)^2+\left(y-\frac{9}{4}\right)^2+\left(z+\frac{5}{4}\right)^2=\frac{206}{16}$.

2. $x^2+y^2-xy-zx-\frac{3}{2}=0$.

3. 略.

4. 略.

习　题 7-6(A)

1. 略.

2. 略.

3. 略.

4. $\begin{cases}2x^2-2x+y^2=8,\\ z=0.\end{cases}$

5. $x^2+y^2\leqslant 4$;$x^2\leqslant z\leqslant 4$;$y^2\leqslant z\leqslant 4$.

习　题 7-6(B)

1. 母线平行于 x 轴的柱面方程:$3y^2-z^2=16$;母线平行于 y 轴的柱面方程:$3x^2+2z^2=16$.

2. $\begin{cases}x^2+y^2=a^2,\\ z=0;\end{cases}$ $\begin{cases}y=a\sin\frac{z}{b},\\ x=0;\end{cases}$ $\begin{cases}x=a\cos\frac{z}{b},\\ y=0.\end{cases}$

3. (1)$5x^2-3y^2=1$;　　　(2)$x^2+y^2=1$.

总习题 7

1. (1)$M(x-x_0,y-y_0,z-z_0)$,$\overrightarrow{OM}=(x,y,z)$;

   (2)共面;

   (3)3;

   (4)36.

2. (0,2,0).

3. $\sqrt{30}$.

4. 略.

5. 1.

6. $\arccos\frac{2}{\sqrt{7}}$.

7. $z=-4$, $\theta_{\min}=\frac{\pi}{4}$.

8. 略.

9. (1) $\begin{cases}x=0,\\z=2y^2,\end{cases}$ z 轴；　(2) $\begin{cases}x=0,\\x=\sqrt{3}y,\end{cases}$ z 轴；

(3) $\begin{cases}x=0,\\\frac{y^2}{9}+\frac{z^2}{36}=1,\end{cases}$ y 轴；　(4) $\begin{cases}z=0,\\x^2-\frac{y^2}{4}=1,\end{cases}$ x 轴.

10. $x+\sqrt{26}y+3z-3=0$ 或 $x-\sqrt{26}y+3z-3=0$.

11. $\frac{x+1}{16}=\frac{y}{19}=\frac{z-4}{28}$.

12. $x+2y+1=0$.

13. $\left(0,0,\frac{1}{5}\right)$.

14. $z=0, x^2+y^2=x+y$;

$x=0, 2y^2+2yz+z^2-4y-3z+2=0$;

$y=0, 2x^2+2xz+z^2-4x-3z+2=0$.

15. $z=0, (x-1)^2+y^2\leqslant 1$;

$x=0, \left(\frac{z^2}{2}-1\right)^2+y^2\leqslant 1, z\geqslant 0$; $y=0, x\leqslant z\leqslant\sqrt{2x}$.